# Die Grundlehren der mathematischen Wissenschaften

in Einzeldarstellungen
mit besonderer Berücksichtigung
der Anwendungsgebiete

Band 78

Paul Lorenzen

# Einführung in die operative Logik und Mathematik

Zweite Auflage

Springer-Verlag Berlin Heidelberg New York 1969

Paul Lorenzen

o. Prof. der Philosophie an der Universität Erlangen

Geschäftsführende Herausgeber:

Prof. Dr. B. Eckmann

Eidgenössische Technische Hochschule Zürich

Prof. Dr. B. L. van der Waerden

Mathematisches Institut der Universität Zürich

ISBN 978-3-642-86519-0    ISBN 978-3-642-86518-3 (eBook)
DOI 10.1007/978-3-642-86518-3



Titel-Nr. 5061

# Vorwort zur zweiten Auflage.

Für die Neuauflage ist der Text nur unwesentlich geändert worden. Es ist — neben der Korrektur einiger Ungenauigkeiten — vor allem die Terminologie und Symbolik an meine späteren Arbeiten angeglichen.

Obwohl ich — verständlicherweise — jetzt die Ansätze der späteren Arbeiten für „sachgemäßer" halte, z. B. eine Logik der Dialoge statt einer Logik der Kalküle, die Verwendung indefiniter Quantoren statt einer expliziten Konstruktion von Sprachschichten, enthält diese Neuauflage den Inhalt der 1. Auflage unverändert.

Der Leser kann also einen Vergleich mit meinen späteren Arbeiten (vgl. Literaturverzeichnis) selber durchführen.

Mein Dank gilt wiederum dem Verlag für seine entgegenkommende Mitarbeit bei der Vorbereitung dieser Neuauflage.

Erlangen, den 1. November 1968.                    PAUL LORENZEN.

# Vorwort zur ersten Auflage.

Der Plan, meine bisherigen Untersuchungen zu einer neuen — hier „operativ" genannten — Begründung der Mathematik systematisch auszuarbeiten und zusammenfassend darzustellen, geht auf die freundliche Initiative der Herausgeber dieser Sammlung zurück. Ich danke insbesondere Herrn F. K. Schmidt für seine Förderung des Planes.

Das Buch ist so geschrieben, daß es keine speziellen Kenntnisse weder der Logik noch der Mathematik voraussetzt. Ich hoffe, daß es daher von jedem, der die mathematischen Anfängervorlesungen gehört hat, verstanden werden kann. Wer sich nicht für Logik interessiert und also bereit ist, alles Logische als „selbstverständlich" hinzunehmen, braucht Teil I nur flüchtig zu lesen. Zur Erleichterung für solche Leser sei auf die Erklärung der wichtigsten Bezeichnungen hingewiesen.

Für viele gute Ratschläge bei der Abfassung des Manuskriptes und bei den Korrekturen bin ich den Herren H. Gericke, G. Müller und G. Pickert dankbar. Herrn E. Wette verdanke ich darüber hinaus noch das Sachverzeichnis.

Mein besonderer Dank gilt auch dem Verlag für seine entgegenkommende Mitarbeit.

Bonn, den 1. März 1955.                                         Paul Lorenzen.

# Inhaltsverzeichnis.

# Erklärung der wichtigsten Bezeichnungen.

(1)             *Logik:*                            *Mengenlehre:*

| Logik | Mengenlehre |
|---|---|
| Subjunktion $\to$ ($\frown$) | Subtraktion $\smile$ |
| Bisubjunktion $\leftrightarrow$ ($\frown$) | BOOLEsche Addition $\smile$ |
| Konjunktion $\wedge$, $\bigwedge_x$ (für alle $x$) | Durchschnitt $\cap$, $\bigcap_x$ |
| Adjunktion $\vee$, $\bigvee_x$ (für manche $x$) | Vereinigung $\cup$, $\bigcup_x$ |
| Negation $\neg$ | Komplement $\smile$ |

(2) $\leftrightharpoons$ bezeichnet die definitorische Gleichheit oder Äquivalenz.

(3) Für Formeln $A(x)$ bezeichnet

$\iota_x A(x)$ dasjenige $x$ mit $A(x)$ (falls es genau ein solches gibt),

$\epsilon_x A(x)$ die Menge der $x$ mit $A(x)$.

Mit $M = \epsilon_x A(x)$ wird gesetzt: $x \in M \leftrightharpoons A(x)$.

(4) Für Terme $Y(x)$ bezeichnet

$\imath_x Y(x)$ die Funktion, die für $x$ den Wert $Y(x)$ annimmt.

Mit $f = \imath_x Y(x)$ wird gesetzt: $f \imath x \leftrightharpoons Y(x)$.

(5) In $X_1, X_2, \ldots$ deutet $\ldots$ an, daß endlich viele Glieder folgen.

In $X_1, X_2, \ldots\ldots$ deutet $\ldots\ldots$ an, daß unendlich viele Glieder folgen.

(6) $*, \dagger, \ddagger$ werden als Nennvariable für Grundzahlen benutzt, so daß z.B. $X_*$ die Folge $\imath_n X_n$, also $X_1, X_2, \ldots\ldots$ bezeichnet.

(7) Die benutzte Methode, die Zusammensetzung von Formeln oder Termen mit Punkten statt mit Klammern zu bezeichnen, ist in § 1 erklärt, z.B.

$A \wedge B \dot\vee C$   statt   $(A \wedge B) \vee C$,

$\sum_n . X + Y_n .$   statt   $\sum_n (X + Y_n)$.

# Einleitung.

Dies Buch enthält eine neue Begründung der fundamentalen Teile der Mathematik — es sei daher hier der Versuch gemacht, die verwendete Methode in die gegenwärtige Situation der Grundlagenforschung einzuordnen.

Das Begründungsproblem als die radikale Frage nach dem Woher jedes mathematischen Wissens (Woher wissen wir, daß $2 \times 2 = 4$ gilt, daß „$A$ oder $B$" aus „$A$" folgt, daß es zu je zwei Mengen eine Vereinigungsmenge gibt, usw.?) findet historisch seine erste Lösung im sog. Platonismus. Der Mensch kann die unveränderlichen Ideen erschauen. Diese Schau bedeutet insbesondere, daß er im Besitz des Wissens mehrerer fundamentaler Sätze ist. Es gibt „Axiome", deren Wahrheit jedem, der die Idee der Zahl, des Punktes, usw. erschaut hat, unmittelbar gewiß, „evident" ist. Diese antike Auffassung der Mathematik als eines Systems von Sätzen, das seine unerschütterliche Grundlage in evidenten Axiomen hat, hat in der abendländischen Entwicklung bis zur Entdeckung der nichteuklidischen Geometrien im vorigen Jahrhundert weitgehend geherrscht.

Mit der Entwicklung der Infinitesimalrechnung verläßt allerdings schon das 17. und 18. Jahrhundert die strenge Methode der Antike. Die Analysis arbeitet auf Grund einer „Anschauung" des Unendlich-Kleinen, deren mathematischer Inhalt nirgendwo in Axiomen präzise erfaßt wird. Die gleichzeitig entstehende Dynamik ist bis heute noch nicht zu einer Theorie more geometrico geworden.

Die Widersprüche, die beim unkritischen Operieren mit unendlichen Reihen, z. B.

$$1 - 1 + 1 - 1 + \cdots = (1 - 1) + (1 - 1) + \cdots = 0 + 0 + \cdots = 0$$
$$= 1 - (1 - 1) - (1 - 1) - \cdots = 1 - 0 - 0 - \cdots = 1,$$

auftraten, führen im 19. Jahrhundert zu einer „ersten Reform" der Analysis, die mit der Definition der reellen Zahlen als gewisser „Mengen" von rationalen Zahlen (z. B. der DEDEKINDschen Schnitte) abschließt. Das Unendlich-Kleine ist dadurch auf den Mengenbegriff zurückgeführt und dieser bildet — als scheinbar nicht mehr zurückführbarer Grundbegriff — die wieder nur „anschauliche" Grundlage der CANTORschen Mengenlehre.

Diesmal stellten sich jedoch sehr schnell Widersprüche ein. Ist z. B. $M$ die Menge aller Mengen, $N$ die Menge aller Elemente $x$ von $M$ mit

$x \notin x$, dann gilt wegen $V_y.y \in N \leftrightarrow y \notin x$. für alle $x \in M: N \neq x$, d. h. $N$ ist eine Menge und ist keine Menge. Ebenso: Aus $N \notin N$ folgt $N \in N$, aus $N \in N$ folgt $N \notin N$, also gilt $N \in N$ und $N \notin N$.

Vor dem Bekanntwerden dieser und ähnlicher Widersprüche hatte FREGE 1893 eine Formalisierung der Mathematik ausgearbeitet, deren logische Axiome zugleich eine Basis für die Mengenlehre zu liefern versprachen. Aber auch in dieser Formalisierung ließen sich die Widersprüche ableiten.

Seit etwa 1900 besteht daher die Aufgabe einer „zweiten Reform" der Analysis. Diese wird zumeist als die Aufgabe aufgefaßt, ein widerspruchsfreies Axiomensystem für die Mengenlehre (= Logik) zu finden. Die eleganteste Lösung hat zuletzt QUINE 1951 gegeben.

Aber wie weit sind wir heute davon entfernt, die Axiome und Ableitungsregeln einer solchen Theorie für „evident" zu halten! Seit den Untersuchungen über das euklidische Parallelenaxiom im 19. Jahrhundert, aus denen die nichteuklidischen Geometrien (die nicht nur bloß als logische Möglichkeiten aufgefaßt werden) hervorgegangen sind, ist das Vertrauen auf Erkenntnis durch Evidenz weitgehend verloren gegangen. So entstand das HILBERTsche Programm des „Formalismus". Eine formalisierte Theorie wird mit ihren Axiomen und logischen Regeln als ein Kalkül betrachtet, also als etwas, was ein bloßes Figurenspiel sein könnte (aber nicht ist), und mit diesen Kalkülen als Gegenstand der „metamathematischen" Untersuchung soll ihre Widerspruchsfreiheit (d.h. für keine Formel $A$ sind $A$ und non-$A$ ableitbar) bewiesen werden.

Dies Programm hat sich für die formalisierte Arithmetik und darüber hinaus für die sog. verzweigte Typenlogik durchführen lassen [GENTZEN 1936, LORENZEN 1951 (1)]. Die Metamathematik führte aber auch zu dem Resultat (GÖDEL 1931), daß jeder Kalkül, der eine Formalisierung der Arithmetik enthält, unvollständig ist (d.h. für manche Formeln $A$ ist weder $A$ noch non-$A$ ableitbar).

Schon vor der Entwicklung der formalistischen Auffassung setzte mit BROUWER 1908 eine ganz andere Richtung in der Grundlagenforschung ein: der Intuitionismus. Ihr Ansatzpunkt ist die Frage, ob das Unendliche wirklich (aktual) oder bloß möglich (potentiell) sei. Während für die Antike (Aristoteles) das Unendliche nur etwas Potentielles war, ist für das mittelalterliche und neuzeitliche Denken weitgehend die aktuale Auffassung des Unendlichen (in der jeweiligen Interpretation als Jenseits oder Diesseits) charakteristisch. Erst der Intuitionismus bringt — auf der Grundlage der KANTischen Philosophie — die Rückkehr zur potentiellen Auffassung. Die axiomatische Begründung wird verworfen, und an die Stelle der Evidenz der Axiome tritt eine bei jedem Beweisschritt erforderliche Intuition.

Der Leser braucht aber nicht zu fürchten, daß unsere Diskussion des Begründungsproblems jetzt die unkontrollierbaren Formen eines Meinungsstreites annimmt. Das vorliegende Buch vermeidet vielmehr diesen Streit gänzlich durch eine strenge Beschränkung auf das, was von jedem Mathematiker anerkannt werden kann — unabhängig von seiner Meinung über das, was Mathematik sei oder sein solle.

Trotz der vielen Diskrepanzen zwischen Intuitionismus und Formalismus über das Wesen der Mathematik sind sich beide Parteien nämlich praktisch (beinahe) einig. Jede „mathematische" Ableitung eines Formalisten kann von jedem Intuitionisten kontrolliert werden, und sogar jeder „metamathematische" Beweis eines Formalisten wird von jedem Intuitionisten anerkannt. Denn der Formalismus beschränkt sich für seine metamathematischen Beweise auf die „finiten" Beweismittel, die wie die intuitionistischen das Unendliche nur als etwas Potentielles auffassen.

Ein Unterschied besteht allerdings darin, daß nicht auch umgekehrt alle intuitionistischen Beweise von der formalistischen Seite anerkannt werden können. Der Intuitionist „beweist" z.B. die Widerspruchsfreiheit der üblichen Formalisierung der Arithmetik durch Interpretation: $A \vee B$ wird durch $\neg(\neg A \wedge \neg B)$, $\bigvee_x A(x)$ durch $\neg \bigwedge_x \neg A(x)$, $\neg A$ durch $A \to 1 \neq 1$ ersetzt und die entstehenden Sätze, die nur noch mit $\to$, $\wedge$, $\bigwedge_x$ zusammengesetzt sind, sind dann in der gewöhnlichen Interpretation „intuitionistisch wahr". Wie läßt sich diese Wahrheit aber kontrollieren?

Der Gegenstand der finiten Metamathematik sind gewisse Kalküle, was ist aber der Gegenstand der intuitionistischen Mathematik? Ohne dem Intuitionismus daraus einen Vorwurf zu machen, wird man feststellen können, daß in der Frage des Gegenstandes und der Beweismittel die finite Metamathematik dem Verständnis des Mathematikers keine Schwierigkeiten bietet, während dagegen der Intuitionismus ohne Einarbeitung in die Brouwersche Auffassung von Denken, Sprache, Mathematik usw. nicht verstanden werden kann.

Vom Intuitionismus und Formalismus gemeinsam anerkannt bleibt also eine „finite Mathematik", insbesondere die rekursive Arithmetik. Dieser Ausweg aus dem Dilemma des Grundlagenstreites wurde von Skolem 1923 beschritten. Wie Skolem 1950 feststellen mußte, hat dieser Ausweg jedoch nur wenig Interesse gefunden.

Mit der „operativen" Mathematik wird ein neuer Ansatz in Richtung dieses Auswegs gemacht. Wie der Gegenstand der Metamathematik gewisse Kalküle sind (nämlich die „Formalisierungen" mathematischer Theorien), hat die operative Mathematik beliebige Kalküle als ihren Gegenstand. Die These, daß Mathematik nichts als die Theorie der Kalküle (= formal systems) sei, wurde von Curry 1951 aufgestellt. Wir benutzen von dieser These nur die eine Hälfte, nach der die Theorie der Kalküle jedenfalls zur Mathematik gehört. Unter einem Kalkül verstehen wir dabei ein System von Regeln zum Operieren mit Figuren. Die Figuren, mit denen nach Regeln operiert wird, brauchen — darauf hat CURRY hingewiesen — keine Schreibfiguren (marks on paper) zu sein, es könnten auch Steinchen (= calculi) oder andere Artefakte sein. Wir beschränken uns nur deshalb auf Schreibfiguren, weil diese am bequemsten sind, um daran das Operieren nach Regeln, auf das der Terminus „operativ" als das allein Wesentliche hinweisen soll, zu studieren. Den operativen Charakter der Mathematik hat wohl zuerst DINGLER 1913 und 1931 in voller Deutlichkeit erkannt.

Schon durch diese Beschränkung des Gegenstandes gehört vieles, was zur Mathematik (im gegenwärtig üblichen Sinne) gehört, nicht zur operativen Mathematik, z. B. die gesamte Geometrie. Die Untersuchung geometrischer Axiomensysteme ohne Berücksichtigung der Bedeutung der vorkommenden Relationen, wie „inzident", „orthogonal", bleibt selbstverständlich im Rahmen des Operativen, die Wahl der Axiomensysteme geschieht aber aus Gründen, die außerhalb der operativen Mathematik liegen (nämlich durch einen Bezug auf die räumliche Wirklichkeit).

Durch die Beschränkung des Gegenstandes allein wird dagegen nichts von der Mathematik im engeren Sinne (Arithmetik, Analysis, Algebra und Topologie) aus der operativen Mathematik ausgeschlossen. Untersucht man Figuren (zusammengesetzt aus endlich vielen „Atomen", den Einzelfiguren), so wird man die Figuren nach ihrer „Länge" unterscheiden und kommt so zwangsläufig zum Zahlbegriff. Durch „Abstraktion" entstehen aus längengleichen Figuren die Grundzahlen — und diese lassen sich zudem selber durch Figuren, z. B. I, II, III, ..., eindeutig darstellen. Auch der Mengenbegriff ordnet sich mühelos ein — jedenfalls sobald es sich um Mengen von Figuren handelt. Trotz der CANTORschen „Definition" der Menge — aus der bekanntlich ebenso wenig geschlossen werden kann wie aus der EUKLIDischen „Definition" des Punktes — wird in der Mathematik eine Menge von Elementen niemals durch „Zusammenfassung zu einem Ganzen" gebildet, sondern stets durch Angabe einer Aussageform $A(x)$, die von den Elementen der Menge erfüllt wird. Mengen entstehen durch Abstraktion aus logisch äquivalenten Aussageformen — und Aussageformen sind, zu welcher „Sprache" sie auch immer gehören mögen, jedenfalls Figuren.

Durch eine Präzisierung des *Gegenstandes* ist nur ein erster Schritt zu einem standfesten Fundament der Mathematik gemacht. Es müssen noch die *Methoden* präzisiert werden, mit denen der Gegenstand untersucht bzw. erkannt werden soll.

Die HILBERTsche Forderung der Finitheit läßt verschiedene Auslegungen zu. Am engsten dürfte das von SKOLEM geforderte Verbot der

Quantoren (für alle $x$, für manche $x$) sein. Etwa gleichwertig mit den intuitionistischen Einschränkungen ist die von KLEENE 1945 aufgestellte „rekursive Realisierbarkeit". Diese Forderungen, für die zusammenfassend der Terminus „konstruktiv" üblich geworden ist, haben durch den Begriff der allgemeinen Rekursivität eine präzise Fassung erhalten. Überall da, wo man die Betrachtung einengen will auf das, was sich (effektiv) anschreiben oder berechnen läßt, kommt man auf diesen Begriff. Durch den Terminus „operativ" soll dagegen keine methodische Forderung ausgedrückt sein, er bezeichnet nur den Gegenstand der Untersuchung. Deshalb scheint mir jetzt der Terminus „konstruktiv", den ich früher benutzt habe [LORENZEN 1950, 1951 (2), (3)], nicht mehr geeignet zu sein für die vorliegenden Untersuchungen.

In der Absicht, kein unnötiges oder willkürliches Verbot zu benutzen, wird bei dem vorliegenden Versuch der methodische Rahmen so weit wie möglich gelassen. Eine Grenze, die für jeden Teil der Mathematik, der als „standfest", „sicher" (oder wie immer man es nennen mag) gelten soll, unübersteigbar ist, scheint mir aber darin zu liegen, daß die Aussagen „definit" sind.

Zur Verdeutlichung dieser Forderung betrachten wir einen Kalkül $K$. Die einfachste Aussage über $K$ ist die, daß eine Figur $x$ ableitbar in $K$ ist. Die Aussage „$x$ ist ableitbar in $K$" nennen wir definit, weil festgelegt ist, wie diese Aussage zu beweisen ist. Ein Beweis wird durch Angabe einer Ableitung geführt — und es ist durch schematische Ausführung von Operationen mit Figuren entscheidbar, ob etwas eine Ableitung ist oder nicht. Auch die Negation „$x$ ist unableitbar in $K$" nennen wir definit. Hier ist zwar kein Beweisbegriff festgelegt, es ist aber festgelegt, wie die Aussage zu widerlegen ist (nämlich durch einen Beweis der Ableitbarkeit von $x$), es ist ein Widerlegungsbegriff festgelegt. Die FERMATsche Vermutung, die doch wohl von jedem Mathematiker als sinnvoll anerkannt ist, gehört ebenfalls zu diesem Typ von Aussagen, zu denen ein Widerlegungsbegriff festgelegt ist, aber kein Beweisbegriff.

Aussagen, die in diesem Sinne „definit" sind, können ihrerseits wieder in Beweis- oder Widerlegungsbegriffen fungieren. Nennt man z. B. für einen Kalkül $K$ eine Regel $R$ „zulässig in $K$", wenn nach Hinzufügung von $R$ zu $K$ nicht mehr Figuren ableitbar sind als in $K$ allein, dann ist jede solche Aussage „$R$ ist zulässig in $K$" zu widerlegen durch den Beweis von Aussagen „$x$ ist ableitbar in $K, R$" und „$x$ ist unableitbar in $K$". Hier liegt zwar kein entscheidbarer Widerlegungsbegriff vor, es ist aber ein definiter Widerlegungsbegriff festgelegt.

Wir geben daher folgende induktive Definition von „definit":

(1) Jede durch schematische Operationen entscheidbare Aussage heiße definit.

(2) Ist für eine Aussage ein definiter Beweis- oder Widerlegungsbegriff festgelegt, so heiße auch die Aussage selbst definit, genauer beweisdefinit bzw. widerlegungsdefinit.

Durch die methodische Forderung der Definitheit werden selbstverständlich die imprädikativen Begriffsbildungen ausgeschlossen — wie es schon von POINCARÉ und RUSSELL gefordert wurde —, dagegen die Quantoren nicht. Ist $A(x)$ definit, so werde für die Aussage $\bigwedge_x A(x)$ [für alle $x$: $A(x)$] als Widerlegung festgelegt: eine Widerlegung einer Aussage $A(x_0)$. Für die Aussage $\bigvee_x A(x)$ [für manche $x$: $A(x)$] werde als Beweis festgelegt: ein Beweis einer Aussage $A(x_0)$. Eine Aussage mit Quantoren ist hiernach nur dann definit, wenn für die gebundenen Variablen in definiter Weise ein Variabilitätsbereich festgelegt ist.

Die Forderung der Konstruktivität schließt viele Definitionen von Relationen und Funktionen, wie sie in der modernen Mathematik üblich sind, aus. Ein Induktionsschema

$$\varrho(m, 1) \leftrightarrow A(m)$$
$$\varrho(m, n + 1) \leftrightarrow B(m, n)$$

zur Definition der Relation $\varrho$ ist z. B. im allgemeinen nicht mehr rekursiv, wenn die Formel $B(m, n)$ zusammengesetzt ist mit Hilfe von $\bigwedge_m \varrho(m, n)$ und $\bigvee_m \varrho(m, n)$. Vom Standpunkt der Definitheit ist gegen solche Induktionsschemata aber nichts einzuwenden — es sei denn, daß in $B(m, n)$ schon $\varrho(m, n+1)$ auftritt.

Die oben behandelte intuitionistische Elimination der Adjunktion — und damit des problematischen tertium non datur — läßt sich auf solche Induktionsschemata ausdehnen, so daß in der Arithmetik durch die Definitheitsforderung letztlich keinerlei Einschränkung bestehen bleibt gegenüber dem, was in der modernen Mathematik üblich ist.

Selbstverständlich verstößt aber die sog. naive Mengenlehre gegen die Definitheit, denn sie benutzt die Redeweisen „für alle Mengen", „es gibt eine Menge", ohne weder einen Beweisbegriff noch einen Widerlegungsbegriff für die Aussage „$x$ ist eine Menge" festgelegt zu haben. Wie wir gesehen haben, würde ein definiter Begriff von „Aussageform" an Stelle von „Menge" genügen.

Von einer definiten Festlegung von „Aussageformen" gehen die verzweigte Typenlogik (selbstverständlich ohne das Reduzibilitätsaxiom) und die WEYLsche Analysis aus. Die vorliegende Darstellung der Analysis ist eine Erweiterung des Ansatzes von WEYL 1918. Es wird versucht, die „Sprachschichten" (Stufen) so umfassend wie möglich zu konstruieren — im Gegensatz zur verzweigten Typenlogik, die nur gewisse Minimalforderungen aufstellt. Durch eine systematische Ausnutzung der höheren Schichten (über die Schichten mit endlichem Index hinaus) wird dabei eine Beweisführung ermöglicht, die sich von den Methoden der modernen Analysis praktisch nicht unterscheidet.

Vor einer Entwicklung der Analysis muß aber zunächst das Fundament der Logik und Arithmetik gelegt sein. Es wird dazu hier der Versuch unternommen, diese Gebiete aufzubauen, ohne dabei an logische Kenntnisse, die der Leser etwa schon hat, zu appellieren. Gewiß muß z.B. „vorausgesetzt“ werden, daß der Leser zwei Figuren wie o und + als gleich oder ungleich erkennen kann. Aber dieses *praktische Vermögen*, das ein Leser besitzen muß, um mit Figuren operieren zu können, ist etwas gänzlich anderes als die *Behauptung*, daß zwei Figuren $x$ und $y$ allemal gleich oder ungleich sind. Soll diese letztere Behauptung: $x \equiv y \vee x \not\equiv y$ zum Beweis von anderen Sätzen benutzt werden, so ist sie erst selbst zu beweisen — und dazu sind erst $\equiv$, $\not\equiv$, $\vee$ zu definieren. Ja, es ist davor noch erst zu klären, was überhaupt ein Beweis, was eine Definition sein soll.

Es werden deshalb der Logik und Arithmetik noch einige Betrachtungen vorangeschickt, die unter dem Titel „*Protologik*“ an beliebig gewählten Kalkülen (die alle keine Bedeutung haben, sondern nur zur Einübung in das schematische Operieren mit Figuren dienen) die Begriffe der Ableitbarkeit und Unableitbarkeit von Figuren sowie der Unzulässigkeit und Zulässigkeit von Regeln einführen. Durch die Einführung von Begriffen wie der Unableitbarkeit, für die nur ein Widerlegungsbegriff, kein Beweisbegriff, festgelegt ist, entsteht die Frage, auf welche Weise man die Gewißheit (Sicherheit o. ä.) erhalten kann, daß eine solche Behauptung wie „die Figur $x$ ist unableitbar in $K$“ unwiderlegbar ist. Am Beispiel der Zulässigkeit ist diese Frage angreifbar. Ist $K$ ein Kalkül, $x$ eine Figur und ist $y$ ableitbar in dem Kalkül $K, x$, der aus $K$ durch Hinzufügung von $x$ als Anfang entsteht, dann ist die Zulässigkeit der Regel $x \to y$ gewißlich unwiderlegbar. Diese Gewißheit kann nicht gelehrt werden, sie muß von jedem selbst erworben werden. Man hat sich dazu klarzumachen, wie jede Ableitung in $K$ nach Hinzufügung von $x \to y$ umgeformt werden kann in eine Ableitung in $K$ allein. Wir sagen dann, daß die Regel $x \to y$ *eliminiert* worden sei.

Der entscheidende Unterschied der geforderten *Einsicht* in die Eliminierbarkeit gegenüber der „Evidenz“ von Axiomen liegt darin, daß hier die Behauptungen, die eingesehen werden sollen, widerlegungsdefinit sind. Wer die Behauptung leugnet, stellt damit eine beweisdefinite Behauptung auf — und übernimmt damit auch eine Beweispflicht. Wer dagegen ein Axiom leugnet, verpflichtet sich ebensowenig zu etwas wie derjenige, der es behauptet.

Die Einsicht in die Zulässigkeit einer Regel in einem Kalkül kann auf verschiedene Weise gewonnen werden. Das hängt von den Besonderheiten des Kalküls ab. Gewisse „Beweisführungen“ wiederholen sich aber und lassen sich auf beliebige Kalküle anwenden. Wir werden so schließlich zu fünf protologischen „Prinzipien" geführt, die sich als ausreichend erweisen, um darauf die Logik (im engeren Sinne als Theorie der logischen Partikeln) und die Arithmetik (als die Theorie des speziellen Kalküls der Grundzahlen und der Rechenoperationen) aufzubauen.

Erst danach kann definiert werden, was eine „elementare Sprache" über den Grundzahlen ist und so der Übergang zu einer operativen Analysis beschritten werden. Neue Prinzipien sind dazu nicht erforderlich, es bleibt dabei, daß definite Aussagen über das Operieren mit Figuren gemacht werden. Das sog. „Überabzählbare" kann dadurch in die operative Mathematik selbstverständlich nur als eine façon de parler eingehen. Praktisch ändert sich trotzdem gegenüber der modernen Analysis nichts, wie z. B. die Behandlung des LEBESGUEschen Integrales zeigt, das doch scheinbar völlig an die Realität dieser Unterscheidung zwischen abzählbar und überabzählbar gebunden ist. Eine operative Interpretation der CANTORschen Lehre der transfiniten Ordinal- und Kardinalzahlen kann daher hier unterbleiben, da zudem diese Lehre auch in der modernen Mathematik etwas abseits liegt.

In Teil III dieses Buches wird die Einordnung der axiomatischen Methode in die operative Mathematik durchgeführt. Natürlich spielt hier die Axiomatik keinerlei Rolle für die Aufgabe einer Begründung, aber nachdem gewisse Teile der „konkreten" Mathematik aufgebaut sind, ist die axiomatische Methode ein unentbehrliches Hilfsmittel zur geistigen Durchdringung dieser Teile, und es wird so die Möglichkeit eines fruchtbaren Wechselspiels zwischen „konkreten" und „abstrakten" Untersuchungen verständlich, das ja für die moderne Mathematik kennzeichnend ist.

Die Kritik an der naiven Mengenlehre wirkt sich auch in den abstrakten Theorien aus, da gewisse Strukturen der Algebra (z. B. die Struktur der vollständigen Verbände), insbesondere aber die Strukturen der Topologie schon in ihrer Formulierung vom Mengenbegriff Gebrauch machen.

Wie in der Analysis zeigt sich jedoch auch hier, daß an den Beweisführungen und Ergebnissen der modernen abstrakten Mathematik praktisch kaum etwas geändert zu werden braucht. In der Formulierung der Ergebnisse sind die Abweichungen allerdings stärker als in der konkreten Mathematik, da jetzt manche Eigenschaften der operativen Modelle explizit in den Axiomen genannt werden müssen.

Die Beschränkung auf die operative Mathematik verwandelt das stolze Gebäude der modernen Mathematik aber keineswegs in eine Ruine, sie läßt es — von außen gesehen — bis auf unwichtige Einzelheiten unverändert. Im Inneren dagegen werden die axiomatischen oder naiv-mengentheoretischen Pfeiler durch zuverlässigere Stützen zu ersetzen sein. Von diesem Umbau ist in dem vorliegenden Buch ein Anfang durchgeführt.

# Teil I.

# Logik.

## Kapitel 1.

## Protologik.

### §1. Schematisches Operieren.

Das schematische Operieren mit Figuren ist jedem geläufig. Zum Beispiel werden beim Bau einer Mauer die Ziegelsteine nach einem Schema aufeinander gelegt. Beim Stricken werden die Maschen schematisch hergestellt und verknüpft. Additionen und Multiplikationen mit Grundzahlen sind nichts anderes als schematische Operationen. In der Mathematik treten überhaupt, auch in den höheren Stadien ihrer Entwicklung, immer wieder schematische Operationen auf. Man lernt z. B. zur Auflösung von Gleichungen, wie $3x+7=10$, gewisse Umformungen. Aus

$$a+b=c \tag{1}$$

wird

$$a \quad\;\; =c-b \tag{2}$$

hergestellt. Aus

$$a \times b=c \tag{3}$$

wird

$$a \quad\;\; =c\,/\,b \tag{4}$$

hergestellt.

Auch in der Sprache finden wir viele schematische Operationen, die als „logische Schlüsse" bekannt sind. Von der Aussage:

$$\text{nicht alle Kreter sind Lügner} \tag{5}$$

schließen wir auf:

$$\text{manche Kreter sind keine Lügner.} \tag{6}$$

Selbst wer kein Deutsch versteht, könnte durch Beobachtung feststellen, daß man im Deutschen von „nicht alle $P$ sind $Q$" häufig zu „manche $P$ sind keine $Q$" übergeht, wobei für $P$ und $Q$ die verschiedensten Wörter (Prädikatoren) eingesetzt werden können.

Für das schematische Operieren ist es unerheblich, ob die Figuren, mit denen operiert wird, Steine, mathematische Zeichen oder Wörter sind. Es ist in der modernen Logik allerdings üblich, statt der Umgangssprachen nur Symbolsprachen zu betrachten, die durch gewisse Modifikationen aus jenen entstehen.

Statt (5) könnten wir sagen — und das würde wohl noch verständlich sein —:

$$\text{nicht : für alle Subjekte } x : \text{ wenn } x \text{ ist Kreter, dann } x \text{ ist Lügner.} \quad (5)$$

Statt (6) ließe sich formulieren:

$$\text{für manche Subjekte } x : x \text{ ist Kreter und } x \text{ ist nicht Lügner.} \quad (6)$$

Aussagen, die in einer solchen präzisierten Form vorliegen, können anschließend leicht symbolisiert werden. Es ist für das logische Schließen gänzlich gleichgültig, ob es mit Worten oder Formeln geschieht.

Schreiben wir also etwa

$$\neg \text{ statt: nicht}$$
$$\bigwedge_x \text{ statt: für alle Subjekte } x$$
$$\bigvee_x \text{ statt: für manche Subjekte } x$$
$$x \,\varepsilon\, P \text{ statt: } x \text{ ist } P$$
$$x \,\bar{\varepsilon}\, P \text{ statt: } x \text{ ist nicht } P$$
$$A \rightarrow B \text{ statt: wenn } A, \text{ dann } B$$
$$A \wedge B \text{ statt: } A \text{ und } B.$$

Dadurch erhalten wir unsere obigen Aussagen in symbolischer Gestalt (mit $P$ statt Kreter, $Q$ statt Lügner):

$$\neg \bigwedge_x . \, x \,\varepsilon\, P \rightarrow x \,\varepsilon\, Q. \quad\quad\quad (5)$$

$$\bigvee_x . \, x \,\varepsilon\, P \wedge x \,\bar{\varepsilon}\, Q.. \quad\quad\quad (6)$$

Wir betrachten für dieses Verfahren der Präzisierung und Symbolisierung umgangssprachlicher Aussagen noch ein weiteres Beispiel. Die Aussage (7) „keinesfalls kommt er morgen oder übermorgen" läßt sich präzisieren als:

$$\text{nicht: es ist möglich : er kommt morgen oder er kommt übermorgen.} \quad (7)$$

Schreiben wir

$$V \text{ statt: es ist möglich}$$
$$A \vee B \text{ statt: } A \text{ oder } B,$$

dann erhalten wir als Symbolisierung (mit $A$ statt : „er kommt morgen", $B$ statt : „er kommt übermorgen"):

$$\neg V . A \vee B.. \quad\quad\quad (7)$$

Von (7) schließen wir auf (8) „jedenfalls kommt er weder morgen noch übermorgen. Diese Aussage läßt sich präzisieren als :

$$\left.\begin{array}{l}\text{es ist notwendig: nicht : er kommt morgen}\\ \text{und nicht : er kommt übermorgen.}\end{array}\right\} \tag{8}$$

Hierbei ist darauf zu achten, daß sich das erste „nicht" in dieser Aussage nur auf den Teil „er kommt morgen" bezieht, nicht mehr auf das folgende. Wir sagen dazu, daß der Wirkungsbereich des ersten „nicht" sich nur bis hinter das Wort „morgen" erstreckt. Schreiben wir

$$\Delta \quad \text{statt: es ist notwendig,}$$

dann erhalten wir:

$$\Delta \,.\, \neg\, A \wedge \neg\, B\,.\,. \tag{8}$$

Wir haben in diesen Beispielen durch Punkte den Wirkungsbereich gekennzeichnet, d.h. den Teil der Aussage, auf den sich eine logische Partikel bezieht. Häufig findet man den Wirkungsbereich durch Klammern bezeichnet, statt (8) etwa:

$$\Delta \left(\neg\,(A) \wedge \neg\,(B)\right).$$

Ist der Wirkungsbereich der kürzest mögliche Aussagenteil, der auf die Partikel folgt, so lassen wir die Klammern weg:

$$\Delta \left(\neg\, A \wedge \neg\, B\right).$$

Jede stehenbleibende Klammer ersetzen wir — der Übersichtlichkeit und Bequemlichkeit wegen — durch einen Punkt, wie in (8).

Durch Klammern werden üblicherweise nicht nur die Wirkungsbereiche bezeichnet, sondern es wird durch sie auch die Reihenfolge festgelegt, in der eine Aussage zusammengesetzt sein soll. Eine Aussage wie „A oder B und C" ist mehrdeutig. Es kann hier „A oder B" gemeint sein *und* „C", es kann aber auch „A" gemeint sein *oder* „B und C". Symbolisch könnte man im ersten Falle mit Klammern schreiben:

$$(A \vee B) \wedge C.$$

Um auszudrücken, daß hier die Zusammensetzung mit $\wedge$ später als die mit $\vee$ vorgenommen sein soll, setzen wir statt der Klammern einen Punkt über $\wedge$. Wir schreiben also

$$A \vee B \,\dot\wedge\, C.$$

Entsprechend schreiben wir z.B.

$$\begin{array}{lll}
\neg\, A \,\dot\wedge\, B \vee C & \text{statt} & \neg\, A \wedge (B \vee C)\\
\neg\,.\,A \wedge B\,.\, \vee C & \text{statt} & \neg\,(A \wedge B) \vee C\\
A \wedge B \,\dot\vee\, C \,\ddot\wedge\, D & \text{statt} & ((A \wedge B) \vee C) \wedge D.
\end{array}$$

$\wedge$, $\vee$ sind früher als $\dot\wedge$, $\dot\vee$, diese früher als $\ddot\wedge$, $\ddot\vee$, usw.

Diese „Punktationsmethode" ist zwar nicht immer sparsamer als die Methoden, die auf PEANO zurückgehen, sie ist aber einfacher in der Anwendung und daher auch leichter lesbar. Sie ist allgemein anwendbar bei symbolischen Ausdrücken, so lange diese mit Hilfe 1-stelliger Operatoren $\Phi, \Phi_1, \ldots$ und 2-stelliger Operatoren $\varphi, \varphi_1, \ldots$ aufgebaut sind. Die Wirkungsbereiche der 1-stelligen Operatoren werden durch Punkte auf der Grundlinie bezeichnet, z.B. $\Phi . A \varphi B .$. Die Reihenfolge der 2-stelligen Operatoren wird durch Punkte über diesen Symbolen festgelegt, z.B. $A \dot{\varphi}_1 B \varphi_2 C$. Ein komplizierteres Beispiel ist

$$\Phi_1 . A \varphi_1 B . \varphi_2 C \dot{\varphi}_3 \Phi_2 . D \varphi_1 A \dot{\varphi}_2 B \ddot{\varphi}_3 \Phi_3 C . ,$$

das mit Klammern folgendermaßen zu schreiben wäre:

$$\left(\Phi_1 (A \varphi_1 B) \varphi_2 C\right) \varphi_3 \Phi_2 \left(((D \varphi_1 A) \varphi_2 B) \varphi_3 \Phi_3 C\right) .$$

Bemerkenswerterweise haben wir in den wenigen Zeichen

$$\rightarrow, \wedge, \vee, \wedge_x, \vee_x, \neg, \Delta, \nabla$$

(dann, und, oder, für alle $x$, für manche $x$, nicht, notwendig, möglich) schon alle Zeichen, die zu einer Symbolisierung der logischen Regeln der Umgangssprache gebraucht werden. Vorläufig kommt es uns aber noch gar nicht auf eine vollständige Symbolisierung an, sondern wir wollen zunächst nur darauf achten, daß uns in der Sprache und in der Mathematik schematisches Operieren begegnet:

Aus $a + b = c$ entsteht durch eine schematische Operation $a = c - b$.

Aus $\neg \nabla . A \vee B .$ entsteht durch eine schematische Operation $\Delta . \neg A \wedge \neg B$.

Wir untersuchen nicht die Frage nach dem Sinn oder nach einer Rechtfertigung dieser Operationen. Dazu werden wir erst kommen, wenn wir das schematische Operieren mit Figuren als solches zum Gegenstand einer eigenen Untersuchung gemacht haben. Um uns dabei nicht von vornherein mit der Problematik von Sprache und Mathematik zu belasten, wählen wir uns einfachste Beispiele solchen Operierens.

Wenn jemand etwa abwechselnd weiße und schwarze Spielfiguren hintereinanderlegt, so haben wir ein schematisches Operieren vor uns. Mit den Figuren o, + statt weißer und schwarzer Spielfiguren sieht das folgendermaßen aus. Wir beginnen mit o, bilden dann o +, dann o + o, usw., d.h. aus einer Figur $A$o wird $A$o + gebildet, und aus einer Figur $A$+ wird $A$+o gebildet — hierbei steht $A$ als Variable für Figuren, die aus o und + zusammengesetzt sind. Ein Verfahren zur Herstellung von Figuren wollen wir einen Kalkül nennen. Weder die Umgangssprache noch die Mathematik ist ein Kalkül — die Kalküle liefern uns aber die einfachste Möglichkeit, das schematische Operieren zu untersuchen.

Um Mißverständnissen vorzubeugen, sei bemerkt, daß der Gegenstand der Untersuchung nicht die individuellen Realisierungen der Figuren sind. Werden z. B. die Figuren I, II, III, ..., die nur aus I zusammengesetzt sind, „Zahlen" genannt, so heißt das nicht, daß, wenn die gerade jetzt vom Leser gesehenen Realisierungen etwa vermodert sein werden, daß es dann keine Zahlen mehr geben wird. Jeder, der das Vermögen hat, solche Figuren herzustellen, kann jederzeit sinnvoll von „Zahlen" sprechen, wenn er diese Figuren zum Zählen gebraucht (§13).

Es liegt nahe, das Verhältnis einer Figur zu ihren individuellen Realisierungen (in Raum und Zeit) aufzufassen als eine „Abstraktion", die durch eine Gleichheit zwischen allen individuellen Realisierungen begründet wird. Der logische Prozeß der Abstraktion wird aber erst in § 10 behandelt werden. Hierin liegt jedoch kein Zirkel unseres Vorgehens. Denn das Ableiten von Figuren (nach einem Kalkül) zu lernen, heißt ja nur, die Ausführung von Operationen zu lernen. Das kann z. B. durch unmittelbares Vormachen und Nachmachen geschehen. Es ist unabhängig davon, wie wir darüber sprechen — genau so wie ein Kind z. B. gehen lernen kann, ohne schon über das Gehen sprechen zu können.

Die Herstellung von Figuren in einem Kalkül geschieht nach den Regeln des Kalküls. Diese bestehen im obigen Beispiel daraus, daß zunächst die Figuren o und o + als Anfang vorgeschrieben werden und ferner die Übergänge:

$$\text{von } A\text{o} \quad \text{zu} \quad A\text{o} +,$$
$$\text{von } A+ \quad \text{zu} \quad A+\text{o}.$$

Diese Übergänge werden für jedes A, d. h. als „Regeln" vorgeschrieben. Zur Mitteilung solcher Regeln werden wir im folgenden einen Pfeil → benutzen, wir werden also schreiben:

$$(R_1) \quad a\text{o} \to a\text{o} +,$$
$$(R_2) \quad a+ \to a+\text{o}.$$

In diesen Regeln steht „$a$" jetzt als Variable für Figuren, die aus den Atomen o und + zusammengesetzt sind. Wir nennen alle diese Figuren die „Aussagen" des Kalküls. „$a$" heißt dementsprechend eine Aussagenvariable. Die Verwendung einer Variablen in einer Regel, wie $a\text{o} \to a\text{o} +$, bedeutet, daß für jede Aussage $A\text{o}$, die *schon* hergestellt ist, auch $A\text{o} +$ herzustellen ist. Der Buchstabe „$A$" dient hier als Mitteilungsvariable für Aussagen. Der Unterschied zwischen den Mitteilungsvariablen für Aussagen und den Aussagenvariablen liegt darin, daß wir zwar von einer Aussage $A$ sprechen können, aber nicht von einer Aussage $a$. Solange man von einzelnen Aussagen spricht, kommt man mit den Mitteilungsvariablen aus. Will man aber z. B. über eine Regel des Kalküls sprechen, so braucht man die Aussagenvariablen.

Markieren wir noch die Anfänge unseres Kalküls durch „$(A)$“:

$$(A_1) \qquad \circ$$
$$(A_2) \qquad \circ +$$
$$(R_1) \quad a\circ \to a\circ +$$
$$(R_2) \quad a+ \to a+\circ,$$

so ist durch diese letzten vier Zeilen der Kalkül definiert.

Von einem Kalkül wird nicht verlangt, daß immer nur eine Regel zur Herstellung eines weiteren Zeichens anwendbar ist, es können bei jedem Schritt mehrere Möglichkeiten zur Wahl gestellt sein.

Definieren wir einen Kalkül $K_1$ durch

$$K_1 \qquad\qquad (A_1) \qquad +$$
$$(R_1) \quad a \to a\circ$$
$$(R_2) \quad a \to +a+,$$

so entsteht durch Anwendung von $(R_1)$ allein z. B. $+\circ\circ\circ$, durch geeignete Anwendung von $(R_1)$ und $(R_2)$ entsteht z. B. $\div+++\circ\circ+$.

Wir wollen auch noch zulassen, daß die Regeln eines Kalküls die neu herzustellende Figur nicht nur aus *einer* schon hergestellten Figur bilden, sondern aus mehreren. Anfangend mit $\circ$ werde etwa vorgeschrieben, (1) daß an jede hergestellte Figur rechts $+$ angefügt werden darf, (2) daß zwei hergestellte Figuren $A$ und $B$ zusammengefügt werden dürfen. Diese Zusammenfügung (in der Reihenfolge: erst $A$, dann $B$) sei durch $AB$ bezeichnet. Die Regeln dieses Kalküls $K_2$ teilen wir mit durch:

$$K_2 \qquad\qquad (A_1) \qquad \circ$$
$$(R_1) \quad a \to a+$$
$$(R_2) \quad a, b \to a\,b.$$

Die allgemeine Form der Regeln sei

$$A_1, A_2, \ldots, A_n \to A. \tag{9}$$

Dabei sind für die Buchstaben $A_1, \ldots, A_n, A$ Figuren einzusetzen, die aus gewissen Einzelfiguren, die *Atome* genannt werden (wie $\circ, |, +, \ldots$), und den Variablen $a, b, \ldots$ zusammengesetzt sind. Zu einem Kalkül gehören also zunächst endlich viele Atome, ferner Variable für die aus den Atomen zusammensetzbaren Figuren — die wir die *Aussagen* des Kalküls nennen. Die Variablen $a, b, \ldots$ sind die *Aussagenvariablen*. Zur Mitteilung der Anfänge und der Regeln eines Kalküls brauchen wir schließlich noch die Figuren, die aus den Atomen des Kalküls und seinen Aussagenvariablen zusammensetzbar sind. Diese Figuren werden wir *Formeln* nennen. Unter den Formeln sind die Aussagen enthalten. Zur

Unterscheidung werden wir diejenigen Formeln, die keine Aussagen sind — das sind also diejenigen, die Aussagenvariable enthalten —, *Aussageformen* nennen.

Die Buchstaben $A, B, \ldots$, eventuell mit Indizes, benutzen wir wie in (9) als Mitteilungsvariable für Formeln, also nicht nur für Aussagen. Die Variablen, die in einer Formel vorkommen, werden wir gelegentlich durch $A(a_1, a_2, \ldots)$ andeuten.

Bei einer Regel der Form (9) nennen wir $A_1, \ldots, A_n$ die Vorderformeln, $A$ die Hinterformel der Regel. Setzen wir fest, daß die Regeln eines Kalküls stets in der Form (9) mitteilbar sein sollen, so haben wir damit die Verfahren zur Herstellung von Figuren, die wir Kalküle nennen wollen, abgegrenzt. Wir werden jedoch später den Kalkülbegriff erweitern.

Einige weitere Beispiele von Kalkülen sind:

$K_3$  
    $(A_1)$      $|$      Atome: $|, \circ$  
    $(R_1)$    $a \to \circ\, a\, \circ$      Aussagenvariable: $a$  
    $(R_2)$    $a \to |\, a$  
    $(R_3)$    $a\, \circ \to |\, a$  
    $(R_4)$    $a \to \circ\, a$

$K_4$  
    $(A_1)$      $+$      Atome: $\circ, +$  
    $(R_1)$    $a \to +\, a\, +$      Aussagenvariable: $a$  
    $(R_2)$    $+\, a, a\, + \to \circ\, a\, \circ$

$K_5$  
    $(A_1)$    $|+| = ||$      Atome: $|, +, =, \times$  
    $(A_2)$    $|\times| = |$      Aussagenvariable: $a, b, c, d$  
    $(R_1)$    $a + | = b \to a| + | = b|$  
    $(R_2)$    $a + b = c \to a + b| = c|$  
    $(R_3)$    $a \times | = b \to a| \times | = b|$  
    $(R_4)$   $a \times b = c, c + a = d \to a \times b| = d.$

$K_5$ dient zur Definition von Addition und Multiplikation der „Zahlen", d.h. der Figuren, die nach

$K_6$  
    $(A_1)$      $|$      Atome: $|$  
    $(R_1)$   $a \to a|$      Aussagenvariable: $a$

hergestellt werden. Auf diese Anwendungsmöglichkeit von $K_5$ und $K_6$ kommt es uns zunächst noch nicht an. Wir betrachten $K_5$, als ob er ein Spielkalkül wäre.

Bei einem solch einfachen Kalkül wie $K_6$ fällt auf, daß die Aussagen des Kalküls, für die die Variable $a$ benutzt wird, nichts anderes

als die im Kalkül herzustellenden Figuren sind. $K_6$ kann daher in
dieser Form nicht zur Definition der Zahlen verwendet werden, denn
der Gebrauch von Aussagenvariablen setzt schon voraus, daß man
weiß, welche Figuren „Aussagen" sind, d. h. hier: aus | zusammen-
gesetzt sind. Will man die aus endlich vielen Atomen, etwa aus o und +
zusammensetzbaren Figuren definieren, so kann man Regeln mit „*Eigenvariablen*" verwenden:

$$\text{Anfänge:} \quad \text{o}$$
$$+$$
$$\text{Regeln:} \quad a \to a\text{o}$$
$$a \to a+.$$

Für „*a*" darf hier jede Figur gesetzt werden, die im Kalkül *selbst* schon
hergestellt ist. Solche Kalküle mit Eigenvariablen können also dazu
dienen, um zunächst zu definieren, was die Aussagen eines Kalküls sind.

Es ist stets auf den Unterschied zwischen Aussagenvariablen (und
Eigenvariablen) einerseits und den Mitteilungsvariablen andererseits zu
achten. Zur Mitteilung dienen auch noch die Abkürzungen. Es ist stets
möglich, für eine Figur, etwa eine kompliziert zusammengesetzte Figur
$A_1 A_2 \ldots A_n$, eine neue Figur als Abkürzung einzuführen. Man schreibt
etwa

$$2 \text{ statt } ||$$
$$3 \text{ statt } |||$$
$$\vdots$$

oder z. B.

$$n! \text{ statt } \prod_{1}^{n}{}_i\, i.$$

Die neue Figur ist nicht als „Name" der alten Figur aufzufassen. Es
geht vielmehr nur darum, eine Aussage, in der die alte Figur vorkommt,
dadurch mitzuteilen, daß man die neue Figur an Stelle der alten verwendet.

Zur Einführung von Abkürzungen (gelegentlich wird es sich dabei
gar nicht um wirklich kürzere Figuren handeln) werden wir das Zeichen
$\leftrightharpoons$ verwenden. Links von $\leftrightharpoons$ schreiben wir die Abkürzung, rechts von
$\leftrightharpoons$ die Figur, für die die Abkürzung eingeführt werden soll. Also z. B.

$$2 \leftrightharpoons ||$$
$$3 \leftrightharpoons |||$$
$$\vdots$$
$$n! \leftrightharpoons \prod_{1}^{n}{}_i\, i.$$

Solche Abkürzungen werden oft auch explizite Definitionen genannt.

## §2. Ableitbarkeit und Zulässigkeit.

Die Herstellung von Aussagen in einem Kalkül geschieht durch Anwendung der Regeln. Eine solche Herstellung kann mitgeteilt werden, indem man die Aussagen der Reihe nach aufschreibt, wie sie hergestellt werden. Nach $K_2$ ist z. B. o++o+o+++ auf folgende Weise herstellbar: (1) o, (2) o+, (3) o++, (4) o++o+, (5) o+++, (6) o++o+o+++. Um gleichzeitig angeben zu können, welche Regel bei jedem Schritt angewendet ist, benutzen wir folgendes Schema:

$$
\begin{array}{rll}
1. & \text{o} & A_1 \\
1 \rightarrow 2. & \text{o+} & R_1 \\
2 \rightarrow 3. & \text{o++} & R_1 \\
3,2 \rightarrow 4. & \text{o++o+} & R_2 \\
3 \rightarrow 5. & \text{o+++} & R_1 \\
4,5 \rightarrow 6. & \text{o++o+o+++} & R_2.
\end{array}
$$

Die Benutzung z. B. einer Regel $(R)$ $A_1(a) \rightarrow A_2(a)$ geschieht dabei derart, daß die Variable $a$ durch eine Aussage $B$ ersetzt wird. Ist $A_1(B)$ schon abgeleitet, etwa mit der Nummer $m$, dann wird jetzt $A_2(B)$ abgeleitet mit der Zeile

$$
m \rightarrow n. \quad A_2(B) \quad R.
$$

Für eine Formel $A(a)$ nennen wir jede Aussage $A(B)$, die aus $A(a)$ durch Ersetzung von $a$ entsteht, eine „*Belegung*" der Formel.

Falls es erwünscht ist, die Herstellung genauer anzugeben, läßt sich zu jeder Regel hinzufügen, wie die Variablen zu ersetzen sind. Wir bezeichnen dazu die Regeln nicht nur durch $R_1, R_2, \ldots$, sondern fügen die auftretenden Variablen hinzu, schreiben also z. B. $R_1(a)$, $R_2(a, b)$. Soll dann in $R_1(a)$ die Variable $a$ etwa durch die Aussage o+ ersetzt werden, so schreiben wir $R_1(\text{o+})$. Zur Abkürzung können wir dabei eine schon numerierte Aussage durch ihre Nummer ersetzen. Mit diesen Verabredungen lautet das Schema:

$$
\begin{array}{rll}
1. & \text{o} & A_1 \\
1 \rightarrow 2. & \text{o+} & R_1(1) \\
2 \rightarrow 3. & \text{o++} & R_1(2) \\
3,2 \rightarrow 4. & \text{o++o+} & R_2(3,2) \\
3 \rightarrow 5. & \text{o+++} & R_1(3) \\
4,5 \rightarrow 6. & \text{o++o+o+++} & R_2(4,5).
\end{array}
$$

Wir nennen ein solches Schema eine *Ableitung*. Die Aussage, die in der letzten Zeile der Ableitung auftritt, heißt die *Endaussage* der Ableitung. Jede Endaussage einer Ableitung heißt eine *ableitbare Aussage*.

Ist eine Aussage $A$ ableitbar in einem Kalkül $K$, dann schreiben wir $\vdash_K A$ oder einfach $\vdash A$, wenn der Kalkül, auf den sich die Ableitbarkeit bezieht, unmißverständlich aus dem Zusammenhang hervorgeht. Es ist sinnvoll, $\vdash A$ zu behaupten, denn die *Behauptung* $\vdash A$ läßt sich beweisen, und zwar dadurch, daß man eine Ableitung mit der Endaussage $A$ angibt.

Während die Figuren eines Kalküls von uns nur deshalb „Aussagen" genannt werden, um in Übereinstimmung mit der üblichen Terminologie („Aussagenlogik" statt Junktorenlogik) zu bleiben, treten hier zum ersten Male wirkliche Aussagen auf, d. h. sprachliche Gebilde, bei denen es Sinn hat, sie zu behaupten. Für die Aussage

$$\vdash_{K_1} \; || \times || = ||||$$

lautet z. B. der Beweis:

$$
\begin{array}{rll}
1. & | + | = || & A_1 \\
1 \to 2. & || + | = ||| & R_1 \\
2 \to 3. & || + || = |||| & R_2 \\
4. & | \times | = | & A_2 \\
4 \to 5. & || \times | = || & R_3 \\
5{,}3 \to 6. & || \times || = |||| & R_4.
\end{array}
$$

Die Behauptung des Gegensatzes zu „$A$ ist ableitbar", also „$A$ ist *unableitbar*" ist ebenfalls sinnvoll, denn die letztere Aussage läßt sich widerlegen (nämlich durch einen Beweis von „$A$ ist ableitbar"). Wir haben jedoch bisher keine Beweismöglichkeit für eine Unableitbarkeitsaussage.

Ehe wir uns in § 5 mit einer solchen Beweismöglichkeit befassen, können wir hier jedoch schon einen einfachsten Fall vorwegnehmen. Ist $K$ ein Kalkül, sind $u_1, \ldots, u_n$ seine Atomfiguren und ist $u_0$ ein zu $u_1, \ldots, u_n$ ungleiches Atom, dann ist keine Figur, die mit $u_0$ zusammengesetzt ist, eine Aussage von $K$, also ist erst recht keine solche Figur eine ableitbare Aussage. Hiernach sind z. B. $|$ und $\circ | +$ in $K_1$ unableitbar, weil $|$ kein Atom von $K_1$ ist.

Unter den Aussagen eines Kalküls lassen sich also gewisse als „ableitbar" beweisen, und eventuell werden sich andere Aussagen als „unableitbar" beweisen lassen. Es mag einfache Kalküle geben — unsere bisherigen Beispiele sind solche — in denen man für jede Aussage entscheiden kann, ob sie ableitbar oder unableitbar ist. Aber es besteht keinerlei Grund für die Vermutung, daß man zu jedem Kalkül und jeder Aussage entweder einen Beweis der Ableitbarkeit oder der Unableitbarkeit finden kann. Mit der in der traditionellen Logik üblichen These: „Jede Aussage ist entweder wahr oder falsch" haben wir also hier, wo wir von Kalkülen handeln, nichts zu tun.

Wir wollen hier nicht auf die aristotelische Logik eingehen, es sei daher nur gesagt, daß ARISTOTELES bei seiner Logik nicht an Kalküle gedacht hat, sondern an umgangssprachliche Aussagen. Selbst wenn man zugeben würde, daß Aussagen wie „der Mond ist rund" entweder wahr oder falsch sind, so folgt daraus gar nichts für unsere Aussagen „$\vdash A$". Es ist sicherlich eine hübsche Vorstellung, wenn man sich die Ableitungen eines Kalküls zu einer Klasse zusammengefaßt denkt, wie Äpfel in einem Korb. In einem Korb sind aber nur endlich viele Äpfel, so daß man leicht feststellen kann, ob z. B. ein roter Apfel im Korb ist, oder nicht. Fragt man entsprechend, ob es eine Ableitung mit der Endaussage $A$ gibt, dann kann man jedoch nicht alle Ableitungen auf diese Eigenschaft prüfen.

Auf die fundamentale logische Bedeutung dieses Unterschiedes zwischen endlichen und unendlichen Klassen ist zuerst von BROUWER 1908 hingewiesen worden.

Ist eine Aussage ableitbar, so kann diese Aussage zu den Anfängen des Kalküls hinzugefügt werden, ohne dadurch die Klasse der ableitbaren Aussagen echt zu erweitern, d. h. jede Aussage, die nach der Hinzufügung ableitbar wird, war auch schon vor der Hinzufügung ableitbar.

Wir fragen jetzt nach Regeln, deren Hinzufügung ebenfalls die Klasse der ableitbaren Aussagen nicht echt erweitert. Eine solche Regel wollen wir *zulässig* nennen. Fügen wir z. B. zu $K_1$ die Regel

$$(R) \quad a \rightarrow \circ\, a$$

hinzu, so entsteht ein neuer Kalkül — wir nennen ihn $K_1'$ — und in $K_1'$ ist $\circ +$ ableitbar. Hätten wir nun einen Beweis der Unableitbarkeit von $\circ +$ in $K_1$, so wäre damit die Zulässigkeit von $(R)$ in $K_1$ widerlegt, mit anderen Worten, $(R)$ wäre als *unzulässig* bewiesen. Sowie wir im Besitz von Unableitbarkeitsbeweisen sind, haben wir also auch die Möglichkeit, Unzulässigkeitsaussagen zu beweisen, d. h. Zulässigkeitsaussagen zu widerlegen. Der Leser wird aus der Schule wissen, daß z. B. für den Kalkül $K_5$ die Regel

$$a \times b - c \rightarrow b \times a - c$$

(die sog. Kommutativität der Multiplikation) zulässig ist.

Wir haben bisher keine Beweismöglichkeit für solche Zulässigkeiten — aber wir haben jedenfalls eine Definition der Zulässigkeit, an der wir sehen können, daß jede Zulässigkeitsaussage bewiesen werden muß. Es ist nichts damit geholfen, irgendwelche Zulässigkeiten zu postulieren, „axiomatisch" zu fordern. Bei jeder Zulässigkeitsbehauptung ist man nämlich auf Grund der Definition der Zulässigkeit der Gefahr ausgesetzt, daß man widerlegt werden kann.

Es wird gegenwärtig die Arithmetik häufig auf gewissen „Axiomen" für die Grundzahlen oder die natürlichen Zahlen aufgebaut. Unter den üblichen (auf DEDEKIND und PEANO zurückgehenden) Axiomen der Arithmetik finden wir die folgenden Regeln:

$$x = x \tag{2.1}$$

$$x = z,\ y = z \to\ x = y \tag{2.2}$$

$$x = y \to x\,|\, = y\,| \tag{2.3}$$

$$x\,|\, = y\,|\, \to x\ = y \tag{2.4}$$

$$x\,|\, \neq\, |. \tag{2.5}$$

Hierbei stehen $x$, $y$, $z$ als Variable für Grundzahlen. Mit welchem Recht diese Axiome behauptet werden, ja, was es überhaupt heißen soll, daß sie „gültig" oder „wahr" sind, wird bei der axiomatischen Methode nicht gefragt.

Definieren wir aber einen Kalkül $K_7$ mit den Atomen $|$, $=$ durch

$$K_7 \qquad\qquad (A_1)\quad | = |$$
$$(R_1)\quad x = y \to x\,|\, = y\,|,$$

so ist das nichts anderes als eine Beschreibung des Verfahrens, nach dem man zu handeln hat, wenn man an zwei verschiedenen Stellen (hier links und rechts vom Gleichheitszeichen) „gleichviel" Striche $|$ schreiben will. Bezogen auf diesen Kalkül $K_7$, der als *Definition* der Gleichheit von Grundzahlen aufgefaßt werden kann, hat es einen präzisen Sinn, von der Zulässigkeit der Regeln (2.1) bis (2.4) zu sprechen. Vor allem sieht man, daß die Zulässigkeitsbehauptung weiterer Regeln eines Beweises bedarf. Woher wissen wir z. B., daß die Hinzufügung von (2.4) zu $K_7$ die Klasse der ableitbaren Aussagen nicht echt erweitert? Würden wir statt $K_7$ einen Kalkül $K_8$ betrachten, der aus $K_7$ durch Hinzufügung von

$$(A_2)\quad || = |||$$

entsteht, dann wäre in $K_8$ die obige Regel (2.4) unzulässig. Denn mit (2.4) ist in $K_8$ z. B. $| = ||$ ableitbar, $| = ||$ ist aber in $K_8$ allein unableitbar (das soll hier noch nicht bewiesen werden, der Leser wird es sich aber schon selbst überlegen können). Die „Gültigkeit" von (2.5) $x\,|\, \neq\, |$ ist selbstverständlich als die Unableitbarkeit von $x\,|\, = |$ zu interpretieren.

Wir werden in Teil II ausführlich auf die Begründung der Arithmetik zurückkommen. Diese Betrachtungen sollten hier nur zur Erläuterung des Zulässigkeitsbegriffes dienen.

Ist eine Regel $R$ zulässig in einem Kalkül $K$, dann wollen wir $\vdash_K R$ schreiben. Wir benutzen dasselbe Zeichen $\vdash$ wie für die Ableitbarkeit, da sich der Zulässigkeitsbegriff ja als eine Erweiterung des Ableitbarkeitsbegriffes auffassen läßt. Unsere nächste Aufgabe wird sein, nach Verfahren zu suchen, mit denen Zulässigkeitsaussagen bewiesen werden können.

## §3. Eliminationsverfahren.

In dem Kalkül $K_1$ aus § 1 ist z.B. $++\circ+$ ableitbar. Die Hinzufügung von

$$(A_2) \quad ++\circ+$$

zu $K_1$ ergibt einen Kalkül $K_1'$ ohne echte Erweiterung der Klasse der ableitbaren Aussagen. Wie beweist man diese Behauptung? Nun, eine Ableitung in $K_1'$ unterscheidet sich von einer Ableitung in $K_1$ durch das eventuelle Auftreten von $(A_2)$, läßt sich also folgendermaßen andeuten:

$$\vdots$$
$$n. \quad ++\circ+ \quad A_2,$$
$$\vdots$$

wobei $n$ für die Nummer der Zeile steht. Eine Ableitung von $++\circ+$ in $K_1$ sieht folgendermaßen aus:

$$
\begin{array}{lll}
& 1. \quad + & A_1 \\
1 \to & 2. \quad +\circ & R_1 \\
2 \to & 3. \quad ++\circ+ & R_2.
\end{array}
$$

Ersetzen wir nun die Zeile $n$ der obigen Ableitung durch diese drei Zeilen, dann entsteht — selbstverständlich nach neuer Durchnumerierung — eine Ableitung, in der $(A_2)$ einmal weniger auftritt. Jedes Auftreten von $(A_2)$ läßt sich so eliminieren. Die Ableitung in $K_1'$ ist dann in eine Ableitung in $K_1$ umgeformt, unter Beibehaltung der Endaussage. Mit Hilfe dieses Umformungsverfahrens — wir nennen es ein *Eliminationsverfahren*, weil es $(A_2)$ aus jeder Ableitung eliminiert — kann also jede in $K_1'$ ableitbare Aussage als schon in $K_1$ ableitbar bewiesen werden. Wir drücken diesen Sachverhalt dadurch aus, daß wir sagen: die Angabe des Eliminationsverfahrens *beweist*, daß jede in $K_1'$ ableitbare Aussage in $K_1$ ableitbar ist. Man bemerke jedoch, daß dadurch eine Erweiterung des Begriffes „beweisen" vorgenommen ist.

Zum Beweis der Zulässigkeit einer Regel ist die Situation nun nicht wesentlich anders. Wir betrachten wieder $K_1$ und bilden dann einen Kalkül $K_1''$ durch Hinzufügung von

$$(R_3) \quad a \to ++a.$$

Wollen wir $(R_3)$ als zulässig in $K_1$ beweisen, so genügt es dazu, ein Eliminationsverfahren zu suchen, das jede Ableitung von $K_1''$ umformt in eine Ableitung von $K_1$ — selbstverständlich stets unter Beibehaltung der Endaussage.

Es genügt, in einer Ableitung in $K_1''$ das erste Auftreten von $(R_3)$ zu betrachten und dieses zu eliminieren. Anschließend brauchte das Verfahren ja nur hinreichend oft wiederholt zu werden. Eine Ableitung in $K_1''$ sieht folgendermaßen aus:

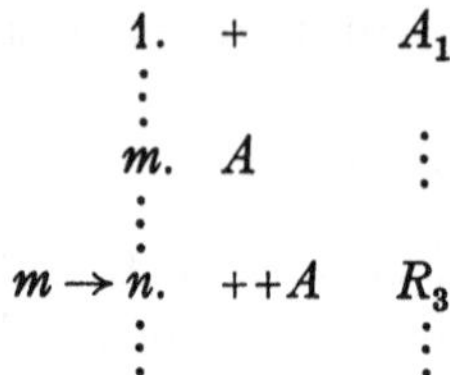

$$
\begin{array}{lll}
1. & + & A_1 \\
\;\vdots & & \\
m. & A & \;\vdots \\
\;\vdots & & \\
m \to n. & ++A & R_3 \\
\;\vdots & & \;\vdots
\end{array}
$$

Aus dieser Ableitung ist $(R_3)$ zu eliminieren. Dazu wollen wir die Zeile $n$ durch eine Ableitung von $++A$ in $K$ ersetzen. Von Zeile 1 bis Zeile $m$ haben wir eine solche Ableitung von $A$ stehen. Aus ihr gewinnen wir die gesuchte Ableitung von $++A$, indem wir in jeder Zeile vor der Aussage noch $++$ hinzufügen, d.h. jede Aussage $B$ durch $++B$ ersetzen. Dadurch entsteht

$$
\begin{array}{ll}
1. & +++ \\
\;\vdots & \\
m. & ++A.
\end{array}
$$

Überall wo $(A_1)$ gestanden hat, steht jetzt $+++$ statt $+$. Da $+++$ aber ableitbar ist in $K_1$, kann dieses Auftreten von $+++$ als Anfang eliminiert werden. Im übrigen wirkt sich die Ersetzung folgendermaßen aus:

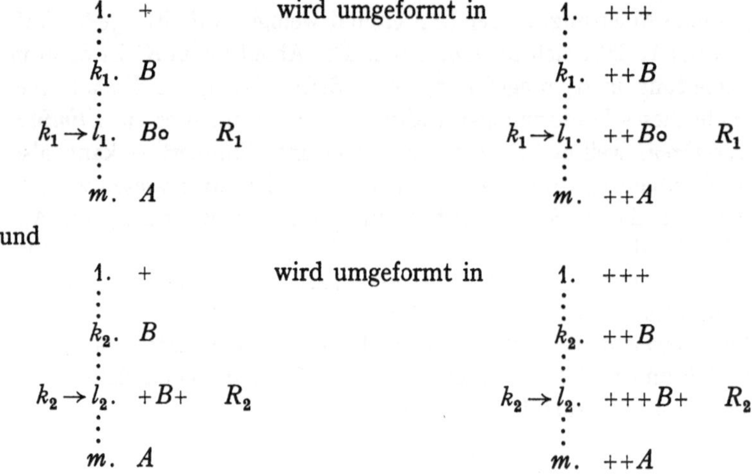

$$
\begin{array}{lll}
1. & + \\
\;\vdots & \\
k_1. & B \\
k_1 \to l_1. & B\circ & R_1 \\
\;\vdots & \\
m. & A
\end{array}
\qquad \text{wird umgeformt in} \qquad
\begin{array}{lll}
1. & +++ \\
\;\vdots & \\
k_1. & ++B \\
k_1 \to l_1. & ++B\circ & R_1 \\
\;\vdots & \\
m. & ++A
\end{array}
$$

und

$$
\begin{array}{lll}
1. & + \\
\;\vdots & \\
k_2. & B \\
k_2 \to l_2. & +B+ & R_2 \\
\;\vdots & \\
m. & A
\end{array}
\qquad \text{wird umgeformt in} \qquad
\begin{array}{lll}
1. & +++ \\
\;\vdots & \\
k_2. & ++B \\
k_2 \to l_2. & +++B+ & R_2 \\
\;\vdots & \\
m. & ++A
\end{array}
$$

Wir sehen, daß die Ableitung von $A$ tatsächlich in eine Ableitung von $++A$ übergeht. [Gehörte zu $K_1$ z.B. noch die Regel $(R)$ $a \to \circ a$, so wäre das nicht der Fall, denn aus $++B$ würde dann $\circ++B$ nach $(R)$ entstehen, aber nicht $++\circ B$.] Damit ist das gesuchte Eliminationsverfahren angegeben, d.h. $\vdash_{K_1} R_3$ ist bewiesen.

Man wird bei der Betrachtung dieser Beweisführung einsehen, daß hier nichts mit „Axiomen" anzufangen wäre. Der Kalkül $K_1$

kann definiert werden als eine Vorschrift zu gewissen schematischen Operationen — statt der Figuren könnten auch Spielmarken genommen werden —, und mit der Zulässigkeitsbehauptung einer Regel setzt man sich der Gefahr einer Widerlegung aus. Alle Hilfsmittel, die man zum Beweis der Behauptung heranzieht, müssen also an der Sache selbst, d.h. hier: am schematischen Operieren in $K_1$, geprüft sein.

Eine Übersicht über die möglichen Eliminationsverfahren dürfte kaum zu gewinnen sein. Der Mathematiker wird die Frage nach der Zulässigkeit einer Regel in eine arithmetische Frage übersetzen und innerhalb der Arithmetik nach den anerkannten Methoden der Logik und Mathematik schließen. In diesem Buche sollen die „anerkannten" Methoden aber erst begründet werden. Einen Zugang zur Begründung der Logik und Mathematik finden wir nun gerade in den Eliminationsverfahren.

Wir betrachten ein weiteres Beispiel. Für den Kalkül $K_3$ von § 1 behaupten wir die Eliminierbarkeit von

$$(R_5) \qquad a \to |{\circ}\, a.$$

Um $(R_5)$ aus einer Ableitung

$$
\begin{array}{ll}
\vdots & \\
m. & A \\
\vdots & \\
m \to n. & |{\circ}\, A \qquad R_5 \\
\vdots &
\end{array}
$$

zu eliminieren, braucht nur die Zeile $n$ durch die folgenden Zeilen

$$
\begin{array}{lll}
m \to n. & {\circ}A{\circ} & R_1 \\
n \to n + 1. & |{\circ}A & R_3
\end{array}
$$

ersetzt zu werden. Zur Angabe des Eliminationsverfahrens genügt hier also eine Ableitung von $|{\circ}A$ „aus" $A$, d.h. eine Ableitung von $|{\circ}A$ in $K_3$ nach Hinzufügung von $A$ als Anfang:

$$
\begin{array}{lll}
1. & A & \\
1. \to 2. & {\circ}A{\circ} & R_1 \\
2. \to 3. & |{\circ}A & R_3.
\end{array}
$$

Ist eine Aussage $B$ in einem Kalkül $K$ ableitbar nach Hinzufügung von $A$ als Anfang, dann schreiben wir

$$A \vdash_K B.$$

Ein Beweis von $A \vdash_K B$ beweist auch $\vdash_K A \to B$. Dieses Verhältnis läßt sich nicht umkehren, denn wir haben z.B. zwar

$$\vdash_{K_1} a \to {+}{+}\, a$$

bewiesen, aber in $K_1$ ist nach Hinzufügung von $A$ keineswegs allemal $++A$ ableitbar; auch nach Hinzufügung von $\circ$ ist die Aussage $++\circ$ noch unableitbar. Nur wenn wir eine in $K_1$ ableitbare Aussage $A$ hinzufügen, dann ist allemal auch $++A$ ableitbar — allerdings schon in $K_1$ selbst.

Ist eine Aussage $A$ ableitbar bzw. eine Regel $R$ zulässig in einem Kalkül $K$ nach Hinzufügung von Anfängen $A_1, \ldots, A_m$ und von Regeln $R_1, \ldots, R_n$, dann schreiben wir

$$A_1, \ldots, A_m;\ R_1; \ldots; R_n \vdash_K A$$

bzw.

$$A_1, \ldots, A_m;\ R_1; \ldots; R_n \vdash_K R.$$

Die Unterscheidung zwischen Anfängen und Regeln können wir vernachlässigen, indem wir einen Anfang $A$ als eine spezielle Regel ohne Vorderformeln ansehen. Unsere Zulässigkeitsaussagen haben dann alle die Form

$$R_1; \ldots; R_n \vdash R$$

und sie umfassen die Ableitbarkeitsaussagen.

Unsere bisherigen Beispiele zeigten den folgenden Unterschied zwischen Regeln und Anfängen: die Regeln enthielten stets Aussagenvariable, die Anfänge nicht. In unseren Definitionen sind diese Bedingungen aber nicht enthalten. Eine Regel könnte also z.B. heißen $\circ + \to \circ + \circ$, ein Anfang könnte etwa $\circ a \circ$ heißen. Zur Definition eines Kalküls wird man von diesen Möglichkeiten kaum Gebrauch machen, für die Ableitbarkeit bzw. Zulässigkeit nach Hinzufügung von Anfängen und Regeln müssen sie aber berücksichtigt werden.

Wir betrachten als Beispiel die Behauptung

$$a\circ \to \circ a \vdash_{K_1} b \to \circ + b + . \tag{3.1}$$

Sie läßt sich folgendermaßen beweisen:

$$
\begin{array}{lll}
1. & B & \\
1 \to 2. & +B+ & R_2 \\
2 \to 3. & +B+\circ & R_1 \\
3 \to 4. & \circ + B+ & a\circ \to \circ a.
\end{array}
$$

Entsprechend unserer bisherigen Verwendung ist mit (3.1) nichts anderes behauptet, als daß

$$a\circ \to \circ a \vdash_{K_1} B \to \circ + B\circ \tag{3.2}$$

für alle Aussagen $B$ behauptet wird. Alle „Regeln" $B \to \circ + B+$ sind in $K_1$ zulässig nach Hinzufügung von $a\circ \to \circ a$. Es gilt aber nicht allgemein, daß eine gültige Behauptung, in der eine Aussagenvariable vorkommt, wieder in eine gültige Behauptung übergeht, wenn die Aussagenvariable durch eine Aussage ersetzt wird.

Ersetzen wir nämlich in (3.1) $a$ z. B. durch +, so entsteht

$$+\circ \to \circ + \vdash_{K_1} b \to \circ + b +, \tag{3.3}$$

was leicht zu widerlegen ist: mit der Regel $b \to \circ + b +$ ist $\circ + + +$ ableitbar, ohne diese Regel aber nicht. Während die Variable $b$ in (3.1) für Ersetzungen „frei" ist, ist das bei der Variablen $a$ nicht der Fall. Es empfiehlt sich, diesen Unterschied in der Mitteilung von (3.1) zum Ausdruck zu bringen, indem die Variable $a$ „gebunden" wird. Wir werden dazu (als vorläufige einfachste Maßnahme) die Variable noch einmal unter der Regel wiederholen, also $a\circ \xrightarrow{a} \circ a$ schreiben. Später werden wir statt dessen Quantoren benutzen.

Der Beweis von (3.1) beweist die folgenden Behauptungen:

$$a \circ \xrightarrow{a} \circ a \vdash_{K_1} b \xrightarrow{b} \circ + b +$$

$$a \circ \xrightarrow{a} \circ a \vdash_{K_1} b \to \circ + b +$$

$$a \circ \xrightarrow{a} \circ a \vdash_{K_1} B \to \circ + B +.$$

Durch die Einführung der Bindung von Variablen haben wir die Möglichkeit, jede Behauptung, die für alle Aussagen gleichmäßig gilt, mit freien Variablen zu schreiben.

Fügen wir z. B. zu $K_1$ die Regel $A\circ \to \circ A$ hinzu (also für eine, wie man sagt, „feste" Aussage $A$), so wird $A \to \circ A$ zulässig. Diese Behauptung:

$$A\circ \to \circ A \vdash_{K_1} A \to \circ A \tag{3.4}$$

wird bewiesen durch

$$
\begin{array}{lll}
1. & A & \\
1 \to 2. & A\circ & R_1 \\
2 \to 3. & \circ A & A\circ \to \circ A.
\end{array}
$$

Wie der Beweis zeigt, gilt die Behauptung (3.4) für alle Aussagen $A$. Wir können also auch behaupten:

$$a\circ \to \circ a \vdash_{K_1} a \to \circ a \tag{3.5}$$

und dieses bedeutet jetzt etwas anderes als z. B.

$$a\circ \xrightarrow{a} \circ a \vdash_{K_1} a \xrightarrow{a} \circ a. \tag{3.6}$$

Auch (3.6) ist zwar gültig, dagegen kann

$$a\circ \to \circ a \vdash_{K_1} a \xrightarrow{a} \circ a \tag{3.7}$$

nicht mehr behauptet werden. In (3.7) ist nämlich links von $\vdash$ die Variable $a$ frei, Ersetzung durch $+$ würde

$$+\mathrm{o} \to \mathrm{o}+ \vdash_{K_1} a \to \mathrm{o}\, a \tag{3.8}$$

ergeben, was ebenso wie (3.3) widerlegbar ist.

Der Unterschied zwischen freien und gebundenen Variablen, der an diesen Beispielen wohl deutlich geworden ist, ist im folgenden stets zu beachten.

## §4. Induktion und Inversion.

Wir haben in §3 an einigen Beispielen gesehen, wie Aussagen der Form

$$R_1; \ldots; R_n \vdash_K R$$

durch Eliminationsverfahren bewiesen werden konnten. Indem der Kalkül durch Hinzufügung der Regeln $R_1, \ldots, R_n$ zu einem Kalkül $K'$ erweitert wurde, kam es darauf an, die Aussage $\vdash_{K'} R$ zu beweisen. Es war ein Verfahren zu suchen, aus jeder Ableitung in $K'$, die $R$ zusätzlich benutzt, die Regel $R$ zu eliminieren, ohne etwas an der Endaussage zu ändern. Hat die Regel $R$ die Form $A_1, \ldots, A_m \to A$, so gelingt unter Umständen eine Ableitung von $A$ nach Hinzufügung von $A_1, \ldots, A_m$ als Anfängen zu $K'$. Damit läßt sich $R$ sofort eliminieren. Die Behauptung, daß $R_1; \ldots; R_n \vdash_K R$ gilt, wenn eine solche Ableitung vorliegt, wollen wir, um einen kurzen Namen zu haben, das *Deduktionsprinzip* nennen.

Schon unser erstes Beispiel in §3:

$$\vdash_{K_1} a \to ++a$$

erforderte aber eine Beweisführung, die sich nicht auf dieses Deduktionsprinzip zurückführen ließ. Hier haben wir ein Verfahren angegeben, das für jede ableitbare Aussage $A$ eine Ableitung von $++A$ lieferte. Wir hatten also für jede ableitbare Aussage $A$ zu beweisen:

$$\vdash_{K_1} ++A .$$

Führen wir neben den bisherigen Variablen, den Aussagenvariablen $a, b, \ldots$, weitere Variable $s, t, \ldots$ mit der Bedingung ein, daß diese Variablen nur durch in $K_1$ ableitbare Aussagen ersetzt werden dürfen, dann können wir kurz sagen, daß wir $\vdash_{K_1} ++s$ zu beweisen hatten.

Variable, wie $s, t, \ldots$, deren Variabilitätsbereich eventuell nicht alle Aussagen eines Kalküls umfaßt, sondern nur gewisse — nämlich die nach einem bestimmten anderen Kalkül ableitbaren Figuren, wollen wir *Objektvariable* nennen. Die Objektvariablen werden für uns dieselbe Rolle spielen wie in der Logik sonst die „Individuenvariablen". Ersichtlich ist dieser Name, der aus der üblichen Beziehung der Logik auf die Wirklichkeit stammt, hier gänzlich unangebracht. Der Name „Objektvariable" dagegen soll nur daran erinnern, daß die Figuren, die für diese Variablen eingesetzt werden können, Objekt der Untersuchung sind.

Um die Methode deutlicher hervortreten zu lassen, die wir in § 3 zum Beweis von $\vdash_{K_1} ++s$ verwendet haben, wollen wir einmal annehmen, wir hätten für irgendeinen anderen Kalkül $K$ — nicht gerade für $K_1$, der ja zu den Objektvariablen in einem besonderen Verhältnis steht — die Aussage $\vdash_K ++s$ zu beweisen.

Wir nehmen dazu eine Ableitung einer in $K_1$ ableitbaren Aussage $S$:

$$\left.\begin{array}{l} 1. \quad + \\ \quad \vdots \\ \qquad T \\ \quad \vdots \\ \qquad S \end{array}\right\}, \qquad (4.1)$$

bilden die Reihe

$$\left.\begin{array}{l} +++ \\ \quad \vdots \\ ++T \\ \quad \vdots \\ ++S \end{array}\right\} \qquad (4.2)$$

durch Vorsetzen von $++$ in jede Zeile und fragen jetzt, ob aus dieser Reihe eine Ableitung von $++S$ in $K$ (nicht in $K_1$!) zu gewinnen ist.

In der Ableitung (4.1) werden der Anfang $(A_1)$ $+$ und die Regeln

$$(R_1) \qquad a \to a\circ$$
$$(R_2) \qquad a \to +a+$$

benutzt. Die Reihe (4.2) ist also eine Ableitung in einem Kalkül, der $(A_1')$ $+++$ als Anfang enthält und außerdem die Regeln

$$(R_1') \qquad ++a \to ++a\circ$$
$$(R_2') \qquad ++a \to +++a+.$$

Anders ausgedrückt: nach Hinzufügung von $(A_1')$, $(R_1')$ und $(R_2')$ zu $K$ ist $++S$ ableitbar. Damit haben wir die folgende Aussage bewiesen:

$$+++; \ ++a \xrightarrow{a} ++a\circ; \ ++a \xrightarrow{a} +++a+ \vdash_K ++s. \qquad (4.3)$$

Angewendet auf $K_1$ statt $K$ ergibt diese Aussage das gesuchte $\vdash_{K_1} ++s$, denn für $K_1$ ist ja $+++$ ableitbar, und die Regeln $++a \to ++a\circ$ und $++a \to +++a+$ sind zulässig.

Die Methode des Beweises von (4.3) ist äußerst wichtig und vielfacher Anwendung fähig. Bemerken wir zunächst, daß wir an Stelle von $++s$ selbstverständlich allgemein irgendeine Formel $A(s)$ setzen können, in der $s$ vorkommt. Die Methode beweist also auch

$$A(+); \; A(a) \underset{a}{\to} A(a\circ); \; A(a) \underset{a}{\to} A(+a+) \vdash_K A(s). \tag{4.4}$$

Gehen wir nicht von dem Kalkül $K_1$ aus, sondern von irgendeinem Kalkül $K_0$ mit den Anfängen $A_1, A_2, \ldots$ und den Regeln

$$B_1^1, B_2^1, \ldots \to B^1$$
$$B_1^2, B_2^2, \ldots \to B^2,$$
$$\vdots$$

und führen wir Objektvariable $s$ für die in $K_0$ ableitbaren Ausdrücke ein, dann erhalten wir für jeden Kalkül $K$ und jede Formel $C(s)$ von $K$ die Aussage

$$\left.\begin{array}{l} C(A_1), C(A_2), \ldots; \; C(B_1^1), C(B_2^1), \ldots \to C(B^1); \\ \qquad C(B_1^2), C(B_2^2), \ldots \to C(B^2); \ldots \;\; \vdash_K C(s) \end{array}\right\} \tag{4.5}$$

(links von $\vdash$ sind alle eventuell auftretenden freien Variablen zu binden!).

Eine Aussage von solcher Allgemeinheit wie (4.5) — sie gilt für beliebige Kalküle $K$, beliebige Objektvariable $s$ und beliebige Formeln $C(s)$ — wollen wir ein „Prinzip" nennen (das Deduktionsprinzip ist ebenfalls von ähnlicher Allgemeinheit). Wir nennen die Aussage (4.5) das „*Induktionsprinzip*", — weil es speziell für die Arithmetik die dort so bezeichnete Aussage enthält. Nehmen wir nämlich $n$ als Objektvariable für die nach

$$(A) \quad |$$
$$(R) \quad a \to a| \quad (a \text{ Eigenvariable})$$

ableitbaren Figuren, also für die Grundzahlen, so geht (4.5) über in:

$$A(|); \; A(m) \underset{m}{\to} A(m|) \vdash A(n). \tag{4.6}$$

Diese Ableitbarkeitsaussage gilt für jeden Kalkül $K$ — wir haben daher einfach $\vdash$ statt $\vdash_K$ geschrieben.

Vergleichen wir (4.6) mit den üblichen Formulierungen des arithmetischen Induktionsprinzips (oder Induktionsaxioms) etwa: „gilt eine Aussage für $|$ und folgt aus ihrer Gültigkeit für $m$ die Gültigkeit für $m|$, dann gilt die Aussage für alle $n$", so sehen wir, daß wir in (4.6) eine Fassung dieses Prinzips vor uns haben, in der die Worte „Aussage", „Gültigkeit", „und", „folgt", „dann gilt" der Umgangssprache einen genauen Sinn für das schematische Operieren bekommen haben. Wir könnten deshalb (4.6) auch kurz eine „operative Deutung" des arithmetischen Induktionsprinzips nennen. Wir werden im folgenden der gesamten Logik und Mathematik eine solche operative Deutung geben. Es ist klar, daß hierbei alle „Axiome" durch Definitionen und Beweise (wobei „Beweis" natürlich nicht „Ableitung in einer axiomatischen Theorie" meint) zu ersetzen sein werden. Das ist zwar mühsamer als die axiomatische Methode — es hat aber den Vorteil, daß die Mathematik dadurch aufhört, die Wissenschaft zu sein, „bei der wir niemals wissen, worüber wir reden, noch ob das, was wir sagen, wahr sei" (RUSSELL 1901).

Zunächst gehen wir jedoch noch auf ein weiteres Prinzip ein, das häufig zum Beweis für Zulässigkeitsaussagen verwendet werden kann.

Wir betrachten wieder den Kalkül $K_1$ und behaupten

$$\vdash_{K_1} a\circ \to a. \tag{4.7}$$

Wir fügen $a\circ \to a$ zu den Regeln von $K_1$ hinzu. Eine Ableitung, in der diese Regel vorkommt, hat die Form

$$
\begin{array}{lll}
1. & + & \\
\vdots & & \\
m. & A\circ & \\
\vdots & & \\
m \to n. & A & a\circ \to a. \\
\vdots & &
\end{array}
$$

Zur Elimination der Regel ist die Zeile $n$ zu streichen und durch eine Ableitung von $A$ in $K_1$ zu ersetzen. Diese Ableitung gewinnen wir auf folgende Weise:

Die ersten $m$ Zeilen (in denen $a\circ \to a$ nicht angewendet wird) bilden eine Ableitung von $A\circ$. Diese sieht folgendermaßen aus:

$$
\begin{array}{lll}
1. & + & \\
\vdots & & \\
l. & A & \\
\vdots & & \\
l \to m. & A\circ & R_1.
\end{array}
$$

Die Zeile $m$ ist nämlich eine Anwendung von $(R_1)$, da $A\circ$ mit dem Atom $\circ$ endet [die Hinterformeln aller anderen Regeln, d.h. $(A_1)$ und $(R_2)$, enden mit dem Atom $+$]. Die Vorderformel von $(R_1)$ ist $a$, d.h. in den Zeilen 1 bis $m-1$ ist eine Ableitung von $A$ enthalten. Damit haben wir ein Verfahren beschrieben, wie eine Ableitung von $A$ zu finden ist. Die Regel $a\circ \to a$ ist also als zulässig in $K_1$ bewiesen.

Dieses Eliminationsverfahren benutzt den Umstand, daß eine Belegung der Vorderformel $a\circ$ nur bei gewissen Regeln des Kalküls (hier $(R_1)$) als Belegung der Hinterformel auftritt. Eine Ableitung, in der $A\circ$ auftritt, muß also auch die Belegung der Vorderformeln dieser Regel (hier $A$) enthalten.

Ein weiteres Beispiel wird das Prinzip deutlich machen. Wir betrachten $K_3$ aus § 1 und behaupten

$$\vdash_{K_3} |a \to \circ a\circ.$$

Eine Ableitung in $K_3$ nach Hinzufügung von $|a \to \circ a \circ$, in der diese Regel zum erstenmal in Zeile $n$ benutzt wird, und dort $\circ A \circ$ liefert, enthält in den vorangehenden Zeilen eine Ableitung von $|A$ in $K_3$. Eine Ableitung von $|A$ in $K_3$ enthält in der letzten Zeile eine Anwendung von einer der beiden Regeln $(R_2)$, $(R_3)$ (denn die Belegungen der Hinterformeln aller anderen Regeln sind ungleich $|A$). Also enthält die Ableitung von $|A$ in den vorangehenden Zeilen eine Ableitung von einer der beiden Aussagen $A$, $A \circ$. Enthält sie eine Ableitung von $A$, dann gewinnen wir daraus $\circ A \circ$ durch $(R_1)$, enthält sie eine Ableitung von $A \circ$, dann gewinnen wir daraus $\circ A \circ$ durch $(R_4)$. In beiden Fällen erhalten wir eine Ableitung von $\circ A \circ$. Ersetzen wir die Zeile $n$ durch eine solche Ableitung, so haben wir damit die Elimination von $|a \to \circ a \circ$ durchgeführt. Eine Belegung der Vorderformel $|a$ von $(R)$ $|a \to \circ a \circ$ kommt als Belegung der Hinterformel nur in den Regeln $(R_2)$, $(R_3)$ vor. Die Vorderformeln dieser Regeln sind $a$ bzw. $a \circ$. Die Regeln $(R_2')$ $a \to \circ a \circ$ bzw. $(R_3')$ $a \circ \to \circ a \circ$ [diese haben die Vorderformeln von $(R_2)$ bzw. $(R_3)$ und die Hinterformel von $(R)$] sind zulässig in $K_3$, also ist auch $(R)$ zulässig.

Wären die Regeln $(R_2')$, $(R_3')$ nicht zulässig, so hätten wir immer noch $R_2'; R_3' \vdash_{K_3} R$ beweisen können. Da die Methode dieses Beweises im einfachsten Falle, z.B. (4.7), bewirkt, eine der Regeln „umzukehren" (aus $a \to a \circ$ wird $a \circ \to a$), nennen wir die allgemeinste Aussage, die sich mit dieser Methode beweisen läßt, das „*Inversionsprinzip*".

Es sei $K$ ein Kalkül und $A \to B$ eine Regel mit Formeln dieses Kalküls. Die Vorderformel $A$ sei derart, daß nur für die Regeln

$$A_1^1, A_2^1, \ldots \xrightarrow[x, y, \ldots]{} A^1$$
$$A_1^2, A_2^2, \ldots \xrightarrow[x, y, \ldots]{} A^2$$
$$\vdots$$

durch eventuelle Ersetzung der unter den Regeln angegebenen Objektvariablen die Hinterformel in Belegungen von $A$ übergeht. Alle in den Regeln eventuell zu ersetzenden Variablen mögen in $A$ frei vorkommen. Dann gilt

$$A_1^1, A_2^1, \ldots \xrightarrow[x, y, \ldots]{} B; \quad A_1^2, A_2^2, \ldots \xrightarrow[x, y, \ldots]{} B; \ldots \vdash_K A \to B. \qquad (4.8)$$

Die einschränkende Bedingung, die für (4.8) erforderlich ist, daß nämlich gewisse Objektvariable in $A$ vorkommen, ist z.B. im folgenden Fall nicht erfüllt. Für den Kalkül $K_2$ von § 1 ist eine Belegung der Vorderformel der Regel $a \circ \to b$ nur aus der Hinterformel von $(R_2)$ $a, b \to a b$ durch Ersetzung von $a$ und $b$ zu erhalten. Die Aussage

$$a, b \xrightarrow[a,b]{} b \vdash_{K_2} a \circ \to b$$

ist widerlegbar. Denn $a, b \to b$ ist in $K_2$ — übrigens in jedem Kalkül! — zulässig, $a \circ \to b$ ist aber in $K_2$ unzulässig. Mit $a \circ \to b$ wäre z.B. $+$ ableitbar, in $K_2$ ist $+$ jedoch unableitbar.

Bei jedem Gebrauch des Inversionsprinzips (4.8) ist darauf zu achten, daß zunächst für die Belegungen $A'$ der Vorderformel $A$ von $A \rightarrow B$ bewiesen werden muß, daß ein $A'$ als Hinterformel nur in gewissen Regeln auftreten kann, d.h. daß die Belegungen der Hinterformeln der anderen Regeln (bei jeder Ersetzung der Variablen) ungleich $A'$ sind. Das Inversionsprinzip benutzt also die Ungleichheit von Figuren. Wir werden auf diese in § 5 und § 9 ausführlicher eingehen.

Eine wichtige Anwendung des Inversionsprinzips liegt vor beim Beweis eines der „Axiome" der Arithmetik, nämlich der Aussage

$$\vdash_K, x| = y| \rightarrow x = y$$

für den Kalkül $K_7$ aus § 2. Eine Belegung der Vorderformel ist nur aus der Hinterformel von $(R_1)$ $x = y \rightarrow x| = y|$ zu erhalten. (4.8) liefert daher

$$x = y \rightarrow x = y \vdash_{K_7}, \quad x| = y| \rightarrow x = y.$$

$x = y \rightarrow x = y$ ist in $K_7$ — wie in jedem Kalkül — zulässig, also gilt

$$\vdash_{K_7} x| = y| \rightarrow x = y.$$

Eine weitere Anwendung dieses Prinzips werden wir zum Beweis der „Axiome" der Logik — insbesondere für die Disjunktion — kennenlernen.

## §5. Unableitbarkeit und Gleichheit.

In § 3 haben wir eine Methode kennengelernt, um Zulässigkeitsaussagen zu beweisen. Diese Beweismethode der Eliminationsverfahren benutzt nirgendwo den Begriff der Unableitbarkeit. Aber zur Widerlegung von Zulässigkeitsaussagen ist es erforderlich, Unableitbarkeitsaussagen beweisen zu können. Diese Möglichkeit einer Widerlegung macht ja die Behauptung von Zulässigkeitsaussagen erst sinnvoll, sie zwingt uns, vorsichtig mit diesen Behauptungen zu sein. Gäbe es keine Möglichkeit der Widerlegung, so könnte jedermann bedenkenlos solche Behauptungen aufstellen. (Wer „Axiome" der Mengenlehre postuliert, ist etwa in dieser Lage — die einzelnen Axiome sind unwiderlegbar. Man ist hier allerdings an die Bedingung gebunden, daß das System aller Axiome widerspruchsfrei ist.)

In den bisherigen Paragraphen hatten wir Beispiele von Unableitbarkeiten erwähnt, die wir jetzt genauer untersuchen wollen. Die Unableitbarkeitsaussagen für $K_7$ werden wir später in Kap. 3 untersuchen.

$K_1$ ist definiert durch

$$(A_1) \qquad +$$
$$(R_1) \quad a \rightarrow a\circ$$
$$(R_2) \quad a \rightarrow +a+.$$

Die Aussagen von $K_1$ sind aus den Atomen $+$ und $\circ$ zusammengesetzt.
Nun ist z. B. $|$ ein zu $+$ und $\circ$ ungleiches Atom. Woher wissen wir dann,
daß ein Zeichen, in dem $|$ vorkommt, keine Aussage, insbesondere also
keine ableitbare Aussage von $K_1$ ist? Stellen wir uns einmal vor, es
gäbe nur endlich viele Aussagen von $K_1$ (was sicher nicht der Fall ist).
Dann könnten wir diese endlich vielen Aussagen in einer Zeile anschreiben, etwa

$$A_1, A_2, \ldots .$$

Wird jetzt von einer Figur $A$ behauptet, sie sei keine Aussage von
$K_1$, so ließe sich das dadurch feststellen, daß wir $A$ mit allen Figuren
vergleichen. Das Vermögen, Figuren zu vergleichen, haben wir schon
seit § 1 benutzt. Wird nämlich ein Kalkül etwa dadurch definiert, daß
unter den Anfängen die Figur $+\circ$ aufgeführt wird, dann heißt das ja,
daß wir in jeder Ableitung als Anfang *eine* Figur $+\circ$ benutzen dürfen.
Der Ausdruck „die Figur $+\circ$" ist nicht als Eigenname für einen (ein-
maligen) Gegenstand gebraucht, sondern kennzeichnet alle Figuren $+\circ$,
d. h. alle zu $+\circ$ gleichen Figuren.

Sind die Regeln (einschließlich der Anfänge) eines Kalküls ange-
schrieben, dann ist zur Ableitung von Aussagen nach diesen Regeln
erforderlich, daß man für eine Figur, die man gerade hinschreibt, entscheiden kann, ob sie zu einer Figur, die in der Regel vorkommt, gleich
oder ungleich ist. Von diesem Vermögen, Figuren zu vergleichen, haben
wir Gebrauch gemacht. — übrigens sicherlich noch von vielen anderen
Vermögen (z. B. Figuren an einer bestimmten Stelle aufzuschreiben,
sich so etwas, wie eine „beliebige" Ableitung vorzustellen, usw.), aber
wir haben keine Aussagen über diese Vermögen gemacht mit dem
Zweck, diese Aussagen zum Beweis von anderen Aussagen (etwa über
die Zulässigkeit) zu benutzen. Schreiben wir für die Gleichheit von
zwei Figuren $X$, $Y$ kurz $X \equiv Y$, für die Ungleichheit $X \not\equiv Y$, so haben
wir das Vermögen benutzt, daß wir allemal feststellen können, ob $X \equiv Y$
gilt oder ob $X \not\equiv Y$ gilt. Die Benutzung dieses Vermögens ist jedoch
etwas gänzlich anderes als die Benutzung der Aussage „$X \equiv Y$ oder
$X \not\equiv Y$" — symbolisiert: $X \equiv Y \vee X \not\equiv Y$ — zum Beweis anderer Aussagen. Die Aussage $X \equiv Y \vee X \not\equiv Y$ ist vielmehr, wenn sie als mathematische Aussage auftritt, selbst erst zu beweisen. Und dazu ist eine
Definition von $\equiv$, $\not\equiv$ und $\vee$ erforderlich.

Es liegt darin kein Zirkel, daß wir zur Definition der Aussagen
mit $\equiv$, $\not\equiv$ schon von dem Vermögen, Figuren zu vergleichen, Gebrauch
machen werden. Das schematische Operieren geht methodisch den Aussagen über Figuren voran. Diese methodische Reihenfolge wird nicht
dadurch beeinflußt, daß in einem Buche über den methodischen Aufbau der Mathematik — wie z. B. in diesem Buche — mit Aussagen

über das schematische Operieren begonnen werden muß. Dieses Buch soll ja nur einen Lehrer ersetzen, der zuerst das schematische Operieren, dann den Beweis von Aussagen über dieses Operieren zu lehren hätte. Ein Lehrer könnte mit dem wortlosen Vormachen des schematischen Operierens beginnen. Ein Buch muß das Vormachen durch eine Beschreibung des Operierens ersetzen, nur deshalb muß ein Buch mit Aussagen über das Operieren beginnen.

Es sind also die Aussagen, die das schematische Operieren beschreiben — oder die den Menschen beschreiben, der schematisch operiert, insbesondere die Vermögen, die zum schematischen Operieren erforderlich sind —, zu unterscheiden von den mathematischen Aussagen, deren Aufstellung und Beweis methodisch gelehrt werden soll. Diese Unterscheidung kommt in diesem Buche dadurch zum Ausdruck, daß alle beschreibenden Aussagen in der Umgangssprache gemacht sind, alle mathematischen Aussagen aber in einer Symbolsprache.

Wie wird nun der Vergleich von Figuren, etwa von (1) $+o+oo++\div$ und (2) $+o+oo+++$ durchgeführt? Da wir üblicherweise von links nach rechts schreiben, wird es bequem sein, den Vergleich zweier Figuren $X$ und $Y$, hier z. B. (1) und (2), so durchzuführen, daß zunächst die ersten Atome von $X$ und $Y$ (die linken Anfänge) verglichen werden, dann die rechtsfolgenden Atome, usw. Kommen wir dabei bei einem Vergleichsschritt an zwei ungleiche Atome, dann nennen wir die Figuren $X$ und $Y$ ungleich: $X \not\equiv Y$, ebenso dann, wenn wir bei einem Zeichen am rechten Ende angelangt sind, bei dem anderen aber nicht.

Von der Gleichheit und Ungleichheit für Atome gehen wir also aus. In jedem Kalkül gibt es nur endlich viele Atome. Die Aussagen über den Vergleich können also in einer Tabelle aufgeschrieben werden, z. B.

$$(D_0^{00})\qquad
\begin{array}{c|ccc}
 & o & + & | \\
\hline
o & = & \not\equiv & \not\equiv \\
+ & \not\equiv & = & \not\equiv \\
| & \not\equiv & \not\equiv & = \\
\end{array}\;,$$

in der nur in der Diagonale $=$ steht, sonst $\not\equiv$.

Aus diesen Atomen werden aber unendlich viele „Aussagen" zusammengesetzt, so daß Gleichheit und Ungleichheit für beliebige Aussagen durch ein Verfahren definiert werden müssen. Die obige Beschreibung des Verfahrens zur Feststellung von Ungleichheiten liefert die folgenden Regeln zur Herstellung von „Ungleichheitsaussagen":

$$(D_1^{00}) \qquad\qquad uX \not\equiv v \qquad (u, v, \ldots \text{ Variable für Atome})$$

$$(D_2^{00}) \qquad\qquad u \not\equiv vX$$

$$(D_3^{00}) \quad X \not\equiv Y \to uX \not\equiv vY$$

$$(D_4^{00}) \quad u \not\equiv v \to uX \not\equiv vY.$$

Wir nennen das System dieser Regeln daher auch eine *Definition* der Ungleichheit. Im Unterschied zu den expliziten Definitionen heißen solche Definitionen *induktiv*. Genau dann, wenn $X \not\equiv Y$ nach dieser Definition ableitbar ist, liefert unser Vergleichsverfahren die Ungleichheit von $X$ und $Y$.

Wir werden zwei Figuren $X$ und $Y$ gleich nennen: $X \equiv Y$, wenn das Verfahren des schrittweisen Vergleichs der Atome von links nach rechts stets gleiche Atome liefert und bei beiden Figuren gleichzeitig zum letzten Atom führt. Dies liefert uns die folgende induktive Definition von Gleichheitsaussagen:

$$(D_5^{00}) \quad u \equiv v, \; X \equiv Y \to uX \equiv vY.$$

Nach Einführung der Gleichheit können wir nun explizit zum Ausdruck bringen, daß wir bei der Ableitung einer Figur $A$ in einem Kalkül nicht daran interessiert sind, etwas über eine individuelle Realisierung einer Figur zu behaupten, sondern daß es jederzeit erlaubt sein soll, von der Figur $A$ zu einer Figur $B$ überzugehen, wenn nur $A \equiv B$ gilt. Für jeden Kalkül, der die Definition der Gleichheit enthält, können wir also die folgende Zulässigkeit behaupten:

$$\vdash A \equiv B, \quad A \to B. \tag{5.1}$$

Wir nennen (5.1) das *Gleichheitsprinzip*. Weitere Erörterungen über die Gleichheit werden wir in § 9 geben.

Mit der Definition $(D_0^{00}) - (D_4^{00})$ der Ungleichheit haben wir ferner einen Weg zum Beweis von Unableitbarkeitsaussagen, nämlich durch den Beweis der Ungleichheit einer Figur zu allen ableitbaren Aussagen eines Kalküls.

Um etwa in $K_1$ die Unableitbarkeit von $\circ+$ zu beweisen, haben wir also für den durch $(D_0^{00}) - (D_4^{00})$ definierten Kalkül die Ableitbarkeit von $s \not\equiv \circ+$ (mit $s$ als Objektvariable für die in $K_1$ ableitbaren Aussagen) zu beweisen:

$$\vdash_{00} s \not\equiv \circ+ .$$

Wir benutzen hier $\vdash_{00}$ als Kennzeichen des Kalküls für die Gleichheit und Ungleichheit von Figuren.

Wir verwenden das Induktionsprinzip, das uns auf Grund der Definition von $K_1$ die Aussage

$$+\not\equiv \circ+ \, ; \quad a\not\equiv \circ+ \xrightarrow{a} a\circ\not\equiv \circ+ \, ; \quad a\not\equiv \circ+ \xrightarrow{a} +a+\not\equiv \circ+ \vdash_{0n} s\not\equiv \circ+$$

liefert. Zunächst gilt

$$\vdash_{00} \quad +\not\equiv \circ+$$

nach $(D_2^{00})$. Ferner sind die Regeln

$$a\not\equiv \circ+ \to \quad a\circ\not\equiv \circ+$$

und

$$a\not\equiv \circ+ \to +a+\not\equiv \circ+$$

zulässig, denn es gilt (1) $\vdash_{00} a\circ\not\equiv \circ+$ und (2) $\vdash_{00} +a+\not\equiv \circ+$. Von diesen Aussagen erhalten wir (2) aus $(D_4^{00})$, (1) ergibt sich aus der allgemeineren Aussage (3) $\vdash_{00} X\circ\not\equiv \circ+$, die für alle Figuren $X$ — nicht nur für die Aussagen von $K_1$ — gilt.

Hätten wir in der Definition $(D_0^{00}) - (D_4^{00})$ der Ungleichheit nicht stets $uX$ vor $Xu$, also das Linksanfügen vor dem Rechtsanfügen, ausgezeichnet, dann hätten wir statt $(D_4^{00})$ die Regel

$$u\not\equiv v \to Xu\not\equiv Yv$$

zur Verfügung, aus der (3) wegen $\circ\not\equiv +$ sofort folgt. Wir werden in § 9 sehen, daß alle Regeln, die aus $(D_1^{00}) - (D_4^{00})$ durch Vertauschung von $uX$ mit $Xu$ (und von $vY$ mit $Yv$) entstehen, zulässig sind. Für den Beweis von (3) genügt es jetzt, dieses für

$$X u\not\equiv v \tag{5.2}$$

$$u\not\equiv v \to Xu\not\equiv v_0 v \tag{5.3}$$

festzustellen.

Zum Beweis verwenden wir wieder das Induktionsprinzip, das uns auf Grund der Definition

$$\left. \begin{aligned} &u_0 && (u_0 \text{ Atomvariable}) \\ x \to &u_0 x && (x \text{ Eigenvariable}) \end{aligned} \right\} \tag{5.4}$$

von „Aussage"

$$A(u_0) \underset{u_0}{;} \, A(x) \xrightarrow[u_0,\,x]{} A(u_0 x) \vdash A(y)$$

liefert. Angewandt auf unseren Kalkül $(D_0^{00}) - (D_4^{00})$ folgt also aus

$$\vdash_{00} u_0 u\not\equiv v$$

$$\vdash_{00} x u\not\equiv v \to u_0 x u\not\equiv v$$

sofort (5.2). Weiter ergibt sich dann aus

$$\vdash_{00} u\not\equiv v \quad \to u_0 u\not\equiv v_0 v$$

und

$$\vdash_{00} u\not\equiv v \quad \to u_0 x u\not\equiv v_0 v$$

(es gilt $\vdash_{00} u_0 x u\not\equiv v_0 v$ wegen $\vdash_{00} x u\not\equiv v$) die Zulässigkeit von (5.3).

Es ist darauf zu achten, daß bei dem obigen Beweis von $\vdash_{00} s \not\equiv \circ +$, d.h. der Unableitbarkeit von $\circ +$ in $K_1$, keinerlei „logische Regeln" stillschweigend benutzt worden sind. Der Gang des Beweises ist vielmehr der, daß für den Kalkül $(D_0^{00}) - (D_4^{00})$ die Aussagen $a \circ \not\equiv \circ +$ und $+ a + \not\equiv \circ +$ als ableitbar bewiesen werden. Damit ist dann auch die Zulässigkeit der Regeln

$$a \not\equiv \circ + \rightarrow \quad a \circ \not\equiv \circ +$$

$$a \not\equiv \circ + \rightarrow + a + \not\equiv \circ +$$

bewiesen. Werden diese Regeln zu $(D_0^{00}) - (D_4^{00})$ hinzugefügt, dann ist nach dem Induktionsprinzip die Aussage $s \not\equiv \circ +$ ableitbar.

Bei diesem Beweis wird nicht aus verbalen Definitionen von „ableitbar" und „zulässig" logisch geschlossen — die Bedeutung der Worte „ableitbar" und „zulässig" (d.h. die Bedeutung des Symbols $\vdash$) muß vielmehr unabhängig von verbalen Formulierungen an hinreichend vielen Beispielen von Kalkülen verstanden sein. Wenn man will, könnte man hier von „inhaltlichem" Denken sprechen — aber der „Inhalt" ist nichts anderes als das schematische Operieren.

Nachdem wir die Möglichkeit von Unableitbarkeitsbeweisen gezeigt haben — und damit auch die Möglichkeit von Unzulässigkeitsbeweisen für Regeln —, wollen wir nicht auf weitere Beispiele eingehen. Wir haben ja gesehen, daß es sich auch hier nur um die Ableitbarkeit von Formeln handelt, nämlich im Kalkül von $(D_0^{00}) - (D_4^{00})$. Es wird sich daher empfehlen, vor allem die Methoden, Ableitbarkeits- und Zulässigkeitsbeweise zu führen, weiter auszubauen.

Im Anschluß an die Möglichkeit von Unableitbarkeitsbeweisen ergibt sich unmittelbar eine wichtige Klasse von zulässigen Regeln.

Wir bemerken dazu, daß in einem Kalkül, z.B. $K_1$, aus der Regel $(R_1)$ $a \rightarrow a \circ$ durch Einsetzung etwa $\circ + \rightarrow \circ + \circ$ entsteht. Diese Regel hat die Eigenart, daß ihre Vorderformel unableitbar ist, wie wir oben gesehen haben.

Sicherlich entspricht es eigentlich nicht dem Sinn der Regeln eines Kalküls, in ihnen die Aussagenvariablen so zu ersetzen, daß eine der Vorderformeln unableitbar wird. Da man jedoch meist nicht weiß, welche Aussagen ableitbar sind und welche nicht, wäre es unbequem, explizit nur Variablenersetzungen zu gestatten, die zu ableitbaren Vorderformeln führen. Man überlegt sich außerdem leicht, daß Regeln mit unableitbarer Vorderformel stets zulässig sind. Die Hinzunahme einer beliebigen solchen Regel, etwa $(R_3)$ $\circ + \rightarrow A$, kann die Klasse der in $K_1$ ableitbaren Aussagen nicht echt erweitern. Jede Ableitung in dem durch $(R_3)$ erweiterten Kalkül wird nämlich doch nur von den Regeln $(R_1)$, $(R_2)$ Gebrauch machen — die Regel $(R_3)$ kommt nicht wirklich vor.

Umgangssprachlich liegt es nahe, diesen Sachverhalt indirekt zu erschließen: Käme in einer Ableitung die Regel $(R_3)$ vor, etwa in der Zeile $n$ zum ersten Male:

$$\vdots$$
$$m. \quad \circ +$$
$$\vdots$$
$$m \to n. \quad A \quad R_3,$$

so müßte $\circ+$ schon vorher abgeleitet sein, also ohne Benutzung von $(R_3)$. Dies steht im Widerspruch zur Unableitbarkeit von $\circ+$, also, so wird man schließen, kommt $(R_3)$ in keiner Ableitung vor.

Ohne Verwendung der Negation könnte man sich durch eine Induktion über alle Ableitungen von diesem Sachverhalt überzeugen: (1) In der ersten Zeile einer Ableitung kommt $(R_3)$ sicher nicht vor, (2) enthält jede Ableitung, die aus $n$ Zeilen besteht, nur $(R_1)$, $(R_2)$, dann auch jede Ableitung, die aus $n+1$ Zeilen besteht. (Denn die Regel der Zeile $n+1$ hat als Vorderformel eine in $K_1$ ableitbare Formel, d. h. die Vorderformel ist $\not\equiv \circ+$, die Regel selbst ist also $\not\equiv R_3$.)

Für beliebige Kalküle erhalten wir durch diese Begründung das folgende Prinzip, das wir kurz das *Unableitbarkeitsprinzip* nennen wollen: *Ist $A$ unableitbar in einem Kalkül $K$, dann ist die Regel $A \to B$ zulässig in $K$.*

Dieses Prinzip entspricht in der traditionellen Logik dem Grundsatz, daß eine falsche Aussage jede beliebige Aussage impliziert: ex falso quodlibet sequitur. Es ist oft betont worden, daß dieser Grundsatz dem „inhaltlichen Denken" nicht adäquat sei. Im Gegensatz dazu sehen wir aber, daß dieser Grundsatz vom operativen Begriff der Zulässigkeit aus leicht zu rechtfertigen ist.

In den letzten Paragraphen haben wir damit fünf Prinzipien zur Gewinnung von zulässigen Regeln erhalten:

(1) Deduktionsprinzip;
(2) Induktionsprinzip;
(3) Inversionsprinzip;
(4) Gleichheitsprinzip;
(5) Unableitbarkeitsprinzip.

Es ist nicht einzusehen, in welchem Sinne eine „Vollständigkeit" dieser Liste von Prinzipien der Protologik behauptet werden könnte. Es bleibt die Möglichkeit offen, sich von der Zulässigkeit einer Regel in einem Kalkül zu überzeugen, nach Methoden, die sich nicht auf die aufgezählten Prinzipien zurückführen lassen. Es wird sich jedoch zeigen, daß bei dem Aufbau der Logik und Mathematik in den folgenden Kapiteln dieses Buches keine weiteren protologischen Prinzipien herangezogen zu werden brauchen.

# Kapitel 2.
# Die logischen Partikeln.

## §6. Konsequenzlogik.

In § 1 war der Begriff des Kalküls folgendermaßen eingeführt.

(1) Es seien endlich viele Atomfiguren gegeben, genannt die *primitiven Atome*. Die aus den primitiven Atomen zusammensetzbaren Figuren heißen *Aussagen*.

(2) Es seien ferner (endlich viele) Atomfiguren $a, b, \ldots$ als *Aussagenvariable* gegeben. Die aus primitiven Atomen und Aussagenvariablen zusammensetzbaren Figuren heißen *Formeln*. Die Formeln, in denen Aussagenvariable auftreten, heißen *Aussageformen*.

(3) Es seien schließlich endlich viele *Regeln*

$$A_1^1, A_2^1, \ldots A_{m_1}^1 \to A^1$$
$$A_1^2, A_2^2, \ldots A_{m_2}^2 \to A^2$$
$$\vdots$$

gegeben mit gewissen Formeln $A_1^1, A_2^1, \ldots, A_1^2, A_2^2, \ldots, \ldots$ und $A^1, A^2, \cdots$. Einige der Zahlen $m_1, m_2, \ldots$ dürfen 0 sein, d.h. die Vorderformeln dürfen fehlen. Eine Regel ohne Vorderformeln heißt ein *Anfang* (wir lassen dann auch den Pfeil $\to$ weg).

Das Auftreten von Objektvariablen. z.B. in § 4, legt eine Erweiterung dieses Kalkülbegriffes nahe, bei der wir uns auf die folgende Möglichkeit beschränken wollen.

(1') Zur Definition der Aussagen eines Kalküls $K$ sei außer den primitiven Atomen schon ein Kalkül $K_0$ — im Sinne von (1) bis (3) — gegeben und (endlich viele) Atomfiguren $x, y, \ldots$ als *Objektvariable*. Wir bilden zunächst Formeln, die nur zusammengesetzt sind aus primitiven Atomen und Objektvariablen. Alle Belegungen, die aus diesen Formeln bei Ersetzung aller Objektvariablen durch Objekte, d.h. in $K_0$ ableitbare Figuren, entstehen, heißen Aussagen.

(2') Zur Zusammensetzung von Formeln von $K$ dürfen außer den primitiven Atomen und den Objektvariablen auch Aussagenvariable mit Argumenten, d.h. Figuren der Form

$$a, b, \ldots$$
$$a(x), b(y), \ldots$$
$$a(x_1, x_2), b(y_1, y_2), \ldots,$$
$$\vdots$$

benutzt werden. Werden in einer Formel einige vorkommende Objektvariable durch Objekte ersetzt, dann sei auch die entstehende Figur eine Formel von $K$.

(3') wörtlich wie (3).

Die ableitbaren Aussagen, Aussageformen und Formeln von $K_0$ nennen wir als Figuren von $K$: *Objekte*, *Objektformen* und *Terme*. Die Belegungen eines Terms durch Objekte sind also stets wieder Objekte.

An einigen Beispielen von Kalkülen haben wir uns überlegt, wie Aussagen der Form $R_1; \ldots; R_n \vdash R$ zu beweisen sind, d.h. wie man die Zulässigkeit einer Regel $R$ in einem Kalkül nach Hinzufügung weiterer Regeln $R_1; \ldots; R_n$ (eventuell $n = 0$) beweisen kann. Unter Regeln sind hierbei Figuren der Form $A_1, \ldots, A_m \to A$ (eventuell $m = 0$) zu verstehen mit Formeln $A_1, \ldots, A_m$ und $A$. Kommt in einer solchen Regel $R$ eine Variable $x$ vor, etwa eine Objektvariable, dann ist auch die durch Bindung von $x$ entstehende Figur $\underset{x}{R}$ eine Regel. Sind mehrere Variable zu binden, dann schreiben wir $\underset{x,\,y,\,\ldots}{R}$.

Im allgemeinen ist bei einer Zulässigkeitsbehauptung der Kalkül $K$ anzugeben, für den sie behauptet wird. An Beispielen in Kap. 1 haben wir aber schon gesehen, daß gewisse Zulässigkeitsaussagen für *jeden* Kalkül gelten, etwa das arithmetische Induktionsprinzip

$$A(|); \; A(m) \underset{m}{\longrightarrow} A(m|) \vdash A(n)$$

und auch z. B.

$$\vdash A, B \to A\,.$$

Wir wollen in diesem Kapitel die Frage nach solchen Zulässigkeiten, die für beliebige Kalküle gelten, untersuchen und kommen damit von der Protologik zur „Logik" im engeren Sinne.

Eine Regel, die für jeden Kalkül zulässig ist, nennen wir *allgemeinzulässig*. Wir beschränken uns zunächst — um mit einer möglichst einfachen Fragestellung zu beginnen — darauf, die in einem Kalkül auftretenden Aussagen als unzerlegbar zu betrachten. Objektvariable sollen noch nicht berücksichtigt werden, auch nicht die eventuellen Zerlegungen einer Aussage in andere Aussagen. Formeln mit gebundenen Variablen seien vorerst ebenfalls noch ausgeschlossen.

So lange wir von den Aussagen nicht berücksichtigen, daß in ihnen Objekte vorkommen können, ist es üblich, von *Aussagenlogik* zu sprechen. Die Aussagenlogik ist nur ein Teil der „Logik" (im engeren Sinne als Theorie der allgemeinzulässigen Regeln). In ihr werden die Aussagen nur durch Junktoren verbunden — deshalb heißt sie auch Junktorenlogik. In der sprachlichen Auffassung der Logik wird eine Aussage $A(X)$, in der ein Objekt vorkommt, stets entstanden gedacht durch Zusammenfügung des Objekts $X$ (als Subjekt) mit einem „Prädikat". Daher ist der Name „Prädikatenlogik" üblich geworden für die Logik, in der das Vorkommen von Objekten in den Aussagen berücksichtigt wird. Aussagen eines Kalküls, wie etwa $+X_1 + + X_2 + + + X_3 + + + + \cdots$ kommen jedoch nicht dadurch zustande, daß zunächst die Objekte $X_1, X_2, \ldots$ vorhanden

sind, zu denen ein „Prädikat" hinzugefügt wird. Es ist vielmehr so, daß
die Aussagen unmittelbar aus den Objekten mit Hilfe weiterer Atome
zusammengesetzt werden. Wir werden später sehen, wie man zu jeder
Aussageform $A(x)$ eine „Menge" — im mehrstelligen Falle eine „Relation" — $M$ definiert, so daß $A(x)$ äquivalent mit $x \in M$ wird. Auch dies
ist jedoch kein Anlaß, von „Prädikaten" zu sprechen. Der entscheidende
Unterschied zwischen der Aussagenlogik und der sog. „Prädikatenlogik"
liegt darin, daß in der „Prädikatenlogik" die *Quantoren* (für alle $x$, für
manche $x$) verwendet werden, die Aussagenlogik dagegen quantorenfrei
ist. Falls es erforderlich ist, zu betonen, daß eine logische Betrachtung
nicht zur Aussagenlogik gehört, werden wir daher gelegentlich von
*Quantorenlogik* sprechen. Statt „Prädikatenkalkül" werden wir entsprechend entweder einfach „*Logikkalkül*" sagen oder aber „*Quantorenkalkül*".

In bezug auf die sonst übliche Unterscheidung „höherer Prädi-
katenlogiken" von der „elementaren Prädikatenlogik" wird sich herausstellen, daß sie in der operativen Mathematik nicht zu verwenden ist.
Die Rolle der höheren Prädikatenlogik wird von der Konstruktion der
Sprachschichten (Kap. 5) übernommen werden.

Wir knüpfen die Untersuchung der Aussagenlogik daran an, daß wir
in Kap. 1 gesehen haben, daß es zum Beweis einer Zulässigkeitsaussage

$$R_1; \ldots; R_n \vdash R$$

genügt, ein Verfahren zur Elimination von $R$ anzugeben. Soll eine
Allgemeinzulässigkeit bewiesen werden, so darf von dem zugrunde liegenden Kalkül keine Besonderheit vorausgesetzt werden. Ein Beispiel wie

$$A_1 \to A_2; \; A_2 \to A_3 \vdash A_1 \to A_3 \qquad (6.1)$$

kann die Methode solcher Beweise erläutern. Zu einem beliebigen
Kalkül $K$ werden $A_1 \to A_2$ und $A_2 \to A_3$ hinzugefügt. Es ist dann zu
beweisen, daß in diesem erweiterten Kalkül $K'$ die Regel $A_1 \to A_3$ zulässig ist.

Eine Ableitung in $K'$, die auch noch $A_1 \to A_3$ benutzt, sieht folgendermaßen aus:

$$
\begin{array}{lll}
& \vdots & \\
m. & A_1 & \\
& \vdots & \\
m \to n. & A_3 & A_1 \to A_3\,. \\
& \vdots &
\end{array}
$$

Die Elimination der Regel $A_1 \to A_3$ geschieht, indem die Zeile $n$ gestrichen wird und durch

$$
\begin{array}{lll}
m \to n. & A_2 & A_1 \to A_2 \\
n \to n+1. & A_3 & A_2 \to A_3
\end{array}
$$

ersetzt wird. Dadurch entsteht eine Ableitung in $K$.

Ein weiteres Beispiel liefert

$$\vdash A_1, \ldots, A_m \to A_\mu \qquad (\mu = 1, \ldots, m). \tag{6.2}$$

Zum Beweis der Zulässigkeit von $A_1, \ldots, A_m \to A_\mu$ hat man diese Regel aus jeder Ableitung zu eliminieren. Ist

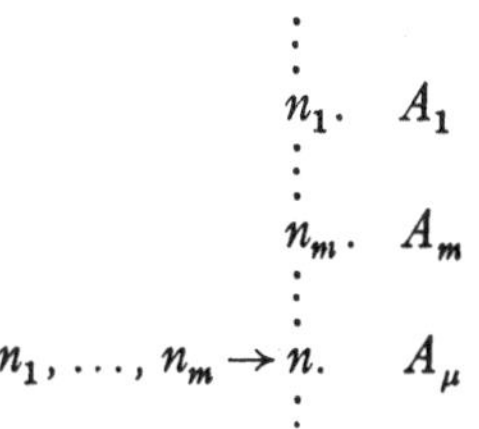

eine solche Ableitung, so braucht nur die Zeile $n$ gestrichen zu werden und darunter statt auf $n$ stets auf $n_\mu$ verwiesen zu werden.

Ersichtlich sind die Regeln $A_1, \ldots, A_m \to A_\mu$ die einzigen Regeln, die allgemeinzulässig sind. Bei allen anderen Allgemeinzulässigkeiten müssen auch links von $\vdash$ Regeln auftreten.

Das Beispiel (6.1) läßt sich leicht verallgemeinern zu der folgenden Allgemeinzulässigkeitsaussage:

$$\left. \begin{array}{l} A_1, \ldots, A_m \to B_1; \ldots; A_1, \ldots, A_m \to B_n; \\ B_1, \ldots, B_n \to B \vdash A_1, \ldots, A_m \to B. \end{array} \right\} \tag{6.3}$$

Beweis. Eine Ableitung, die $A_1, \ldots, A_m \to B$ benutzt:

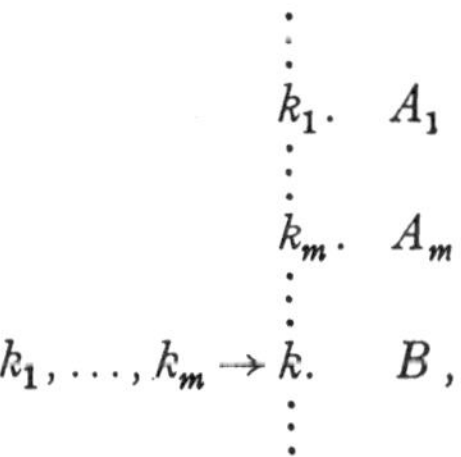

kann folgendermaßen umgeformt werden. Die Zeile $k$ wird gestrichen und durch

$$
\begin{array}{lll}
k_1, \ldots, k_m \to k. & B_1 & A_1, \ldots, A_m \to B_1 \\
\qquad \vdots & & \\
k_1, \ldots, k_m \to k+n-1. & B_n & A_1, \ldots, A_m \to B_n \\
k, k+1, \ldots, k+n-1 \to k+n. & B & B_1, \ldots, B_n \to B
\end{array}
$$

ersetzt.

Durch (6.2) und (6.3) haben wir eine gewisse Kenntnis über die Klasse der zulässigen Regeln eines Kalküls $K$ erhalten. Wir wissen jetzt, daß

I. die Regeln $A_1, \ldots, A_m \to A_\mu$ $(\mu = 1, \ldots, m)$ in jedem Kalkül zulässig sind,

II. in jedem Kalkül, in dem die Regeln

$$A_1, \ldots, A_m \to B_1$$
$$\vdots$$
$$A_1, \ldots, A_m \to B_n$$
$$B_1, \ldots, B_n \to B$$

zulässig sind, auch die Regel $A_1, \ldots, A_m \to B$ zulässig ist.

Haben wir also die Zulässigkeit einiger Regeln in einem Kalkül $K$ bewiesen, dann gestatten uns I. und II. weitere Regeln zu finden, die auch zulässig in $K$ sind. Diese Auffassung führt zur Aufstellung eines „Metakalküls" $MK$ von $K$. Als „Aussagen" des Metakalküls $MK$ fungieren die Figuren der Form $A_1, \ldots, A_m \to A$ mit Formeln $A_1, \ldots, A_m$ und $A$ des „Grundkalküls" $K$. Jede ableitbare Aussage von $MK$ soll eine zulässige Regel von $K$ sein. Durch diese Bestimmungen ist $MK$ noch nicht eindeutig festgelegt. Zu einem Kalkül im bisherigen Sinne gehört ja die Angabe endlich vieler Anfänge und endlich vieler Regeln. Bei den Metakalkülen verzichten wir darauf und nehmen insofern eine Erweiterung des Begriffes Kalkül vor.

Auf Grund von I. können für $MK$ jedenfalls die Regeln

$$\text{(I)} \qquad A_1, \ldots, A_m \to A_\mu \qquad (\mu = 1, \ldots, m)$$

als „Anfänge" genommen werden. Auf Grund von II. können wir ferner die folgenden Metaregeln für $MK$ als „Regeln" aufstellen:

$$\text{(II)} \qquad \begin{cases} A_1, \ldots, A_m \to B_1; \ldots; A_1, \ldots, A_m \to B_n; \\ B_1, \ldots, B_n \to B \dashrightarrow A_1, \ldots, A_m \to B. \end{cases}$$

Die Symbole „," und „$\to$", die bei den bisherigen Kalkülen zur Mitteilung der zu vollziehenden Operationen dienten, sind jetzt bedeutungsfreie Figuren. Sie sind Bestandteile der Aussagen des $MK$. Die Symbole „;" und „$\dashrightarrow$" haben dagegen jetzt genau die Bedeutung, die „," und „$\to$" bei den Kalkülen bisher hatten. Sie dienen zur Mitteilung der Operationen, die mit den Aussagen des $MK$ zu vollziehen sind.

Wir fragen jetzt nach weiteren Metaregeln

$$R_1; \ldots; R_k \dashrightarrow R,$$

die zu $MK$ hinzugefügt werden können, so daß alle in $MK$ ableitbaren Aussagen noch zulässige Regeln von $K$ bleiben. Solche Metaregeln wollen wir selbst wieder „zulässig" in $K$ nennen und schreiben:

$$\vdash_K R_1; \ldots; R_k \dashrightarrow R.$$

Eine zulässige Metaregel von $K$ ist also eine Regel über Regeln, die, angewandt auf zulässige Regeln von $K$, stets wieder eine zulässige Regel von $K$ liefert. Aus $R_1; \ldots; R_K \vdash R$ folgt $\vdash R_1; \ldots; R_K \to R$, aber nicht umgekehrt.

Wir verwenden hier dasselbe Wort „zulässig" für Regeln und Metaregeln, weil es sich beidemale um Spezialisierungen desselben Begriffs handelt, der sich allgemein folgendermaßen definieren ließe. Es sei eine Klasse $\Re$ von Objekten vorgegeben. Eine Regel $(R)$ $X_1, \ldots, X_n \to X$ heißt dann zulässig bezüglich $\Re$, wenn eine Anwendung der Regel $(R)$, die von Objekten von $\Re$ ausgeht, allemal wieder zu einem Objekt von $\Re$ führt. In üblicher Terminologie ist die Regel $(R)$ also genau dann zulässig bezüglich $\Re$, wenn die Klasse $\Re$ „abgeschlossen" ist bezüglich der Abbildung, die $X_1, \ldots, X_n$ abbildet auf $X$. Könnten wir die Logik schon voraussetzen, so ließe sich sagen, daß $(R)$ genau dann zulässig bezüglich $\Re$ ist, wenn die Subjunktion:

$$\text{Wenn } X_1 \in \Re \text{ und } \ldots \text{ und } X_n \in \Re, \text{ dann } X \in \Re$$

gilt. Die „Gültigkeit" von Subjunktionen wird für uns aber erst durch die Zulässigkeit von Regeln zu definieren sein.

Die Aufstellung des Metakalküls hat den Vorteil, daß für Zulässigkeitsbehauptungen $R_1; \ldots; R_k \vdash R$ nicht immer auf Eliminationsverfahren zurückgegriffen werden muß, sondern der Beweis gegebenenfalls durch Ableitung im Metakalkül erbracht werden kann. Beispiel:

$$A \to B_1; \; B_1, B_2 \to B \vdash A, B_2 \to B. \tag{6.4}$$

Beweis. Wir fügen zu den Regeln (I) als Anfängen des $MK$ hinzu:

$$A \to B_1$$
$$B_1, B_2 \to B.$$

Zur Ableitung von Aussagen des $MK$ dient jetzt die Metaregel (II):

$$
\begin{array}{rll}
1. & A \to B_1 & \\
2. & A, B_2 \to A & \text{(I)} \\
2, 1 \to 3. & A, B_2 \to B_1 & \text{(II)} \\
4. & A, B_2 \to B_2 & \text{(I)} \\
5. & B_1, B_2 \to B & \\
3, 4, 5 \to 6. & A, B_2 \to B & \text{(II)}.
\end{array}
$$

Nach (6.4) ist die Metaregel

$$A \to B_1; \; B_1, B_2 \to B \dashrightarrow A, B_2 \to B$$

für jeden Kalkül zulässig, also allgemeinzulässig.

Während die allgemeinzulässigen Regeln die triviale Klasse der Regeln (I) bilden, zeigt die Klasse der allgemeinzulässigen Metaregeln schon interessantere Strukturen. Fassen wir die Anfänge eines Kalküls als Spezialfälle der Regeln (nämlich als Regeln ohne Vorderformeln) auf, so gehören zu den allgemeinzulässigen Metaregeln auch solche wie die folgenden:

$$A; \ A \to B \dashrightarrow B \tag{6.5}$$

$$A_1; \dots; A_m; \ A_1, \dots, A_m, \dots, A_n \to A \dashrightarrow A_{m+1}, \dots, A_n \to A. \tag{6.6}$$

Die Beweise sind mit Hilfe von I. und II. leicht zu führen.

Selbstverständlich gehören zu den allgemeinzulässigen Metaregeln auch

$$A_1; \dots; A_m \dashrightarrow A_\mu \qquad (\mu = 1, \dots, m). \tag{6.7}$$

Hier ist aber die Unterscheidung von $A_1, \dots, A_m \to A_\mu$ überflüssig. Eine solche „entartete" Metaregel $A_1; \dots; A_m \dashrightarrow A$ ist für einen Kalkül $K$ ja genau dann zulässig, wenn die Regel $A_1, \dots, A_m \to A$ zulässig ist.

Um auf einfache Weise zulässige Metaregeln eines Kalküls zu bekommen, iterieren wir unsere Fragestellung nach der Zulässigkeit nochmals.

Wir waren ausgegangen von einem Kalkül $K$, der uns eine Klasse von ableitbaren Aussagen liefert. Wir fragten (1) nach zulässigen Regeln von $K$, d. h. solchen, die auf ableitbare Aussagen angewandt, stets ableitbare Aussagen liefern. Wir fragten (2) nach zulässigen Metaregeln von $K$, d. h. solchen, die auf zulässige Regeln angewandt, stets zulässige Regeln liefern. Jetzt fragen wir (3) nach zulässigen Metametaregeln von $K$, d. h. solchen, die auf zulässige Metaregeln angewandt, stets zulässige Metaregeln liefern.

Die zulässigen Metametaregeln — kurz $M^2R$ — operieren mit Metaregeln $MR$ als Aussagen. Die Symbole „ , $\to$ ; $\dashrightarrow$" sind also jetzt als bedeutungsfreie Figuren anzusehen. Zur Mitteilung der Operation, die aus den Metaregeln $MR_1, \dots, MR_n$ die Metaregel $MR$ herstellt, benutzen wir „;" und „$\dashrightarrow$". Die $M^2R$ haben also die Form

$$MR_1; \dots; MR_n \dashrightarrow MR.$$

Fragen wir jetzt nach den allgemeinzulässigen $M^2R$, d. h. solchen, die für jeden Kalkül $K$ zulässig sind, so ist zunächst zu bemerken, daß durch Einsetzung in jede allgemeinzulässige Regel

$$A_1, \dots, A_m \to A_\mu \qquad (\mu = 1, \dots, m)$$

stets eine allgemeinzulässige $M^2R$ entsteht:

$$MR_1; \dots; MR_m \dashrightarrow MR_\mu,$$

ebenso durch Einsetzung in allgemeinzulässige Metaregeln, z.B.:

$$R_1; \ldots; R_m \dashrightarrow R_1'; \ldots; R_1; \ldots; R_m \dashrightarrow R_n'; R_1'; \ldots; R_n' \dashrightarrow R' \dashrightarrow R_1; \ldots; R_m \dashrightarrow R'.$$

Diese allgemeinzulässigen $M^2R$ liefern ein Mittel, weitere zulässige $M^2R$ für $K$ zu finden, wenn einige schon bekannt sind.

Darüber hinaus behaupten wir jetzt, daß

III. in jedem Kalkül $K$, in dem die Metaregel

$$A_1; \ldots; A_m \dashrightarrow A_{m+1}, \ldots, A_n \rightarrow A$$

zulässig ist, auch die Metaregel

$$A_1; \ldots; A_{m-1} \dashrightarrow A_m, \ldots, A_n \rightarrow A$$

zulässig ist, und umgekehrt.

Zum Beweis zeigen wir, daß in jedem Kalkül $K$, in dem die Metaregel

$$A_1; \ldots; A_m \dashrightarrow A_{m+1}, \ldots, A_n \rightarrow A \tag{6.8}$$

zulässig ist, auch die Regel

$$A_1, \ldots, A_m, A_{m+1}, \ldots, A_n \rightarrow A \tag{6.9}$$

zulässig ist, und umgekehrt. Ersichtlich wird damit auch III. bewiesen sein. Wird die Regel (6.9) zu den Regeln von $K$ hinzugefügt, so sieht eine Ableitung, die (6.9) benutzt, folgendermaßen aus:

$$\begin{array}{l} \vdots \\ k_1.\ A_1 \\ \vdots \\ k_n.\ A_n \\ \vdots \\ k_1, \ldots, k_n \rightarrow k.\ A \qquad\qquad (6.9) \\ \vdots \end{array}$$

Um (6.9) zu eliminieren, benutzen wir zunächst, daß $A_1, \ldots, A_m$ ableitbar sind, also als Regeln (ohne Vorderformeln) zulässig sind. Die Zulässigkeit der Metaregel (6.8) liefert also die Zulässigkeit der Regel

$$A_{m+1}, \ldots, A_n \rightarrow A. \tag{6.10}$$

Ersetzen wir daher die Zeile $k$ der obigen Ableitung durch

$$k_{m+1}, \ldots, k_n \rightarrow k.\ A \tag{6.10},$$

dann ist (6.9) eliminiert.

Jetzt sei umgekehrt (6.9) zulässig. Eine Ableitung im Metakalkül, zu dem (6.8) hinzugefügt ist, sieht folgendermaßen aus:

$$
\begin{array}{ll}
\vdots & \\
k_1. & A_1 \\
\vdots & \\
k_m. & A_m \\
\vdots & \\
k_1, \ldots, k_m \to k. & A_{m+1}, \ldots, A_n \to A \\
\vdots &
\end{array}
\qquad (6.8)
$$

Nach der allgemeinzulässigen Metaregel (6.6) und auf Grund der Zulässigkeit von (6.9) ersetzen wir diese Ableitung durch die folgende

$$
\begin{array}{ll}
\vdots & \\
k_1. & A_1 \\
\vdots & \\
k_m. & A_m \\
\vdots & \\
k. & A_1, \ldots, A_n \to A \\
k_1, \ldots, k_m, k \to k+1. & A_{m+1}, \ldots, A_n \to A \\
\vdots &
\end{array}
$$

$$(6.9)$$
$$(6.6)$$

Damit ist (6.8) eliminiert.

Auf Grund von III. ergibt sich die Allgemeinzulässigkeit der Metametaregeln

(III im)　$A_1; \ldots; A_m \dashrightarrow A_{m+1}, \ldots, A_n \to A \dashrightarrow$
$$A_1; \ldots; A_{m-1} \dashrightarrow A_m, \ldots, A_n \to A$$

(III ex)　$A_1; \ldots; A_{m-1} \dashrightarrow A_m, \ldots, A_n \to A \dashrightarrow$
$$A_1; \ldots; A_m \dashrightarrow A_{m+1}, \ldots, A_n \to A.$$

Diese Regeln heißen die Regeln der Importation bzw. Exportation. Zusammen mit den Regeln I. (den Regeln der verallgemeinerten Reflexivität) und den Regeln II. (den Regeln der verallgemeinerten Transitivität) gestatten sie uns die Aufstellung eines „Logikkalküls", d.h. eines Kalküls zur Ableitung von allgemeinzulässigen Regeln, Metaregeln, Metametaregeln, usw.

Es ist klar, wie die Zulässigkeit von Regeln $R$, Metaregeln $MR$ und Metametaregeln $M^2R$ für einen Kalkül $K$ auszudehnen ist, wenn wir den Prozeß weiter iterieren und zu $M^3R, M^4R, \ldots$ übergehen.

Als gemeinsamen Namen für die Aussagen, Regeln, Metaregeln, ... gebrauchen wir jetzt „Aussage" und benutzen $A, B, C, \ldots$ als Mitteilungsvariable für diese Aussagen. Wir wollen die allgemeinzulässigen

Aussagen untersuchen und stellen dazu zunächst fest, wie beliebige Aussagen aufgebaut sind.

Die Atomfiguren sind das Komma „ , “, der Pfeil „→“ und die Buchstaben A, B, Γ, …, die wir als „Aussagensymbole“ neu einführen.

Aussagen — im neuen Sinne — sind:

$(\mathfrak{A}_1)$ A, B, Γ, … (die Aussagensymbole),
$(\mathfrak{A}_2)$ mit $A_1, \ldots, A_n$ und $A$ auch $A_1, \ldots, A_n \to A$.

Damit der Aufbau einer Aussage nach diesen Regeln ersichtlich ist, hätte man Klammern zu setzen, z.B. $(A \to B) \to Γ$ im Unterschied zu $A \to (B \to Γ)$. Um den Anschluß an unsere bisherigen Metaregeln usw. zu gewinnen, ersetzen wir die Klammern durch Punkte über den Zeichen „ , “ und „→“. Kommt in einer Aussage ein Teil $(\,)\circ(\,)$ vor — der Kreis $\circ$ ist entweder durch das Komma „ , “ oder den Pfeil „→“ zu ersetzen — und sind innerhalb der Klammern schon alle Klammern durch Punkte ersetzt, dann setze man über $\circ$ einen Punkt mehr als maximal in den Klammern über einem Zeichen stehen. Die bisherigen Metaregeln und Metametaregeln geben wohl genügend Beispiele für diese Schreibweise. Bei gleicher Anzahl von Punkten soll stets der Pfeil später als das Komma sein.

Zur Ableitung von allgemeinzulässigen Aussagen stellen wir die folgenden Regeln auf:

$(\mathfrak{R}_1)$ $\qquad A_1, \ldots, A_m \to A_\mu$ sei ableitbar für $\mu = 1, \ldots, m$,

$(\mathfrak{R}_2)$ mit $A_1, \ldots, A_m \to B_1 ,, \ldots ,, A_1, \ldots, A_m \to B_n$

$\qquad$ und $B_1, \ldots, B_n \to B$ sei auch $A_1, \ldots, A_m \to B$ ableitbar,

$(\mathfrak{R}_3)$ mit $A_1 ; \ldots ; A_m \overset{\cdot}{\to} A_{m+1}, \ldots, A_n \to A$

$\qquad$ sei auch $A_1 ; \ldots ; A_{m-1} \overset{\cdot}{\to} A_m, \ldots, A_n \to A$ ableitbar, und umgekehrt.

Wollen wir die Regeln $(\mathfrak{R}_1) - (\mathfrak{R}_3)$ symbolisieren, dann können wir den einfachen Pfeil → (mit oder ohne Punkte) zur Mitteilung der zu vollziehenden Operationen nicht mehr gebrauchen. Wir wählen daher den zweifachen Pfeil ⇒ und an Stelle des einfachen „ , “ das zweifache „ ,, “.

$(\mathfrak{R}_1)$
$$A_1, \ldots, A_m \Rightarrow A_1$$
$$\vdots$$
$$A_1, \ldots, A_m \to A_m$$

$(\mathfrak{R}_2)$ $\quad A_1, \ldots, A_m \Rightarrow B_1 ,, \ldots ,, A_1, \ldots, A_m \to B_n ,,$
$$B_1, \ldots, B_n \to B \Rightarrow A_1, \ldots, A_m \to B$$

$(\mathfrak{R}_3)$ $\quad A_1 ; \ldots ; A_m \overset{\cdot}{\to} A_{m+1}, \ldots, A_n \to A \Leftrightarrow A_1 ; \ldots ; A_{m-1} \overset{\cdot}{\to} A_m, \ldots, A_n \to A$.

Der zweifache Doppelpfeil ⇔ ersetzt hierbei ⇒ und ⇐, $(\mathfrak{R}_3)$ enthält also eigentlich zwei Regeln.

Mit der Aussagendefinition $(\mathfrak{A}_1) - (\mathfrak{A}_2)$ und dem Regelsystem $(\mathfrak{R}_1) - (\mathfrak{R}_3)$ haben wir unseren ersten Logikkalkül erhalten. Wir nennen ihn den *Konsequenzenkalkül L*. Es ist dabei zu beachten, daß wir bei einer Aussage

$$A_1, \ldots, A_m \to A$$

stets auch $m = 0$ zulassen. Die Aussage ist dann $A$, der Pfeil $\to$ soll also dann weggelassen werden.

Daher enthält $(\mathfrak{R}_2)$ z. B. die Spezialfälle

$$B_1 ,, \ldots ,, B_n ,, B_1, \ldots, B_n \to B \Rightarrow B$$

und $(\mathfrak{R}_3)$ enthält

$$A_1 \dashrightarrow A_2, \ldots, A_m \to A \Leftrightarrow A_1, \ldots, A_m \to A .$$

Diese Regel deutet ein Verfahren an, durch das jede Aussage $B$ des Konsequenzenkalküls eindeutig in eine andere $B'$ übergeführt werden kann, derart daß $B'$ (1) kommafrei ist, d. h. kein Komma enthält, und (2) mit $B$ logisch-äquivalent ist, d. h. daß $B \leftrightarrow B'$ in $L$ ableitbar ist. Man hat dazu nur $A_2, \ldots, A_m \to A$ durch $A_2 \dashrightarrow A_3, \ldots, A_m \to A$ zu ersetzen, so daß $A_1 \dashrightarrow A_2 \dashrightarrow A_3, \ldots, A_m \to A$ entsteht. Schließlich entsteht

$$A_1 \xrightarrow{(m-1)} A_2 \xrightarrow{(m-2)} A_3 \ldots A_{m-1} \dashrightarrow A_m \to A, \tag{6.11}$$

wobei „$(m-1)$" für $m-1$ Punkte steht, „$(m-2)$" für $m-2$ Punkte, .... Die logische Äquivalenz von $A_1, \ldots, A_m \to A$ mit (6.11) wird noch zu beweisen sein, ebenfalls die logische Äquivalenz von $B_1', \ldots, B_n' \to B'$ mit $B_1, \ldots, B_n \to B$, wenn $B_1' \leftrightarrow B_1 ,, \ldots ,, B_n' \leftrightarrow B_n$ und $B' \leftrightarrow B$ ableitbar sind.

Die Klasse der ableitbaren kommafreien Aussagen von $L$ stimmt überein mit der Klasse der ableitbaren Aussagen im „Kalkül der positiven Implikationslogik", der vom Intuitionismus aufgestellt worden ist. Eine ausführliche Darstellung dieses Kalküls findet sich in HILBERT-BERNAYS 1939.

Der Begriff der Allgemeinzulässigkeit für Regeln, Metaregeln, usw. gestattet also eine operative Deutung des positiven Implikationskalküls. Unsere Deutung ist verwandt mit der von KOLMOGOROFF 1925, sie ließe sich auffassen als eine Analyse des bei KOLMOGOROFF undefinierten Begriffs der „Aufgabe". Es ist jedoch darauf hinzuweisen, daß für unsere Auffassung nicht zuerst ein Logikkalkül vorhanden ist, der nachträglich zu deuten ist, sondern daß unsere Methode vom schematischen Operieren als dem unmittelbar gegebenen ausgeht und von da aus zu einem Logikkalkül als einem Hilfsmittel für weitere Untersuchungen führt.

Während es bisher so aussieht, als ob die Sätze (I) bis (III), mit denen wir den Konsequenzenkalkül begründet haben, willkürlich herausgegriffen sind aus einer Fülle ähnlicher Sätze, und als ob es möglich sein müßte, durch ähnliche Betrachtungen — etwa über Metametametaregeln, die wir explizit ja noch gar nicht herangezogen haben — weitere Regeln zu gewinnen, durch die die Klasse der ableitbaren Ausdrücke des Konsequenzenkalküls echt erweitert würde, zeigt die Konsequenzenlogik jedoch eine bemerkenswerte Abgeschlossenheit, die alle Erweiterungsversuche vergeblich erscheinen läßt (es sei denn, daß wir — wie in den folgenden Paragraphen — die Klasse der primitiven Aussagen erweitern).

Die hier gemeinte Abgeschlossenheit zeigt sich im folgenden. „Übersetzt" man die Regeln $(\Re_2)$ und $(\Re_3)$, die ja Regeln für den Kalkül $L$ sind, in den Kalkül selbst, so entstehen ableitbare Aussagen:

*Satz 6.1.* $\vdash_L A_1, \ldots, A_m \to B_1; \ldots; A_1, \ldots, A_m \to B_n;$
$$B_1, \ldots, B_n \to B \dashrightarrow A_1, \ldots, A_m \to B.$$

Beweis. Nach $(\Re_3)$ genügt es, die Ableitbarkeit von

$$A_1, \ldots, A_m \to B_1; \ldots; A_1, \ldots, A_m \to B_n; B_1, \ldots, B_n \to B; A_1; \ldots; A_m \dashrightarrow B$$

zu zeigen. Das System der Vorderformeln werde kurz mit $\mathfrak{B}$ bezeichnet, so daß $\mathfrak{B} \to B$ abzuleiten ist. Man leite nun zunächst

$$\mathfrak{B} \to B_1$$
$$\vdots$$
$$\mathfrak{B} \to B_n$$

ab, dann $\mathfrak{B} \dashrightarrow B_1, \ldots, B_n \to B$ $\big($nach $(\Re_1)\big)$, woraus $\mathfrak{B}; B_1; \ldots; B_n \dashrightarrow B$ nach $(\Re_3)$ entsteht. Mit $\mathfrak{B} \to \mathfrak{B}$ (d.h. für jedes Glied $C$ von $\mathfrak{B}$: $\mathfrak{B} \to C$) gewinnt man dann nach $(\Re_2)$ die Aussage $\mathfrak{B} \to B$. Es bleibt $\mathfrak{B} \to B_\nu$ für $\nu = 1, \ldots, n$ abzuleiten. Nach $\Re_1$ sind

$$\mathfrak{B} \to A_1$$
$$\vdots$$
$$\mathfrak{B} \to A_m$$

ableitbar und $\mathfrak{B} \dashrightarrow A_1, \ldots, A_m \to B_\nu$, also $\mathfrak{B}; A_1; \ldots; A_m \dashrightarrow B_\nu$. Wieder mit $\mathfrak{B} \to \mathfrak{B}$ entsteht $\mathfrak{B} \to B_\nu$ nach $(\Re_2)$.

*Satz 6.2.*

$$\vdash_L A_1; \ldots; A_m \dashrightarrow A_{m+1}, \ldots, A_n \to A \dashrightarrow A_1; \ldots; A_{m-1} \dashrightarrow A_m, \ldots, A_n \to A.$$

Beweis. Nach $(\Re_3)$ ist $\mathfrak{B} \to A$ abzuleiten, wenn $\mathfrak{B}$ für

$$A_1; \ldots; A_m \dashrightarrow A_{m+1}, \ldots, A_n \to A; A_1; \ldots; A_{m-1}; A_m; \ldots; A_n$$

steht. Es ergibt sich ähnlich wie bei Satz 6.1 zunächst

$$\mathfrak{B} \to A_1, \ldots, \mathfrak{B} \to A_m$$

und

$$\mathfrak{B} \dashrightarrow A_1, \ldots, A_m \dashrightarrow A_{m+1}, \ldots, A_n \to A.$$

Daraus ist $\mathfrak{B} \dashrightarrow A_{m+1}, \ldots, A_n \to A$ ableitbar. Zusammen mit $\mathfrak{B} \to A_{m+1}\,,\, \ldots\,,\, \mathfrak{B} \to A_n$ entsteht dann $\mathfrak{B} \to A$.

Der Beweis von

*Satz 6.3.*

$$\vdash_L A_1; \ldots; A_{m-1} \dashrightarrow A_m, \ldots, A_n \to A \dashrightarrow A_1; \ldots; A_m \dashrightarrow A_{m+1}, \ldots, A_n \to A$$

verläuft genau wie der Beweis von Satz 6.2.

Auf Grund dieser Sätze könnte man sagen, daß der Konsequenzenkalkül seine eigene „Syntax" enthält, natürlich nicht die Aussagebestimmungen, aber die Ableitbarkeitsbestimmungen. Als nächstes beweisen wir das sog. *Deduktionstheorem* für den Konsequenzenkalkül.

*Satz 6.4. Gilt $A_1^0, \ldots, A_k^0 \vdash_L A$, dann gilt auch $\vdash_L A_1^0, \ldots, A_k^0 \to A$.*

Beweis. Wir fügen zu den Anfängen von $L$ die Aussagen $A_1^0, \ldots, A_k^0$ hinzu. Wir haben zu zeigen, daß für jede in dem entstehenden Kalkül $L'$ ableitbare Aussage $A$ die Aussage $A_1^0, \ldots, A_k^0 \to A$ in $L$ ableitbar ist. Dazu benutzen wir das Induktionsprinzip.

Nach $(\mathfrak{R}_1)$ gilt für die Anfänge $A_\varkappa^0$ von $L'$:

$$\vdash_L A_1^0, \ldots, A_k^0 \to A_\varkappa^0 \qquad (\varkappa = 1, \ldots, k).$$

Für die in $L$ ableitbaren Ausdrücke $A$ gilt ebenfalls $\vdash_L A_1^0, \ldots, A_k^0 \to A$, denn in $L$ ist

$$A\,,\, A, A_1^0, \ldots, A_k^0 \to A \Rightarrow A_1^0, \ldots, A_k^0 \to A$$

nach $(\mathfrak{R}_2)$ zulässig, also auch

$$A \Rightarrow A_1^0, \ldots, A_k^0 \to A\,.$$

Nun gelte bereits

$$\vdash_L A_1^0, \ldots, A_k^0 \to A$$

für die folgenden Aussagen $A$:

$$A_1, \ldots, A_m \to B_1$$
$$\vdots$$
$$A_1, \ldots, A_m \to B_n$$
$$B_1, \ldots, B_n \to B.$$

Es folgt dann mit Satz 6.1 und $(\mathfrak{R}_2)$, daß auch $\vdash_L A_1^0; \ldots; A_k^0 \dashrightarrow A_1, \ldots, A_m \to B$ gilt. Schließlich gelte bereits $\vdash_L A_1^0, \ldots, A_k^0 \to A$ für die folgende Aussage $A$:

$$A_1; \ldots; A_m \dashrightarrow A_{m+1}, \ldots, A_n \to B.$$

Hieraus ergibt sich mit Satz 6.2 und $(\mathfrak{R}_2)$ die Gültigkeit von $\vdash_L A_1^0, \ldots, A_k^0 \to A$ auch für

$$A_1; \ldots; A_{m-1} \dashrightarrow A_m, \ldots, A_n \to B$$

statt $A$. Die Umkehrung folgt mit Satz 6.3.

Damit ist das Deduktionstheorem bewiesen.

Wir kommen jetzt auf das Verfahren zurück, jede Aussage in eine logisch äquivalente kommafreie Aussage umzuformen. Nach Satz 6.2 und Satz 6.3 gilt

$$\vdash_L A_1 \dashrightarrow A_2, \ldots, A_m \to A \dashrightarrow A_1, \ldots, A_m \to A$$

und

$$\vdash_L A_1, \ldots, A_m \to A \quad\quad \dashrightarrow A_1 \dashrightarrow A_2, \ldots, A_m \to A.$$

Wir schreiben kurz

$$\vdash_L A_1 \dashrightarrow A_2, \ldots, A_m \to A \leftrightsquigarrow A_1, \ldots, A_m \to A.$$

Es sei $A$ eine Aussage, in der $B$ als Teil vorkommt. Wir deuten dies dadurch an, daß wir $A(B)$ statt $A$ schreiben. Wir zeigen dann:

*Satz 6.5.* $\quad\quad B \to B' \,,\, B' \to B \vdash_L A(B) \leftrightarrow A(B').$

Beweis durch Induktion nach dem Aufbau von $A(B)$.

Für die Aussage $B$ statt $A(B)$ ist die Behauptung trivial. Jetzt sei $A(B)$ die Aussage

$$A_1(B), \ldots, A_m(B) \to A_0(B),$$

und es gelte bereits

$$\vdash_L A_\mu(B) \leftrightarrow A_\mu(B') \quad \text{für} \quad \mu = 0, 1, \ldots, m.$$

Hieraus ist mit $(\Re_1) - (\Re_3)$

$$\vdash_L A_1(B), \ldots, A_m(B) \to A_0(B) \leftrightsquigarrow A_1(B'), \ldots, A_m(B') \to A_0(B')$$

abzuleiten.

Wir haben damit die wichtigsten Eigenschaften des Konsequenzenkalküls kennengelernt. Ergänzend sei noch darauf hingewiesen, daß es ein Verfahren gibt, das von jeder Aussage zu entscheiden gestattet, ob sie in $L$ ableitbar ist oder nicht. Man bringe dazu die zu untersuchende Aussage auf eine „primendige" Normalform, die dadurch gekennzeichnet ist, daß in jeder Teilaussage $A_1, \ldots, A_m \to A$ die Hinterformel ein Aussagensymbol $\mathsf{A}$ ist. Eine Aussage

$$A_{11}, \ldots, A_{1n_1} \to \Gamma_1; \ldots; A_{m1}, \ldots, A_{mn_m} \to \Gamma_m \dashrightarrow \Gamma$$

ist genau dann ableitbar, wenn mindestens eines der $\Gamma_\mu$ gleich $\Gamma$ ist und für ein solches $\Gamma_\mu$ alle Aussagen

$$A_{11}, \ldots, A_{1n_1} \to \Gamma_1; \ldots; A_{m1}, \ldots, A_{mn_m} \to \Gamma_m \dashrightarrow A_{\mu\nu} \quad\quad (\nu = 1, \ldots, n_\mu)$$

ableitbar sind. (Auf den Beweis dieser Aussage sei hier verzichtet, vgl. Wajsberg 1938.) Dieses Reduktionsverfahren bricht ab oder wird periodisch. Nur wenn es mit lauter ableitbaren Aussagen

$$A_1, \ldots, \Gamma, \ldots, A_m \to \Gamma$$

abbricht, ist die vorgegebene Aussage ableitbar.

Nach diesem Entscheidungsverfahren erweist sich z. B.

$$\mathsf{A} \to \mathsf{B} \dashrightarrow \mathsf{A} \dashrightarrow \mathsf{A}$$

als unableitbar. Es müßte ja

$$\mathsf{A} \to \mathsf{B} \dashrightarrow \mathsf{A} \dashrightarrow \mathsf{A} \to \mathsf{B},$$

also

$$\mathsf{A} \to \mathsf{B} \dashrightarrow \mathsf{A} \;;\; \mathsf{A} \dashrightarrow \mathsf{B}$$

ableitbar sein. Hier kommt aber $\mathsf{B}$ nicht als Hinterformel einer der Prämissen $\mathsf{A} \to \mathsf{B} \to \mathsf{A}$ und $\mathsf{A}$ vor.

Diese sog. PEIRCEsche Aussage $\mathsf{A} \to \mathsf{B} \to \mathsf{A} \to \mathsf{A}$ ist ein Beispiel dafür, daß es Aussagen gibt, die in $L$ unableitbar sind, deren Allgemeinzulässigkeit aber nicht widerlegbar ist. Zur Widerlegung müßte man nämlich Formeln $A$, $B$ eines Kalküls $K$ angeben, so daß $A \to B \to A$ eine zulässige Metaregel wäre, $A$ aber nicht. Es müßte also $A$ in $K$ unableitbar sein. Dann wäre aber die Regel $A \to B$ nach dem Unableitbarkeitsprinzip zulässig und $A$ unzulässig, also wäre die Metaregel $A \to B \to A$ unzulässig.

Es macht sich hier bemerkbar, daß die Zulässigkeit negativ definiert ist, d. h. als Nicht-Unzulässigkeit. Durch eine zulässige Regel wird die Klasse der ableitbaren Aussagen nicht echt erweitert. Eine Beweismöglichkeit für Zulässigkeitsaussagen haben wir in den Eliminationsverfahren gefunden. Durch den Aufweis eines Eliminationsverfahrens kann die Eliminierbarkeit positiv bewiesen werden — und jede eliminierbare Regel ist sicherlich zulässig. Für die PEIRCEsche Aussage haben wir dagegen oben nur einen „indirekten“ Beweis der Zulässigkeit skizziert, denn wir konnten aus der Unzulässigkeit von $A \to B \dashrightarrow A \dashrightarrow A$ einerseits auf die Zulässigkeit von $A \to B \dashrightarrow A$, andererseits auf die Unzulässigkeit von $A \to B \dashrightarrow A$ schließen, d. h. wir wurden auf einen Widerspruch geführt, und hieraus schließen wir auf die Zulässigkeit der PEIRCEschen Aussage.

Diese „Schlüsse“, die sich hier unmittelbar anbieten, sollen in ihrer „Gültigkeit“, „Richtigkeit“ — oder wie immer man es nennen will — nicht angezweifelt werden. Da in diesem Buche gerade das Phänomen des Schließens erst begründet, erst aus seinem operativen Fundament heraus verstanden werden soll, empfiehlt es sich aber, von einer Zulässigkeitsbehauptung zunächst stets zu verlangen, daß sie positiv durch ein Eliminationsverfahren bewiesen werden kann. Wir hätten dementsprechend in den bisherigen Betrachtungen statt der Zulässigkeit einer Regel stets die engere Eigenschaft der Eliminierbarkeit untersuchen können. Bei der Konsequenzlogik, wie auch bei den protologischen Prinzipien, haben wir tatsächlich in allen Fällen die Eliminierbarkeit bewiesen, nicht nur die Zulässigkeit. Da wir für die PEIRCEsche Aussage kein Eliminationsverfahren haben, nehmen wir sie nicht mit zur Konsequenzlogik hinzu.

Die bisherigen Untersuchungen zur Konsequenzlogik waren beschränkt auf Formeln ohne Berücksichtigung ihrer Zusammensetzung, ohne die Benutzung von Objektvariablen, insbesondere ohne Variablenbindung. Lassen wir jetzt auch Objektvariable zu, so entstehen durch die Bindung dieser Variablen neue Möglichkeiten zur Gewinnung allgemeinzulässiger Formeln. Wir verlassen damit die „Aussagenlogik".

Die Erweiterung, die dadurch die Konsequenzlogik erfährt, läßt sich jedoch in zwei einfachen Sätzen aussprechen. Wir betrachten Grundkalküle, deren Regeln von der Form

$$A_1(x_1, y_1, \ldots),\ A_2(x_2, y_2, \ldots), \ldots \to A(x, y, \ldots)$$

sind. $x, y, \ldots$ sind hierin Objektvariable. Unter dem Pfeil $\to$ können diese Variablen gebunden sein. Wir fragen nach weiteren Regeln dieser Form, die zulässig sind.

Sicherlich ist nach I.

$$A_1(x_1, \ldots), \ldots, A_m(x_m, \ldots) \to A_\mu(x_\mu, \ldots) \qquad (\mu = 1, \ldots, m)$$

zulässig — und wir können jetzt hinzufügen, daß diese Regel auch zulässig bleibt, wenn alle (oder einige) auftretenden freien Variablen gebunden werden. Für beliebige Formeln mit freien Variablen erhalten wir:

Gilt $\vdash A(x_1, \ldots, x_n)$, dann gilt auch $\vdash \underset{x_1, \ldots, x_n}{A}(x_1, \ldots, x_n)$.

Dieses Prinzip läßt sich etwas verallgemeinern. Ist nämlich in einem Kalkül $A_0 \to A(x_1, \ldots, x_n)$ zulässig, dann ist zunächst auch $A_0 \underset{x_1, \ldots, x_n}{\longrightarrow} A(x_1, \ldots, x_n)$ zulässig. Nun mögen in $A_0$ die Variablen $x_1, \ldots, x_n$ nicht vorkommen (zumindest nicht frei vorkommen), dann ist auch $A_0 \to \underset{x_1, \ldots, x_n}{A}(x_1, \ldots, x_n)$ zulässig. Dies ergibt sich aus der Gültigkeit von

$$A_0;\ A_0 \underset{x_1, \ldots, x_n}{\longrightarrow} A(x_1, \ldots, x_n) \vdash \underset{x_1, \ldots, x_n}{A}(x_1, \ldots, x_n)$$

in jedem Kalkül. Um $\underset{x_1, \ldots, x_n}{A}(x_1, \ldots, x_n)$ zu eliminieren, hat man nämlich nur die Anwendung dieser Regel zu ersetzen durch die Anwendung von $A_0 \underset{x_1, \ldots, x_n}{\longrightarrow} A(x_1, \ldots, x_n)$ und $A_0$. Eine Anwendung von $\underset{x_1, \ldots, x_n}{A}(x_1, \ldots, x_n)$ sieht folgendermaßen aus ($X, Y, \ldots$ seien Objekte):

$$\vdots$$
$$m.\quad A(Y_1, \ldots, Y_n)$$
$$\vdots$$

Hier läßt sich die Zeile $m$ ersetzen durch:

$$m. \qquad A_0 \qquad\qquad A_0$$
$$m \to m+1. \quad A(Y_1, \ldots, Y_n) \qquad A_0 \xrightarrow[x_1, \ldots, x_n]{} A(x_1, \ldots, x_n).$$

Nur weil $x_1, \ldots, x_n$ nicht in $A_0$ frei vorkommen, liegt hier eine Ableitung vor. Damit haben wir zur Erweiterung der Konsequenzlogik den folgenden Satz gewonnen:

IV. In jedem Kalkül, in dem $A_0 \to A(x_1, \ldots, x_n)$ zulässig ist, ist — falls die Variablen $x_1, \ldots, x_n$ nicht in $A_0$ frei vorkommen — auch $A_0 \to \underset{x_1, \ldots, x_n}{A}(x_1, \ldots, x_n)$ zulässig.

Als zweiter Satz zur Erweiterung der Konsequenzlogik gilt trivialerweise:

V. $\quad \underset{x_1, \ldots, x_n}{A}(x_1, \ldots, x_n) \to A(Y_1, \ldots, Y_n)$ ist allgemeinzulässig.

Für jeden Kalkül gilt nämlich $\underset{x_1, \ldots, x_n}{A}(x_1, \ldots, x_n) \vdash A(Y_1, \ldots, Y_n)$.

Diese konsequenzlogischen Sätze geben Anlaß, auch den oben definierten Konsequenzenkalkül $L$ zu erweitern zu einem Kalkül $\overline{L}$. Während alle Aussagen von $L$ zusammengesetzt sind aus den Aussagensymbolen $\mathsf{A}, \mathsf{B}, \mathsf{\Gamma}, \ldots$, seien jetzt für $\overline{L}$ noch weitere Reihen von „Objektsymbolen" $\xi, \eta, \ldots$ und Objektvariablen $x, y, \ldots$ vorgegeben, und wir bilden zunächst als primitive Formeln:

($\overline{\mathfrak{A}}_1$)  $\mathsf{A}, \mathsf{B}, \mathsf{\Gamma}, \ldots$

$\mathsf{A}^1(\xi), \mathsf{B}^1(\eta), \ldots \qquad\qquad \mathsf{A}^1(x), \mathsf{B}^1(y), \ldots$

$\mathsf{A}^2(\xi_1, \xi_2), \mathsf{B}^2(\eta_1, \eta_2), \ldots \quad \mathsf{A}^2(x_1, x_2), \mathsf{B}^2(y_1, y_2), \ldots \quad \mathsf{A}^2(\xi, x), \ldots$

$$\vdots \qquad\qquad\qquad \vdots$$

Aus diesen primitiven Formeln von $\overline{L}$ werden alle weiteren Formeln von $\overline{L}$ zusammengesetzt nach den Regeln:

($\overline{\mathfrak{A}}_2$) mit $A_1, \ldots, A_n$ und $A$ auch $A_1, \ldots, A_n \to A$,

($\overline{\mathfrak{A}}_3$) mit $A(x_1, \ldots, x_n)$ auch $\underset{x_1, \ldots, x_n}{A}(x_1, \ldots, x_n)$.

In der letzten Regel ist $A(x_1, \ldots, x_n)$ eine Formel, in der $x_1, \ldots, x_n$ frei vorkommen.

Für diese Formeln wird ein Ableitungsbegriff definiert, indem zu den Regeln von $L$ hinzugenommen werden:

($\mathfrak{R}_4$)  $A_0 \to A(x_1, \ldots, x_n) \Rightarrow A_0 \to \underset{x_1, \ldots, x_n}{A}(x_1, \ldots, x_n)$

(falls $x_1, \ldots, x_n$ nicht frei in $A_0$ vorkommen),

($\mathfrak{R}_5$) $\qquad\qquad\qquad \underset{x_1, \ldots, x_n}{A}(x_1, \ldots, x_n) \to A(Y_1, \ldots, Y_n).$

$X, Y, \ldots$ sind Mitteilungsvariable für Terme, d.h. hier für Objektsymbole oder Objektvariable.

Als Beispiel für einen Satz über den Konsequenzenkalkül $\overline{L}$ mit Variablenbindung führen wir an:

*Satz 6.6.* $\vdash_{\overline{L}} A_0 \xrightarrow[x_1, \ldots, x_n]{} A(x_1, \ldots, x_n) \dashrightarrow A_0 \to \underset{x_1, \ldots, x_n}{A}(x_1, \ldots, x_n),$

*falls* $x_1, \ldots, x_n$ *in* $A_0$ *nicht frei vorkommen.*

Beweis.

$\quad$ 1. $A_0; \; A_0 \xrightarrow[x_1, \ldots, x_n]{} A(x_1, \ldots, x_n) \dashrightarrow A_0 \to A(x_1, \ldots, x_n) \quad (\Re_1), (\Re_2), (\Re_5)$

$\quad$ 2. $A_0; \; A_0 \xrightarrow[x_1, \ldots, x_n]{} A(x_1, \ldots, x_n) \dashrightarrow A_0 \qquad\qquad\qquad\quad (\Re_1)$

$1, 2 \to 3.$ $A_0; \; A_0 \xrightarrow[x_1, \ldots, x_n]{} A(x_1, \ldots, x_n) \dashrightarrow A(x_1, \ldots, x_n) \qquad (\Re_1) - (\Re_3)$

$3 \to 4.$ $A_0; \; A_0 \xrightarrow[x_1, \ldots, x_n]{} A(x_1, \ldots, x_n) \dashrightarrow \underset{x_1, \ldots, x_n}{A}(x_1, \ldots, x_n) \qquad (\Re_4)$

$4 \to 5.$ $\quad A_0 \xrightarrow[x_1, \ldots, x_n]{} A(x_1, \ldots, x_n) \dashrightarrow A_0 \to \underset{x_1, \ldots, x_n}{A}(x_1, \ldots, x_n) \; (\Re_3).$

In Zeile 1 und 4 ist zu beachten, daß $x_1, \ldots, x_n$ in $A_0; \; A_0 \xrightarrow[x_1, \ldots, x]{} A(x_1, \ldots, x_n)$ nicht frei vorkommen.

## §7. Konjunktion und Adjunktion.

Für einen beliebigen Kalkül haben wir die Zulässigkeit einer Regel definiert. In dem Kalkül $K_1$ mit den primitiven Atomen +, o, der durch

$$(A_1) \qquad +$$
$$(R_1) \qquad a \to a\,o$$
$$(R_2) \qquad a \to + a +$$

definiert wird, ist z. B. $(R_3)$ $a \to + + a$ zulässig. Jede mit $(R_1) - (R_3)$ aus $A_1$ ableitbare Aussage ist allein mit $(R_1), (R_2)$ ableitbar. Eine Regel wie z. B. $(R_4)$ $a + \to * a$ ist unzulässig. Mit ihr wäre ja z. B. $* + +$ ableitbar. $* + +$ ist aber im nicht erweiterten Kalkül unableitbar, weil $*$ gar nicht zu den primitiven Atomen des Kalküls gehört. $(R_4)$ besitzt nur noch eine „relative Zulässigkeit". Jede Aussage, die nur aus den primitiven Atomen +, o zusammengesetzt ist und nach Hinzufügung von $(R_4)$ ableitbar ist, ist auch ohne $(R_4)$ ableitbar. $(R_4)$ ist zulässig relativ zur Klasse der Aussagen, die nur aus + und o zusammengesetzt sind.

Um die Ableitbarkeit einer Aussage zu untersuchen, die zu einer Klasse $\Re$ gehört, kann es zweckmäßig sein, neben der Heranziehung von zulässigen Regeln (im bisherigen „absoluten" Sinne) auch Regeln zu betrachten, die relativ-zulässig bezüglich $\Re$ sind. Das Beispiel von $(R_4)$ zeigt den einfachsten Fall, nämlich den, daß die hinzugefügte Regel ein neues Atom in der Hinterformel enthält. Eine solche Regel ist stets relativ zulässig bezüglich der Klasse der Aussagen, die nur aus den bisherigen Atomen zusammengesetzt sind, wenn wir — wie wir das im folgenden stets tun werden — voraussetzen, daß jede Variable einer Vorderformel in der Hinterformel vorkommt.

Die Methode, einen Kalkül durch relativ-zulässige Regeln zu erweitern, ist eng verwandt mit dem in der Mathematik üblichen „Permanenzprinzip". Fügt man z.B. zu den Grundzahlen $1$, $1+1$, $1+1+1$, ... ein neues Symbol $0$ hinzu und führt man zur Ableitung von Aussagen der Form $x+y=z$ die Regeln $x+0=x$ und $0+x=x$ ein, so muß gerade gezeigt werden, daß die neuen Regeln (in Verbindung mit den bisherigen, die insofern erweitert werden, als für die Variablen $x$, $y$, ... jetzt auch $0$ eingesetzt werden darf) relativ-zulässig sind bezüglich der Klasse der Aussagen, die $0$ nicht enthalten.

Ob es zweckmäßig ist, einen Kalkül durch relativ-zulässige Regeln zu erweitern, hängt im allgemeinen von den speziellen Regeln des Kalküls ab. Es gibt jedoch einige wenige Erweiterungen, die für jeden Kalkül sinnvoll sind und die man daher mit zur Logik rechnet: die Erweiterungen durch die logischen Partikeln der Konjunktion und Disjunktion (aus der Umgangssprache als „und", „oder", „für alle", „für manche" bekannt). Mit der im folgenden dargestellten operativen Einführung von Konjunktion und Disjunktion durch gewisse relativ-zulässige Regeln soll selbstverständlich nicht behauptet sein, daß das sprachliche Phänomen der logischen Partikeln von diesem operativen Aspekt aus zu erschöpfen sei.

Es liege ein beliebiger Kalkül vor. Als Aussagenvariable benutzen wir wie bisher $a$, $b$, .... Wir fügen zu den Atomen des Kalküls ein neues Atom $\wedge$ hinzu ($\wedge$ soll also unter den bisherigen Atomen nicht vorkommen — das läßt sich durch Umbezeichnung ja stets erreichen).

Zu den Regeln des Kalküls fügen wir hinzu:

$$(D_1^0)\quad a, b \to a \wedge b.$$

Für den am Anfang dieses Paragraphen behandelten Kalkül $K_1$ werden nach Hinzufügung von $(D_1^0)$ z.B. $+\wedge+\circ$ und $+++\wedge+\circ\wedge+\circ$ ableitbar. Da $\wedge$ ein neues Atom ist, ist $(D_1^0)$ relativ-zulässig bezüglich der Klasse der aus den bisherigen Atomen zusammengesetzten Aussagen.

Es ist zu beachten, daß der Variabilitätsbereich der $a$, $b$, ... jetzt alle Aussagen umfaßt, die aus den bisherigen Atomen und $\wedge$ zusammengesetzt sind.

Für jeden Kalkül liegt eine mögliche Anwendung der Einführung von $\wedge$ darin, daß jetzt eine Regel $A_1, \ldots, A_m \to A$ genau dann zulässig ist, wenn die Regel $A_1 \wedge \cdots \wedge A_m \to A$, die nur noch *eine* Vorderformel enthält, zulässig ist.

Um dies zu beweisen, überzeugen wir uns zunächst davon, daß

$$A_1, \ldots, A_n \to A_1 \wedge \cdots \wedge A_n \tag{7.1}$$

zulässig ist. Dies muß — genau genommen — durch Induktion nach $n$ bewiesen werden. Für $n = 2$ stimmt die Behauptung mit $(D_1^0)$ überein. Setzen wir aber die Zulässigkeit von (7.1) voraus, so folgt nach den Regeln der Konsequenzenlogik

$$A_1, \ldots, A_n, A_{n+1} \to A_1 \wedge \cdots \wedge A_n$$
$$A_1, \ldots, A_n, A_{n+1} \to A_{n+1},$$

also

$$A_1, \ldots, A_n, A_{n+1} \to A_1 \wedge \cdots \wedge A_n \wedge A_{n+1}$$

wegen

$$A_1 \wedge \cdots \wedge A_n, A_{n+1} \to A_1 \wedge \cdots \wedge A_n \wedge A_{n+1}.$$

Mit (7.1) folgt

$$A_1 \wedge \cdots \wedge A_n \to A \vdash A_1, \ldots, A_n \to A.$$

Für die Umkehrung beweisen wir die Zulässigkeit von

$$A_1 \wedge \cdots \wedge A_n \to A_\nu, \qquad (\nu = 1, \ldots, n). \tag{7.2}$$

Diese folgt trivial aus der Zulässigkeit von

$$A \wedge B \to A \tag{7.3}$$
$$A \wedge B \to B. \tag{7.4}$$

Dies ergibt sich durch Inversion. Da wir vorausgesetzt haben, daß $\wedge$ ungleich allen bisherigen Atomen ist, ist $(D_1^0)$ die einzige Regel, die zur Ableitung von $A \wedge B$ zur Verfügung steht. Also gilt

$$A, B \to C \vdash A \wedge B \to C.$$

Ersetzen wir $C$ durch $A$ oder durch $B$, so stehen links von $\vdash$ allgemein-zulässige Regeln, rechts von $\vdash$ steht dann aber (7.3) oder (7.4).

Wir wollen auch bei diesen Regeln über $\wedge$ kurz von allgemein-zulässigen Regeln sprechen — obwohl diese Regeln selbstverständlich nur für solche Kalküle relativ-zulässig sind, zu denen $\wedge$ als neues Atom mit der einzigen Regel $(D_1^0)$ hinzugefügt ist.

Durch die Erweiterung der Kalkülaussagen um $\wedge$ wird in den Regeln (außer in $(D_1^0)$!) das Komma entbehrlich.

Aus (7.2) folgt die Allgemeinzulässigkeit der Metaregel

$$A \to A_1 \wedge \cdots \wedge A_n \dashrightarrow A \to A_\nu, \qquad (\nu = 1, \ldots, n). \tag{7.5}$$

Umgekehrt gilt wegen (7.1):

$$\vdash A \to A_1; \ldots; A \to A_n \dashrightarrow A \to A_1 \wedge \cdots \wedge A_n. \tag{7.6}$$

Wie wir den Grundkalkül durch $\wedge$ erweitert haben, lassen sich auch die Metakalküle durch Einführung einer Konjunktion $\dot\wedge$ erweitern, d.h. durch

$$R_1; R_2 \dashrightarrow R_1 \dot\wedge R_2.$$

Aus (7.5) und (7.6) folgt dann

$$\vdash A \to A_1 \wedge \cdots \wedge A_n \mathbin{\dot{\to}} A \to A_1 \mathbin{\dot{\wedge}} A \to A_2 \mathbin{\dot{\wedge}} \cdots \mathbin{\dot{\wedge}} A \to A_n$$

$$\vdash A \to A_1 \mathbin{\dot{\wedge}} A \to A_2 \mathbin{\dot{\wedge}} \cdots \mathbin{\dot{\wedge}} A \to A_n \mathbin{\dot{\to}} A \to A_1 \wedge \cdots \wedge A_n.$$

Für $A \to B \mathbin{\dot{\wedge}} B \to A$ schreiben wir in Zukunft stets $A \leftrightarrow B$, entsprechend wird $\leftrightarrow$ im Metakalkül gebraucht. Mit dieser Schreibweise haben wir für die Konjunktion bewiesen:

$$\vdash \qquad A_1, \ldots, A_n \to A \leftrightarrow A_1 \wedge \cdots \wedge A_n \to A \qquad\qquad (7.7)$$

$$\vdash A \to A_1 \mathbin{\dot{\wedge}} \cdots \mathbin{\dot{\wedge}} A \to A_n \leftrightarrow A \to A_1 \wedge \cdots \wedge A_n. \qquad\qquad (7.8)$$

Die Regeln, Metaregeln, usw., die unter Einbeziehung der Konjunktion $\wedge$ allgemeinzulässig sind, lassen sich wieder durch eine Erweiterung des Konsequenzenkalküls erhalten. Zu diesem hat man nur

$$(D_1^0) \quad A, B \to A \wedge B$$

und die Inversionen

$$A \wedge B \to A$$
$$A \wedge B \to B$$

hinzuzufügen. Wegen (7.7) liegt es dann aber nahe, den mit $\wedge$ erweiterten Konsequenzenkalkül durch einen Konjunktions-Subjunktionskalkül (kurz K-S-Kalkül) zu ersetzen, der das Komma nicht mehr enthält. Die Aussagen dieses Kalküls sind aus den Aussagesymbolen $\mathsf{A}$, $\mathsf{B}$, $\Gamma$, ... zusammengesetzt mit $\wedge$ und $\to$. Die bisherigen Regeln können sehr vereinfacht werden, nämlich zu:

$$(\mathfrak{R}_1') \qquad\qquad\qquad A \to A$$
$$(\mathfrak{R}_2') \qquad A \to B \,,\, B \to C \Rightarrow A \to C$$
$$(\mathfrak{R}_3') \qquad\qquad A \wedge B \to C \Leftrightarrow A \mathbin{\dot{\to}} B \to C$$
$$(\mathfrak{R}_{4,1}') \qquad\qquad\qquad A \wedge B \to A$$
$$(\mathfrak{R}_{4,2}') \qquad\qquad\qquad A \wedge B \to B$$
$$(\mathfrak{R}_5') \qquad C \to A \,,\, C \to B \Rightarrow C \to A \wedge B.$$

Ersetzt man in den bisherigen Regeln des Konsequenzenkalküls überall das einfache Komma durch $\wedge$, so werden diese Regeln aus $(\mathfrak{R}_1') - (\mathfrak{R}_5')$ beweisbar.

Es ist nützlich, sich den Zusammenhang des K-S-Kalküls mit einer Disziplin der Algebra, nämlich der Verbandstheorie, klarzumachen.

Jede im K-S-Kalkül ableitbare Aussage hat die Form $A \to B$. Schreiben wir $A \leqq B$, wenn $A \to B$ im K-S-Kalkül ableitbar ist, so erhalten wir für diese Relation $\leqq$ der „Implikation" zunächst die folgenden Regeln:

$$\left.\begin{array}{c} A \leqq A \\[4pt] A \leqq B, \ B \leqq C \to A \leqq C, \end{array}\right\} \qquad\qquad (7.9)$$

$$A \wedge B \leqq A$$
$$A \wedge B \leqq B$$
$$C \leqq A, \quad C \leqq B \rightarrow \quad C \leqq A \wedge B. \tag{7.10}$$

Hier haben wir den zweifachen Pfeil wieder durch den einfachen ersetzt. Verwirrung könnte das nur bei $(\mathfrak{R}_3')$ anrichten. In der Verbandstheorie ist es aber üblich, in den Aussagen $A \rightarrow B$ die Reihenfolge umzukehren. Wir schreiben daher $B \neg A$ statt $A \rightarrow B$. Aus $(\mathfrak{R}_3')$ entsteht dann:

$$A \wedge B \leqq C \leftrightarrow A \leqq C \neg B. \tag{7.11}$$

Verbandstheoretisch drücken wir uns so aus, daß die Axiome (7.9) eine *halbgeordnete* Menge, die Axiome (7.9) und (7.10) einen *Halbverband* und die Axiome (7.9) bis (7.11) einen BROUWER*schen* (oder auch: relativ-pseudokomplementären) *Halbverband* definieren.

Die Einführung der Konjunktion $\wedge$ für einen Kalkül gestattet es, zwei Regeln $C \rightarrow A$ und $C \rightarrow B$ zu einer Regel $C \rightarrow A \wedge B$ zusammenzufassen. Fragen wir nach einer Möglichkeit, zwei Regeln der Form $A \rightarrow C$ und $B \rightarrow C$ zusammenzufassen, so führt uns dies auf die Adjunktion.

Umgangssprachlich würde man sagen, daß „aus $A$ folgt $C$" und „aus $B$ folgt $C$" äquivalent sei mit „aus $A$ oder $B$ folgt $C$".

Es liegt daher nahe, für einen beliebigen Kalkül zu den Atomen des Kalküls ein neues Atom $\vee$ (dieses kann man sich als Abkürzung des lateinischen Wortes „vel" merken) hinzuzunehmen und dann

$$A \rightarrow C; \ B \rightarrow C \rightarrow A \vee B \rightarrow C$$
$$A \vee B \rightarrow C \rightarrow A \rightarrow C$$
$$A \vee B \rightarrow C \rightarrow B \rightarrow C \tag{7.12}$$

als Metaregeln hinzuzunehmen. Es ist jedoch klar, daß ein solches Vorgehen, das sich auf gewisse sprachliche Evidenzen stützt (auch dann, wenn man sie ontologisch deutet) für das Operieren mit Kalkülen wenig überzeugend ist. Durch die Metaregeln (7.12) wird die Gesamtheit der Regeln des Kalküls erweitert. Damit diese Erweiterung sinnvoll ist, muß gezeigt werden, daß alle hinzukommenden Regeln relativ-zulässig sind: es darf keine Aussage ableitbar werden, die nicht schon ableitbar war, es sei denn, sie enthalte das neue Atom $\vee$.

Wir führen diesen Beweis der relativen Zulässigkeit bezüglich der Klasse der Aussagen ohne $\vee$ auf folgende Weise.

Unabhängig von (7.12) fügen wir zu den Regeln eines beliebigen Kalküls (es möge nur $\vee$ unter seinen Atomen nicht vorkommen) hinzu:

$$(D_2^0) \begin{cases} (D_{2,1}^0) & a \rightarrow a \vee b \\ (D_{2,2}^0) & b \rightarrow a \vee b. \end{cases}$$

Diese Regeln sind relativ-zulässig bezüglich der Klasse der Aussagen ohne $\vee$, da in den Hinterformeln von $(D_{2,1}^0)$ und $(D_{2,2}^0)$ stets $\vee$ vorkommt.

Durch Anwendung des Inversionsprinzips erweist sich die Metaregel

$$A \to C;\ B \to C \dashrightarrow A \vee B \to C$$

als zulässig in dem durch $(D_{2,1}^0)$ und $(D_{2,2}^0)$ erweiterten Kalkül. Die anderen in (7.12) auftretenden Metaregeln sind konsequenzlogische Folgerungen von $(D_{2,1}^0)$ und $(D_{2,2}^0)$. Damit ist die Adjunktion „sprachunabhängig", d.h. ohne Benutzung *sprachlicher* Evidenzen eingeführt.

Eine wichtige Anwendung der Adjunktion liegt beim Inversionsprinzip vor. Sind nur die Regeln

$$A_1 \to A$$
$$\vdots$$
$$A_n \to A$$

zur Ableitung von $A$ in einem Kalkül vorhanden, dann ist nach dem Inversionsprinzip

$$(1) \quad A_1 \to B;\ \ldots;\ A_n \to B \dashrightarrow A \to B$$

zulässig. Setzen wir für $B$ hier $A_1 \vee \cdots \vee A_n$, so erhalten wir wegen $(D_2^0)$ die Zulässigkeit von

$$(2) \quad A \to A_1 \vee \cdots \vee A_n .$$

Umgekehrt folgt aus (2) sofort (1) wegen (7.12). Hierbei ist das Auftreten von Objektvariablen nicht berücksichtigt.

Die Regeln, Metaregeln, usw., die für jeden Kalkül zulässig sind, der durch $\wedge$ und $\vee$ mit den Regeln $(D_1^0)$, $(D_2^0)$ erweitert ist, entstehen durch Hinzunahme von (7.12) zum K-S-Kalkül. Der so entstehende Kalkül ($\wedge$, $\vee$, $\to$ sind die „positiven" Junktoren) heiße kurz der „*positive Junktorenkalkül*".

In der Symbolik von (7.9) bis (7.11) wird der positive Junktorenkalkül definiert durch (7.9) bis (7.11) und

$$\left.\begin{array}{c} A \leq A \vee B \\ B \leq A \vee B \\ A \leq C,\ B \leq C \to A \vee B \leq C . \end{array}\right\} \qquad (7.13)$$

Algebraisch definieren (7.9), (7.10) und (7.13) einen *Verband*, zusammen mit (7.11) einen BROUWERschen *Verband*.

Das wichtigste algebraische Ergebnis über BROUWERsche Verbände liegt für uns darin, daß diese „distributiv" sind.

*Satz 7.1. Für den positiven Junktorenkalkül gilt*

$$\vdash A \wedge B \leq C,\ A \leq B \vee C \to A \leq C .$$

Beweis:

| | | | |
|---|---|---|---|
| 1. | $A \wedge B \leq C$ | |
| 2. | $A \leq B \vee C$ | |
| 3. | $C \neg B \leq C \neg B$ | (7.9) |
| $3 \to$ 4. | $C \neg B \mathbin{\dot\wedge} B \leq C$ | (7.11) |
| $4 \to$ 5. | $B \mathbin{\dot\wedge} C \neg B \leq C$ | (7.10) |
| $5 \to$ 6. | $B \leq C \mathbin{\dot-} C \neg B$ | (7.11) |
| 7. | $C \mathbin{\dot\wedge} C \neg B \leq C \mathbin{\dot\wedge} C \neg B$ | (7.9) |
| $7 \to$ 8. | $C \mathbin{\dot\wedge} C \neg B \leq C$ | (7.10) |
| $8 \to$ 9. | $C \leq C \mathbin{\dot-} C \neg B$ | (7.11) |
| $6,9 \to$ 10. | $B \vee C \leq C \mathbin{\dot-} C \neg B$ | (7.13) |
| $10 \to$ 11. | $B \vee C \mathbin{\dot\wedge} C \neg B \leq C$ | (7.11) |
| $1 \to$ 12. | $A \leq C \neg B$ | (7.11) |
| $2,12 \to$ 13. | $A \leq B \vee C \mathbin{\dot\wedge} C \neg B$ | (7.10) |
| $11,13 \to$ 14. | $A \leq C.$ | (7.9) |

Ohne Benutzung der „Subjunktion" $\neg$ folgt aus Satz 7.1 die Distributivität im üblichen Sinne:

*Satz 7.2.*

$$\vdash A \vee B \mathbin{\dot\wedge} C \ \leq A \wedge C \mathbin{\dot\vee} B \wedge C$$
$$\vdash A \vee C \mathbin{\dot\wedge} B \vee C \leq A \wedge B \mathbin{\dot\vee} C.$$

Diese beiden Aussagen sind „dual" zueinander, sie gehen durch Vertauschung von $\wedge$ mit $\vee$ und von $A \leq B$ mit $B \leq A$ (also von $\leq$ mit $\geq$) ineinander über. Da unsere Voraussetzungen (7.9), (7.10), (7.13) und Satz 7.1 bei dieser Dualität in sich übergehen, genügt es, eine der Behauptungen von Satz 7.2 zu beweisen. Die andere ergibt sich dann durch Dualisierung des Beweises.

Um $A \vee B \mathbin{\dot\wedge} C \leq A \wedge C \mathbin{\dot\vee} B \wedge C$ zu beweisen, genügt nach Satz 7.1 der Beweis von

$$A \vee B \mathbin{\dot\wedge} C \mathbin{\dot\wedge} A \leq A \wedge C \mathbin{\dot\vee} B \wedge C$$

und

$$A \vee B \mathbin{\dot\wedge} C \ \leq A \wedge C \mathbin{\dot\vee} B \wedge C \mathbin{\dot\vee} A.$$

Die erste Formel ist trivial abzuleiten, zum Beweis der zweiten genügt — wiederum nach Satz 7.1 —

$$A \vee B \mathbin{\dot\wedge} C \mathbin{\dot\wedge} B \leq A \wedge C \mathbin{\dot\vee} B \wedge C \mathbin{\dot\vee} A$$

und

$$A \vee B \mathbin{\dot\wedge} C \ \leq A \wedge C \mathbin{\dot\vee} B \wedge C \mathbin{\dot\vee} A \mathbin{\dot\vee} B.$$

Jetzt sind beide Formeln trivial ableitbar, womit Satz 7.2 bewiesen ist.

Gilt $A \leq B$ und $B \leq A$, so schreiben wir $A = B$. Satz 7.2 läßt sich dann verschärfen zu:

$$\vdash A \vee B \dot\wedge C = A \wedge C \dot\vee B \wedge C$$
$$\vdash A \wedge B \dot\vee C = A \vee C \dot\wedge B \vee C.$$

Der Beweis von $A \wedge C \dot\vee B \wedge C \leq A \vee B \dot\wedge C$ ergibt sich nach (7.10) und (7.13) aus den Formeln

$$A \wedge C \leq A \vee B$$
$$A \wedge C \leq C$$
$$B \wedge C \leq A \vee B$$
$$B \wedge C \leq C.$$

So wie in der Arithmetik die Multiplikation distributiv ist bezüglich der Addition, was sich durch die Formel $(x + y) \cdot z = x \cdot z + y \cdot z$ ausdrückt, ist in der Logik die Konjunktion distributiv bezüglich der Adjunktion und die Adjunktion distributiv bezüglich der Konjunktion. Da in der Arithmetik die Addition aber nicht distributiv ist bezüglich der Multiplikation, ist die teilweise noch übliche Bezeichnung der Konjunktion als $A \cdot B$ und der Adjunktion als $A + B$ unzweckmäßig.

Während (7.9), (7.10), (7.13) bei Dualisierung (Vertauschung von $\wedge$ mit $\vee$ und von $\leq$ mit $\geq$) ineinander übergehen, ist dies bei (7.11) nicht der Fall. In der Verbandstheorie kann man neben einer Verknüpfung $\neg$, die (7.11) genügt, noch eine duale Verknüpfung $\llcorner$, die

$$C \leq A \vee B \leftrightarrow C \llcorner B \leq A$$

erfüllt, betrachten. In der positiven Junktorenlogik gibt es eine solche Verknüpfung aber nicht. Die positive Junktorenlogik ist also nur dann dual, wenn die Verknüpfung $\neg$ weggelassen wird.

Bemerkenswerterweise tritt in der Mengenlehre neben dem Durchschnitt $M \cap N$ und der Vereinigung $M \cup N$ von Mengen $M, N$ gerade die Verknüpfung $\llcorner$ als „Subtraktion" auf, während $\neg$ nicht benutzt wird. $M \llcorner N$ besteht aus den Elementen, die zu $M$ gehören, aber nicht zu $N$. Es gilt dann

$$N \subseteq M_0 \cup M \leftrightarrow N \llcorner M \subseteq M_0.$$

In der Logik läßt sich $\llcorner$ erst einführen, wenn die Negation vorhanden ist.

Neben der zu (7.11) dualen Aussage erfüllt die Subtraktion von Mengen noch das Dual zur PEIRCEschen Aussage:

$$A \dot\neg B \neg A \leq A, \tag{7.14}$$

also

$$M \subseteq M \dot\llcorner N \llcorner M.$$

Dies erklärt sich dadurch, daß die „Mengenlehre" im Grunde nichts anderes als „Logik" ist, man rechnet aber in der Mengenlehre mit der sog. klassischen Negation, für die die doppelte Negation einer Aussage $A$ mit $A$ selbst logisch äquivalent ist. Nehmen wir zur positiven Junktorenlogik, also zu (7.9) bis (7.11) und (7.13) noch (7.14) hinzu, so entsteht die *klassische positive Junktorenlogik*. Die durch diese Axiome dargestellte algebraische Struktur nennen wir — wegen der Anwendbarkeit auf die Mengensubtraktion — einen *subtraktiven Verband*. Diese Verbände werden von CURRY 1952 „klassisch-implikativ" genannt, sonst auch „verallgemeinerte BOOLEsche Verbände" mit oberstem Element. Indem wir aus § 8 die Möglichkeit der Einbeziehung von (7.14) auch in die operative Logik vorwegnehmen, fügen wir hier einiges über die subtraktiven Verbände ein.

Um die wichtigsten Theoreme für diese Verbände abzuleiten, bedienen wir uns eines Kunstgriffes. Soll eine Aussage $\mathfrak{A}(A, B, \ldots)$ bewiesen werden, so benutzen wir zum Beweis ein Element $D$, für das $D \leq A$, $D \leq B, \ldots$ gelten soll. Da in $\mathfrak{A}$ nur endlich viele Variable $A, B, \ldots$ vorkommen, gibt es stets ein solches Element, nämlich z. B. $D = A \wedge B \wedge \cdots$.

Da aus $D \leq A$ und $D \leq B$ sofort

$$D \leq A \wedge B$$

$$D \leq A \vee B$$

$$D \leq A \neg B$$

folgt, gilt $D \leq C$ auch für jeden Ausdruck $C$, der aus $A, B, \ldots$ zusammengesetzt ist mit Hilfe von $\wedge, \vee, \neg$.

An Stelle von $D \neg C$ schreiben wir kurz $\neg C$ (es ist also zu beachten, daß $\neg C$ von dem gewählten $D$ abhängt).

Unter Voraussetzung von (7.14) gilt dann $A \neg \neg A = A \neg D \neg A \leq A$, also auch

$$A \neg \neg A = A. \tag{7.15}$$

Nach der in jedem BROUWERschen Verband gültigen Regel

$$A \leq B \rightarrow A \neg C \leq B \neg C \tag{7.16}$$

folgt hieraus wegen $D \leq A$ sofort $\neg \neg A \leq A \neg \neg \neg A = A$.

Aus $D \neg A \leq D \neg A$ folgt aber $A \wedge \neg A \leq D$, d.h.

$$A \wedge \neg A = D \tag{7.17}$$

und $A \leq \neg \neg A$, also gilt auch

$$\neg \neg A = A. \tag{7.18}$$

Aus (7.15) folgt durch Einsetzung $A \vee B \neg \neg . A \vee B . = A \vee B$. Nach (7.16) und der entsprechenden Regel

$$A \leq B \rightarrow C \neg B \leq C \neg A \tag{7.19}$$

folgt hieraus wegen $A \leq A \vee B$ mit $\neg . A \vee B . \leq \neg B$

$$A \neg \neg B \leq A \vee B \neg \neg . A \vee B . = A \vee B.$$

Zusammen mit $A \leq A \neg \neg B$ und $B \leq A \neg \neg B$ [aus (7.17)] folgt $A \vee B \leq A \neg \neg B$, also

$$A \neg \neg B = A \vee B. \tag{7.20}$$

(7.18) und (7.20) ergeben

$$A \neg B = A \vee \neg B, \tag{7.21}$$

speziell

$$V \rightleftharpoons A \neg A = A \vee \neg A.$$

Damit ist

$Satz\ 7.3:$
$$A \wedge \neg A = D$$
$$V = A \vee \neg A$$

bewiesen. Mit dem Satz 7.3 sind jetzt weitere Aussagen für subtraktive Verbände nach den Methoden zu beweisen, die für den sog. klassischen Aussagenkalkül (klassische Junktorenlogik) üblich sind. Die Aussagen, in denen $D$ nicht vorkommt (also auch keine Aussage $\neg C$) und die sich mit Satz 7.3 beweisen lassen, gelten in jedem subtraktiven Verband. In algebraischer Ausdrucksweise haben wir bewiesen, daß die Aussagen $A$, mit $D \leq A$ einen BOOLEschen *Verband* bilden.

Zunächst beweisen wir hieraus einige Sätze, d.h. allein auf Grund von Satz 7.3 und der Distributivität.

$Satz\ 7.4.$

(1) $\quad A \wedge B \leq C \leftrightarrow A \leq C \vee \neg B$

(2) $\quad A \leq B \vee C \leftrightarrow A \wedge \neg B \leq C$

(3) $\quad \neg \neg A = A$

(4) $\quad A \leq B \leftrightarrow \neg B \leq \neg A$

(5) $\quad \neg . A \wedge B . = \neg A \vee \neg B$

(6) $\quad \neg . A \vee B . = \neg A \wedge \neg B.$

Beweis zu (1) und (2). Nach Satz 7.3 gilt $A \leq A \wedge B \vee \neg B$, also auf Grund der Distributivität $A \leq A \wedge B \vee A \wedge \neg B$. Aus $A \wedge B \leq C$ folgt daher wegen $A \wedge \neg B \leq \neg B$ sofort $A \leq C \vee \neg B$. Aus $A \wedge \neg B \leq C$ folgt ebenso $A \leq B \vee C$. Die beiden restlichen Implikationen folgen durch Dualisierung (ohne Änderung der Negation).

Beweis zu (3). Aus $A \wedge \neg A \leq \neg \neg A$ folgt nach (1) $A \leq \neg \neg A$. Aus $\neg \neg A \leq A \vee \neg A$ folgt nach (2) $\neg \neg A \leq A$.

Beweis zu (4). Aus $A \leq B$ folgt $A \wedge \neg B \leq B \vee \neg A$, also nach (1) und (2) $\neg B \wedge \neg B \leq \neg A \vee \neg A$, d.h. $\neg B \leq \neg A$. Die Umkehrung folgt dann aus (3).

Beweis zu (5) und (6). Aus $A \wedge B \leq A \wedge B$ folgt nach (1) und (2) $A \leq A \wedge B \dot{\vee} \neg B$, $A \wedge \neg . A \wedge B . \leq \neg B$, $\neg . A \wedge B . \leq \neg A \vee \neg B$. Die Umkehrung $\neg A \vee \neg B \leq \neg . A \wedge B$. folgt aus (4) wegen $A \wedge B \leq A$ und $A \wedge B \leq B$. (6) ergibt sich dual.

Für subtraktive Verbände beweisen wir ferner

*Satz 7.5.*  $\qquad$ (1) $\quad C \neg A \wedge B = C \neg A \dot{\vee} C \neg B$

$\qquad\qquad$ (2) $\quad A \vee B \neg C = A \neg C \dot{\vee} B \neg C$.

Zur Einsparung von Punkten gilt hier $\neg$, wie im folgenden auch $\frown$, $\llcorner$, $\lrcorner$, als „später" als $\wedge$, $\vee$.

Beweis zu (1). Nach (7.21) ist

$$C \vee \neg . A \wedge B . = C \vee \neg A \dot{\vee} C \vee \neg B$$

zu beweisen. Dies folgt sofort aus Satz 7.4 (5).

$\qquad$ Beweis zu (2). Nach (7.21) ist nur die triviale Formel

$$A \vee B \vee \neg C = A \vee \neg C \vee B \vee \neg C$$

zu beweisen.

Satz 7.5 zeigt deutlich, wie stark sich die Hinzunahme der PEIRCE-schen Aussage zur positiven Aussagenlogik auswirken würde.

Insbesondere läßt sich ein engerer Zusammenhang mit der Addition und Multiplikation von Zahlen nur für die subtraktiven Verbände herstellen.

Setzen wir nämlich:

$$A \frown B \rightleftharpoons A \neg B \dot{\wedge} B \neg A, \tag{7.22}$$

so bilden die Elemente eines subtraktiven Verbandes bezüglich $\frown$ als Addition und bezüglich $\vee$ als Multiplikation einen Ring. Das Nullelement $\vee$ wird definiert durch:

$$\vee \rightleftharpoons A \neg A. \tag{7.23}$$

Dann gilt ersichtlich

$$B \leq \vee \quad \text{für jedes } B. \tag{7.24}$$

*Satz 7.6. In einem subtraktiven Verband gilt*

$\qquad$ (1) $\quad A \neg B \frown C = A \frown B \frown C$

$\qquad$ (2) $\quad A \frown B = B \frown A$

$\qquad$ (3) $\quad A \frown \vee = A$

$\qquad$ (4) $\quad A \frown A = \vee$

$\qquad$ (5) $\quad A \vee B \dot{\vee} C = A \dot{\vee} B \vee C$

$\qquad$ (6) $\quad A \vee B = B \vee A$

$\qquad$ (7) $\quad A \vee A = A$

$\qquad$ (8) $\quad A \frown B \dot{\vee} C = A \vee C \frown B \vee C$.

Beweis. Von diesen Formeln sind (2) bis (7) trivial. Zum Beweis von (8) verwenden wir (7.21) und erhalten

$$A \frown B \dot\vee C = A \frown B \dot\vee C \dot\wedge B \frown A \dot\vee C$$
$$= A \vee \neg B \vee C \dot\wedge B \vee \neg A \vee C$$
$$= A \vee C \frown B \dot\wedge B \vee C \frown A$$
$$= A \vee \dot C \frown B \vee C \dot\wedge B \vee C \frown A \vee C$$

wegen $A \vee C \frown C = \mathsf{V}$ und $B \vee C \frown C = \mathsf{V}$. Zum Beweis von (1) erhalten wir zunächst

$$A \frown B \dotdiv C = A \frown B \dotdiv C \dot\wedge C \dotdiv A \frown B.$$

Das erste Glied auf der rechten Seite ist

$$A \vee \neg B \vee \neg C \dot\wedge B \vee \neg A \vee \neg C.$$

Das zweite Glied ergibt sich wegen

$$A \frown B = A \vee \neg B \dot\wedge B \vee \neg A$$
$$= A \wedge B \dot\vee A \wedge \neg A \dot\vee \neg B \wedge B \dot\vee \neg B \wedge \neg A$$
$$= A \wedge B \dot\vee \neg A \wedge \neg B$$

zu

$$C \vee \neg . A \frown B. = C \dot\vee \neg . A \wedge B. \wedge \neg . \neg A \wedge \neg B.$$
$$= C \vee \neg A \vee \neg B \dot\wedge C \vee A \vee B.$$

Die Konjunktion beider Glieder ist symmetrisch in $A, B, C$, woraus sofort (1) folgt.

Satz 7.6 hat in seiner dualen Form für Mengen mit

$$M \frown N \rightleftharpoons M \llcorner N \cup N \llcorner M$$

als Addition und $M \cap N$ als Multiplikation historisch eine wichtige Rolle gespielt. Denn in dieser Form wurde von BOOLE zuerst die Aussagenlogik als eine „Klassenlogik" entwickelt. In der Algebra heißt daher eine Menge, in der Verknüpfungen $\frown$ und $\vee$ definiert sind, und in der es ein Element $\mathsf{V}$ gibt, so daß (1) bis (8) gelten, ein BOOLEscher *Ring*.

Die Theorie der subtraktiven Verbände ist *gleichwertig* mit der Theorie der BOOLEschen Ringe, denn zunächst lassen sich die Verknüpfungen $\vee$, $\wedge$ und $\neg$ durch $\vee$ und $\frown$ ausdrücken:

$$A \frown B = A \frown A \vee B \tag{7.25}$$

$$A \wedge B = A \frown B \dotdiv A \vee B. \tag{7.26}$$

Beweis von (7.25):

$$A \frown A \vee B = A \frown A \vee B \dot\wedge A \vee B \frown A = A \frown B \dot\wedge \mathsf{V}.$$

Beweis von (7.26):

$$
\begin{aligned}
A \neg B \doteq A \vee B &= A \doteq B \neg A \vee B \\
&= A \doteq B \neg A \\
&= A \doteq B \neg A \ddot{\wedge} B \neg A \doteq A \\
&= A \wedge B \neg A \\
&= A \wedge B .
\end{aligned}
$$

Außerdem lassen sich aus Satz 7.6 mit (7.25) und (7.26) als Definitionen alle Axiome für subtraktive Verbände einschließlich (7.22) beweisen. Wegen der Einfachheit des Rechnens in einem BOOLEschen Ring beschränken wir uns auf (7.22):

$$
\begin{aligned}
A \neg B \wedge B \neg A &= A \neg A \vee B \wedge B \neg A \vee B \\
&= A \neg A \vee B \neg B \neg A \vee B \doteq A \neg A \vee B \ddot{\vee} B \neg A \vee B \\
&= A \neg B \neg A \vee B \neg A \vee B \neg A \vee B \neg A \vee B \\
&= A \neg B .
\end{aligned}
$$

Zusätzlich zu den Ringaxiomen hat man hier stets $A \neg A = \mathsf{V}$ und $A \vee A = A$ zu beachten. Für die Verbandsaxiome, in denen $\leq$ auftritt, hat man $A \leq B$ durch $A \vee B = B$ zu ersetzen. Dann gilt $A = B$ genau dann, wenn $A \leq B$ und $B \leq A$ gelten, wegen

$$
A \vee B = B,\ A \vee B = A \to A = B
$$

und

$$
\begin{aligned}
A = B &\to A \vee B = A \vee A = A \\
A = B &\to A \vee B = B \wedge B = B .
\end{aligned}
$$

Damit ist die „Gleichwertigkeit" der Theorien — anders ausgedrückt: die Äquivalenz der durch die Axiomensysteme (7.9) bis (7.11), (7.13), (7.14) einerseits und Satz 7.6, (1) bis (8) andererseits dargestellten Strukturen (vgl. Teil III, Kap. 7) — bewiesen.

Nach dieser Abschweifung über die PEIRCEsche Aussage

$$
A \to B \dashrightarrow A \dashrightarrow A ,
$$

die wir erst nach Einführung der Negation verwenden werden können, kehren wir jetzt zur positiven Aussagenlogik zurück. Wir wollen diese erweitern, indem wir Aussagen mit freien und gebundenen Objektvariablen in unsere Betrachtung einbeziehen.

Es liege ein Kalkül vor, in dessen Regelsystem außer den Aussagenvariablen noch Objektvariable $x, y, \ldots$ vorkommen. Es treten also Formeln $A(x, y, \ldots)$ auf, und die Regeln des Kalküls sind eventuell von der Form

$$
A_1(x, y, \ldots),\ A_2(x, y, \ldots), \ldots \xrightarrow[x, y, \ldots]{} A(x, y, \ldots) \tag{7.27}
$$

mit gebundenen Objektvariablen. Die Metaregeln dieses Kalküls können dann von der Form sein:

$$\underset{x_1,\,x_2,\,\ldots}{A}\ (x_1, x_2, \ldots),\qquad \underset{y_1,\,y_2,\,\ldots}{B}\ (y_1, y_2, \ldots),\ \ldots \to \underset{x_1,\,x_2,\,\ldots}{C}\ (z_1, z_2, \ldots).\qquad (7.28)$$

Während in den Regeln (7.27) die Variablen unter $\to$ wegbleiben könnten, ist die Bindung in (7.28) wesentlich.

Im Gegensatz zur Konjunktion besteht für die *Generalisation*, die durch die Variablenbindung ausgedrückt wird, keine Notwendigkeit, ein neues Symbol in der „Objektsprache", d.h. in dem zugrunde gelegten Kalkül, einzuführen.

Wir führen trotzdem einen „Generalisator" $\Lambda_x$ (als ein großes Konjunktionszeichen) ein, um die Möglichkeit zu haben, den Übergang von einer Aussage $A(x_1, x_2, \ldots)$ zu $\underset{x_1,\,x_2,\,\ldots}{A}\ (x_1, x_2, \ldots)$ in $n$ Schritten statt in einem Schritt zu vollziehen.

Zu jeder Formel $A(x)$ bilden wir die Formel $\Lambda_x A(x)$.

Wird $\Lambda_x$ vor eine zusammengesetzte Formel gesetzt, so verwenden wir Punkte auf der Zeile, um den Wirkungsbereich zu bezeichnen, z.B. $\Lambda_x . A \wedge B ..$

Wir führen den „Quantor" $\Lambda_x$ durch die Definition

$$(D_3^0)\quad \Lambda_x A\,(x) \rightleftharpoons \underset{x}{A}\,(x)$$

ein.

Für jeden Kalkül, in dem $\Lambda_x$ durch $(D_3^0)$ eingeführt ist, folgt nach § 6, V:

$$\vdash \Lambda_x A\,(x) \to A\,(X),\qquad\qquad (7.29)$$

wenn wir $X, Y, \ldots$ als Mitteilungsvariable für Terme, d.h. für Objekte und Objektformen verwenden. Enthält $X$ freie Variable, so dürfen diese durch Einsetzung in $A(x)$ nicht gebunden werden.

Mit § 6, IV folgt aus $(D_3^0)$ ferner

$$\vdash A_0 \underset{x}{\to} A(x) \overset{.}{\leftrightarrow} A_0 \to \Lambda_x A(x),\qquad\qquad (7.30)$$

wenn $x$ in $A_0$ nicht frei vorkommt.

Diese Sätze (7.29, 7.30) sind — bis auf die Schreibweise — Spezialisierungen der Sätze:

$$\vdash \underset{x_1,\,x_2,\,\ldots}{A}\ (x_1, x_2, \ldots) \to A(X_1, X_2, \ldots)$$

$$\vdash A_0 \underset{x_1,\,x_2,\,\ldots}{\longrightarrow} A(x_1, x_2, \ldots) \overset{.}{\leftrightarrow} A_0 \to \underset{x_1,\,x_2,\,\ldots}{A}\ (x_1, x_2, \ldots).$$

Es ist leicht, die Verallgemeinerungen von $(D_3^0)$ zu beweisen:

$$\vdash \underset{x_1,\,x_2,\,\ldots}{A}\ (x_1, x_2, \ldots) \to \Lambda_{x_1} \Lambda_{x_2} \ldots A(x_1, x_2, \ldots)\qquad (7.31)$$

$$\vdash \Lambda_{x_1} \Lambda_{x_2} \ldots A(x_1, x_2, \ldots) \to \underset{x_1,\,x_2,\,\ldots}{A}\ (x_1, x_2, \ldots),\qquad (7.32)$$

so daß also tatsächlich jede Aussage $\underset{x_1,\,x_2,\,\ldots}{A}(x_1, x_2, \ldots)$ stets durch $\Lambda_{x_1}\Lambda_{x_2}\ldots A(x_1, x_2, \ldots)$ ersetzt werden kann. In den Fällen, in denen die neue Schreibweise mit den Generalisatoren umständlicher als die bisherige Schreibweise wäre, werden wir zur Abkürzung $\Lambda_{x_1,\,x_2,\,\ldots}$ statt $\Lambda_{x_1}\Lambda_{x_2}\ldots$ schreiben, also

$$\Lambda_{x_1,\,x_2,\,\ldots}A(x_1, x_2, \ldots) \rightleftharpoons \Lambda_{x_1}\Lambda_{x_2}\ldots A(x_1, x_2, \ldots).$$

Die Sätze (7.29) und (7.30) zeigen eine Analogie der Generalisation mit der Konjunktion. Nehmen wir z.B. an, es gäbe nur zwei Objekte 1 und 2, dann gälte

$$\vdash A(1), A(2) \underset{x}{\rightarrow} A(x),$$

und es wäre dann beweisbar

$$\vdash \Lambda_x A(x) \leftrightarrow A(1) \wedge A(2).$$

Analog zu

$$A_0 \rightarrow A(1) \wedge A(2) \leftrightarrow A_0 \rightarrow A(1) \mathbin{\dot\wedge} A_0 \rightarrow A(2)$$

gilt

$$A_0 \underset{x}{\rightarrow} A(x) \leftrightarrow A_0 \rightarrow \Lambda_x A(x),$$

wenn $x$ in $A_0$ nicht frei vorkommt.

Wir suchen jetzt eine Möglichkeit, den Kalkül so zu erweitern, daß ein entsprechendes Analogon auch für die Adjunktion vorhanden ist. Zu jeder Aussageform $A(x)$ soll eine Formel $V_x A(x)$ gebildet werden, so daß entsprechend zu

$$A(1) \rightarrow A_0 \mathbin{\dot\wedge} A(2) \rightarrow A_0 \leftrightarrow A(1) \vee A(2) \rightarrow A_0$$

gilt

$$A(x) \underset{x}{\rightarrow} A_0 \leftrightarrow V_x A(x) \rightarrow A_0, \tag{7.33}$$

falls $x$ nicht in $A_0$ frei vorkommt.

Genau wie bei Einführung der Adjunktion ist nichts damit gewonnen, (7.33) „axiomatisch" einzuführen. Auch die sprachliche Evidenz, die (7.33) besitzt, wenn $V_x A(x)$ durch „für manche $x$ gilt $A(x)$" oder durch „es gibt ein $x$ mit $A(x)$" übersetzt wird, garantiert nicht die relative Zulässigkeit dieser Metaregel, d.h. sie garantiert nicht, daß nach Hinzufügung von (7.33) jede ableitbare Aussage, die das neue Symbol $V_x$ nicht enthält, schon vor der Hinzufügung ableitbar war.

Diese relative Zulässigkeit bezüglich der Klasse der Aussagen ohne $V_x$ erhalten wir jedoch für jeden Kalkül, wenn wir den Kalkül zunächst nur durch die Regel

$$(D_4^0) \quad A(x) \rightarrow V_x A(x)$$

erweitern. Diese Regel ist ersichtlich relativ-zulässig.

Wir setzen fest, daß das Vorkommen von $x$ in $V_x A(x)$ als gebunden, nicht als frei gilt.

Wird ein Kalkül, in dem $V_x$ nicht unter den Atomen vorkommt, durch $(D_4^0)$ erweitert, so liefert das Inversionsprinzip für jede Formel $A_0$, in der $x$ nicht frei vorkommt, die Zulässigkeit von

$$A(x) \xrightarrow[x]{} A_0 \dashrightarrow V_x A(x) \to A_0. \tag{7.34}$$

Aus $(D_4^0)$ und (7.34) ist dann (7.33) mit Hilfe der Konsequenzlogik sofort als zulässig für den erweiterten Kalkül zu beweisen.

Die hierdurch eingeführte „Partikularisation" $V_x$ — wir nennen sie auch die „große" Adjunktion — verhält sich zur Generalisation $\Lambda_x$, der „großen" Konjunktion, nicht in jeder Hinsicht dual. Schon für die „kleine" Konjunktion $\wedge$ und Adjunktion $\vee$ bestand diese Dualität ja nicht ausnahmslos, da nur $\neg$, nicht $\llcorner$ eingeführt werden konnte.

Wir untersuchen die Distributivität der *Quantoren* $\Lambda_x$ und $V_x$ bezüglich der Verknüpfungen $\wedge$ und $\vee$. Zunächst gilt

$$\vdash \Lambda_x . A \wedge B(x). \leftrightarrow A \wedge \Lambda_x B(x), \tag{7.35}$$

falls $x$ nicht frei in $A$ vorkommt.

Beweis:     (1)   $\Lambda_x . A \wedge B(x). \to A \wedge B(x)$

$\Lambda_x . A \wedge B(x). \to A$

$\Lambda_x . A \wedge B(x). \to B(x)$

$\Lambda_x . A \wedge B(x). \to \Lambda_x B(x)$

$\Lambda_x . A \wedge B(x). \to A \wedge \Lambda_x B(x)$

(2)        $\Lambda_x B(x) \to B(x)$

$A \wedge \Lambda_x B(x) \to A \wedge B(x)$

$A \wedge \Lambda_x B(x) \to \Lambda_x . A \wedge B(x)..$

Dual hierzu ist der Beweis von

$$\vdash V_x . A \vee B(x). \leftrightarrow A \vee V_x B(x), \tag{7.36}$$

falls $x$ nicht frei in $A$ vorkommt.

Ferner gilt

$$\vdash V_x . A \wedge B(x). \leftrightarrow A \wedge V_x B(x), \tag{7.37}$$

falls $x$ nicht frei in $A$ vorkommt.

Beweis.       (1)        $B(x) \to V_x B(x)$

$A \wedge B(x) \to A \wedge V_x B(x)$

$V_x . A \wedge B(x). \to A \wedge V_x B(x)$

(2)     $A \wedge B(x) \to V_x . A \wedge B(x).$

$B(x) \to V_x . A \wedge B(x). \neg A$

$V_x B(x) \to V_x . A \wedge B(x). \neg A$

$A \wedge V_x B(x) \to V_x . A \wedge B(x).$

Von diesem Beweis läßt sich nur (1) dualisieren und liefert:

$$\vdash A \vee \bigwedge_x B(x) \to \bigwedge_x . A \vee B(x)..  \tag{7.38}$$

Da die zu $\neg$ duale Operation nicht vorhanden ist, läßt sich der Beweis unter (2) nicht dualisieren.

Betrachtet man einen Logikkalkül, der durch Hinzunahme von $\bigwedge_x$, $\bigvee_x$ zum positiven Aussagenkalkül entsteht, so läßt sich sogar die Unableitbarkeit von

$$\bigwedge_x . A \vee B(x). \to A \vee \bigwedge_x B(x)$$

in diesem Kalkül beweisen. Auf diesen Unableitbarkeitsbeweis brauchen wir hier jedoch nicht einzugehen (vgl. KLEENE 1952).

Die Erweiterung des Kalküls der Aussagenlogik durch die große Konjunktion und Adjunktion führt zu einem Kalkül, den wir den „positiven Logikkalkül" oder auch den „positiven Quantorenkalkül" nennen. Die Formeln dieses Logikkalküls sind zusammengesetzt aus primitiven Formeln:

$$\mathsf{A}, \mathsf{B}, \ldots$$
$$\mathsf{A}^1(x), \mathsf{B}^1(y), \ldots \qquad \mathsf{A}^1(\xi), \mathsf{B}^1(\eta), \ldots$$
$$\mathsf{A}^2(x_1, x_2), \mathsf{B}^2(y_1, y_2), \ldots \qquad \mathsf{A}^2(\xi_1, \xi_2), \mathsf{B}^2(\eta_1, \eta_2), \ldots$$
$$\vdots \qquad\qquad\qquad \vdots$$

An Stelle der bisherigen Aussagensymbole $\mathsf{A}, \mathsf{B}, \ldots$ treten jetzt also weitere Symbole für Aussageformen mit Objektvariablen, z.B. $\mathsf{A}^1(x)$. Es ist üblich, hierin $\mathsf{A}^1$ ein Prädikatensymbol zu nennen. Nach unserer Auffassung symbolisiert jedoch nur die ganze Figur $\mathsf{A}^1(x)$ etwas, nämlich eine Aussageform, $\mathsf{A}^1$ allein symbolisiert dagegen gar nichts. Außerdem treten die Objektsymbole $\xi, \eta, \ldots$ neu auf.

Sind etwa $x, y, \ldots$ Variable für die in

$$(A_1) \quad |$$
$$(R_1) \quad x \to x\,|$$

ableitbaren Figuren (sind also die Grundzahlen $|, ||, \ldots$ die Objekte), so liefert der Kalkül

$$(A_1) \quad *$$
$$(R_1) \quad * x * x$$
$$(R_2) \quad a \to a\,x \qquad (a\ \text{Aussagenvariable})$$

z.B. $*|*|$, $*||*|||$, $*||||$ als ableitbare Aussagen, also Aussagen der Form $A(x, y)$ und $B(x)$. Es ist hier unnötig, etwa $* \cdots * \cdots$ als zweistelliges „Prädikat" hervorzuheben. Für die Quantorenlogik ist es unerheblich, daß die fundamentale Struktur der sprachlichen Aussagen die Subjekt-Prädikatstruktur ist: „$S$ ist $P$". Es kommt vielmehr nur darauf an, daß die Aussagen nicht als ungeteilte Ganzheiten betrachtet werden, sondern daß gewisse in den Aussagen vorkommende Figuren (die Objekte) ausgezeichnet werden.

Aus den primitiven Formeln werden die weiteren Formeln zusammengesetzt mit $\rightarrow$, $\wedge$, $\vee$, $\wedge_x$, $\vee_x$. Mit $A$, $B$,... als Mitteilungsvariablen für die zusammengesetzten Formeln — wobei wir z. B. $A(x)$ schreiben, wenn die Formel eventuell die Objektvariable $x$ frei enthält — haben wir als definierende Regeln des positiven Quantorenkalküls zunächst die Regeln (7.9) bis (7.11) und (7.13). Dazu kommen die Regeln

$$A_0 \leqq A(y) \leftrightarrow A_0 \leqq \wedge_x A(x) \tag{7.39}$$

$$A(y) \leqq A_0 \leftrightarrow \vee_x A(x) \leqq A_0, \tag{7.40}$$

falls $y$ in $A_0$ nicht frei vorkommt (und in $A(y)$ nicht gebunden).

Entsprechend zum Beweis von (7.37) läßt sich in diesem Kalkül

$$\vee_x . A \wedge B(x). = A \wedge \vee_x B(x)$$

beweisen. Wie erwähnt, ist aber

$$\wedge_x . A \vee B(x). \leqq A \vee \wedge_x B(x)$$

unbeweisbar im positiven Quantorenkalkül.

Verständlicherweise führt jedoch die Hinzunahme der Peirceschen Aussage

$$A \overset{\cdot}{\neg} B \neg A \leqq A$$

zur Beweisbarkeit. Genau wie im positiven Aussagenkalkül können wir nach Hinzunahme der Peirceschen Aussage mit einer Aussage $D$ operieren, für die z. B. $D \leqq A$ und $D \leqq B(x)$ gilt. Dann ist $D \leqq C$ für alle aus $A$ und $B(x)$ zusammengesetzten Formeln $C$ beweisbar, z. B. $D \leqq \wedge_x B(x)$. Mit $\neg C$ statt $D \neg C$ (d.h. $C \rightarrow D$) läßt sich der Beweis von (7.37) jetzt dualisieren, indem $\neg C_1 \wedge C_2$ an Stelle von $\neg C_1 \vee C_2 = C_2 \neg C_1$ tritt:

$$\wedge_x . A \vee B(x). \leqq A \vee B(x)$$
$$\wedge_x . A \vee B(x). \wedge \neg A \leqq B(x)$$
$$\wedge_x . A \vee B(x). \wedge \neg A \leqq \wedge_x B(x)$$
$$\wedge_x . A \vee B(x). \leqq A \vee \wedge_x B(x).$$

Der Hinzunahme der Peirceschen Aussage, die unsere positiven Logikkalküle so außerordentlich vereinfachen würde, fehlt jedoch bisher noch eine hinreichende Begründung. Eine Möglichkeit zur Begründung der Hinzunahme als einer „Fiktion" wird sich uns bei der Untersuchung der Negation ergeben.

Innerhalb der positiven Quantorenlogik sei zunächst noch der Gebrauch von „bedingten" Quantoren erwähnt, der für die praktische

Handhabung des Schließens wichtig ist. Es werde definiert:

$$\bigwedge_{\substack{x \\ A(x)}} B(x) \leftrightharpoons \bigwedge_x . A(x) \to B(x).$$

$$\bigvee_{\substack{x \\ A(x)}} B(x) \leftrightharpoons \bigvee_x . A(x) \wedge B(x). .$$

Für diese bedingten Quantoren gelten in Analogie zu (7.39) und (7.40)

$$\bigwedge_{\substack{x \\ A(x)}} . C \to B(x). \leftrightarrow C \to \bigwedge_{\substack{x \\ A(x)}} B(x)$$

$$\bigwedge_{\substack{x \\ A(x)}} . B(x) \to C. \leftrightarrow \bigvee_{\substack{x \\ A(x)}} B(x) \to C,$$

falls $x$ nicht in $C$ frei vorkommt.

Zum Beweis hat man nur die linken Seiten durch

$$\bigwedge_x . A(x) \dashrightarrow C \to B(x).$$

bzw.

$$\bigwedge_x . A(x) \dashrightarrow B(x) \to C.$$

zu ersetzen. Diese Formeln sind äquivalent mit

$$\bigwedge_x . C \dashrightarrow A(x) \to B(x).$$

bzw.

$$\bigwedge_x . A(x) \wedge B(x) \to C. ,$$

so daß durch Anwendung von (7.39) und (7.40) entsteht

$$C \to \bigwedge_x . A(x) \to B(x).$$

bzw.

$$\bigvee_x . A(x) \wedge B(x). \to C.$$

Auch die Sätze (7.35) bis (7.37) gelten entsprechend für die bedingten Quantoren. Die Zusammenfassung mehrerer gleichartiger Quantoren, z. B.

$$\bigvee_{x_1, x_2, \ldots} A(x_1, x_2, \ldots) \quad \text{statt} \quad \bigvee_{x_1} \bigvee_{x_2} \ldots A(x_1, x_2, \ldots),$$

läßt sich auch für bedingte Quantoren durchführen. Setzen wir:

$$\bigvee_{\substack{A \\ x_1, x_2, \ldots}} B \leftrightharpoons \bigvee_{x_1, x_2, \ldots} . A \wedge B.$$

$$\bigwedge_{\substack{A \\ x_1, x_2, \ldots}} B \leftrightharpoons \bigwedge_{x_1, x_2, \ldots} . A \to B. ,$$

so gilt

$$\bigvee_{\substack{x_1 \\ A_1}} \bigvee_{\substack{x_2 \\ A_2}} \ldots B \leftrightarrow \bigvee_{\substack{x_1, x_2, \ldots \\ A_1 \wedge A_2 \wedge \cdots}} B$$

$$\bigwedge_{\substack{x_1 \\ A_1}} \bigwedge_{\substack{x_2 \\ A_2}} \ldots B \leftrightarrow \bigwedge_{\substack{x_1, x_2, \ldots \\ A_1 \wedge A_2 \wedge \cdots}} B.$$

Hierbei ist allerdings vorauszusetzen, daß die Variable $x_{\nu+1}$ nicht frei in $A_1 \wedge \ldots \wedge A_\nu$ vorkommt für $\nu = 1, \ldots, n-1$. Zum Beweis genügt:

$$\mathop{V}_{\substack{x_1, \ldots, x_\nu \\ A_1 \wedge \cdots \wedge A_\nu}} \mathop{V}_{\substack{x_{\nu+1} \\ A_{\nu+1}}} B \leftrightarrow \mathop{V}_{x_1, \ldots, x_\nu} \cdot A_1 \wedge \cdots \wedge A_\nu \wedge \mathop{V}_{x_{\nu+1}} \cdot A_{\nu+1} \wedge B \ . \ .$$

$$\leftrightarrow \mathop{V}_{x_1, \ldots, x_\nu} \mathop{V}_{x_{\nu+1}} \cdot A_1 \wedge \cdots \wedge A_\nu \wedge A_{\nu+1} \wedge B \ .$$

$$\mathop{\Lambda}_{\substack{x_1, \ldots, x_\nu \\ A_1 \wedge \cdots \wedge A_\nu}} \mathop{\Lambda}_{\substack{x_{\nu+1} \\ A_{\nu+1}}} B \leftrightarrow \mathop{\Lambda}_{x_1, \ldots, x_\nu} \cdot A_1 \wedge \cdots \wedge A_\nu \rightarrow \mathop{\Lambda}_{x_{\nu+1}} \cdot A_{\nu+1} \rightarrow B \ . \ .$$

$$\leftrightarrow \mathop{\Lambda}_{x_1, \ldots, x_\nu} \mathop{\Lambda}_{x_{\nu+1}} \cdot A_1 \wedge \cdots \wedge A_\nu \overset{\cdot}{\rightarrow} A_{\nu+1} \rightarrow B \ .$$

$$\leftrightarrow \mathop{\Lambda}_{x_1, \ldots, x_{\nu+1}} \cdot A_1 \wedge \cdots \wedge A_\nu \wedge A_{\nu+1} \rightarrow B \ . \ .$$

## § 8. Negation.

Üblicherweise wird die Negation zusammen mit der Konjunktion und Adjunktion als eine der logischen Partikeln behandelt, die zur Zusammensetzung von Aussagen aus primitiven Aussagen dienen. Schon für das „nicht" als Bestandteil der Umgangssprache kann diese Auffassung aber irreführend sein. Denn die Subjekt-Prädikataussagen „$S$ ist $P$" bzw. „$S$ ist nicht $P$" kommen so zustande, daß dem Subjekt $S$ (genauer: dem mit „$S$" bezeichneten Gegenstand) das Prädikat $P$ zugesprochen bzw. abgesprochen wird. Diese Entscheidung zwischen Zu- und Absprechen ist es, ohne die weder die Aussage „$S$ ist $P$" noch die Aussage „$S$ ist nicht $P$" sinnvoll wäre. Es wäre möglich, diese Entscheidung auch so auszudrücken, daß die negative Aussage nicht als zusammengesetzt gegenüber der positiven erschiene.

Für das schematische Operieren mit Figuren kommt es dagegen nicht auf eine solche unmittelbare Entscheidung wie beim Zu- und Absprechen eines Prädikates an, sondern hier handelt es sich um Ableitbarkeit bzw. Zulässigkeit — und es handelt sich nicht darum, sich zu entscheiden, ob eine Aussage als ableitbar oder als unableitbar behauptet werden soll, sondern es handelt sich darum, solche Behauptungen zu beweisen oder zu widerlegen. Hierbei ist zu beachten, daß jede Widerlegung nichts als ein Beweis ist. Um die Ableitbarkeit einer Aussage $A$ zu widerlegen, hat man die Unableitbarkeit von $A$ zu beweisen — und dies geschieht durch den Beweis der Ungleichheit aller ableitbaren Aussagen zu $A$. Zur Widerlegung einer Unableitbarkeit hat man selbstverständlich die Ableitbarkeit zu beweisen. Um die Unzulässigkeit einer Regel zu widerlegen, hat man die Zulässigkeit zu beweisen — und dies geschieht durch Eliminationsverfahren. Zur Widerlegung einer Zulässigkeit hat man nur die Unzulässigkeit zu beweisen, d.h. eine Ableitbarkeit und eine Unableitbarkeit.

Unsere Begriffspaare „ableitbar — unableitbar" und „unzulässig — zulässig" sind so eingeführt, daß die Widerlegbarkeit gerade durch die Beweisbarkeit des Gegenbegriffes definiert ist. Die Beweismethoden dagegen sind nicht etwa durch die Widerlegungsmethoden des Gegenbegriffes definiert, die Beweismethoden sind vielmehr stets das Primäre.

Im Gegensatz zur Konjunktion $\wedge$ und den Adjunktionen $\vee$, $V_x$, für die wir Regeln angeben konnten, nach denen Aussagen $A \wedge B$ bzw. $A \vee B$, $V_x A(x)$ abzuleiten sind, nämlich

$$A, B \to A \wedge B$$
$$A \to A \vee B$$
$$B \to A \vee B$$
$$A(x) \to V_x A(x),$$

gibt es keine solchen Regeln zur Einführung einer Negation. Auch schon für die Subjunktion $A \to B$ und Generalisation $\underset{x}{A}(x)$ gab es keine solchen definierenden Regeln, sondern wir haben diese logischen Partikeln auf Grund ihrer operativen „Deutung" eingeführt. Ebenso müssen wir jetzt für die Negation auf eine Deutung zurückgreifen. Wir können dabei anknüpfen an die Deutung, die BROUWER der Negation gegeben hat. „Nicht-$A$ ist wahr" wird im BROUWERschen Intuitionismus gedeutet als „$A$ ist absurd", d. h. $A$ impliziert einen Widerspruch. Was dabei unter Widerspruch zu verstehen ist, gilt als durch eine logische Intuition gesichert. Wie die HEYTINGsche Formalisierung (vgl. HEYTING 1930) der BROUWERschen Logik aber gezeigt hat, wird vom Widerspruch nur dieses benutzt, daß er jede Aussage impliziert (ex falso quodlibet sequitur).

Dadurch ist die Negation völlig auf die Implikation reduziert, und wir können ihr jetzt eine operative Deutung geben.

Für einen beliebigen Kalkül $K$ wollen wir eine Aussage $A$ eine „$\lambda$-Aussage" nennen, wenn für jede Aussage $B$ des Kalküls die Regel $A \to B$ zulässig ist. Das Unableitbarkeitsprinzip läßt sich dann so formulieren: jede unableitbare Aussage ist eine $\lambda$-Aussage. Die Umkehrung dieses Satzes gilt durchaus nicht allemal, denn in einem Kalkül, in dem jeder Ausdruck ableitbar ist, z. B. in dem Kalkül mit den Atomen $+$, $\circ$ und den Regeln

$$(A_1) \qquad +$$
$$(R_1) \qquad a \to a+$$
$$(R_2) \qquad a \to +a\circ$$
$$(R_3) \qquad +a \to a,$$

ist jede Aussage eine $\lambda$-Aussage.

Wir werden es im folgenden stets mit Kalkülen zu tun haben, für die (mindestens) eine $\lambda$-Aussage bekannt ist. Es wird also keine Einschränkung bedeuten, wenn wir voraussetzen, daß stets eine $\lambda$-Aussage vorhanden ist. Wir haben zudem in § 7 bei der Behandlung der subtraktiven Verbände gesehen, wie man sich ohne $\lambda$-Aussage behelfen kann.

Sind $\lambda_1$ und $\lambda_2$ $\lambda$-Aussagen, dann ist $\lambda_1 \leftrightarrow \lambda_2$ zulässig. In jeder Zulässigkeitsaussage kann daher jede $\lambda$-Aussage durch jede andere solche Aussage ersetzt werden. Es wird also genügen, einfach die Figur $\lambda$ zu benutzen als Variable für $\lambda$-Aussagen.

Wir führen jetzt die Negation $\neg$ durch die Definition

$$(D_5^0) \qquad \neg A \rightleftharpoons A \to \lambda$$

ein. Hieraus folgt

$$\neg A \dashrightarrow A \to \lambda \tag{8.1}$$

also

$$\neg A \wedge A \to \lambda \tag{8.2}$$

$$\neg . A \wedge \neg A .. \tag{8.3}$$

Um Klammern zu sparen, schreiben wir wie bei den Quantoren auch bei der Negation z.B. $\neg . A \wedge B.$ statt $\neg (A \wedge B)$ und lassen die Punkte bei nicht zusammengesetzten Formeln hinter $\neg$ weg.

Die Bezeichnung $\neg A$ stimmt mit dem früheren Gebrauch von $\neg$ überein, denn es ist ja $\lambda \neg A$ nur eine andere Schreibweise für $A \to \lambda$, und nach $(D_5^0)$ ist $\neg A$ definiert als $\lambda \neg A$.

Die Bedeutung dieser Negation liegt darin, daß $\neg A$ genau dann beweisbar ist, wenn $A$ eine $\lambda$-Aussage ist. Denn es ist einerseits klar, daß für jede $\lambda$-Aussage $A$ nach $(D_5^0)$ $\neg A$ beweisbar ist. Ist andererseits $A \to \lambda$ zulässig, so auch $A \to B$ für jede Aussage $B$.

Die Formeln des Hilfssatzes (7.4), die unter Zuhilfenahme der Peirce-schen Aussage bewiesen waren, gelten für die Negation nur teilweise.

*Satz 8.1. Für jeden Kalkül sind für die durch $(D_5^0)$ eingeführte Negation zulässig:*

$$(1) \qquad A \to \neg \neg A$$

$$(2) \qquad A \to B \dashrightarrow \neg B \to \neg A$$

$$(3) \quad \neg A \vee \neg B \to \neg . A \wedge B.$$

$$(4) \quad \neg A \wedge \neg B \leftrightarrow \neg . A \vee B..$$

Beweis:     $(1) \quad A \dashrightarrow A \to \lambda \dashrightarrow \lambda,$

denn              $A \wedge A \to \lambda \dashrightarrow \lambda.$

$$(2) \quad A \to B \dashrightarrow B \to \lambda \dashrightarrow A \to \lambda.$$

$$(3) \quad A \to \lambda \vee B \to \lambda \dashrightarrow A \wedge B \to \lambda,$$

denn              $A \to \lambda \dashrightarrow A \wedge B \to \lambda$

und               $B \to \lambda \dashrightarrow A \wedge B \to \lambda.$

$$(4) \quad A \vee B \to \lambda \leftrightarrow A \to \lambda \wedge B \to \lambda.$$

Entsprechend zu den Formeln (3) und (4) läßt sich für die Quantoren beweisen:

$$V_x \neg A(x) \to \neg \wedge_x A(x) \qquad (8.4)$$

$$\wedge_x \neg A(x) \leftrightarrow \neg V_x A(x). \qquad (8.5)$$

Wir vermerken an weiteren Sätzen über die Negation noch:

$$\neg\neg\neg A \leftrightarrow \neg A \qquad (8.6)$$

$$\neg\neg . A \wedge B . \leftrightarrow \neg\neg A \wedge \neg\neg B \qquad (8.7)$$

$$\neg\neg \wedge_x A(x) \to \wedge_x \neg\neg A(x) \qquad (8.8)$$

$$\neg\neg . A \to B . \overset{.}{\leftrightarrow} A \to \neg\neg B. \qquad (8.9)$$

Beweis zu (8.6): aus $A \to \neg\neg A$ mit Satz 8.1 (2).

Beweis zu (8.7) und (8.8). Nach Satz 8.1 (2), (3) und (4) gilt

$$\neg\neg . A \wedge B . \to \neg . \neg A \vee \neg B.$$

und

$$\neg . \neg A \vee \neg B . \to \neg\neg A \wedge \neg\neg B.$$

Analog folgt (8.8). Es bleibt zu zeigen:

$$\neg\neg A \wedge \neg\neg B \to \neg\neg . A \wedge B..$$

Nun gilt

$$A \wedge B \to A \wedge B,$$

also

$$\neg . A \wedge B . \wedge A \qquad \to \neg B$$
$$\neg . A \wedge B . \wedge \neg\neg B \to \neg A$$
$$\neg\neg A \wedge \neg\neg B \to \neg\neg . A \wedge B..$$

Beweis zu (8.9): wegen $\neg A \overset{.}{\to} A \to B$ und $B \overset{.}{\to} A \to B$ gilt

$$\neg . A \to B . \to \neg\neg A \wedge \neg B.$$

Andrerseits ergibt $A \to B \wedge \neg B \overset{.}{\to} \neg A$ sofort

$$\neg\neg A \wedge \neg B \to \neg . A \to B..$$

(8.9) folgt daher mit (8.6) aus

$$\neg . A \wedge C . \overset{.}{\leftrightarrow} A \to \neg C \overset{.}{\leftrightarrow} C \to \neg A.$$

Entsprechend der Möglichkeit, jeden Kalkül, in dem eine $\curlywedge$-Aussage bekannt ist, zu erweitern durch Einführung der Negation, werden wir jetzt auch den positiven Quantorenkalkül erweitern.

Wir fügen dazu zu den primitiven Formeln

$$\mathsf{A, B, \ldots}$$

$$\mathsf{A^1}(x), \mathsf{B^1}(y), \ldots \qquad \mathsf{A^1}(\xi), \mathsf{B^1}(\eta), \ldots$$

$$\vdots \qquad\qquad\qquad \vdots$$

noch die Figur $\lambda$ hinzu. Die Zusammensetzung beliebiger Formeln $A, B, \ldots$ geschieht jetzt durch die Verknüpfungen $\to$, $\wedge$, $\vee$ und die Operatoren $\Lambda_x$, $V_x$, $\neg$. Die Regeln (7.9) bis (7.11), (7.13), (7.39) und (7.40) sind dann Regeln zur Ableitung von Formeln $A \leq B$.

Zu diesen Regeln fügen wir hinzu:

$$\lambda \leq A \tag{8.10}$$

$$\neg A = \lambda \neg A. \tag{8.11}$$

Den so definierten Logikkalkül nennen wir den „effektiven" Quantorenkalkül im Gegensatz zu dem „fiktiven" Quantorenkalkül, bei dem außer (8.10) und (8.11) auch noch das „tertium non datur"

$$\Upsilon \leq A \vee \neg A \tag{8.12}$$

hinzugefügt ist (hierbei steht $\Upsilon$ für $\neg \lambda$).

In der fiktiven Quantorenlogik gelten über die effektiven Sätze hinaus wegen der Dualität die folgenden Äquivalenzen:

$$\neg \neg A = A$$
$$\neg . A \wedge B. = \neg A \vee \neg B$$
$$\neg \Lambda_x A(x) = V_x \neg A(x).$$

Fiktiv gilt auch die PEIRCEsche Aussage (7.14) wegen

$$A \ddot{\curlywedge} A \doteq B \neg A \leq A$$
$$\neg A \ddot{\curlywedge} A \doteq B \neg A \leq B \neg A \ddot{\curlywedge} A \doteq B \neg A \leq A.$$

Daher bilden nach § 7 die Aussagen in der fiktiven Logik einen subtraktiven Verband, wegen (8.10) sogar einen BOOLEschen Verband. Für die Anwendungen ist insbesondere darauf hinzuweisen, daß die Negationsregeln auch für die bedingten Quantoren gelten:

$$\neg \underset{A(x)}{\Lambda_x} B(x) \leftrightarrow \underset{A(x)}{V_x} \neg B(x)$$

$$\neg \underset{A(x)}{V_x} B(x) \leftrightarrow \underset{A(x)}{\Lambda_x} \neg B(x).$$

Zum Beweis hat man hier zu beachten:

$$\neg \underset{A(x)}{\Lambda_x} B(x) \leftrightarrow \neg \Lambda_x . A(x) \to B(x).$$
$$\leftrightarrow V_x \neg . A(x) \to B(x).$$
$$\leftrightarrow V_x \neg . \neg A(x) \vee B(x).$$
$$\leftrightarrow V_x . A(x) \wedge \neg B(x)..$$

Der fiktive Quantorenkalkül ist der „klassische" Logikkalkül, der bis zum Auftreten des Intuitionismus in der nicht formalisierten Mathematik stets angewendet wurde. Erst die BROUWERsche Kritik am tertium non datur hat die Aufstellung des effektiven Quantorenkalküls als des „intuitionistischen" Kalküls veranlaßt. In dem operativen Aufbau der Logik, den wir hier durchführen, ist die Wahl zwischen dem klassischen und dem intuitionistischen Kalkül keine Geschmacksfrage, keine Frage nach den logischen Intuitionen, die man besitzt (oder nicht besitzt) — und erst recht keine Frage, die durch empirische Verifikationen entschieden werden könnte. Es wird sich vielmehr darum handeln, den Gebrauch beider Kalküle zu rechtfertigen — wie schon der gewählte Name „fiktiv" andeutet, wird es sich bei dem klassischen Quantorenkalkül darum handeln, eine Fiktion zu rechtfertigen.

Wir vergegenwärtigen uns zunächst das Verhältnis der effektiven Quantorenlogik zu einem Kalkül $K$. Von $K$ werde vorausgesetzt, daß unter den Aussagen von $K$ mindestens eine $\lambda$-Aussage vorkommt. Zu den Atomen von $K$ werde hinzugenommen $\wedge$, $\vee$, $\bigvee_x$ und zu den Regeln:

$$\left.\begin{aligned}
a, b &\to a \wedge b \\
a &\to a \vee b \\
b &\to a \vee b \\
a(x) &\to \bigvee_x a(x).
\end{aligned}\right\} \qquad (8.13)$$

Der entstehende Kalkül heiße $K'$. $(D_3^0)$, $(D_5^0)$ werden als Definitionen eingeführt. Es ist klar, daß die Regeln (8.13) relativ-zulässig sind: eine Aussage, die keine der Figuren $\wedge$, $\vee$, $\bigvee_x$ enthält und in $K'$ ableitbar ist, ist in $K$ ableitbar.

Nach der Methode, nach der wir den effektiven Quantorenkalkül aufgestellt haben, liefert nun jede in diesem Logikkalkül ableitbare Formel

$$A \to B$$

eine allgemeinzulässige Regel (bzw. Metaregel, Metametaregel ...), insbesondere also eine für $K'$ zulässige Regel.

Anders ausgedrückt: die ableitbaren Formeln des effektiven Quantorenkalküls sind relativ-zulässige Regeln in $K$.

Diese relative Zulässigkeit haben wir auf Grund der protologischen Prinzipien bewiesen — und es ist dieser Beweis allein, der hier den Gebrauch des effektiven Quantorenkalküls rechtfertigt.

Zur Rechtfertigung des fiktiven Quantorenkalküls wäre entsprechend die relative Zulässigkeit von $A \vee \neg A$ in $K$ zu beweisen. Dies hat die Schwierigkeit, daß kein Beweis für die Allgemeinzulässigkeit von $A \vee \neg A$ geführt werden kann. Viele ungelöste Probleme der Mathematik lassen sich formulieren als die Aufgabe, für eine bestimmte Aussage $A$ in einem Kalkül $K'$ zu entscheiden, ob $A$ oder $\neg A$ in $K'$ ableitbar ist. Man kennt weder eine Ableitung von $A$ noch eine Ableitung von $\neg A$, also hat man nach $(D_2^0)$ auch keine Ableitung von $A \vee \neg A$. Durch die Hinzunahme des tertium non datur würde also die Klasse der von uns als „ableitbar" *erkannten* Formeln echt erweitert werden. Hieraus folgt selbstverständlich nicht die Unzulässigkeit des tertium non datur; alle Ausdrücke $A \vee \neg A$ könnten ja ableitbar sein — auch ohne unser Wissen. Aber eben diese Möglichkeit können wir nicht als „wirklich" beweisen — und also kann niemand berechtigterweise behaupten, alle Ausdrücke $A \vee \neg A$ seien ableitbar.

Umgekehrt stößt ein Beweisversuch der Unzulässigkeit des tertium non datur auf folgende Schwierigkeit. Wäre ein Ausdruck $A \vee \neg A$ unableitbar, so wäre

$$A \vee \neg A \rightarrow \lambda$$

zulässig, d. h. $\neg A$ und $\neg \neg A$ wären nach Satz 8.1 (4) ableitbar. Also wäre $\lambda$ ableitbar. Für einen Kalkül, in dem nicht jede Aussage ableitbar ist, führt uns so die Unzulässigkeit einer Aussage $A \vee \neg A$ zu einem Widerspruch. Allerdings könnte trotzdem die Regel, die $A \vee \neg A$ für alle Aussagen $A$ hinzuzunehmen gestattet, eine unableitbare Aussage ableitbar machen. Diese Möglichkeit können wir nicht als „unwirklich" widerlegen.

Die Situation ist ähnlich wie bei der Betrachtung der PEIRCEschen Aussage $A \rightarrow B \dashrightarrow A \dashrightarrow A$ in § 6. Wie wir in Satz 7.3 gesehen haben, würde die Hinzunahme von

$$A \rightarrow B \dashrightarrow A \dashrightarrow A \tag{8.14}$$

zum effektiven Logikkalkül das tertium non datur abzuleiten gestatten. Aus diesem folgt aber auch umgekehrt (8.14). Die obigen Überlegungen für das tertium non datur gelten also entsprechend für die PEIRCEsche Aussage.

Selbst wenn wir nicht beweisen können, daß für jeden Kalkül und jede Aussage $A$, die unableitbar ist, die Unableitbarkeit von $A$ auch nach Hinzunahme der fiktiven Quantorenlogik bestehen bleibt — so ist das noch kein Grund, auf die Vorteile der Symmetrie dieser Logik gegenüber der effektiven Logik völlig zu verzichten. Auch im Intuitionismus, der zunächst das tertium non datur überall dort, wo es nicht effektiv beweisbar ist, strikt ablehnte, versucht man neuerdings, Wege zu finden, die den Gebrauch der fiktiven Logik rechtfertigen (vgl. VAN DANTZIG 1947).

Ist für einen Kalkül $K$ nicht beweisbar, daß die Regeln der fiktiven Quantorenlogik relativ-zulässig sind, so mag es sein, daß $K$ einen Teilkalkül $K_0$ enthält — und daß wenigstens die relative Zulässigkeit der fiktiven Logik bezüglich der Aussagen von $K_0$ beweisbar ist. Es wird hier genügen (vgl. Satz 16.1), diesen Fall nur unter weiteren zusätzlichen Bedingungen zu untersuchen, nämlich:

(1) Es sei $K_0$ ein Kalkül, für dessen sämtliche Aussagen $A$ die Regel $\neg\neg A \to A$ zulässig ist.

(2) Der Kalkül $K$ sei eine Erweiterung von $K_0$ derart, daß die Hinterformeln $A$ aller zu $K_0$ noch hinzuzunehmenden Regeln $A_1, \ldots, A_n \to A$ nicht zu den Formeln von $K_0$ gehören. Die logischen Partikeln mögen in $K$ nicht vorkommen.

Auf Grund der Bedingung (2) ist $K$ relativ-zulässig bezüglich $K_0$, d.h. ist eine Aussage von $K_0$ in $K$ ableitbar, dann ist sie in $K_0$ ableitbar.

Erfüllt eine Aussage $A$ die in (1) auftretende Bedingung $\neg\neg A \to A$, dann wollen wir $A$ nach VAN DANTZIG „stabil" nennen.

Wegen

$$A \dashrightarrow \neg\neg A \to A$$

und

$$\neg A \dashrightarrow \neg\neg\neg A \to A$$

ist jede ableitbare Aussage und jede unableitbare Aussage stabil. Gibt es also ein Verfahren, das für jede Aussage $A$ zu entscheiden gestattet, ob $A$ ableitbar oder unableitbar ist, dann ist jede Aussage stabil. Es ist plausibel, daß unter der Bedingung der Existenz eines Entscheidungsverfahrens die fiktive Logik relativ-zulässig ist. Die schwächere — jedenfalls nicht stärkere — Bedingung der Stabilität aller Aussagen reicht für die Zulässigkeit aber ebenfalls hin.

Wir werden nämlich beweisen, daß unter den Bedingungen (1) und (2) jede in $K$ mit Hilfe der fiktiven Quantorenlogik ableitbare Aussage von $K_0$ schon in $K_0$ selbst ableitbar ist. Der Beweis geht auf einen Gedanken von KOLMOGOROFF 1925 zur Rechtfertigung des tertium non datur zurück, der von GÖDEL 1932 zur Zurückführung der klassischen Arithmetik auf die intuitionistische verwendet wurde. Die für Kalküle notwendige Modifikation stammt von E. WETTE.

Wir betrachten die Formeln, die durch Zusammensetzung mit $\to$, $\wedge$, $\vee$, $\wedge_x$, $\vee_x$, $\neg$ aus den Formeln von $K$ entstehen. Für diese wird eine Abbildung definiert, durch die jede Formel $A$ auf eine Formel $+A$ abgebildet wird.

$+A$ wird folgendermaßen definiert:

$$+A \rightleftharpoons A \qquad \text{für die Formeln von } K_0$$

$$+A \rightleftharpoons \neg\neg A \qquad \text{für die Formeln } A \text{ von } K, \text{ die nicht}$$
$$\text{[zu } K_0 \text{ gehören}$$

$$+.A \to B. \rightleftharpoons +A \to +B$$

$$+.A \wedge B. \rightleftharpoons +A \wedge +B$$

$$+\wedge_x A\,(x) \rightleftharpoons \wedge_x +A\,(x)$$

$$+\neg A \rightleftharpoons \neg +A$$

$$+.A \vee B. \rightleftharpoons \neg\neg.+A \vee +B.$$

$$+\vee_x A\,(x) \rightleftharpoons \neg\neg \vee_x +A\,(x).$$

An Stelle des Kalküls $K$ betrachten wir ferner das Regelsystem $K'$, dessen Regeln die folgenden sind:

(1) Die Regeln von $K_0$.

(2) Jede Regel $A_1, \ldots, A_n \to A$ von $K$, die nicht zu $K_0$ gehört, wird ersetzt durch $+A_1, \ldots, +A_n \to A$ (die Hinterformel bleibt also ungeändert).

Hiernach ist auch $K'$ relativ-zulässig bezüglich $K_0$: jede in $K'$ ableitbare Aussage von $K_0$ ist in $K_0$ selbst ableitbar.

Wir zeigen nun: Ist eine Aussage $A$ in $K$ fiktiv ableitbar, dann ist $+A$ in $K'$ effektiv ableitbar. (Für eine Aussage $A$ von $K_0$ folgt hieraus speziell: Ist $A$ in $K$ fiktiv ableitbar, dann ist $A$ in $K'$ effektiv ableitbar, also in $K'$ ableitbar, also in $K_0$ ableitbar.)

Zum Beweis, daß eine fiktive Ableitung in $K$ bei der Abbildung von $A$ auf $+A$ in eine effektive Ableitung in $K'$ übergeht, haben wir uns nur zu überzeugen, daß alle Regeln von $K$ und alle Regeln der fiktiven Quantorenlogik bei dieser Abbildung in Regeln übergehen, die mit Hilfe der effektiven Quantorenlogik für $K'$ zu erhalten sind.

Die Regeln von $K_0$ bleiben ungeändert.

Die Regeln $A_1, \ldots, A_n \to A$ von $K$, die nicht zu $K_0$ gehören, werden abgebildet auf

$$+A_1, \ldots, +A_n \to +A\,.$$

Diese Regeln sind in $K'$ zulässig wegen $A \to +A$ für alle Formeln von $K$. Auf Grund der Abbildungsdefinition für Formeln, die mit $\to$, $\wedge$, $\bigwedge_x$, $\neg$ zusammengesetzt sind, ist für die logischen Regeln dieser Partikeln nichts zu beweisen, z.B. wird $A \wedge B \to A$ in $+A \wedge +B \to +A$ abgebildet.

$$A \dashrightarrow B \to C \Rightarrow A \wedge B \to C$$

geht über in

$$+A \dashrightarrow +B \to +C \Rightarrow +A \wedge +B \to +C\,.$$

Es bleiben nur die Regeln für die Adjunktionen zu untersuchen.

Dazu bemerken wir zunächst, daß jede Formel $+A$ stabil ist. Für die Aussagen von $K_0$ gilt dies nach Voraussetzung, für die übrigen Formeln folgt die Stabilität daraus, daß eine Formel $\neg A$ stets stabil ist wegen $\neg\neg\neg A \to \neg A$. Es bleibt dann nur noch die Stabilität von $A \to B$, $A \wedge B$, $\bigwedge_x A(x)$ zu zeigen unter der Voraussetzung, daß $A$, $B$ und $A(x)$ stabil sind. Nun gilt nach (8.7) bis (8.9):

(1)   $\neg\neg . A \to B . \dashrightarrow A \to \neg\neg B$
$$\dashrightarrow A \to B, \qquad \text{falls } B \text{ stabil ist.}$$

(2)   $\neg\neg . A \wedge B . \to \neg\neg A \wedge \neg\neg B$
$$\to A \wedge B, \qquad \text{falls } A \text{ und } B \text{ stabil sind.}$$

$$(3) \qquad \neg\,\neg\,\Lambda_x\, A\,(x) \to \Lambda_x\, \neg\,\neg\, A\,(x)$$
$$\to \Lambda_x\, A\,(x), \qquad \text{falls } A\,(x) \text{ stabil ist.}$$

Die Regeln für die kleine Adjunktion $\vee$:

$$A \to A \vee B$$
$$B \to A \vee B$$
$$A \to C \,,, B \to C \Rightarrow A \vee B \to C$$

gehen über in

$$+A \to \neg\,\neg\,.+A \vee +B.$$
$$+B \to \neg\,\neg\,.+A \vee +B.$$
$$+A \to +C \,,, +B \to +C \Rightarrow \neg\,\neg\,.+A \vee +B. \to +C.$$

Hier sind die beiden ersten Regeln trivialerweise effektiv zulässig, die letzte folgt so:

$$+A \to +C \,,, +B \to +C \Rightarrow +A \vee +B \to +C$$
$$\Rightarrow \neg\,\neg\,.+A \vee +B. \to \neg\,\neg\, +C$$
$$\Rightarrow \neg\,\neg\,.+A \vee +B. \to +C$$

wegen der Stabilität von $+C$.

Die Regeln für die große Adjunktion:

$$A\,(x) \to V_x\, A\,(x)$$
$$A\,(x) \to B \Rightarrow V_x\, A\,(x) \to B$$

gehen entsprechend über in

$$+A\,(x) \to \neg\,\neg\, V_x\, +A\,(x)$$
$$+A\,(x) \to +B \Rightarrow \neg\,\neg\, V_x\, +A\,(x) \to +B.$$

Hier folgt die letztere wieder aus der Stabilität von $+B$.

Für die fiktive Quantorenlogik kommt nun zusätzlich noch das tertium non datur $A \vee \neg A$ hinzu. Dies geht über in $\neg\,\neg\,.+A \vee \neg +A.$ und gilt effektiv nach Satz 8.1 und (8.3).

Wir fassen das damit erhaltene Ergebnis zusammen:

*Satz 8.2. Ist $K_0$ ein Kalkül, dessen sämtliche Aussagen stabil sind, und ist $K$ eine Erweiterung von $K_0$ derart, daß in allen zu $K_0$ noch hinzuzufügenden Regeln $A_1, \ldots, A_n \to A$ die Hinterformel $A$ keine Formel von $K_0$ ist, dann ist jede in $K$ fiktiv ableitbare Aussage von $K_0$ schon in $K_0$ selbst ableitbar.*

Nach dem Abbildungsverfahren von $A$ auf $+A$ liefert eine fiktive Ableitung einer Aussage, die adjunktionsfrei ist, d. h. ohne $\vee$, $V_x$, also allein mit $\to$, $\wedge$, $\Lambda_x$, $\neg$ aus Aussagen von $K_0$ zusammengesetzt ist, sofort eine effektive Ableitung dieser Aussage. Enthält $K_0$ einen unableitbaren

Ausdruck $\lambda$, so gilt für eine beliebig zusammengesetzte Aussage $A$ von $K$ darüber hinaus, daß $A \wedge \neg A$ nicht fiktiv ableitbar ist. (Sonst wäre ja auch $\lambda$ fiktiv ableitbar, also in $K_0$ ableitbar.)

Ist einer der Ausdrücke $A$ oder $\neg A$ fiktiv ableitbar, so ist der andere hiernach nicht fiktiv ableitbar, und daher erst recht nicht effektiv ableitbar. Daher gewinnt man auch in den Fällen, in denen man aus der fiktiven Ableitbarkeit keine relevante effektive Ableitbarkeitsaussage erhält, doch stets eine effektive Unableitbarkeit. Aus diesen Gründen wird sich der Gebrauch der fiktiven Quantorenlogik in den meisten Fällen rechtfertigen lassen. Aus der operativen Auffassung ergibt sich aber auch, daß die intuitionistische Meinung zu Recht besteht, daß „eigentlich" nur die effektive Ableitbarkeit interessiert.

Kapitel 3.

# Erweiterungen der Logik.

## § 9. Gleichheit und Kennzeichnungen.

Bei der Einführung der Unableitbarkeit und des Inversionsprinzips spielte die Ungleichheit von Figuren schon eine entscheidende Rolle. Wir haben daher noch eine systematische Untersuchung der Gleichheit und Ungleichheit von Figuren durchzuführen. Es sei dazu zunächst einiges über die Aussagen eines beliebigen Kalküls gesagt. Um einen Kalkül $K$ zu definieren, haben wir stets als erstes die Atome des Kalküls in einer Liste: $u_1, u_2, \ldots, u_n$ aufzuführen. Die Aussagen des Kalküls sind dann die Zeichen, die aus diesen Atomen zusammengesetzt sind. Sind $u, v, \ldots$ Variable für die Atome des Kalküls, dann sind die Aussagen des Kalküls diejenigen Figuren, die nach dem „Hilfskalkül"

$$H \begin{cases} (A) & u \\ (R) & a \to a\,u \quad (a \text{ Eigenvariable}) \end{cases}$$

abzuleiten sind.

Für die Aussagen des Kalküls $K$ benutzen wir als *Objektvariable* $x, y, \ldots$ . Nach $H$ gilt dann auf Grund des Induktionsprinzips

$$(I_1) \quad \vdash A(u);\ A(x) \underset{u,x}{\longrightarrow} A(x\,u) \dashrightarrow A(x)$$

für jeden Kalkül, in dem Formeln $A(x)$ vorkommen.

In den Regeln von $H$ ist das rechtsseitige Anfügen der Atome vor dem linksseitigen Anfügen ausgezeichnet. Es ist aber leicht zu sehen, daß der Kalkül

$$H' \begin{cases} (A') & u \\ (R') & a \to u\,a \end{cases}$$

dieselben Figuren wie $H$ liefert. Wir haben uns ja nur davon zu überzeugen, daß $(R')$ zulässig in $H$ ist. Das geschieht mit Hilfe von $(I_1)$: (1) es ist $v \to uv$ zulässig, weil $uv$ in $H$ ableitbar ist, (2) es ist $xv \to uxv$ zulässig, wenn $x \to ux$ zulässig ist. Zum Beweis von (2) genügt die Zulässigkeit von $xv \to x$ in $H$, weil dann die konsequenzlogische Regel

$$x v \to x; \quad x \to u x; \quad u x \to u x v \dashrightarrow x v \to u x v$$

anwendbar wird. Die Zulässigkeit von

$$x v \to x \tag{9.1}$$

in $H$ folgt aber aus dem Inversionsprinzip, da $Xv$ nur nach $(R)$ ableitbar ist — es ist $Xv \not\equiv u$. Ebenso folgt die Zulässigkeit von $(R)$ in $H'$.

Neben $(I_1)$ gilt also auch die folgende Induktionsregel:

$$(I_1') \quad A(u); \; A(x) \underset{u,x}{\longrightarrow} A(ux) \dashrightarrow A(x).$$

Für Formeln $A(x, y)$ eines beliebigen Kalküls kann aus $(I_1')$ eine weitere Induktionsregel abgeleitet werden, die manche Beweise sehr vereinfacht:

$$(I_2') \quad A(u, v); \; A(ux, v); \; A(u, vy); \; A(x, y) \underset{u,v,x,y}{\longrightarrow} A(ux, vy) \dashrightarrow A(x, y).$$

Mit Hilfe der großen Konjunktion schreibt sich dies:

$$\bigwedge_{u,v} A(u, v) \wedge \bigwedge_{u,v,x} A(ux, v) \wedge \bigwedge_{u,v,y} A(u, vy)$$
$$\wedge \bigwedge_{u,v,x,y} \cdot A(x, y) \to A(ux, vy). \to A(x, y).$$

Wir beweisen aus den vier Prämissen:

$$(1) \quad \bigwedge_y A(u, y)$$
$$(2) \quad \bigwedge_y A(x, y) \to \bigwedge_y A(ux, y).$$

Aus (1) und (2) ergibt sich nach $(I_1')$ dann $\bigwedge_y A(x, y)$, also auch $A(x, y)$. (1) folgt nach $(I_1')$ aus

$$(1.1) \quad A(u, v)$$

und

$$(1.2) \quad A(u, vy).$$

(1.1) und (1.2) sind aber in den Prämissen von $(I_2')$ enthalten. (2) folgt nach $(I_1')$ aus

$$(2.1) \quad \bigwedge_y A(x, y) \to A(ux, v)$$

und

$$(2.2) \quad \bigwedge_y A(x, y) \to A(ux, vy).$$

Auch (2.1) und (2.2) sind trivial aus den Prämissen von $(I_2')$ abzuleiten. Wie $(I_2')$ aus $(I_1',)$ so folgt aus $(I_1)$ analog auch eine Induktionsregel $(I_2)$, die wir aber nicht brauchen werden.

Mit $u, v, \ldots$ als Objektvariablen für die Atome von $K$ und mit $x, y, \ldots$ als Objektvariablen für die Aussagen von $K$ definieren wir jetzt wie in § 5 die zu $K$ gehörigen Kalküle für Gleichheits- und Ungleichheitsaussagen. Wir nehmen dazu zwei Figuren $\equiv$ und $\not\equiv$, von denen wir voraussetzen, daß sie keine Atome von $K$ sind. Dann definieren wir zunächst für je zwei Atome $u, v$ von $K$, wann $u \equiv v$ und wann $u \not\equiv v$ ableitbar sein soll. An Stelle eines Kalküls mit Regeln geben wir für die Atome — es sind ja nur endlich viele! — eine Liste von Anfängen und zwar in Form einer quadratischen Tabelle:

$$(D_0^{00}) \qquad
\begin{array}{c|cccc}
 & u_1 & u_2 & \cdots & u_n \\
\hline
u_1 & \equiv & \not\equiv & \cdots & \not\equiv \\
u_2 & \not\equiv & \equiv & & \\
\vdots & \vdots & & \ddots & \\
u_n & \not\equiv & & & \equiv \,.
\end{array}$$

Die Hauptdiagonale besteht aus $\equiv$, sonst stehen lauter $\not\equiv$ in den Feldern.

Für diesen „Kalkül" der atomaren Gleichheiten und Ungleichheiten läßt sich also auch eine Liste der unableitbaren Aussagen $u \equiv v$ bzw. $u \not\equiv v$ aufstellen, nämlich:

$$
\begin{array}{c|cccc}
 & u_1 & u_2 & \cdots & u_n \\
\hline
u_1 & \not\equiv & \equiv & \cdots & \equiv \\
u_2 & \equiv & \not\equiv & & \\
\vdots & \vdots & & \ddots & \\
u_n & \equiv & & & \not\equiv \,.
\end{array}$$

Jetzt besteht die Hauptdiagonale aus $\not\equiv$, sonst stehen lauter $\equiv$.

Diese Liste $D_0^{00}$ erweitern wir jetzt zu einem Kalkül $K^{00}$ zur Ableitung von Aussagen $x \equiv y$ bzw. $x \not\equiv y$. Zur Ableitung von Aussagen $x \not\equiv y$ fügen wir — wie in § 5 — hinzu:

$$(D_1^{00}) \qquad\qquad\qquad u\, x \not\equiv v$$

$$(D_2^{00}) \qquad\qquad\qquad\quad u \not\equiv v\, y$$

$$(D_3^{00}) \qquad u \equiv v \wedge x \not\equiv y \rightarrow u\, x \not\equiv v\, y$$

$$(D_4^{00}) \qquad\qquad u \not\equiv v \rightarrow u\, x \not\equiv v\, y\,.$$

Aus $D_0^{00}$ entnimmt man sofort, daß

$$\curlyvee \rightarrow u \equiv v \vee u \not\equiv v \tag{9.2}$$

für jede ableitbare Aussage $\Upsilon$ zulässig ist (nach Erweiterung durch die Adjunktion $\vee$ nach § 7).

Ferner ist

$$u \equiv v \wedge u \not\equiv v \to \lambda \qquad (9.3)$$

für jede unableitbare Aussage $\lambda$ zulässig. Dazu ist nach dem Unableitbarkeitsprinzip nur zu zeigen, daß aus $u \equiv v \wedge u \not\equiv v$ mindestens eine unableitbare Aussage folgt. Nach $D_0^{00}$ ist $u \equiv v$ unableitbar oder $u \not\equiv v$ unableitbar. Dann ist aber auch $u \equiv v$ oder $u \not\equiv v$ nach $(D_1^{00})$-$(D_4^{00})$ unableitbar.

Zum Beweis dieser Behauptung ist zu zeigen, daß $u \not\equiv v$ ungleich allen Belegungen der Hinterformeln von $(D_1^{00})$—$(D_4^{00})$ ist. Mit einem neuen Ungleichheitszeichen, etwa $\not\equiv$, ist

$$u\, x \not\equiv v \quad \not\equiv u' \not\equiv v'$$
$$u \not\equiv v\, y \not\equiv u' \not\equiv v'$$
$$u\, x \not\equiv v\, y \not\equiv u' \not\equiv v'$$

zu beweisen. Statt dessen fügen wir ein weiteres Atom $\varrho$ zu $K$ hinzu (es sei also $\varrho \not\equiv u$ für alle $u$) und zeigen in $K^{00}$

$$u\, x\, \varrho\, v \not\equiv u'\, \varrho\, v' \qquad (9.4)$$

$$u\, \varrho\, v\, y \not\equiv u'\, \varrho\, v' \qquad (9.5)$$

$$u\, x\, \varrho\, v\, y \not\equiv u'\, \varrho\, v'. \qquad (9.6)$$

Statt (9.5) und (9.7) beweisen wir allgemeiner

$$u\, x\, \varrho\, y \not\equiv u'\, \varrho\, y' \qquad (9.7)$$

durch Induktion nach $x$.

$$(1) \quad u\, u_0\, \varrho\, y \not\equiv u'\, \varrho\, y'$$

folgt wegen $u_0 \not\equiv \varrho \to u_0\, \varrho\, y \not\equiv \varrho\, y'$ und (9.4).

$$(2) \quad u\, u_0\, x\, \varrho\, y \not\equiv u'\, \varrho\, y'$$

folgt analog. Durch Vertauschung von $X \not\equiv Y$ mit $Y \not\equiv X$ erhalten wir ebenso

$$u\, \varrho\, y \not\equiv u'\, x'\, \varrho\, y'. \qquad (9.8)$$

(9.6) folgt unmittelbar aus $v\, y \not\equiv v'$ und (9.4).

Damit ist die Zulässigkeit von (9.3) bewiesen.

Aus $(D_3^{00})$, $(D_4^{00})$ folgt mit (9.2) sofort

$$x \not\equiv y \to u\, x \not\equiv v\, y. \qquad (9.9)$$

Auf $(D_1^{00})$—$(D_4^{00})$ wollen wir das Inversionsprinzip anwenden und zeigen dazu, daß ein Ausdruck $u\,x \not\equiv v\,y$ nur in den Regeln $(D_3^{00})$ und $(D_4^{00})$ auftreten kann, d.h.

$$u\,x \not\equiv v\,y \not\equiv u'\,x' \not\equiv v'$$
$$u\,x \not\equiv v\,y \not\equiv \quad u' \not\equiv v'\,y'.$$

Um in $K^{00}$ zu bleiben, zeigen wir statt dessen

$$u\,x\,\varrho\,v\,y \not\equiv u'\,x'\,\varrho\,v' \tag{9.10}$$

$$u\,x\,\varrho\,v\,y \not\equiv u'\,\varrho\,v'\,y'. \tag{9.11}$$

(9.11) folgt aus (9.7). Statt (9.10) beweisen wir allgemeiner

$$x\,\varrho\,v\,y \not\equiv x'\,\varrho\,v' \tag{9.12}$$

durch Induktion nach $x, x'$:

$$(1) \qquad\qquad u\,\varrho\,v\,y \not\equiv u'\,\varrho\,v' \qquad \text{wegen (9.5)},$$
$$(2) \qquad\qquad u\,x\,\varrho\,v\,y \not\equiv u'\,\varrho\,v' \qquad \text{wegen (9.7)},$$
$$(3) \qquad\qquad u\,\varrho\,v\,y \not\equiv u'\,x'\,\varrho\,v' \qquad \text{wegen (9.8)},$$
$$(4) \quad x\,\varrho\,v\,y \not\equiv x'\,\varrho\,v' \to u\,x\,\varrho\,v\,y \not\equiv u'\,x'\,\varrho\,v' \qquad \text{wegen (9.9)}.$$

Analog zu (9.12) ist durch Vertauschung zu beweisen:

$$x\,\varrho\,v \not\equiv x'\,\varrho\,v'\,y'. \tag{9.13}$$

Die Inversion der Regeln $(D_3^{00})$, $(D_4^{00})$ ergibt demnach

$$u\,x \not\equiv v\,y \to u \not\equiv v\,\dot{\vee}\,u \equiv v \wedge x \not\equiv y,$$

also wegen (9.2) auch

$$u\,x \not\equiv v\,y \to u \not\equiv v \vee x \not\equiv y. \tag{9.14}$$

Mit (9.14) können wir jetzt den in § 5 schon begonnenen Beweis dafür erbringen, daß die Auszeichnung der Linksanfügung $u\,x$ vor der Rechtsanfügung $x\,u$ in $(D_1^{00})$—$(D_4^{00})$ behoben werden kann, d.h. daß

$$x\,u \not\equiv v \tag{9.15}$$

$$u \not\equiv y\,v \tag{9.16}$$

$$x \not\equiv y \to x\,u \not\equiv y\,v \tag{9.17}$$

$$u \not\equiv v \to x\,u \not\equiv y\,v \tag{9.18}$$

in $K^{00}$ zulässig sind.

(9.15) haben wir schon in (5.2) bewiesen. (9.16) ergibt sich analog durch Induktion nach $y$:

$$(1) \quad u \not\equiv v_0\,v$$

$$(2) \quad u \not\equiv v_0\,y\,v.$$

(9.17) beweisen wir durch Induktion nach $x, y$:

$$(1) \quad u_0 \not\equiv v_0 \to u_0 u \not\equiv v_0 v \qquad \text{nach } (D_4^{00});$$

$$(2) \quad u_0 x \not\equiv v_0 \to u_0 x u \not\equiv v_0 v, \qquad \text{denn } x u \not\equiv v \text{ nach } (9.15);$$

$$(3) \quad u_0 \not\equiv v_0 y \to u_0 u \not\equiv v_0 y v, \qquad \text{denn } u \not\equiv y v \text{ nach } (9.16);$$

$$(4) \quad x \not\equiv y \to x u \not\equiv y v \dashrightarrow u_0 x \not\equiv v_0 y \to u_0 x u \not\equiv v_0 y v.$$

Für (4) ist nach (9.14) aus $u_0 x \not\equiv v_0 y$ zunächst auf $u_0 \not\equiv v_0 \lor x \not\equiv y$ zu schließen. Aus $x \not\equiv y$ folgt $x u \not\equiv y v$, also $u_0 x u \not\equiv v_0 y v$ nach (9.9). Aus $u_0 \not\equiv v_0$ folgt $u_0 x u \not\equiv v_0 y v$ nach $(D_4^{00})$.

(9.18) ist durch dieselbe Induktion beweisbar:

$$(1) \quad u \not\equiv v \to u_0 u \not\equiv v_0 v \qquad \text{nach } (9.9);$$

$$(2) \quad u \not\equiv v \to u_0 x u \not\equiv v_0 v, \qquad \text{denn } x u \not\equiv v \text{ nach } (9.15);$$

$$(3) \quad u \not\equiv v \to u_0 u \not\equiv v_0 y v, \qquad \text{denn } u \not\equiv y v \text{ nach } (9.16);$$

$$(4) \quad u \not\equiv v \to x u \not\equiv v y \dashrightarrow u \not\equiv v \to u_0 x u \not\equiv v_0 y v \qquad \text{nach } (9.9).$$

Nach der Definition der Ungleichheit für Aussagen von $K$ definieren wir jetzt die *Gleichheit*. Dazu fügen wir zu $(D_0^{00})$ hinzu:

$$(D_5^{00}) \quad u \equiv v \land x \equiv y \to u x \equiv v y.$$

Auch mit $(D_5^{00})$ bleibt (9.3) zulässig. An der Unableitbarkeit einer Aussage $u \equiv v$ wird nichts geändert, denn es ist

$$u \equiv v \not\equiv u x \equiv v y,$$

wie aus (9.8) oder (9.13) mit $\equiv$ statt $\varrho$ folgt. Inversion von $(D_5^{00})$ ergibt

$$u x \equiv v y \to u \equiv v \land x \equiv y.$$

Die wichtigsten Sätze über die Gleichheit sind

$$x \equiv x \tag{9.19}$$

$$x \equiv z \land y \equiv z \to x \equiv y \tag{9.20}$$

$$x \equiv y \land x' \equiv y' \to x x' \equiv y y'. \tag{9.21}$$

Der Beweis von (9.19) durch Induktion — mit Hilfe von $u \equiv u$ — ist trivial. Beim Beweisversuch von (9.20) und (9.21) durch Induktion stößt man dagegen auf Fälle, wie z.B.

$$u x \equiv w \land v \equiv w \to u x \equiv v,$$

in denen erst das — bei der Behandlung der Ungleichheiten nicht verwendete — Unableitbarkeitsprinzip weiter hilft (denn $u x \equiv w$ ist ebenso wie $u x \equiv v$ unableitbar). Man kann hier sehen, wie sich das Unableitbarkeitsprinzip an Stellen aufdrängt, an denen man es gar nicht erwarten sollte.

Wir beweisen zunächst die Unableitbarkeit von $u\,x \equiv v$ und $u \equiv v\,y$. Dazu genügt die Ungleichheit dieser Aussagen von $u' \equiv v'$ und $u'\,x' \equiv v'\,y'$. Diese ergibt sich aber aus (9.7), (9.13) und (9.12), (9.8) mit $\equiv$ statt $\varrho$. Mit $\curlywedge$ als Abkürzung für eine unableitbare Aussage, z.B. $u \not\equiv u$, sind also

$$u\,x \equiv v \;\;\rightarrow \curlywedge \tag{9.22}$$

$$u \equiv v\,y \rightarrow \curlywedge \tag{9.23}$$

zulässig.

Beweis von (9.20) durch Induktion nach $x, y$.

$$(1)\quad u \equiv z \wedge v \equiv z \rightarrow u \equiv v.$$

(1) wird bewiesen durch Induktion nach $z$. Auf Grund von (9.23) ist nur

$$u \equiv w \wedge v \equiv w \rightarrow u \equiv v$$

zu zeigen. Die Zulässigkeit dieser Regel über atomare Gleichheiten ergibt sich aus der Tabelle $(D_0^{00})$ — die Vorderformeln sind nur für endlich viele Tripel $u, v, w$ erfüllt und für diese gilt stets $u \equiv v$.

$$(2)\quad u\,x \equiv z \wedge v \equiv z \rightarrow u\,x \equiv v.$$

Bei Induktion nach $z$ sind beide Fälle mit $w$ statt $z$ und mit $w\,z$ statt $z$ trivial auf Grund von (9.22) und (9.23).

$$(3)\quad u \equiv z \wedge v\,y \equiv z \rightarrow u \equiv v\,y$$

ergibt sich analog zu (2).

$$(4)\quad x \equiv z \wedge y \equiv z \underset{z}{\rightarrow} x \equiv y \dashrightarrow u\,x \equiv z \wedge v\,y \equiv z \rightarrow u\,x \equiv v\,y.$$

Bei Induktion nach dem frei vorkommenden $z$ ist nur der Fall mit $w\,z$ statt $z$ nicht trivial. Aus $u\,x \equiv w\,z \wedge v\,y \equiv w\,z$ folgt $u \equiv w \wedge x \equiv z \wedge v \equiv w \wedge y \equiv z$ nach der Inversion von $(D_5^{00})$. Nach Induktionsvoraussetzung folgt dann $x \equiv y$, was zusammen mit $u \equiv v$ nach $(D_5^{00})$ $u\,x \equiv v\,y$ ergibt.

Beweis von (9.21) durch Induktion nach $x, y$:

$$(1)\quad u \equiv v \wedge x' \equiv y' \rightarrow u\,x' \equiv v\,y' \qquad \text{nach } (D_5^{00});$$

$$(2)\quad u\,x \equiv v \wedge x' \equiv y' \rightarrow u\,x\,x' \equiv v\,y' \qquad \text{nach } (9.22);$$

$$(3)\quad u \equiv v\,y \wedge x' \equiv y' \rightarrow u\,x' \equiv v\,y\,y' \qquad \text{nach } (9.23);$$

$$(4)\quad x \equiv y \wedge x' \equiv y' \rightarrow x\,x' \equiv y\,y' \dashrightarrow u\,x \equiv v\,y \wedge x' \equiv y' \rightarrow u\,x\,x' \equiv v\,y\,y'.$$

In (4) folgt aus $u\,x \equiv v\,y$ zunächst $u \equiv v \wedge x \equiv y$, dann $x\,x' \equiv y\,y'$, dann $u\,x\,x' \equiv v\,y\,y'$.

Aus (9.21) erhalten wir als Folgerung:

$$x \equiv y \rightarrow A(x) \equiv A(y). \tag{9.24}$$

Hierin ist $A(x)$ eine Formel, die $x$ enthält, also von der Form

$$x \ldots x Z_1 x \ldots x Z_2 x \ldots.$$

Wird jedes $x$ durch $y$ ersetzt, so entsteht

$$y \ldots y Z_1 y \ldots y Z_2 y \ldots.$$

Der Beweis von (9.24) ist für jede solche Formel $A(x)$ leicht zu führen, z.B. für $x x z_1 x z_2$:

$$
\begin{aligned}
&1. \quad x \equiv y \\
&2. \quad z_1 \equiv z_1 && (9.19) \\
&3. \quad z_2 \equiv z_2 && (9.19) \\
1,1 \to\; &4. \quad x x \equiv y y && (9.21) \\
4,2 \to\; &5. \quad x x z_1 \equiv y y z_1 && (9.21) \\
5,1 \to\; &6. \quad x x z_1 x \equiv y y z_1 y && (9.21) \\
6,3 \to\; &7. \quad x x z_1 x z_2 \equiv y y z_1 y z_2. && (9.21)
\end{aligned}
$$

Auf den allgemeinen Beweis verzichten wir, da wir sonst die Substitution von $x$ durch $y$ erst mit Hilfe von Regeln allgemein einführen müßten.

Wir wenden uns jetzt zu dem Verhältnis von Gleichheit und Ungleichheit. Wir werden zeigen, daß die Aussagen $x \equiv y$ und $x \not\equiv y$ „komplementär" sind, d.h. daß

$$\Upsilon \to x \equiv y \lor x \not\equiv y \tag{9.25}$$

$$x \equiv y \land x \not\equiv y \to \lambda \tag{9.26}$$

zulässig sind. Für Atome hatten wir diese Regeln schon aufgestellt.

Zum Beweis von (9.25) durch Induktion nach $x, y$ bleibt also zu zeigen:

$$
\begin{aligned}
&(1) \quad \Upsilon \to u\, x \equiv v \lor u\, x \not\equiv v && (\text{nach } (D_1^{00})), \\
&(2) \quad \Upsilon \to u \equiv v\, y \lor u \not\equiv v\, y && (\text{nach } (D_2^{00})), \\
&(3) \quad x \equiv y \lor x \not\equiv y \to u\, x \equiv v\, y \lor u\, x \not\equiv v\, y.
\end{aligned}
$$

Nach (9.9) gilt

$$x \not\equiv y \to u\, x \not\equiv v\, y,$$

also

$$x \not\equiv y \to u\, x \equiv v\, y \lor u\, x \not\equiv v\, y.$$

Mit

$$x \equiv y \mathbin{\dot\to} x \equiv y \land u \equiv v \mathbin{\dot\lor} x \equiv y \land u \not\equiv v$$

folgt nach $(D_5^{00})$ und $(D_4^{00})$ auch $x \equiv y \to u\, x \equiv v\, y \lor u\, x \not\equiv v\, y$.

Zum Beweis von (9.26) ist noch zu zeigen:

$$(1) \quad u\,x \equiv v \wedge u\,x \not\equiv v \;\rightarrow\!\lambda \quad \text{(nach (9.22))},$$

$$(2) \quad u \equiv v\,y \wedge u \not\equiv v\,y \rightarrow\!\lambda \quad \text{(nach (9.23))},$$

$$(3) \quad u\,x \equiv v\,y \wedge u\,x \not\equiv v\,y \rightarrow x \equiv y \wedge x \not\equiv y.$$

Nun folgt aus $u\,x \equiv v\,y$ sofort $u \equiv v \wedge x \equiv y$. Nach (9.14) folgt aus $u\,x \not\equiv v\,y$ aber $u \not\equiv v \vee x \not\equiv y$. Wegen $u \equiv v \wedge u \not\equiv v \vee x \not\equiv y \rightarrow x \not\equiv y$ folgt also $x \equiv y \wedge x \not\equiv y$.

Auf Grund der Komplementarität sind $x \equiv y$ und $x \not\equiv y$ Negationen voneinander:

$$x \not\equiv y \leftrightarrow \neg\, x \equiv y$$
$$x \equiv y \leftrightarrow \neg\, x \not\equiv y,$$

und es gilt ferner das tertium non datur effektiv:

$$x \equiv y \vee \neg\, x \equiv y$$
$$x \not\equiv y \vee \neg\, x \not\equiv y.$$

Insbesondere sind also die Aussagen $x \equiv y$ und $x \not\equiv y$ stabil. Bei jedem Kalkül $K$ haben wir demnach die Möglichkeit, ihn durch Hinzunahme von $\equiv$ und $\not\equiv$ mit $(D_0^{00})$—$(D_5^{00})$ so zu erweitern, daß er einen stabilen Teilkalkül $K_0$ enthält, wie er in Satz 8.2 vorausgesetzt ist.

In der sprachlichen Auffassung der Logik tritt an Stelle der Gleichheit die *Identität* auf, die formal zu denselben Sätzen führt. Wir gehen hier nur kurz auf die Identität ein.

In der Sprache verwendet man Eigennamen für Gegenstände. Diese Eigennamen sind es, die als Subjekte dann in der Logik auftreten. Das in einer Kalkülaussage $A(X)$ auftretende $X$ — z.B. $\|$ in $*\|*$ — ist in der operativen Logik aber kein Eigenname. $\|$ ist nicht Name eines (individuellen) Gegenstandes — allerdings auch nicht Name von irgendetwas anderem. Mit der „semantischen" Relation zwischen Name und Gegenstand hat unser Gebrauch der Figuren nichts zu tun. Trotzdem spielt die Gleichheit von Figuren gerade die Rolle, die die Identität in der sprachlichen Logik hat. Diese Identität oder „Selbigkeit" ist immer eine etwas heikle Angelegenheit. Sie wird meist so definiert, daß eine Aussage „$a \equiv b$" mit den Eigennamen „$a$" und „$b$" genau dann wahr ist, wenn die Gegenstände $a$ und $b$ dieselben sind, d.h. wenn es einen Gegenstand gibt, für den sowohl „$a$" als auch „$b$" Eigenname ist. Es läßt sich darüber streiten, ob nach dieser Definition die Identität eine Relation zwischen Gegenständen oder eine Relation zwischen Eigennamen ist. Jedenfalls ist in dieser Auffassung das Identitätsprinzip

$$x \equiv y,\; A(x) \rightarrow A(y),$$

nach dem jede Aussageform $A(x)$, die für $a$ wahr ist, auch für $b$ mit $a \equiv b$ wahr ist, selbstverständlich, weil ja $A(a)$ und $A(b)$ dasselbe — nämlich $A(x)$ — über denselben Gegenstand aussagen.

Wird in der Protologik dagegen von einer Figur $X$, etwa $++\circ+$, behauptet, daß sie ableitbar ist, etwa in dem Kalkül $K_1$ aus § 1, dann wird diese Behauptung bewiesen sein durch das Hinschreiben einer Ableitung:

$$+$$
$$+\circ$$
$$++\circ+ ,$$

wobei von der Endaussage dieser Ableitung nicht verlangt wird, daß sie ein Eigenname für dasselbe ist wie $X$, sondern vielmehr, daß sie *gleich* der Aussage $X$ ist. Die Ableitbarkeit einer Aussage $X$ besagt also nicht die Existenz einer Ableitung mit gerade dieser (individuellen) Aussage $X$ in der letzten Zeile, sondern nur die Existenz einer Ableitung mit einer zu $X$ gleichen Endaussage.

Diese Überlegung hat uns ja schon in § 5 zum Gleichheitsprinzip geführt, d.h. zur Behauptung, daß für jeden Kalkül (nach Erweiterung durch $\equiv$) die Regel

$$a \equiv b \wedge a \to b \qquad (9.27)$$

zulässig ist.

Die Formulierung des Gleichheitsprinzips:

$$x \equiv y \wedge A(x) \to A(y), \qquad (9.28)$$

die für die Identität üblich ist, ist eine Folgerung aus (9.27) wegen (9.24) und gilt für jeden Kalkül, in dessen Formeln Objektvariable vorkommen.

In (9.28) darf $A(x)$ auch eine Gleichung sein. Mit $x \equiv z$ statt $A(x)$ erhalten wir nämlich

$$x \equiv y \wedge x \equiv z \to y \equiv z .$$

Zusammen mit (9.19) ist dies äquivalent mit (9.20), das wir unabhängig vom Gleichheitsprinzip bewiesen haben.

Selbstverständlich lassen sich ebenso die üblichen „Gleichheitsaxiome"

$$x \equiv x \qquad \text{(Reflexivität)}, \qquad (9.29)$$

$$x \equiv y \to y \equiv x \qquad \text{(Symmetrie)}, \qquad (9.30)$$

$$x \equiv y \wedge y \equiv z \to x \equiv z \qquad \text{(Transitivität)} \qquad (9.31)$$

aus (9.19) und (9.28) gewinnen.

Gegenüber diesem System haben die Systeme

$$x \equiv x \qquad \text{(Reflexivität)}$$
$$x \equiv z \wedge y \equiv z \to x \equiv y \qquad \text{(Rechtskomparativität)} \qquad \left.\right\} \quad (9.32)$$

und

$$x \equiv x \qquad \text{(Reflexivität)}$$
$$z \equiv x \wedge z \equiv y \rightarrow x \equiv y \qquad \text{(Linkskomparativität)} \qquad \Big\} \qquad (9.33)$$

den Vorteil der Kürze.

Die wichtigste Anwendung der Hinzunahme der Gleichheit zu einem Kalkül $K$ besteht in der Möglichkeit, „$\iota$-Terme" einzuführen.

Ist $C(x_1, \ldots, x_n, y)$ eine Formel von $K$, für die

$$\vdash C(x_1, \ldots, x_n, y) \wedge C(x_1, \ldots, x_n, y') \rightarrow y \equiv y' \qquad (9.34)$$

gilt, dann gilt für alle Objekte $X_1, \ldots, X_n, Y$, für die außerdem

$$\vdash C(X_1, \ldots, X_n, Y) \qquad (9.35)$$

gilt, stets

$$\vdash A(Y) \leftrightarrow \mathsf{V}_y \, . \, C(X_1, \ldots, X_n, y) \wedge A(y). \, .$$

Der Beweis ist in beiden Richtungen trivial auf Grund des Gleichheitsprinzips. Verwenden wir rechts einen bedingten Quantor, so lautet die Äquivalenz

$$A(Y) \leftrightarrow \underset{C(X_1, \ldots, X_n, y)}{\mathsf{V}_y} \, A(y). \qquad (9.36)$$

Es liegt daher nahe, in den Fällen, in denen zwar kein Objekt $Y$ bekannt ist, für das (9.35) beweisbar ist, in denen aber ein Beweis für

$$\mathsf{V}_y \, C(X_1, \ldots, X_n, y) \qquad (9.37)$$

vorliegt, mit der Aussage $\underset{C(X_1, \ldots, X_n, y)}{\mathsf{V}_y} \, A(y)$ so zu operieren, wie man es mit $A(Y)$ tun würde. Dies kann dadurch geschehen, daß wir zu jeder Formel $C(x_1, \ldots, x_n, y)$, für die (9.34) gilt, einen „Term" $\iota_y C(x_1, \ldots, x_n, y)$ bilden. Ist dann (9.37) erfüllt, so soll $\iota_y C(X_1, \ldots, X_n, y)$ als Ersatz für das Objekt $Y$ dienen. Wir nennen den Term $\iota_y C(X_1, \ldots, X_n, y)$ dann ‚*existent*'.

Wir werden uns im folgenden stets auf existente Terme beschränken und daher unter „Term" stillschweigend existente Terme verstehen. In den Anwendungen ist es aber häufig bequem, auch nicht-existente Terme zuzulassen $\left( \text{z. B. } \lim_n x_n \text{ für nicht-konvergente Folgen } x_1, x_2, \ldots \right)$, da sich dann die Existenzaussage $\mathsf{V}_y C(X_1, \ldots, X_n, y)$ oft kürzer durch die Existenz des Termes $\iota_y C(X_1, \ldots X_n, y)$ ausdrücken läßt (z. B. die Konvergenz von $x_1, x_2, \ldots$ durch die Existenz von $\lim_n x_n$).

In der Umgangssprache wird $\iota_y C(x_1, \ldots, x_n, y)$ ersetzt durch: „dasjenige $y$, für das $C(x_1, \ldots, x_n, y)$ gilt". Dieses $y$ ist auf Grund von (9.34) *eindeutig* dadurch gekennzeichnet, daß es $C(x_1, \ldots, x_n, y)$ erfüllt. $\iota_y$ heißt daher ein *Kennzeichnungsoperator*. Wir haben nun den Gebrauch der Kennzeichnungsoperatoren einzuführen, ohne uns auf die umgangssprachliche Kenntnis der Wörter „dasjenige, welches" zu berufen.

Es sei $C(x_1, \ldots, x_n, y)$ eine — im folgenden festzuhaltende — Formel, so daß

$$C(x_1, \ldots, x_n, y) \wedge C(x_1, \ldots, x_n, y') \to y \equiv y' \left.\right\}$$
$$\left. V_y\, C(x_1, \ldots, x_n, y) \right\} \qquad (9.38)$$

gilt. An Stelle des einzuführenden Terms $\iota_y C(x_1, \ldots, x_n, y)$ schreiben wir kurz $f(x_1, \ldots, x_n)$. Wir erweitern also die Klasse der Terme im bisherigen Sinne zu einer Klasse von Termen $X, Y, \ldots$ durch die Regeln:

(1) Jedes Objekt $X$ und jede Objektvariable $x$ ist ein Term.

(2) Mit $X_1, \ldots, X_n$ ist auch $f(X_1, \ldots, X_n)$ ein Term.

Zu den Formeln des Kalküls kommen dann als neue Formeln diejenigen hinzu, die aus einer Formel $A(x)$ von $K$ durch Ersetzung der freien Variablen $x$ durch einen Term $X$ entstehen. Dabei ist zu beachten, daß nach Ersetzung durch einen Term $Y(x)$, in dem $x$ vorkommt, eine Formel $A(Y(x))$ entsteht, in der $x$ frei vorkommt und daß dann z. B. auch $\bigwedge_x A(Y(x))$ eine neue Formel ist.

Für die neuen Aussagen haben wir jetzt festzulegen, wie mit ihnen operiert werden soll. Wir stellen dabei an die Festlegung die Forderung, daß an der Ableitbarkeit von Aussagen ohne $f$ nichts geändert wird. Diese Forderung wird dadurch erfüllt, daß wir ein Verfahren angeben, wie aus einer Aussage $A$, in der $f$ vorkommt, eine Aussage $A'$ ohne $f$ zu bilden ist. Anschließend wird dann festgelegt, daß $A$ genau dann gültig heißen soll, wenn $A'$ gültig ist. Es empfiehlt sich allerdings, sich nicht auf *eine* Aussage ohne $f$ festzulegen, sondern mehrere Aussagen zuzulassen, die alle zueinander äquivalent sind. Dadurch ist das Operieren mit $A$ bis auf Äquivalenz — auf die es ja allein ankommt — festgelegt.

Ist $A$ eine Formel mit $f$, so verstehen wir unter einer *Reduktion* von $A$ jede Formel, die auf folgende Weise zustande kommt. $A$ sei mit Hilfe von $\to$, $\wedge$, $\vee$, $\bigwedge_x$, $V_x$, $\neg$ zusammengesetzt aus primitiven (d. h. nicht mehr zusammengesetzten) Formeln $A_\nu$. Wird in $A$ irgendein $A_\nu$, in dem $f$ vorkommt — $A_\nu$ läßt sich dann darstellen als $B_\nu(f(X_1, \ldots, X_n))$, wobei $f$ in $X_1, \ldots, X_n$ nicht mehr vorkommt —, ersetzt durch $\underset{C(X_1,\ldots,X_n,y)}{V_y}\, B_\nu(y)$, so heiße die entstehende Formel eine Reduktion von $A$. Jede Reduktion einer Reduktion von $A$ sei ebenfalls eine Reduktion von $A$.

Unter den Reduktionen einer Formel $A$ gibt es dann ersichtlich stets solche, in denen $f$ nicht mehr vorkommt. Diese mögen *Vollreduktionen* heißen. Wir haben uns zu überzeugen, daß alle Vollreduktionen einer Formel untereinander äquivalent sind. Für Formeln, in denen $f$ nur einmal vorkommt, ist die Behauptung, daß alle Vollreduktionen äquivalent seien, trivial. Wir nehmen die Behauptung als bewiesen an für alle primitiven Formeln, in denen $f$ weniger oft vorkommt als in der primitiven Formel $A$, und beweisen sie daraus für $A$. (Für beliebige Formeln ist die Behauptung dann wieder trivial.)

Ist $A$ darstellbar als $B_1\big(f(X_1, \ldots, X_n)\big)$ und $B_2\big(f(Y_1, \ldots, Y_n)\big)$, dann ist $A$ also eine Formel

$$B\big(f(X_1, \ldots, X_n), f(Y_1, \ldots, Y_n)\big).$$

Sowohl

$$(1) \quad \bigvee_{\substack{z_1 \\ C(X_1, \ldots, X_n, z_1)}} B\big(z_1, f(Y_1, \ldots, Y_n)\big)$$

als auch

$$(2) \quad \bigvee_{\substack{z_2 \\ C(Y_1, \ldots, Y_n, z_2)}} B\big(f(X_1, \ldots, X_n), z_2\big)$$

sind Reduktionen von $A$. Es genügt, zu beweisen, daß die beiden Aussagen (1) und (2) äquivalente Vollreduktionen haben. Dies folgt nach Induktionsvoraussetzung daraus, daß

$$(3) \quad \bigvee_{\substack{z_1 \\ C(X_1, \ldots, X_n, z_1)}} \bigvee_{\substack{z_2 \\ C(Y_1, \ldots, Y_n, z_2)}} B(z_1, z_2)$$

eine Reduktion von (1), daß

$$(4) \quad \bigvee_{\substack{z_2 \\ C(Y_1, \ldots, Y_n, z_2)}} \bigvee_{\substack{z_1 \\ C(X_1, \ldots, X_n, z_1)}} B(z_1, z_2)$$

eine Reduktion von (2) ist, und daß (3) und (4) äquivalent sind. Für den Sonderfall, daß das Termsystem $X_1, \ldots, X_n$ gleich dem Termsystem $Y_1, \ldots, Y_n$ ist, wäre auch noch

$$(5) \quad \bigvee_{\substack{z \\ C(X_1, \ldots, X_n, z)}} B(z, z)$$

eine Reduktion von $A$. Diese ist aber ebenfalls äquivalent mit

$$(6) \quad \bigvee_{\substack{z_1 \\ C(X_1, \ldots, X_n, z_1)}} \bigvee_{\substack{z_2 \\ C(X_1, \ldots, X_n, z_2)}} B(z_1, z_2).$$

Dadurch ist jetzt jeder Formel mit $f$ bis auf Äquivalenz eindeutig eine Formel ohne $f$ zugeordnet. Mit den neuen Formeln kann nach denselben logischen Regeln wie bisher operiert werden. Das ist selbstverständlich, da zur Gewinnung einer Vollreduktion von $A$ ja nur die primitiven Formeln, aus denen $A$ zusammengesetzt ist, durch äquivalente Formeln ersetzt werden.

Die Brauchbarkeit der Einführung der $\iota$-Terme zeigt sich darin, daß die folgende *Ersetzungsregel* gilt: *Ist $A(x)$ beweisbar, dann auch $A(X)$ für jeden Term $X$.* Zum Beweis führen wir zunächst einen Hilfssatz an, der (9.36) entspricht:

$$A\big(f(X_1, \ldots, X_n)\big) \leftrightarrow \bigvee_{\substack{y \\ C(X_1, \ldots, X_n, y)}} A(y). \tag{9.39}$$

Für eine primitive Formel $A\big(f(X_1, \ldots, X_n)\big)$, bei der $f$ in $X_1, \ldots, X_n$ nicht vorkommt, steht rechts eine ihrer Reduktionen, und daher ist nichts zu beweisen. Kommt $f$ in $X_1, \ldots, X_n$ vor, etwa $X_\nu \equiv X_\nu\left(f(Z_1, \ldots, Z_n)\right)$, wobei $f$ in $Z_1, \ldots, Z_n$ nicht vorkommt, so nehmen wir als Induktionsvoraussetzung an:

$$A\left(f(X_1, \ldots, X_\nu(y_0), \ldots X_n)\right) \leftrightarrow \bigvee_{C(X_1, \ldots, X_\nu(y_0), \ldots X_n, y)}^{y} A(y).$$

Hieraus folgt

$$A\left(f(X_1, \ldots, X_\nu(f(Z_1, \ldots, Z_n)), \ldots X_n)\right)$$
$$\leftrightarrow \bigvee_{C(Z_1, \ldots, Z_n, y_0)}^{y_0} A\left(f(X_1, \ldots, X_\nu(y_0), \ldots X_n)\right)$$
$$\leftrightarrow \bigvee_{C(Z_1, \ldots, Z_n, y_0)}^{y_0} \bigvee_{C(X_1, \ldots, X_\nu(y_0), \ldots X_n, y)}^{y} A(y).$$

Das ist aber eine Reduktion von

$$\bigvee_{C(X_1, \ldots, X_\nu(f(Z_1, \ldots, Z_n)), \ldots, X_n, y)}^{y} A(y),$$

d.h. es folgt

$$A\left(f(X_1, \ldots, X_n)\right) \leftrightarrow \bigvee_{C(X_1, \ldots, X_n, y)}^{y} A(y).$$

Ist $A(y)$ zusammengesetzt, etwa

$$A(y) \overset{\cdot}{\equiv} A_1(y) \to A_2(y),$$

so nehmen wir als Induktionsvoraussetzung an:

$$A_1\left(f(X_1, \ldots, X_n)\right) \leftrightarrow \bigvee_{C(X_1, \ldots X_n, y)}^{y} A_1(y)$$
$$A_2\left(f(X_1, \ldots, X_n)\right) \leftrightarrow \bigvee_{C(X_1, \ldots X_n, y)}^{y} A_2(y).$$

Indem wir $C(X_1, \ldots, X_n, Y)$ als Prämisse benutzen — es gibt ja ein solches $Y$ nach (9.38) —, sind die linken Seiten äquivalent mit $A_1(Y)$ bzw. $A_2(Y)$, also ist

$$A\left(f(X_1, \ldots, X_n)\right) \leftrightarrow A_1(Y) \to A_2(Y).$$

Hier ist aber die rechte Seite äquivalent mit $\bigvee_{C(X_1, \ldots, X_n, y)}^{y} A_1(y) \to A_2(y)$.

Analog ist der Beweis für die anderen logischen Partikeln $\wedge$, $\vee$, $\bigwedge_x$, $\bigvee_x$, $\neg$ zu führen.

Zum Beweis der Ersetzungsregel genügt jetzt folgende Überlegung. Es sei $A(x)$ beweisbar. Für jeden Term $X$ ohne $f$ ist dann auch $A(X)$ beweisbar, da aus einer Vollreduktion $A'(x)$ von $A(x)$ durch Ersetzung von $X$ dann eine Vollreduktion $A'(X)$ von $A(X)$ entsteht. Kommt $f$ in $X$ vor, so ist $X \equiv Y\left(f(X_1, \ldots, X_n)\right)$, und $Y(y)$ enthält $f$ weniger oft als $X$. Wir nehmen als Induktionsvoraussetzung an, daß $A\left(Y(y)\right)$ beweisbar ist. Dann ist aber auch $\bigvee_{C(X_1, \ldots, X_n, y)}^{y} A\left(Y(y)\right)$ beweisbar — und diese Formel ist nach (9.39) äquivalent mit $A(X)$.

Wir haben damit die Möglichkeit gezeigt, für eine Formel $C(x_1, \ldots, x_n, y)$, die

$$(1) \quad C(x_1, \ldots, x_n, y) \wedge C(x_1, \ldots, x_n, y') \to y \equiv y'$$
$$(2) \quad V_y\, C(x_1, \ldots, x_n, y)$$

erfüllt, den Term $\iota_y\, C(x_1, \ldots, x_n, y)$ einzuführen. Es bleibt noch zu untersuchen, ob gleichzeitig für alle Formeln $C(x_1, \ldots, x_n, y)$, die (1) und (2) erfüllen, die Einführung von Termen $\iota_y C(x_1, \ldots, x_n, y)$ möglich ist.

Auch mit einer solchen Verwendung der Kennzeichnungsoperatoren $\iota_y$ kommen in jeder Formel selbstverständlich nur endlich viele $\iota$-Terme vor: $\iota_{y_1} C_1(\ldots, y_1),\ \iota_{y_2} C_2(\ldots, y_2),\ \ldots$. Wir setzen voraus, daß diese Terme der Reihe nach eingeführt werden können. Es muß also mindestens ein Term, etwa $\iota_{y_1} C_1(\ldots, y_1)$, in keinem der Terme

$$\iota_{y_2} C_2(\ldots, y_2),\ \iota_{y_2} C_3(\ldots, y_3),\ \ldots$$

vorkommen. $\iota_{y_1} C_1(\ldots, y_1)$ könnte dann als letzter Term eingeführt werden. Das System der Terme $\iota_{y_2} C_2(\ldots, y_2),\ \iota_3 C_3(\ldots, y_3),\ \ldots$ soll ebenfalls über einen letzten Term verfügen, usw.

Erfüllen mehrere Terme, etwa $\iota_{y_1} C_1(\ldots, y_1),\ \ldots,\ \iota_{y_m} C_m(\ldots, y_m)$, diese Bedingung, so wären sie alle als letzte einführbar. Die Reduktion einer Formel $A$, in der mehrere dieser Terme

$$\iota_{y_1} C_1(\ldots, y_1),\ \ldots,\ \iota_{y_m} C_m(\ldots, y_m)$$

vorkommen, kann dann so geschehen, daß diese Terme in *irgendeiner* Reihenfolge eliminiert werden: alle Vollreduktionen werden äquivalent sein.

Um dies zu beweisen, genügt es, eine primitive Formel

$$A\left(\iota_{y_1} C_1(\ldots, y_1),\ \iota_{y_2} C_2(\ldots, y_2)\right)$$

zu betrachten. Reduktionen dieser Formel sind

$$\underset{C_1(\ldots,\, z_1)}{V_{z_1}}\ A\left(z_1,\ \iota_{y_2} C_2(\ldots, y_2)\right)$$

und

$$\underset{C_2(\ldots,\, z_2)}{V_{z_2}}\ A\left(\iota_{y_1} C_1(\ldots, y_1),\ z_2\right).$$

Diese Formeln enthalten weniger $\iota$-Terme als $A$. Daher genügt es, da eine Induktion nach der Anzahl der $\iota$-Terme, die in einer Formel vorkommen, möglich ist, zu zeigen, daß diese Formeln äquivalente Reduktionen haben. Das sind aber

$$\underset{C_1(\ldots,\, z_1)}{V_{z_1}}\ \underset{C_2(\ldots,\, z_2)}{V_{z_2}}\ A(z_1, z_2) \quad \text{und} \quad \underset{C_2(\ldots,\, z_2)}{V_{z_2}}\ \underset{C_1(\ldots,\, z_1)}{V_{z_1}}\ A(z_1, z_2).$$

Es ist zu beachten, daß die Einführung von Termen $f(X_1, \ldots, X_n)$ oder $\iota_y C(X_1, \ldots, X_n, y)$ keinen Gebrauch vom tertium non datur macht. Es ist nur die effektive Logik verwendet worden. Da aber schon effektiv $x \equiv y \lor x \not\equiv y$ gilt, ergibt sich für jeden Term $f(x_1, \ldots, x_n)$ ebenfalls effektiv: $f(x_1, \ldots, x_n) \equiv y_0 \lor f(x_1, \ldots, x_n) \not\equiv y_0$ — natürlich vorausgesetzt, daß (9.38) effektiv gilt.

Es ist $f(x_1, \ldots, x_n) \equiv y_0$ äquivalent zu $\bigvee\limits_{C(x_1, \ldots, x_n, y)}^{y} y \equiv y_0$, d.h. äquivalent zu $C(x_1, \ldots, x_n, y_0)$, und $f(x_1, \ldots, x_n) \not\equiv y_0$ ist äquivalent zu $\bigvee\limits_{C(x_1, \ldots, x_n, y)}^{y} y \not\equiv y_0$, d.h. äquivalent zu $\neg C(x_1, \ldots, x_n, y_0)$. Auch diese letzte Äquivalenz gilt effektiv, denn aus

$$C(x_1, \ldots, x_n, y) \dashrightarrow C(x_1, \ldots, x_n, y_0) \leftrightarrow y \equiv y_0$$

folgt effektiv

$$C(x_1, \ldots, x_n, y) \dashrightarrow \neg C(x_1, \ldots, x_n, y_0) \leftrightarrow y \not\equiv y_0.$$

Also gilt effektiv:

$$C(x_1, \ldots, x_n, y) \lor \neg C(x_1, \ldots, x_n, y).$$

## § 10. Abstraktion, Relationen und Funktionen.

Die in § 9 durchgeführte Betrachtung über den Gebrauch der Kennzeichnungsoperatoren setzte von dem Kalkül $K$ nur voraus, daß die Gleichheitsrelation $\equiv$ mit den Regeln

$$x \equiv x$$
$$x \equiv y \land A(x) \to A(y)$$

zu $K$ gehört. Erst ganz zuletzt wurde auch die Ungleichheit $\not\equiv$ mit

$$x \equiv y \lor x \not\equiv y$$

benutzt.

Wenn wir versuchen wollen, die Gleichheit $x \equiv y$ durch eine andere Aussageform $A(x, y)$ — wir schreiben kürzer $x \varrho y$ — zu ersetzen, so müssen wir zunächst statt (9.32) fordern:

$$\left. \begin{array}{c} x \varrho x \\ x \varrho z \land y \varrho z \to x \varrho y \end{array} \right\} \tag{10.1}$$

Eine „Relation" $\varrho$ die (10.1) erfüllt, heiße eine „abstrakte" Gleichheitsrelation. Im Unterschied zur „konkreten" Gleichheitsrelation $\equiv$ wird für eine abstrakte Gleichheit nicht für jede Formel $A(x)$ gelten:

$$A(x) \leftrightarrow \bigvee\limits_{y \varrho x}^{y} A(y). \tag{10.2}$$

Eine Aussageform $A(x)$, für die (10.2) gilt, heiße „invariant" bzgl. $\varrho$. Für alle invarianten Aussageformen gilt entsprechend dem Gleichheitsprinzip:

$$x \varrho y \wedge A(x) \to A(y).$$

Die Komparativität von $\varrho$ ist äquivalent damit, daß die Aussageform $x\varrho y$ invariant bzgl. $\varrho$ ist, d. h., daß $\varrho$ mit sich selbst „verträglich" ist. Für eine abstrakte Gleichheit $\varrho$ und die bzgl. $\varrho$ invarianten Aussageformen gelten die Betrachtungen über den Kennzeichnungsoperator von § 9 entsprechend. Ist $C(x_1, \ldots, x_n, y)$ invariant bzgl. $\varrho$ und gilt

(1)  $C(x_1, \ldots, x_n, y) \wedge C(x_1, \ldots, x_n, y') \to y \varrho y'$

(2)  $\bigvee_y C(x_1, \ldots, x_n, y)$,

so wird mit einem $\varrho$-Kennzeichnungsoperator $\iota_y^\varrho$ der Term

$$\iota_y^\varrho \, C(x_1, \ldots, x_n, y)$$

eingeführt. Für alle Formeln mit solchen $\iota^\varrho$-Termen — sie müssen mit Hilfe der logischen Partikeln eindeutig zusammengesetzt sein aus Aussageformen, die invariant bzgl. $\varrho$ sind — lassen sich dann reduzierte Formeln definieren und so schließlich die $\iota^\varrho$-Terme eliminieren.

Die Analogie der Behandlung der $\iota^\varrho$-Terme mit den bisherigen Termen wird noch deutlicher, wenn man die speziellen $\iota^\varrho$-Terme $\iota_y^\varrho x \varrho y$ einführt. Wir schreiben hierfür kürzer $x^\varrho$. Nach (9.39) gilt

$$A(x^\varrho) \leftrightarrow \bigvee_{\substack{y \\ x \varrho y}} A(y),$$

also wegen der Invarianz von $A(y)$ bzgl. $\varrho$

$$A(x^\varrho) \leftrightarrow A(x) ; \tag{10.3}$$

speziell gilt

$$x^\varrho \varrho y^\varrho \leftrightarrow x \varrho y.$$

Schreiben wir statt $x^\varrho \varrho y^\varrho$ suggestiver $x^\varrho = y^\varrho$, so erhalten wir

$$x^\varrho = y^\varrho \leftrightarrow x \varrho y \tag{10.4}$$

und außerdem — für alle bzgl. $\varrho$ invarianten Aussageformen $A(x)$ —

$$\left.\begin{aligned} x^\varrho &= x^\varrho \\ x^\varrho = y^\varrho \wedge A(x^\varrho) &\to A(y^\varrho). \end{aligned}\right\} \tag{10.5}$$

Statt $\neg\, x^\varrho = y^\varrho$ schreiben wir $x^\varrho \neq y^\varrho$.

Der Übergang von den Objekten $x, y, \ldots$ zu den Termen $x^\varrho, y^\varrho, \ldots$ heißt „Abstraktion". In umgangssprachlicher Formulierung könnte man von $x^\varrho$ als einem „abstrakten" Objekt sprechen, das durch das konkrete Objekt $x$ (aber ebenso von jedem anderen konkreten Objekt $y$

mit $x\varrho y$) *dargestellt* wird. $x^\varrho$, $y^\varrho$, ... können also als neue Objekte aufgefaßt werden, die genau dann als gleich („identisch") betrachtet werden, wenn $x\varrho y$ gilt. Seit FREGE und RUSSELL ist es üblich, $x^\varrho$ als die „Klasse" der $y$ mit der Eigenschaft $x\varrho y$ aufzufassen. Dadurch soll die Abstraktion auf die Einführung von „Klassen" zurückgeführt werden. Wir werden jedoch weiter unten sehen, daß die Klassen nichts anderes als ein spezieller Fall von abstrakten Objekten sind.

Für das Operieren mit den Termen $x^\varrho$, $y^\varrho$, ... ist die Interpretation der Abstraktion belanglos, sie legt aber nahe, diese Terme $x^\varrho$, $y^\varrho$, ... tatsächlich wie neue Objektvariable zu gebrauchen. Jede bzgl. $\varrho$ invariante Aussageform $A(x)$ ist nach (10.3) äquivalent mit $A(x^\varrho)$, und es gilt daher

$$\wedge_x A(x) \leftrightarrow \wedge_x A(x^\varrho)$$

$$\vee_x A(x) \leftrightarrow \vee_x A(x^\varrho).$$

Schreiben wir also $\wedge_{x^\varrho} A(x^\varrho)$ statt $\wedge_x A(x^\varrho)$ und $\vee_{x^\varrho} A(x^\varrho)$ statt $\vee_x A(x^\varrho)$, so lassen sich bei der Zusammensetzung von verträglichen Aussageformen mit Hilfe der logischen Partikeln die bisherigen Variablen $x$, $y$, ... vermeiden: es werden nur noch $\rightarrow$, $\wedge$, $\vee$, $\wedge_{x^\varrho}$, $\vee_{x^\varrho}$, $\neg$ verwendet. Dies hat den Vorteil, daß die Einführung eigener $\varrho$-Kennzeichnungsoperatoren entbehrlich wird. Es genügt jetzt, $\iota_{y^\varrho} C(x_1^\varrho, \ldots, x_n^\varrho, y^\varrho)$ zu schreiben an Stelle von $\iota_y^\varrho C(x_1, \ldots, x_n, y)$ für die Formeln mit

(1)  $C(x_1^\varrho, \ldots, x_n^\varrho, y_1^\varrho) \wedge C(x_1^\varrho, \ldots, x_n^\varrho, y_2^\varrho) \rightarrow y_1^\varrho = y_2^\varrho$

(2)  $\vee_{y^\varrho} C(x_1^\varrho, \ldots, x_n^\varrho, y^?)$.

Der einzige Unterschied liegt darin, daß $x\varrho y \vee \neg x\varrho y$ nicht mehr für jede abstrakte Gleichheit $\varrho$ effektiv beweisbar sein wird. Nach Einführung eines „Funktionszeichens" $f$, z.B. durch $f(x^\varrho) \leftrightharpoons \iota_{y^\varrho} C(x^\varrho, y^\varrho)$, kann also schon die Formel

$$f(x^\varrho) = y^\varrho \vee f(x^\varrho) \neq y^\varrho$$

nur fiktiv zu beweisen sein.

Das bekannteste Beispiel der Einführung neuer Objekte durch Abstraktion liefern in der Arithmetik die positiven rationalen Zahlen. Zur Veranschaulichung sei dieses Beispiel schon hier kurz erwähnt. Mit $x$, $y$, ... als Variablen für die Grundzahlen I, II, III, ... und $\times$ für die gewöhnliche Multiplikation wird für die Paare $(x, y)$ — d.h. nichts anderes als für die Figuren dieser Form — definiert:

$$(x_1, x_2)\,\varrho\,(y_1, y_2) \leftrightharpoons x_1 \times y_2 = x_2 \times y_1.$$

Dies ist eine abstrakte Gleichheit für die Paare.

Statt $(x_1, x_2)^\varrho$ schreibt man $x_1/x_2$ und erhält die übliche Form

$$x_1/x_2 = y_1/y_2 \leftrightarrow x_1 \times y_2 = x_2 \times y_1.$$

Eine kleine Komplikation gegenüber den obigen Betrachtungen liegt darin, daß $\varrho$ eine abstrakte Gleichheit für Objektpaare statt für Objekte ist. Dies ist aber unerheblich. Statt $A(x^\varrho)$ durch $\bigvee_{\substack{y \\ x \varrho y}} A(y)$ hat man $A(x_1/x_2)$ durch $\bigvee_{\substack{y_1, y_2 \\ (x_1, x_2) \varrho (y_1, y_2)}} A((y_1, y_2))$ zu ersetzen. Zum Beispiel ist $A((x_1, x_2)) \equiv x_1 > x_2$ invariant bzgl. $\varrho$ wegen

$$x_1 \times y_2 = x_2 \times y_1 \wedge x_1 > x_2 \to y_1 > y_2.$$

Die Aussage $\bigwedge_{x_1, x_2} A(x_1/x_2)$ ist zu reduzieren auf $\bigwedge_{x_1, x_2} A((x_1, x_2))$, also auf $\bigwedge_{x_1, x_2} x_1 > x_2$. In den Quantoren führt man statt $x_1/x_2$ meist neue Variable, z.B. $r, s, \ldots$ ein. Statt $A(x_1/x_2)$ schreibt man $x_1/x_2 > 1$ und hat dann die Aussage $\bigwedge_r r > 1$ an Stelle von $\bigwedge_{x_1/x_2} A(x_1/x_2)$.

Die Einführung neuer Variablen tritt in der Mathematik sehr häufig auf. Wie wir bisher gesehen haben, bestehen dafür die folgenden Möglichkeiten:

(1) $z$ als Variable für Systeme $x_1, \ldots, x_n$ von Objekten,

$$\bigwedge_z A(z) \leftrightharpoons \bigwedge_{x_1, \ldots, x_n} A(x_1, \ldots, x_n)$$
$$\bigvee_z A(z) \leftrightharpoons \bigvee_{x_1, \ldots, x_n} A(x_1, \ldots, x_n);$$

(2) $z$ als Variable für Objekte $x$ mit einer Bedingung $B(x)$,

$$\bigwedge_z A(z) \leftrightharpoons \bigwedge_x . B(x) \to A(x).$$
$$\bigvee_z A(z) \leftrightharpoons \bigvee_x . B(x) \wedge A(x).;$$

(3) $z$ als Variable für abstrakte Objekte $x^\varrho$,

$$\bigwedge_z A(z) \leftrightharpoons \bigwedge_x A(x^\varrho)$$
$$\bigvee_z A(z) \leftrightharpoons \bigvee_x A(x^\varrho).$$

In jedem Falle, insbesondere auch bei Kombination dieser Möglichkeiten, ist die Elimination der neuen Variablen stets durchführbar. Die logischen Regeln bleiben für die Formeln mit den neuen Variablen gültig.

Wir gehen jetzt zu der wichtigsten Anwendung der Abstraktion über, nämlich der Einführung von Relationen und Funktionen. Die Äquivalenz

$$\bigwedge_x . A(x) \leftrightarrow B(x). \tag{10.6}$$

ist eine abstrakte Gleichheit zwischen den Formeln $A(x), B(x), \ldots$. Denn es gilt (und zwar in der effektiven Logik)

$$\bigwedge_x . A(x) \leftrightarrow A(x).$$

$$\bigwedge_x . A(x) \leftrightarrow C(x). \wedge \bigwedge_x . B(x) \leftrightarrow C(x). \to \bigwedge_x . A(x) \leftrightarrow B(x)..$$

Durch Abstraktion entstehen daher aus den Formeln neue, abstrakte Objekte, die wir *Mengen* (oder auch „Klassen") nennen.

An Stelle der RUSSELLschen Schreibweise $\hat{x}\,A(x)$ für die durch $A(x)$ dargestellte Menge verwenden wir — zur Angleichung an die allgemein üblich gewordenen Bezeichnungen $\iota_x\,A(x)$, $\mu_x\,A(x)$ — die Schreibweise $\in_x A(x)$ für „die Menge der $x$ mit $A(x)$".

An Stelle von (10.6) schreiben wir also:

$$\in_x A(x) = \in_x B(x).\qquad(10.7)$$

Nach den allgemeinen Betrachtungen über die Abstraktion lassen sich jetzt Aussagen über Aussageformen, die verträglich sind mit der logischen Äquivalenz (10.6) als Aussagen über Mengen formulieren. Der einfachste Fall ist der der Aussage $\vdash A(X)$. Aus (10.6) folgt selbstverständlich $\vdash B(X)$. Statt $\vdash A(X)$ schreiben wir $\vdash X \in \in_x A(x)$ oder also auch $\vdash X \in \in_x B(x)$. Allgemeiner setzen wir $X \in \in_x A(x) \leftrightharpoons A(X)$ und erhalten so — mit den Mitteilungsvariablen $M, N, \ldots$ für Mengen —

$$M = N \leftrightarrow \wedge_x . x \in M \leftrightarrow x \in N..\qquad(10.8)$$

Für Aussageformen $A(x_1, \ldots, x_n)$ mit mehreren freien Variablen bilden wir entsprechend

$$\in_{x_1,\ldots,x_n} A(x_1, \ldots, x_n).$$

Wir nennen diese neuen Objekte *Relationen*, genauer *n-stellige Relationen*. Die Mengen sind also 1-stellige Relationen. Wir setzen wieder:

$$X_1, \ldots, X_n \in \in_{x_1,\ldots,x_n} A(x_1, \ldots, x_n) \leftrightharpoons A(X_1, \ldots, X_n).\qquad(10.9)$$

Von den Mengen (oder Relationen) sind zu unterscheiden die *Ab-bildungen* (oder *Funktionen*). Die Abbildungen verhalten sich zu den Ob-jektformen wie die Mengen zu den Aussageformen. Für die Terme benutzen wir — wie bisher — die Mitteilungsvariablen $X, Y, \ldots$. Von Objekt-formen $X(x), Y(x), \ldots$ — d.h. also von Termen, in denen freie Variable vorkommen — wollen wir nun sagen, daß sie dieselbe *Abbildung* dar-stellen, wenn gilt

$$\wedge_x X(x) = Y(x).\qquad(10.10)$$

Diese Relation zwischen Objektformen ist wieder eine abstrakte Gleich-heit. Durch Abstraktion entstehen aus den Objektformen neue Objekte. Diese nennen wir Abbildungen und bezeichnen die durch $X(x)$ dar-gestellte Abbildung mit $\iota_x X(x)$. An Stelle von (10.10) erhalten wir also

$$\iota_x X(x) = \iota_x Y(x).\qquad(10.11)$$

Für Objektformen $X(x_1, \ldots, x_n)$ mit mehreren freien Variablen bilden wir entsprechend $\iota_{x_1,\ldots,x_n} X(x_1, \ldots, x_n)$ und nennen diese Objekte *Funk-tionen*, genauer *n-stellige Funktionen*. Die Abbildungen sind 1-stellige Funktionen.

In genauer Analogie zu (10.9) schreiben wir

$$\imath_{x_1,\ldots,x_n} X(x_1,\ldots,x_n)\, \imath\, Y_1,\ldots, Y_n \leftrightarroweq X(Y_1,\ldots,Y_n). \qquad (10.12)$$

Mit $f, g, \ldots$ als Mitteilungsvariablen für Abbildungen (Funktionen) schreiben wir also $f\imath x$ für das Abbild von $x$ bei der Abbildung $f$ an Stelle des sonst üblichen $f(x)$. Gegenüber der RUSSELLschen Bezeichnung $f^\lceil x$ haben wir $\imath$ auf die Zeile gesetzt, um bequemer Punkte darüber setzen zu können. Die Schreibweise $f(x)$ läßt sich dagegen hier nicht verwenden, weil sie zu Kollisionen führt mit dem Gebrauch von Klammern, die das Vorkommen von Variablen anzeigen. Ein Term $X(x, y)$ führt z. B. zu einer Funktion $\imath_x X(x, y)$, die wir mit $f$ oder mit $f(y)$ bezeichnen könnten. Dagegen ist $f\imath y = X(y, y)$.

Die Operationen, die für Aussagen bzw. Objekte definiert sind, geben Anlaß zu Operationen für Mengen und Abbildungen. Wir beschränken uns auf den 1-stelligen Fall. Wie üblich setzen wir z. B.:

$$x \in M \cap N \ \leftrightarrow x \in M \wedge x \in N$$
$$x \in M \cup N \ \leftrightarrow x \in M \vee x \in N$$
$$x \in \cap_y M(y) \leftrightarrow \wedge_y\ x \in M(y)$$
$$x \in \cup_y M(y) \leftrightarrow \vee_y\ x \in M(y).$$

Ist für die Objekte etwa eine Addition $+$ definiert, setzen wir entsprechend für Abbildungen:

$$f + g\imath x = f\imath x + g\imath x$$
$$\Sigma_y f(y)\,\imath\,x = \Sigma_y \cdot f(y)\,\imath\,x..$$

$\Sigma_y f(y)$ würde z. B. mit $y$ als Grundzahlvariable bei konvergenten Reihen von reellen Funktionen $f(y)$ auftreten.

Die Analogie zwischen Mengen und Abbildungen hat ihre Grenze darin, daß für ein Objekt $X$ zwar $f\imath X$ wieder ein Objekt ist, $X \in M$ aber eine Formel. Für Abbildungen läßt sich daher bilden $f\,\jmath\,g\imath x$, während $x \in M \dot\in N$ sinnlos ist. Wir setzen:

$$f\imath g \leftrightarroweq \imath_x f\,\jmath\,g\imath x. \qquad (10.13)$$

Häufig werden die Abbildungen „identifiziert" mit gewissen Mengen, nämlich z. B. eine 1-stellige Funktion $f$ mit der 2-stelligen Relation $\in_{x,y} f\imath x = y$. Selbstverständlich ist $f$ durch diese Relation eindeutig bestimmt:

$$f = \imath_x \iota_y\, x, y \in \in_{x,y} f\imath x = y.$$

Mit $R = \in_{x,y} f\imath x = y$ ist also $f\imath x = \iota_y\, x, y \in R$. Bei 2-stelligen Relationen schreibt man statt $x, y \in R$ meist $xRy$. Dies kann zu Uneindeutigkeiten führen, wenn „$R$" durch eine zusammengesetzte Figur ersetzt wird.

Jede 2-stellige Relation $R$, für die $\iota_y\, xRy$ ein Term ist, die also rechtseindeutig ist, liefert umgekehrt eine Funktion. Würde man für eine beliebige 2-stellige Relation $R$ definieren $R\,\imath\,x \leftrightharpoons \epsilon_y\, xRy$, so hätte man aber auch damit noch keinen Ersatz für die Abbildungen. Für rechtseindeutiges $R$ wäre $R\,\imath\,x$ eine Einermenge. Das Abbild wäre nicht $R\,\imath\,x$, sondern $\iota_y\, .y \in R\,\imath\,x.$. Die Einführung von Funktionen in dem Sinne, daß $f\,\imath\,x$ wieder ein Objekt ist, entspricht dagegen völlig dem in der Mathematik üblichen Gebrauch.

## § 11. Modalität und Wahrscheinlichkeit.

Für den Aufbau der operativen Mathematik in den folgenden beiden Teilen dieses Buches werden die Modalitäten (notwendig, möglich) und die Wahrscheinlichkeit nicht gebraucht werden. Es sei daher hier nur kurz skizziert, wie sich diese Begriffe an die operative Grundlegung der Logik anschließen lassen.

Zunächst sei bemerkt, daß in mathematischen Texten zwar häufig die Wörter „notwendig" oder „möglich" auftreten, jedoch stets nur als elliptischer Ausdruck für einen nicht-modalen Sachverhalt. Wenn es z. B. heißt „Eine Primzahl $\neq 2$ ist notwendig ungrade", so ist gemeint: „Jede Primzahl $\neq 2$ ist ungerade". Wenn es andererseits heißt „Eine Primzahl ist möglicherweise gerade", so ist gemeint: „Es gibt eine Primzahl, die gerade ist". Auch die umgangssprachlichen Formulierungen mit „müssen" und „können", z. B. „eine Primzahl $\neq 2$ muß ungerade sein", „eine Primzahl kann gerade sein", meinen nichts anderes. Es handelt sich hier stets nur um verschleierte Quantifizierungen, die in der Umgangssprache durch den Gebrauch des unbestimmten Artikels sinnvoll werden.

Statt $\bigwedge_x A(x)$ sagt man: „Ein $x$ ist notwendigerweise $A$".

Statt $\bigvee_x A(x)$ sagt man: „Ein $x$ ist möglicherweise $A$".

Es scheint wünschenswert, zur Vermeidung von Mißverständnissen hier die Modalitäten auch im Ausdruck zu vermeiden und in den Fällen, in denen man auf den unbestimmten Artikel nicht verzichten will, dann etwa zu sagen: „Ein $x$ ist allemal $A$" bzw. „Ein $x$ ist manchmal $A$". Dies würde deutlich machen, daß hier „allemal" steht statt „für alle" und „manchmal" statt „für manche".

In mathematischen Texten sind Wörter wie „stets", „immer", … durchaus üblich statt „allemal", dagegen wird „manchmal" meist durch Modalitäten (möglich bzw. können) umschrieben.

Von der Modallogik aus gesehen, ist die Redeweise von „notwendigen" Bedingungen statt von implizierten Bedingungen ebenso wenig glücklich. Daß „$A$ ist eine hinreichende Bedingung für $B$" und „$B$ ist eine notwendige Bedingung für $A$" dasselbe ausdrücken sollen, nämlich „$A$ impliziert $B$", wird durch die Worte keineswegs nahegelegt. Diese Formulierungen wären einer kausalen Auffassung der Implikation angemessen. Die hinreichenden Bedingungen werden als Ursachen aufgefaßt, die das Implikat bewirken. In Analogie zu Ursachen, die „notwendig" oder „unerläßlich" sind, um ein Ereignis zu bewirken, wird dann von notwendigen Bedingungen gesprochen, weil man hier vom Ereignis rückwärts auf die Ursachen schließen kann. Abgesehen von der Unangemessenheit dieser Analogie hat sie jedenfalls mit Modallogik höchstens insofern etwas zu tun, als man auch bei der Kausalität zwischen notwendigen, wirklichen und möglichen Kausalbeziehungen unterscheidet.

Wir betrachten im folgenden die sog. physischen Modi „notwendig" und „möglich", die als Prädikate für Aussagen auftreten — und zwar in den Fällen, in denen die üblichen Prädikate wahr—falsch, wirklich—unwirklich (oder wie immer sie heißen mögen) aus irgendwelchen Gründen nicht anwendbar sind.

Man weiß z. B. von einer antiken Tonfigur nicht, wann sie wirklich hergestellt wurde, aber der Historiker wird Feststellungen derart treffen, daß die Figur „notwendig nach — 3000", „möglicherweise vor — 2000" hergestellt wurde. Diese Feststellungen erschließt der Historiker auf Grund gewisser allgemeiner Sätze, die von ihm anerkannt werden, in Verbindung mit Sätzen über die Tonfigur, die auf Grund ihrer Wirklichkeit „wahr" sind. Fassen wir die anerkannten allgemeinen Sätze und die Sätze über die Wirklichkeit als „das Wissen" $W$ des Historikers zusammen, so handelt es sich darum, welche Aussagen $A$ logisch aus diesem Wissen $W$ folgen (diese $A$ wird der Historiker „notwendig", genauer: „notwendigerweise wahr" nennen), und für welche Aussagen $A$ die Negation $\neg A$ nicht logisch aus $W$ folgt (diese $A$ wird der Historiker „möglich", genauer: „möglicherweise wahr" nennen).

Dem Sprachgebrauch nach könnte man die hier gemeinten Modalitäten genauer als „relative" Modalitäten bezeichnen, da die Notwendigkeit und Möglichkeit sich immer auf ein bestimmtes „Wissen" bezieht. Von absoluten Modi wäre danach zu sprechen, wenn das „Wissen" leer ist, d. h. wenn es sich nur darum handelte, für welche Aussagen $A$ schon nach der Quantorenlogik $A$ ableitbar bzw. $\neg A$ unableitbar ist. Für diese rein quantorenlogische Feststellung wäre die Einführung neuer Worte wie „absolut-notwendig" statt „quantorenlogisch ableitbar" jedoch nicht erforderlich.

Die Einführung der relativen Modi hat aber ein gewisses Recht, da man sich fragen kann, welche Aussagen über die Notwendigkeit und Möglichkeit gültig sind — unabhängig davon, auf welches „Wissen" diese Modi jeweils bezogen sind. Als Paradigma einer solchen Aussage möge etwa dienen: „Ist $A$ notwendig und ist $B$ notwendig, dann ist $A \wedge B$ notwendig".

Im Gegensatz zu unseren bisherigen Betrachtungen knüpft die Fragestellung der Modallogik an die Umgangssprache, nicht an das schematische Operieren an. Wie wir sehen werden, wird von der Umgangssprache jedoch nur so wenig gebraucht, daß sich die Fragestellung rein
im Gebiet der operativen Logik formulieren lassen wird. Zunächst
wird es sich trotzdem empfehlen, kurz auf die Umgangssprache einzugehen. In ihr finden wir Subjekte $S, S_1, \ldots$ als Eigennamen für Gegenstände, und Prädikatoren $P, Q, \ldots$, die einem Gegenstand — es können
auch mehrere sein — zugesprochen bzw. abgesprochen werden. Ein
solches Urteil wird dargestellt durch die Aussage

$$S_1, \ldots, S_n \, \varepsilon \, P \qquad (\varepsilon \text{ ist})$$

$$S_1, \ldots, S_n \, \bar{\varepsilon} \, P \qquad (\bar{\varepsilon} \text{ ist nicht}).$$

Die Entscheidung, welche „Kopula", $\varepsilon$ oder $\bar{\varepsilon}$, zwischen $S_1, \ldots, S_n$
und $P$ zu setzen ist, geschieht nicht auf Grund formaler Überlegungen,
sondern auf Grund unmittelbarer Kenntnis der Gegenstände (Sachkenntnis) und dem Verständnis der Prädikatoren. Das Vermögen zu dieser
Entscheidung nennt man das Urteilsvermögen. Die Situation des
urteilenden Menschen ist nun die, daß in vielen Fällen die Sachkenntnis
nicht ausreicht, um zwischen $\varepsilon$ und $\bar{\varepsilon}$ (sachgemäß) zu entscheiden.
Trotzdem halten wir die Vorstellung aufrecht, daß „man" bei aus-
reichender Sachkenntnis für jedes System von Subjekten $S_1, \ldots, S_n$
und jedes Prädikat $P$ wissen könne, ob das Prädikat den Subjekten
„zukommt" oder nicht.

Stellen wir uns ferner vor, daß ein in diesem Sinne Allwissender
alle wahren (und nur diese!) Aussagen $S_1, \ldots, S_n \, \eta \, P$ (mit $\eta$ für $\varepsilon$ oder $\bar{\varepsilon}$)
in ein Buch geschrieben hätte, so bildeten die Aussagen dieses Buches
eine Klasse $\mathfrak{K}_0$ von Aussagen, die von jedem Aussagenpaar

$$S_1, \ldots, S_n \, \varepsilon \, P; \qquad S_1, \ldots, S_n \, \bar{\varepsilon} \, P$$

genau eine enthielte. Diese Eigenschaft von $\mathfrak{K}_0$ können wir auch folgendermaßen ausdrücken: (1) Unter den durch Zusammensetzung mit
$\rightarrow, \wedge, \vee, \wedge_x, \vee_x, \neg$ entstehenden Aussagen, die aus den Aussagen von
$\mathfrak{K}_0$ ableitbar sind, befindet sich

$$S_1, \ldots, S_n \, \varepsilon \, P \vee S_1, \ldots, S_n \, \bar{\varepsilon} \, P.$$

(2) Auch wenn wir zur Ableitung von Aussagen aus $\mathfrak{K}_0$ noch die Regel

$$S_1, \ldots, S_n \, \varepsilon \, P \wedge S_1, \ldots, S_n \, \bar{\varepsilon} \, P \rightarrow \curlywedge$$

hinzunehmen, so wird $\curlywedge$ nicht aus $\mathfrak{K}_0$ ableitbar.

Kürzer: In dem Kalkül, der als Anfänge nur die Aussagen von $\mathfrak{K}_0$
hat (zu denen zur Vereinfachung noch eine Aussage $\curlyvee$ hinzugefügt

werde) und der als Regeln nur die logischen Regeln hat, sind

$$\Upsilon \to S_1, \ldots, S_n \, \varepsilon \, P \vee S_1, \ldots, S_n \, \bar{\varepsilon} \, P \tag{11.1}$$

$$S_1, \ldots, S_n \, \varepsilon \, P \wedge S_1, \ldots, S_n \, \bar{\varepsilon} \, P \to \lambda \tag{11.2}$$

zulässig.

In manchen Fällen, in denen es sich nur um endlich viele Subjekte und endlich viele Prädikate handelt, werden wir die Klasse $\mathfrak{K}_0$ kennen. Dann ist die Einführung von Modalitäten überflüssig. Wir betrachten daher einen Fall, in dem die Subjekte und Prädikate so sind, daß wir die Klasse $\mathfrak{K}_0$ nicht kennen. Wir kennen dann erst recht nicht die Klasse $\mathfrak{K}$ der aus $\mathfrak{K}_0$ ableitbaren Aussagen. Sicher wissen wir nur, daß die Regeln (11.1) und (11.2) zulässig sind, und vielleicht kennen wir darüber hinaus (oder meinen zu kennen) noch endlich viele weitere Aussagen oder zulässige Regeln.

Ist $\mathfrak{A}$ eine solche endliche Klasse von Aussagen oder Regeln, zu der also (11.1) und (11.2) gehören, so nennen wir eine Aussage $A$ *notwendig* (bezüglich $\mathfrak{A}$), wenn $A$ aus $\mathfrak{A}$ ableitbar ist, und wir nennen $A$ *möglich* (bezüglich $\mathfrak{A}$), wenn $\neg A$ *nicht* aus $\mathfrak{A}$ ableitbar ist. Wir definieren also:

$$\Delta_{\mathfrak{A}} A \leftrightharpoons \mathfrak{A} \vdash A \tag{11.3}$$

$$\nabla_{\mathfrak{A}} A \leftrightharpoons \mathfrak{A} \nvdash \neg A. \tag{11.4}$$

Wollen wir über die so definierten (relativen) Modi $\Delta_{\mathfrak{A}}, \nabla_{\mathfrak{A}}$ etwas beweisen, z.B. den schon erwähnten Satz

$$\Delta_{\mathfrak{A}} A \barwedge \Delta_{\mathfrak{A}} B \Rightarrow \Delta_{\mathfrak{A}} A \wedge B,$$

so ist es nicht erforderlich, die ganze erkenntnistheoretische Vorgeschichte der Modi zu kennen. Unabhängig von den bisherigen Betrachtungen können wir von irgendeinem Kalkül $K$ und einer endlichen Klasse $\mathfrak{A}$ von Formeln dieses Kalküls ausgehen. Wir erweitern den Kalkül durch Hinzunahme von $\to, \wedge, \vee, \bigwedge_x, \bigvee_x, \neg$ und definieren für die zusammengesetzten Formeln $A, B, \ldots$ die Modi $\Delta_{\mathfrak{A}}$ und $\nabla_{\mathfrak{A}}$ wieder durch (11.3) und (11.4).

An Stelle von $\mathfrak{A}$ können wir dabei auch die Konjunktion $A_1 \wedge \cdots \wedge A_n$ der endlich vielen Formeln $A_1, \ldots, A_n$, aus denen $\mathfrak{A}$ besteht, setzen. Etwas allgemeiner als (11.3) und (11.4) definieren wir daher für eine (beliebig zusammengesetzte) Aussage $C$:

$$\Delta_C A \leftrightharpoons C \vdash A, \tag{11.5}$$

$$\nabla_C A \leftrightharpoons C \nvdash \neg A. \tag{11.6}$$

Von $C$ fordern wir nur, daß es zwei Bedingungen erfüllt: es soll keine freien Objektvariablen enthalten und es soll keine $\lambda$-Aussage sein.

Die Ableitbarkeit der „Metaaussagen" $A \vdash B$ ist durch die Quantoren-logik definiert, d.h. durch folgende Regeln:

$$(1) \qquad A \vdash \Upsilon$$

$$(2) \qquad \lambda \vdash B$$

$$(3) \qquad A \vdash A$$

$$(4) \quad A_1 \vdash A_2 \,\overline{\wedge}\, A_2 \vdash A_3 \Rightarrow A_1 \vdash A_3$$

$$(5) \quad A_1 \wedge A_2 \vdash B \Leftrightarrow A_1 \vdash A_2 \to B$$

$$(6) \quad A \vdash B_1 \,\overline{\wedge}\, A \vdash B_2 \Leftrightarrow A \vdash B_1 \wedge B_2$$

$$(7) \quad A_1 \vdash B \,\overline{\wedge}\, A_2 \vdash B \Leftrightarrow A_1 \vee A_2 \vdash B$$

$$(8) \qquad A \vdash \textstyle\bigwedge_x B(x) \Rightarrow \overline{\bigwedge}_x A \vdash B(x)$$

$$(9) \qquad \textstyle\bigvee_x A(x) \vdash B \Rightarrow \overline{\bigwedge}_x A(x) \vdash B$$

$$(10) \qquad A \vdash \neg B \Leftrightarrow A \wedge B \vdash \lambda.$$

Für diesen „Metakalkül" benutzen wir als logische Partikeln $\Rightarrow$, $\overline{\wedge}$, $\underline{\vee}$, $\overline{\bigwedge}_x$, $\underline{\bigvee}_x$, $\overline{\overline{\phantom{\neg}}}\!\neg$. Wir fügen $\Upsilon$ (verum) und $\lambda$ (falsum) zu den Metaaussagen hinzu und definieren die Negation $\overline{\neg}\,\mathsf{A}$ einer Metaaussage $\mathsf{A}$ durch $\mathsf{A} \Rightarrow \lambda$.

$A \not\vdash B$ ist dann als Abkürzung von $\overline{\neg}\,A \vdash B$ aufzufassen.

Der Übergang von der effektiven Quantorenlogik zur fiktiven kann nun an zwei Stellen vollzogen werden. Es kann zu (1) bis (10) hinzu-genommen werden:

$$\Upsilon \vdash A \vee \neg A,$$

andererseits kann auch noch

$$\mathsf{A} \,\underline{\vee}\, \overline{\neg}\,\mathsf{A}$$

hinzugenommen werden.

Wir betrachten aber zunächst die effektive Modallogik, d.h. die Sätze, die sich ohne Benutzung des tertium non datur ergeben. Statt $\Delta_C$ und $V_C$ schreiben wir kürzer $\Delta$ und $V$. In Formeln wie $\Delta . A \wedge B$. lassen wir dabei die Punkte weg, da ja $(\Delta A) \wedge B$ sinnlos wäre.

*Satz 11.1.*

$$(11) \qquad \overline{\neg}\, \Delta \lambda$$

$$(12) \quad A \vdash B \,\overline{\wedge}\, \Delta A \to \Delta B$$

$$(13) \qquad \Delta A \,\overline{\wedge}\, \Delta B \Rightarrow \Delta A \wedge B$$

$$(14) \qquad \Delta \Upsilon$$

$$(15) \qquad V A \Leftrightarrow \overline{\neg}\, \Delta \neg A.$$

Beweis. (11) ist äquivalent mit der Bedingung, daß $C$ keine $\lambda$-Aussage ist, d.h. $C \not\vdash \lambda$. (12) und (13) ergeben sich unmittelbar durch Ersetzung von $\Delta$ durch $C \vdash$. Für den Beweis von (14) ist die Bedingung erforderlich, daß $x$ nicht frei in $C$ vorkommt. (16) zeigt, daß $V$ mit

Hilfe von $\Delta$ definierbar ist. Effektiv ist dagegen $\Delta$ nicht durch $V$ definierbar.

Ohne auf die Definitionen (11.5), (11.6) zurückzugehen, können wir jetzt den durch (1) bis (15) konstituierten Kalkül betrachten. Es ist sinnvoll, diesen Kalkül als *Modalkalkül* zu bezeichnen, da die Operatoren $\Delta, V$ durch ihn charakterisiert sind. Für endliche Konjunktionen $\mathfrak{A} \equiv A_1 \wedge \cdots \wedge A_n$ gewinnt man nämlich aus (12) und (13)

$$\mathfrak{A} \vdash B \overline{\wedge} \overline{\wedge}_\nu \Delta A_\nu \Rightarrow \Delta B. \tag{11.7}$$

Betrachtet man (in einem etwas erweiterten Sinne) die unendliche Konjunktion $\mathfrak{A}$ aller Aussagen $A$, für die $\Delta A$ ableitbar ist [wegen (14) gibt es solche], so erhält man aus (11.7) sofort

$$\Delta B \Leftrightarrow \mathfrak{A} \vdash B.$$

(11) liefert die Bedingung $\mathfrak{A} \not\vdash \lambda$, und aus (15) folgt

$$V B \Leftrightarrow \mathfrak{A} \not\vdash \neg B.$$

Aus diesem Grunde können wir uns auf den Kalkül (1) bis (15) beschränken an Stelle von (1) bis (10) mit den Definitionen (11.5) und (11.6).

*Satz 11.2.*

$$A \vdash B \Rightarrow \Delta A \to B \tag{11.8}$$

$$\Delta A \wedge B \Leftrightarrow \Delta A \overline{\wedge} \Delta B \tag{11.9}$$

$$\Delta \wedge_x A(x) \Rightarrow \overline{\wedge}_x \Delta A(x) \tag{11.10}$$

$$\Delta A \to B \overline{\wedge} \Delta A \Rightarrow \Delta B \tag{11.11}$$

$$\Delta A \to B \overline{\wedge} V A \Rightarrow V B \tag{11.12}$$

$$V A \underline{\vee} V B \Rightarrow V A \vee B \tag{11.13}$$

$$\underline{\vee}_x V A(x) \Rightarrow V \vee_x A(x). \tag{11.14}$$

Beweis. (11.8) bis (11.11) ergeben sich unmittelbar aus (12)—(13). Für (11.12) hat man

$$A \to B \vdash \neg B \to \neg A$$

zu beachten, so daß (12) und (11.11) liefert:

$$\Delta A \to B \overline{\wedge} \Delta \neg B \Rightarrow \Delta \neg A.$$

Wegen $\Gamma \overline{\wedge} A \Rightarrow B \Rightarrow \Gamma \overline{\wedge} \overline{\phantom{-}} B \Rightarrow \overline{\phantom{-}} A$ entsteht (11.12).

Mit Hilfe von (11.12) und (11.8) folgen dann (11.13) und (11.14).

Effektiv ist die Umkehrung von (11.13) nicht beweisbar.

Von besonderem Interesse sind die Beziehungen zwischen den Modaloperatoren $\Delta, V$ und den aus ihnen durch Anwendung der Negationen entstehenden Operatoren. Zur Abkürzung schreiben wir im folgenden

$$\bar{\Delta} A \leftrightharpoons \neg \Delta A$$

$$\bar{\bar{\Delta}} A \leftrightharpoons \neg \neg \Delta A$$

$$'A \leftrightharpoons \neg A$$

$$''A \leftrightharpoons \neg \neg A.$$

Wir erhalten so aus $\Delta$ neun Operatoren $\Delta, \Delta', \Delta''$; $\bar{\Delta}, \bar{\Delta}', \bar{\Delta}''$; $\bar{\bar{\Delta}}, \bar{\bar{\Delta}}', \bar{\bar{\Delta}}''$. Von den entsprechend aus $V$ gebildeten Operatoren brauchen nur vier betrachtet zu werden: $V, V'$; $\bar{V}, \bar{V}'$, da auf Grund von $V = \bar{\Delta}'$ gilt: $V'' = V$, $\bar{\bar{V}} = V$. Hierbei ist für zwei solche Operatoren $\Phi_1, \Phi_2$ gesetzt: $\Phi_1 = \Phi_2$, wenn für alle Aussagen $A$ gilt: $\Phi_1 A \Leftrightarrow \Phi_2 A$.

Gilt $\Phi_1 A \Rightarrow \Phi_2 A$ für alle Aussagen $A$, dann schreiben wir $\Phi_1 \leq \Phi_2$.

Die Implikationen zwischen den $9 + 4$ modalen Operatoren lassen sich in zwei Figuren darstellen:

$$
\begin{array}{ccc}
& & \bar{\Delta} \\
& & | \\
\bar{\Delta}' = V & & V' = \bar{\Delta}'' \\
| & & | \\
\bar{\bar{\Delta}}'' = \bar{V}' & & \bar{V} = \bar{\bar{\Delta}}' \\
\diagup \diagdown & & | \\
\Delta'' \quad \bar{\bar{\Delta}} & & \Delta' \\
\diagdown \diagup & & \\
\Delta & &
\end{array}
$$

in denen jeder Modus jeden höherliegenden impliziert. Auf Grund von $A \vdash ''A$ gilt trivialerweise

$$\Delta \leq \Delta'', \quad \bar{\Delta}'' \leq \bar{\Delta}, \quad \bar{\bar{\Delta}} \leq \bar{\bar{\Delta}}''.$$

Wegen $A \to \bar{\bar{A}}$ gilt ferner

$$\Delta \leq \bar{\bar{\Delta}}, \quad \Delta' \leq \bar{\bar{\Delta}}', \quad \Delta'' \leq \bar{\bar{\Delta}}''.$$

Danach bleiben von den dargestellten Implikationen nur noch $\bar{\bar{\Delta}}'' \leq \bar{\Delta}'$ (d.h. $\bar{V}' \leq V$) und $\bar{\Delta}' \leq \bar{\Delta}''$ (d.h. $\bar{V} \leq V'$) zu beweisen. Es genügt aber wegen $\Phi_1 \leq \Phi_2 \Rightarrow \Phi_1' \leq \Phi_2'$ und $\Phi' = \Phi'''$, eine von ihnen zu beweisen. Wir wählen $\bar{\bar{\Delta}}'' \leq \bar{\Delta}'$. Wegen $\Phi_1 \leq \Phi_2 \Rightarrow \bar{\Phi}_2 \leq \bar{\Phi}_1$ folgt diese aus

$$\Delta' \leq \bar{\Delta}'',$$

und die letztere folgt aus $\varDelta \leq \bar{\varDelta}'$, d. h. $\varDelta \leq \nabla$. Es ist also $\varDelta A \Rightarrow \overline{\phantom{i}} \varDelta \neg A$ zu beweisen. Nach (11) bis (13) gilt aber

$$\varDelta A \barwedge \varDelta \neg A \Rightarrow \varDelta A \wedge \neg A \Rightarrow \varDelta \wedge \Rightarrow \lambda.$$

Diese neun Modi reduzieren sich auf sechs, wenn wir zunächst in der „Metalogik" das tertium non datur $A \underline{\vee} \overline{\phantom{i}} A$ hinzunehmen. Die Implikationen werden dann dargestellt durch:

$$
\begin{array}{cc}
 & \bar{\varDelta} \\
 & | \\
\bar{\varDelta}' = \nabla \qquad & \nabla' = \bar{\varDelta}'' \\
| & | \\
\varDelta'' = \bar{\nabla}' \qquad & \nabla = \varDelta' \\
| & \\
\varDelta & 
\end{array}
$$

Schon jetzt läßt sich (11.13) umkehren:

$$\nabla A \vee B \Leftrightarrow \nabla A \underline{\vee} \nabla B \qquad\qquad (11.15)$$

Der Beweis ergibt sich durch Kontraposition aus

$$
\begin{aligned}
\overline{\phantom{i}} \,.\, \nabla A \underline{\vee} \nabla B \,.\, &\Rightarrow \bar{\nabla} A \barwedge \bar{\nabla} B \\
&\Rightarrow \varDelta' A \barwedge \varDelta' B \\
&\Rightarrow \varDelta \neg A \wedge \neg B \\
&\Rightarrow \varDelta \neg \,.\, A \vee B \,.\\
&\Rightarrow \overline{\phantom{i}} \nabla A \vee B \,.
\end{aligned}
$$

Die Reduktion der Modi auf die „klassischen" vier Modi:

$$
\begin{array}{cc}
\bar{\varDelta}' = \nabla \qquad & \nabla' = \bar{\varDelta} \\
| & | \\
\varDelta = \bar{\nabla}' \qquad & \bar{\nabla} = \varDelta'
\end{array}
$$

ergibt sich, wenn auch in der „Objektlogik" das tertium non datur hinzugefügt wird:

$$\Upsilon \vdash A \vee \neg A.$$

Erst dadurch wird $\varDelta$ durch $\nabla$ definierbar.

In gewissen Fällen reduzieren sich die Modi sogar auf zwei. Zur Erläuterung gehen wir zu den Betrachtungen über sprachliche Urteile $S_1, \ldots, S_k \, \eta \, P$ zurück, mit denen wir die Fragestellung der Modallogik motiviert haben. Wir nehmen den Fall, daß wir es nur mit endlich vielen Subjekten $S_1, \ldots, S_m$ und endlich vielen Prädikaten $P_1, \ldots, P_n$

zu tun haben. Ist $P_\nu$ ein $k_\nu$-stelliges Prädikat, so gibt es $m^{k_\nu}$ Paare von Aussagen der Form $S_{\mu_1}, \ldots, S_{\mu_{k_\nu}} \eta P_\nu$. Bei ausreichender Sachkenntnis wären wir in der Lage, für jede dieser Aussagen zwischen $\varepsilon$ und $\bar\varepsilon$ als Kopula zu entscheiden. Stellen wir uns vor, wir hätten von jedem Paar genau eine Aussage (sachgemäß) ausgewählt! Die Konjunktion dieser $m^{k_\nu}$ Aussagen sei $C_\nu$. Wir setzen dann $C_0 \rightleftharpoons C_1 \wedge \cdots \wedge C_n$ und betrachten die Modi relativ zu $C_0$.

Für jede primitive Aussage $A$ der Form $S_1, \ldots, S_k \eta P$ ist auf Grund von (11.1), (11.2) — nicht auf Grund der Quantorenlogik! —

$$\neg A \leftrightarrow S_1, \ldots, S_k \bar\eta\, P \qquad (\text{mit } \bar{\bar\varepsilon} \leftrightharpoons \varepsilon),$$

und nach Definition von $C_0$ gilt

$$C_0 \vdash A \:\underline{\vee}\: C_0 \vdash \neg A, \qquad (11.16)$$

d.h.

$$\Delta_{C_0} A \:\underline{\vee}\: \Delta_{C_0} \neg A. \qquad (11.17)$$

Da die primitiven Aussagen keine Objektvariablen enthalten, sind nur die Zusammensetzungen mit $\rightarrow$, $\wedge$, $\vee$, $\neg$ sinnvoll. Für alle so zusammengesetzten Aussagen $A$ gilt dann aber (11.17) ebenfalls — und zwar vermöge $C_0 \vdash \neg A \Leftrightarrow C_0 \wedge A \vdash \curlywedge$ allein auf Grund der effektiven Junktorenlogik. Aus (11.17) folgt

$$\nabla_{C_0} A \Rightarrow \Delta_{C_0} A,$$

Relativ zu $C_0$ gibt es daher in der obigen Bezeichnungsweise nur zwei Modi:

$$\Delta = \nabla \quad \text{und} \quad \Delta' = \nabla' = \bar\Delta = \bar\nabla.$$

Diese Betrachtung führt uns dazu, für einen beliebigen Kalkül, in dessen Formeln jetzt auch wieder Objektvariable vorkommen mögen, Aussagen $C_0$ zu betrachten, die der bisherigen Bedingung:

$$C_0 \nvdash \curlywedge$$

und außerdem:

$$C_0 \vdash A \:\underline{\vee}\: C_0 \vdash \neg A \qquad (\text{für alle Aussagen } A)$$

genügen. Wir wollen solche Aussagen „vollkommen" nennen.

Bezüglich einer vollkommenen Aussage fallen die relativen Modi „notwendig" und „möglich" zusammen. Es ist daher eine neue Bezeichnung angemessen. Wir definieren:

$$\chi_{C_0} A \leftrightharpoons C_0 \vdash A \qquad (11.18)$$

und nennen die Aussagen $A$ mit $\not\chi_{C_0} A$ *wirklich* (genauer: wirklich wahr) bezüglich $C_0$.

Statt $\not\chi_{C_0}$ schreiben wir wieder kürzer $\not\chi$. Für $\not\chi$ gilt dann

*Satz 11.3.*

(16) $A \vdash B \,\overline{\wedge}\, \not\chi A \Rightarrow \not\chi B$

(17) $\quad \not\chi A \,\overline{\wedge}\, \not\chi B \Rightarrow \not\chi A \wedge B$

(18) $\qquad\qquad \rightrightarrows \not\chi \curlywedge$

(19) $\qquad\qquad \not\chi A \,\underline{\vee}\, \not\chi \neg A.$

Die bisher über $\varDelta$ und $\nabla$ bewiesenen Sätze ergeben Sätze über $\not\chi$, wenn beide Symbole $\varDelta$ und $\nabla$ durch $\not\chi$ ersetzt werden. Speziell gilt also

$$\left.\begin{array}{l} \not\chi A \wedge B \;\Leftrightarrow \not\chi A \,\overline{\wedge}\, \not\chi B \\[4pt] \not\chi A \vee B \;\Leftrightarrow \not\chi A \,\underline{\vee}\, \not\chi B \end{array}\right\} \qquad (11.19)$$

Es gilt darüber hinaus

$$\left.\begin{array}{l} \not\chi A \to B \,\dot\Leftrightarrow\, \not\chi A \Rightarrow \not\chi B \\[4pt] \not\chi \neg A \Leftrightarrow \rightrightarrows \not\chi A. \end{array}\right\} \qquad (11.20)$$

Hiervon ist wegen (11.11) nur die Behauptung mit $\dot\Leftarrow$ zu beweisen:

$$\not\chi A \Rightarrow \not\chi B \dot\Rightarrow \not\chi \neg A \,\underline{\vee}\, \not\chi B$$

$$\dot\Rightarrow \not\chi A \to B$$

wegen

$$\neg A \vdash A \to B \quad \text{und} \quad B \vdash A \to B.$$

Die Regeln des Modalkalküls (1) bis (19) gelten für Aussagen $C$ und $C_0$, von denen $C_0$ vollkommen sein muß. Wir haben bisher aber nicht gefordert, daß irgendeine weitere Beziehung zwischen ihnen besteht. Es könnte also insbesondere $C_0 \vdash \neg C$ gelten. In der umgangssprachlichen Interpretation bedeutet $C_0$ die „Wirklichkeit", $C$ unser „Wissen". Wir beziehen unsere Aussagen auf $C$, da wir $C_0$ nicht kennen. Hiernach ist eine selbstverständliche Forderung, daß das, was wir zu „wissen" meinen, auch „wirklich" sei, d.h. an $C$ ist die Forderung

$$C_0 \vdash C \qquad (11.21)$$

zu stellen. Mit (11.21) ergibt sich sofort

*Satz 11.4.*

(20) $\varDelta A \Rightarrow \not\chi A$

$$\qquad \not\chi A \Rightarrow \nabla A. \qquad (11.22)$$

Der so erhaltene Modalkalkül (1) bis (10), (12) bis (20) [das Axiom (11) ist jetzt überflüssig] unterscheidet sich nur unwesentlich von den Kalkülen, die von LEWIS-LANGFORD 1932, BECKER 1952 u. a. aufgestellt sind, z. B. wird dort allerdings $\chi A$ mit $A$ identifiziert. Diese Identifizierung ist hier nur bei Ausschluß der Quantoren begründet.

Für die durchgeführte Interpretation der Modalitäten gibt ersichtlich die viel diskutierte Iteration der Modi, z. B. „$A$ ist notwendigerweise möglich", zunächst keinen Sinn. Die iterierten Modi bedürften einer neuen Interpretation. Da jedoch für die Mathematik kein Anlaß zu dieser Ausweitung der Modallogik vorliegt, gehen wir hier nicht mehr darauf ein.

Es sei jedoch noch kurz der Zusammenhang der Modallogik mit der Wahrscheinlichkeitstheorie dargestellt. Zur Definition der Wahrscheinlichkeit wird uns dabei die klassische Definition:

$$\text{Wahrscheinlichkeit} = \frac{\text{Anzahl der günstigen Fälle}}{\text{Anzahl der möglichen Fälle}}$$

genügen, der meines Erachtens zu Unrecht vorgeworfen wird, zirkelhaft zu sein. Es wird sich darum handeln, die klassische Definition sinngemäß zu interpretieren. Nimmt man einen realen Würfel $S^0$ und fragt nach der Wahrscheinlichkeit, damit eine „Eins" zu würfeln, so braucht man sich nicht zu wundern, daß die klassische Definition auf diese Frage keine Antwort geben kann.

Verständigt man sich aber zunächst darüber, daß unter „Würfeln" eine Handlung zu verstehen sei, die dem Würfel $S^0$ genau eines von sechs Prädikaten $P_1, \ldots, P_6$ zuschreiben wird, so betrachtet man also eine „Sprache" $\mathfrak{S}$ mit dem Subjekt $S^0$ und den Prädikaten $P_1, \ldots, P_6$. Die 16 Aussagen

$$S^0\, \varepsilon\, P_1 \vee S^0\, \varepsilon\, P_2 \vee \cdots \vee S^0\, \varepsilon\, P_6$$
$$S^0\, \bar{\varepsilon}\, P_1 \vee S^0\, \bar{\varepsilon}\, P_2$$
$$S^0\, \bar{\varepsilon}\, P_1 \vee S^0\, \bar{\varepsilon}\, P_3$$
$$\vdots$$
$$S^0\, \bar{\varepsilon}\, P_5 \vee S^0\, \bar{\varepsilon}\, P_6$$

werden als „notwendig" gefordert. Ist $C$ die Konjunktion dieser Aussagen, so ist z. B. $S^0\, \varepsilon\, P_1$ „möglich" bezüglich $C$, also $V_C\, S^0\, \varepsilon\, P_1$.

Wir fragen nun nach der „Wahrscheinlichkeit" von $S^0\, \varepsilon\, P_1$ bezüglich $C$. Hierauf gibt uns die klassische Definition in der Tat eine Antwort, wenn wir noch festlegen, was mit den „Fällen", von denen dort die Rede ist, gemeint sein soll.

Bei endlich vielen Subjekten und Prädikaten haben wir schon bei der Einführung von $\chi$ gesehen, wie man vollkommene Aussagen erhalten kann: nämlich durch Konjunktion von primitiven Aussagen, hier $S^0 \eta P_\nu$ ($\nu = 1, \ldots, 6$), wobei für jedes $\nu$ genau eine der Kopula $\varepsilon$ und $\bar{\varepsilon}$ zu wählen ist. Es gibt $2^6$ solche „vollkommenen Konjunktionen" $C_0$. (CARNAP 1950 nennt sie „state-descriptions".) Wir nehmen diese vollkommenen Konjunktionen als „Fälle". Logisch äquivalente Konjunktionen gelten als *ein* Fall. „$C_0$ ist ein möglicher Fall" interpretieren wir selbstverständlich als „$C_0$ ist möglich bezüglich $C$", d.h. $\nabla_C C_0$. Dies ist äquivalent mit $C \nvdash \neg C_0$, d. h. $C_0 \nvdash \neg C$, also auch mit $C_0 \vdash C$, d.h. $\chi_{C_0} C$. Wie leicht zu sehen ist, gibt es nur sechs mögliche Fälle bezüglich $C$. „$C_0$ ist ein günstiger Fall (für eine Aussage $A$, z. B. $S^0 \varepsilon P_1$)" interpretieren wir als $\chi_{C_0} C \bar{\wedge} \chi_{C_0} A$. Für $S^0 \varepsilon P_1$ ist nur einer der möglichen Fälle „günstig".

Mit $C_0$ als Variable für die vollkommenen Konjunktionen einer endlichen Sprache $\mathfrak{S}$ und mit $\nu_{C_0} A (C_0)$ als Bezeichnung für die Anzahl der $C_0$, für die $A (C_0)$ gilt, interpretieren wir die klassische Wahrscheinlichkeitsdefinition also durch:

$$w_C A \rightleftharpoons \frac{\nu_{C_0} \Diamond_{C_0} C \wedge A}{\nu_{C_0} \Diamond_{C_0} C} . \tag{11.23}$$

Sie liefert für den „idealen" Würfel

$$w_C S^0 \varepsilon P_1 = \tfrac{1}{6} .$$

Ersichtlich enthält diese Definition der relativen Wahrscheinlichkeit keinen Zirkel. Ebenso ist aber auch ersichtlich, daß sie gar nichts über die *Häufigkeit* der „Eins" beim Würfeln mit einem realen Würfel $S^0$ aussagt. Daß wir Versuchsreihen durchführen können, bei denen die relative Häufigkeit sehr gut 1/6 approximiert, wird durch die Definition keineswegs erklärt. Aber solche Fragen, ob etwas für reale Vorgänge zu „erklären" sei, insbesondere wie, gehören nicht zur Mathematik, sondern zur Physik. Als Grundlage der mathematischen Wahrscheinlichkeitstheorie genügt die Definition (11.23); auf ihr ist sie ja auch — zwar nicht explizit — historisch entwickelt worden.

Die seit KOLMOGOROFF üblichen „Axiome" der Wahrscheinlichkeitstheorie lassen sich auf Grund der Definition leicht beweisen.

$$0 \leq w_C A \leq 1 \tag{11.24}$$

folgt aus

$$\chi C \wedge A \Rightarrow \chi C ;$$

$$\overline{\nabla}_C A \wedge B \Rightarrow w_C A \vee B = w_C A + w_C B \tag{11.25}$$

folgt aus

$$\lambda C \lambda A \vee B \Rightarrow \lambda C \wedge A \underline{\vee} \lambda C \wedge B$$

und

$$\lambda C \wedge A \overline{\lambda} \lambda C \wedge B \Rightarrow \lambda C \wedge A \wedge B \Rightarrow \lambda \lambda \Rightarrow \overline{\lambda}$$

wegen

$$C \wedge A \wedge B \vdash \lambda.$$

Der Zusammenhang zwischen der Wahrscheinlichkeit und den Modi wird geliefert durch

$$\Delta_C A \Leftrightarrow w_C A = 1 \tag{11.26}$$

$$V_C A \Leftrightarrow w_C A > 0. \tag{11.27}$$

Da auf Grund von (11.25) gilt:

$$w_C \neg A = 1 - w_C A,$$

genügt es, eine dieser Äquivalenzen zu beweisen. Wir wählen die erste. $w_C A = 1$ ist äquivalent mit $v_{C_0} \lambda_{C_0} C \wedge A = v_{C_0} \lambda_{C_0} C$, d.h. mit $\lambda_{C_0} C \Rightarrow \lambda_{C_0} C \wedge A$ (vgl. hierzu § 14). Aus $\Delta_C A$, d. h. $C \vdash A$, folgt $C \vdash C \wedge A$, also gilt dann

$$\lambda_{C_0} C \Rightarrow \lambda_{C_0} C \wedge A.$$

Für die Umkehrung ist aus $C_0 \vdash C \Rightarrow C_0 \vdash C \wedge A$ für alle $C_0$ auf $C \vdash C \wedge A$ zu schließen. Nach (11.20) folgt zunächst $C_0 \vdash C \rightarrow C \wedge A$. Es fehlt uns daher nur der

*Satz 11.5. Gilt $C_0 \vdash B$ für alle vollkommenen Konjunktionen $C_0$, dann gilt*

$$\Upsilon \vdash B.$$

Beweis. Es seien $A_1, \dots, A_n$ die positiven primitiven Aussagen $S_1, \dots, S_k \, \varepsilon \, P$ und $C_0^1, \dots, C_0^N$ alle vollkommenen Konjunktionen. Es ist $N = 2^n$. Wir haben für die Disjunktion

$$D_n \rightleftharpoons C_0^1 \vee \cdots \vee C_0^N$$

nur $\Upsilon \vdash D_n$ zu zeigen, da ja aus der Voraussetzung von Satz 11.5 folgt: $D_n \vdash B$. Für $n = 1$ ist $D_1 \leftrightarrow A_1 \vee \overline{A}_1$, also gilt $\Upsilon \vdash D_1$ nach (11.1). Wir führen den Beweis jetzt durch Induktion. Sind $A_1, \dots, A_{n+1}$ die positiven primitiven Aussagen, dann sind

$$C_0^1 \wedge A_{n+1}, \dots, C_0^N \wedge A_{n+1}$$
$$C_0^1 \wedge \neg A_{n+1}, \dots, C_0^N \wedge \neg A_{n+1}$$

die $2N = 2^{n+1}$ vollkommenen Konjunktionen. $D_{n+1}$ ist auf Grund der Distributivität eine Konjunktion von Disjunktionen der Form $B_1 \vee \cdots \vee B_N \vee B_1' \vee \cdots \vee B_N'$, wobei $B_\nu$ in $C_0^\nu$ vorkommt oder $\equiv A_{n+1}$ ist, und $B_\nu'$

in $C_0^\nu$ vorkommt oder $\equiv \neg A_{n+1}$ ist. Kommen alle $B_\nu$ $(\nu = 1, \ldots, N)$ in $C_0^\nu$ vor, dann ist $B_1 \vee \cdots \vee B_N$ eine Disjunktion, die als Konjunktionsglied schon in $D_n$ auftritt, also gilt nach Induktionsvoraussetzung $\Upsilon \vdash B_1 \vee \cdots \vee B_N$. Ebenso gilt $\Upsilon \vdash B_1' \vee \cdots \vee B_N'$, wenn alle $B_\nu'$ in $C_0^\nu$ vorkommen. Es bleibt noch der Fall, daß $B_\nu \equiv A_{n+1}$ für ein $\nu$ und $B_{\nu'}' \equiv \neg A_{n+1}$ für ein $\nu'$, dann ist aber $\Upsilon \vdash B_\nu \vee B_{\nu'}'$ trivial. In jedem Falle gilt also

$$\Upsilon \vdash B_1 \vee \cdots \vee B_N \vee B_1' \vee \cdots \vee B_N'.$$

Äquivalente Formulierungen von (11.26) und (11.27) ohne Benutzung der Wahrscheinlichkeit sind:

$$\Delta_C A \Leftrightarrow \overline{\Lambda}_{C_0} \cdot \chi_{C_0} C \Rightarrow \chi_{C_0} A. \qquad (11.28)$$

$$\nabla_C A \Leftrightarrow \underline{\vee}_{C_0} \cdot \chi_{C_0} C \;\overline{\wedge}\; \chi_{C_0} A.. \qquad (11.29)$$

Diese zeigen eine enge Beziehung der Modi zu den Quantoren. Schreiben wir

$$\Delta_C A \Leftrightarrow \overline{\Lambda}_{C_0 \atop \chi_{c_0} C} \chi_{C_0} A$$

$$\nabla_C A \Leftrightarrow \underline{\vee}_{C_0 \atop \chi_{c_0} C} \chi_{C_0} A,$$

so erklärt sich die eingangs dieses Paragraphen erwähnte Analogie

$$\text{von } \Delta A \text{ mit } \wedge_x A(x) \text{ (allemal gilt } A)$$

und

$$\text{von } \nabla A \text{ mit } \vee_x A(x) \text{ (manchmal gilt } A).$$

An (11.28) sei noch eine Bemerkung angeknüpft. Die Äquivalenz:

$$A \vdash B \Leftrightarrow \textit{für alle vollkommenen Konjunktionen } C_0\colon \chi_{C_0} A \to B \qquad (11.30)$$

wird in den „semantischen" Untersuchungen zur Logik (vgl. Carnap 1954) als *Definition* der logischen Implikation benutzt. Für primitives $A$ heißt $\chi_{C_0} A$ gültig, wenn $A$ in $C_0$ vorkommt, sonst $\equiv \chi_{C_0} A$. Die Gültigkeit von $\chi A$ für zusammengesetztes $A$ wird nach (11.19) und (11.20) auf metalogische Bedingungen zurückgeführt. Damit wird ein Beweis der logischen Regeln für die Objektsprache ermöglicht, der als Ausgangsbasis die logischen Regeln in einer nicht-symbolisierten Metasprache gebraucht. In unserem Aufbau der Logik kann dagegen (11.30) erst am Schluß als beweisbarer Satz auftreten, da das Ziel war, die logischen Regeln unabhängig von aller in den Umgangssprachen enthaltenen Logik zu begründen.

# Teil II

# Konkrete Mathematik.

### Kapitel 4.

## Arithmetik.

### § 12. Systeme und endliche Mengen.

An einigen Stellen von Teil I haben wir schon gelegentlich von Zahlen Gebrauch gemacht. Allerdings — abgesehen von § 11, dessen Resultate im folgenden nicht mehr verwendet werden — nur in der Form, daß von der Anzahl von gewissen Objekten (Figuren) die Rede war, die irgendwo auftraten, z.B. die Anzahl der Figuren $f$, die in einem Term vorkamen. Dieser Gebrauch der Zahlen hätte sich — soweit die Resultate hier verwendet werden — mit einiger Mühe vermeiden lassen, so daß kein Zirkel vorliegt, wenn wir erst jetzt methodisch den Anzahlbegriff einführen.

Wir beschränken uns auf den Fall, daß die Objekte, die gezählt werden sollen, Figuren sind. Hat man etwa Personen in einem Raum zu zählen, so kommt man auf diesen Fall zurück, wenn man eine Liste der Namen dieser Personen herstellt: man hat anschließend nur die Namen zu zählen.

Um uns das Zählen weiter zu erleichtern, nehmen wir an, daß die zu zählenden Figuren — etwa lauter Aussagen eines Kalküls — hintereinander aufgeschrieben sind: $x, y, \ldots$. Hier fügen wir zwischen je zwei Aussagen ein Komma ein, um die Aussagen voneinander zu trennen. Vorausgesetzt ist dabei selbstverständlich, daß „ ‚ " nicht unter den Atomen des Kalküls, dessen Aussagen wir betrachten, vorkommt.

Mit $x$ und $y$ als Objektvariablen wird durch

$$x, y, \ldots$$

eine Figur angedeutet, die durch Hintereinanderschreiben von endlich vielen Objekten — jeweils durch ein Komma getrennt — entsteht. Diese Figuren wollen wir *Systeme* nennen. Durch die Punkte ... wird dabei angedeutet, daß noch endlich viele weitere Objekte folgen. Was bedeutet hier aber „endlich viele"? In dieser Frage liegt nur scheinbar eine Schwierigkeit. Daß ein System aus endlich vielen Objekten besteht, bedeutet nichts anderes als dieses: ein System ist eine Figur, die in dem folgenden Kalkül:

$$
\begin{array}{ll}
(A_1) & x \\
(R_1) & \mathfrak{x} \to \mathfrak{x}, x
\end{array}
\tag{12.1}
$$

Atome: ,

Objektvariable: $x$

Aussagenvariable: $\mathfrak{x}$

ableitbar ist. Wenn man eine Klasse von Objekten $x$ definiert hat, hat man damit auch Systeme dieser Objekte definiert. In Teil I haben wir von den Punkten ... schon Gebrauch gemacht, das wäre aber stets mit der obigen Definition vermeidbar gewesen.

Ehe wir uns der Frage zuwenden, wie denn nun ein System „gezählt" wird, bleiben wir zunächst bei den Systemen selbst. Zur Veranschaulichung werden wir jedoch Systeme auch schon z.B. durch $x_1, \ldots, x_n$ andeuten — obwohl uns diese Schreibweise eigentlich noch nicht zur Verfügung steht.

Wir nehmen an, daß für die Objekte eine (abstrakte) Gleichheit $=$ definiert ist, d.h. es gelte

$$
x = x \tag{12.2}
$$

$$
x = z \wedge y = z \to x = y. \tag{12.3}
$$

In Analogie zur Definition der Gleichheit von Figuren definieren wir für Systeme eine Relation $=$ induktiv durch:

$$
\mathfrak{x} = \mathfrak{y} \wedge x = y \to \mathfrak{x}, x = \mathfrak{y}, y. \tag{12.4}
$$

Durch Inversion entsteht

$$
\mathfrak{x}, x = \mathfrak{y}, y \to \mathfrak{x} = \mathfrak{y} \wedge x = y. \tag{12.5}
$$

Nach (12.4) ist ferner $\mathfrak{x}, x = y$ unableitbar. Denn es ist

$$
\mathfrak{x}_0, x_0 = y_0 \not\equiv \mathfrak{x}, x = \mathfrak{y}, y
$$

wegen $y_0 \not\equiv \mathfrak{y}, y$ (in $y_0$ kommt „ ," nicht vor). Ebenso ergibt sich die Unableitbarkeit von $x = \mathfrak{y}, y$. Für

$$
\mathfrak{x} \neq \mathfrak{y} \leftrightharpoons \neg \mathfrak{x} = \mathfrak{y} \tag{12.6}
$$

ergibt sich also

$$
\mathfrak{x}, x \neq y \tag{12.7}
$$

$$
x \neq \mathfrak{y}, y. \tag{12.8}
$$

Aus (12.5) erhalten wir durch Kontraposition noch

$$
\mathfrak{x} \neq \mathfrak{y} \to \mathfrak{x}, x \neq \mathfrak{y}, y \tag{12.9}
$$

$$
x \neq y \to \mathfrak{x}, x \neq \mathfrak{y}, y. \tag{12.10}
$$

Um zu beweisen, daß die Relation $=$ auch für Systeme eine Gleichheitsrelation ist, können wir jetzt genau so vorgehen wie beim Beweis von (9.19) und (9.20). Die dort benutzten Induktionsregeln stehen nämlich auch hier zur Verfügung. Da die Systeme als die im Kalkül (12.1) ableitbaren Figuren definiert sind, ist die Regel

$$\wedge_x A(x) \wedge \wedge_{\mathfrak{x},x} . A(\mathfrak{x}) \to A(\mathfrak{x}, x) . \to A(\mathfrak{x})$$

allgemeinzulässig. Diese Induktionsregel liefert wie in § 9 auch eine Induktionsregel für Formeln $A(\mathfrak{x}; \mathfrak{y})$ mit zwei freien Variablen. Diese letztere Induktionsregel gestattet dann den Beweis von

$$\left. \begin{array}{r} \mathfrak{x} = \mathfrak{x} \\ \mathfrak{x} = \mathfrak{z} \wedge \mathfrak{y} = \mathfrak{z} \to \mathfrak{x} = \mathfrak{y}. \end{array} \right\} \tag{12.11}$$

Der Zusammenfügung (Verkettung) von Figuren entsprechend haben wir für Systeme $\mathfrak{x}$ und $\mathfrak{y}$ die Bildung von $\mathfrak{x}, \mathfrak{y}$, die stets wieder zu einem System führt. Der Beweis hierfür ist so zu führen, daß die Zulässigkeit der Regel

$$\mathfrak{x} \wedge \mathfrak{y} \to \mathfrak{x}, \mathfrak{y}$$

für den Kalkül (12.1) bewiesen wird. Dies geschieht durch Induktion:

$$\mathfrak{x} \wedge y \to \mathfrak{x}, y \quad \text{folgt aus} \quad \mathfrak{x} \to \mathfrak{x}, y.$$

Um

$$\mathfrak{x} \wedge \mathfrak{y} \to \mathfrak{x}, \mathfrak{y} \overset{\bullet}{\to} \mathfrak{x} \wedge \mathfrak{y}, y \to \mathfrak{x}, \mathfrak{y}, y$$

zu zeigen, braucht man noch $\mathfrak{y}, y \to \mathfrak{y}$. Diese Regel folgt durch Inversion.

Die Operation, die aus $\mathfrak{x}$ und $\mathfrak{y}$ das System $\mathfrak{x}, \mathfrak{y}$ liefert, nennen wir *Addition*. Da wir für die Addition von Systemen kein eigenes Operationszeichen eingeführt haben — wir verwenden ja nur das Komma —, ist die Assoziativität nicht eigens aufzuführen: $\mathfrak{x}, \mathfrak{y}, \mathfrak{z}$ läßt nicht erkennen, ob $\mathfrak{x}, \mathfrak{y}$ oder $\mathfrak{y}, \mathfrak{z}$ zuerst gebildet wurde.

Auch

$$\mathfrak{x}_1 = \mathfrak{y}_1 \wedge \mathfrak{x}_2 = \mathfrak{y}_2 \to \mathfrak{x}_1, \mathfrak{x}_2 = \mathfrak{y}_1, \mathfrak{y}_2 \tag{12.12}$$

ist analog zu dem Satz (9.21) für Formeln zu beweisen.

Wir gehen jetzt aber über § 9 hinaus, indem wir gewisse „Funktionen" für die Systeme definieren. Als einfaches Beispiel einer Funktion behandeln wir die „Länge" der Systeme.

Wir definieren „Zahlen" als diejenigen Figuren, die nach dem folgenden Kalkül:

$$\left. \begin{array}{l} \mathord{|} \\ k \to k \mathord{|} \end{array} \quad (k \text{ Eigenvariable}) \right\} \tag{12.13}$$

ableitbar sind. Eine solche Zahl soll jetzt jedem System $\mathfrak{x}$ als Länge
zugeordnet werden. Es wäre dem Leser gewiß verständlich, wenn etwa
vereinbart würde, diese Länge mit $|\mathfrak{x}|$ zu bezeichnen und dabei $|\mathfrak{x}|$ zu
definieren durch

$$\left.\begin{array}{c} |x| = \mathsf{I} \\ |\mathfrak{x}| = k \to |\mathfrak{x}, x| = k\mathsf{I}. \end{array}\right\} \tag{12.14}$$

Ein solches Vorgehen bedarf jedoch genauer Rechtfertigung, denn hier
wird das Gleichheitszeichen $=$ in einem ganz anderen Sinne gebraucht
als bisher.

Nach § 9 (wir schrieben dort $\equiv$ statt $=$) sind zwei Zahlen $k$ und $l$
„gleich" zu nennen, wenn die Aussage $k = l$ in dem folgenden Kalkül

$$\left.\begin{array}{c} \mathsf{I} = \mathsf{I} \\ k = l \to k\mathsf{I} = l\mathsf{I} \end{array}\right\} \tag{12.15}$$

ableitbar ist. Diese Gleichheit ist in (12.14) aber nicht gemeint.

Wir könnten die in (12.14) intendierte Definition daher besser
wiedergeben mit Hilfe des $\leftrightharpoons$:

$$\left.\begin{array}{c} |x| \leftrightharpoons \mathsf{I} \\ |\mathfrak{x}| \leftrightharpoons k \to |\mathfrak{x}, x| \leftrightharpoons k\mathsf{I}. \end{array}\right\} \tag{12.16}$$

Woher wissen wir aber dann, daß jeder Term $|\mathfrak{x}|$ auch wirklich „für"
genau eine Zahl $k$ (bis auf Gleichheit) steht? Das wird in (12.16) stillschweigend vorausgesetzt. Mit (12.16) wäre zudem die „semantische"
Relation „$\leftrightharpoons$" Objekt unserer Betrachtung geworden. Wir kämen also
aus unseren bisherigen sog. „syntaktischen" Überlegungen in die
Semantik hinein. Das würde wohl nicht viel schaden, solange es uns
nicht dazu führte, irgendwann einmal auch Aussageformen wie $k \leftrightharpoons \cdots$
zu benutzen. Dann müßten wir nämlich erklären, „wofür" denn unsere
Zahlen stehen — und es ist nicht zu sehen, wie wir dann über so etwas
wie „$\mathsf{I}$ bedeutet die Bedeutung von $\mathsf{I}$" hinauskommen sollten. Das
Hineingleiten in die Semantik ist aber leicht gänzlich zu vermeiden.

An Stelle von $|\mathfrak{x}| = k$ in (12.14) definieren wir induktiv eine Aus-
sageform $\varrho(\mathfrak{x}; k)$ durch

$$\left.\begin{array}{c} \varrho(x; \mathsf{I}) \\ \varrho(\mathfrak{x}; k) \to \varrho(\mathfrak{x}, x; k\mathsf{I}). \end{array}\right\} \tag{12.17}$$

Wir beweisen

$$\varrho(\mathfrak{x}; l_1) \wedge \varrho(\mathfrak{x}; l_2) \to l_1 = l_2 \tag{12.18}$$

und können dann den Term $\iota_k \varrho(\mathfrak{x}; k)$ einführen. Anschließend ist die
Abkürzung $|\mathfrak{x}| \leftrightharpoons \iota_k \varrho(\mathfrak{x}; k)$ natürlich kein Problem mehr. Den Beweis
von (12.18) aus (12.17) führen wir als Spezialfall eines allgemeineren

Satzes. Wir fragen uns, wann (12.18) für eine Definition der Form

$$A(x, l) \to \varrho(x; l) \quad \Big\rbrace$$
$$\varrho(\mathfrak{x}; k) \wedge B(\mathfrak{x}, x; k, l) \to \varrho(\mathfrak{x}, x; l) \quad \Big\rbrace \qquad (12.19)$$

gilt, und erhalten als eine Antwort:

*Satz 12.1. Gilt*

$$A(x, l_1) \wedge A(x, l_2) \to l_1 = l_2$$

*und*

$$B(\mathfrak{x}, x; k, l_1) \wedge B(\mathfrak{x}, x; k, l_2) \to l_1 = l_2,$$

*dann gilt (12.18) für die durch (12.19) definierte Aussageform.*

Beweis. Wegen $\varrho(\mathfrak{x}, x; l_1) \equiv \varrho(y; l_2)$ liefert das Inversionsprinzip für (12.19) sofort:

$$\varrho(x; l) \leftrightarrow A(x, l)$$
$$\varrho(\mathfrak{x}, x; l) \leftrightarrow \bigvee_k \cdot \varrho(\mathfrak{x}; k) \wedge B(\mathfrak{x}, x; k, l)..$$

Aus den Prämissen unseres Satzes folgt daher zunächst

$$\varrho(x; l_1) \wedge \varrho(x; l_2) \to l_1 = l_2.$$

Wir benutzen Induktion nach $\mathfrak{x}$ und erhalten mit (12.18) als Induktionsannahme auch

$$\varrho(\mathfrak{x}, x; l_1) \wedge \varrho(\mathfrak{x}, x; l_2) \to l_1 = l_2.$$

Satz 12.1 legt es nahe, uns auf Definitionen (12.19) der Form

$$f(x) = l \to \varrho(x; l) \quad \Big\rbrace$$
$$\varrho(\mathfrak{x}; k) \wedge g(\mathfrak{x}, x; k) = l \to \varrho(\mathfrak{x}, x; l) \quad \Big\rbrace \qquad (12.20)$$

zu beschränken, worin $f(x)$ und $g(\mathfrak{x}, x; k)$ Terme sind. Für die durch (12.20) definierte „Relation" kann der Term $\iota_l \varrho(\mathfrak{x}; l)$ gebildet werden. Durch Induktion nach $\mathfrak{x}$ sieht man ferner, daß dieser Term existiert, wenn die Terme $f(x)$ und $g(\mathfrak{x}, x; k)$ existieren. Setzen wir $h(\mathfrak{x}) \leftrightharpoons \iota_l \varrho(\mathfrak{x}; l)$, so folgen aus (12.20) die Gleichungen

$$h(x) = f(x)$$
$$h(\mathfrak{x}, x) = g\big(\mathfrak{x}, x; h(\mathfrak{x})\big).$$

Wir bemerken noch, daß für jeden Term $h'(\mathfrak{x})$, der ebenfalls diese Gleichungen erfüllt, d. h. für den gilt

$$h'(x) = f(x)$$
$$h'(\mathfrak{x}, x) = g\big(\mathfrak{x}, x; h'(\mathfrak{x})\big),$$

durch Induktion nach $\mathfrak{x}$ sofort $h'(\mathfrak{x}) = h(\mathfrak{x})$ folgt. Damit erhalten wir insgesamt:

*Satz 12.2. Existieren die Terme $f(x)$ und $g(\mathfrak{x}, x; k)$, dann läßt sich eine Formel $\varrho(\mathfrak{x}; l)$ induktiv definieren derart, daß der Term $\iota_l \varrho(\mathfrak{x}; l)$ existiert und daß für diesen Term $h(\mathfrak{x})$ gilt:*

$$\left.\begin{aligned} h(x) &= f(x) \\ h(\mathfrak{x}, x) &= g\big(\mathfrak{x}, x; h(\mathfrak{x})\big). \end{aligned}\right\} \tag{12.21}$$

*Für jeden Term $h(\mathfrak{x})$, der diese Gleichungen erfüllt, gilt*

$$h(\mathfrak{x}) = \iota_l \varrho(\mathfrak{x}; l).$$

Man formuliert diesen Satz üblicherweise so, daß es — unter der Voraussetzung der Existenz von $f(x)$ und $g(\mathfrak{x}, x; k)$ — genau eine „Funktion" $h$ gibt, für die $h(\mathfrak{x})$ existiert und (12.21) erfüllt ist. Unsere Auffassung ergibt gegenüber dieser Formulierung — die meist im Sinne eines naiven Funktionsbegriffes oder aber einer „höheren Prädikatenlogik" verstanden wird —, daß hierbei „es gibt eine Funktion $h$" nichts anderes meint als „es gibt einen Term $h(\mathfrak{x})$ in einer geeigneten Erweiterung des zugrunde liegenden Kalküls".

Auf Grund von Satz 12.2 ist die Einführung der „Länge", d.h. eines Terms $|\mathfrak{x}|$ der (12.14) erfüllt, gerechtfertigt. Hier ist $\mathsf{I}$ statt $f(x)$ und $k\mathsf{I}$ statt $g(\mathfrak{x}, x; k)$ zu setzen. Für die weitere Verwendung des Satzes ist hervorzuheben, daß er auch gültig bleibt, wenn in den Termen $f(x)$ und $g(\mathfrak{x}, x; k)$ noch andere freie Variable vorkommen als angegeben sind. Es seien $a, b, \ldots$ weitere Variable, z.B. für Systeme, Zahlen oder andere Objekte. Die Gleichungen

$$\left.\begin{aligned} h(a; x) &= f(a; x) \\ h(a; \mathfrak{x}, x) &= g\big(a; \mathfrak{x}, x; h(a; \mathfrak{x})\big) \end{aligned}\right\} \tag{12.22}$$

haben dann ebenfalls genau eine „Lösung" $h(a; \mathfrak{x})$, falls die Terme $f(a; x)$ und $g(a; \mathfrak{x}, x; k)$ existieren.

Für die Gültigkeit von Satz 12.2 ist es schließlich auch unerheblich, daß die Terme $f(x)$ und $g(\mathfrak{x}, x; k)$ Zahlterme sind. An Stelle der Zahlen können wir beliebige andere Objekte treten lassen — damit die Termbildung sinnvoll ist, muß nur eine Gleichheitsrelation $=$ (das braucht also nicht die konkrete Gleichheit zu sein) für diese Objekte definiert sein. Unter Berücksichtigung dieser Möglichkeiten erhalten wir aus Satz 12.2 den folgenden „Definitionssatz", der uns außer der Länge auch andere „Funktionen" einzuführen gestatten wird.

*Definitionssatz. Es sei $K$ ein Kalkül, „$\mathfrak{x}$" eine Variable für Systeme von Objekten $x$, „$a$" und „$c$" seien Variable für Objekte, $=$ sei eine Gleichheitsrelation für die Objekte $c$. Existieren dann die Terme $f(a; x)$ und $g(a; \mathfrak{x}, x; c)$ als Terme für Objekte $c$ bezüglich $=$, dann gibt es eine Er-*

*weiterung des Kalküls K, in der ein Term $h(a; \mathfrak{x})$ existiert, für den gilt:*

$$h(a; x) = f(a; x) \left.\begin{array}{l} \\ \\ \end{array}\right\}$$
$$h(a; \mathfrak{x}, x) = g\big(a; \mathfrak{x}, x; h(a; \mathfrak{x})\big). \quad (12.23)$$

*Durch diese Gleichungen ist der Term $h(a; \mathfrak{x})$ bezüglich $=$ eindeutig bestimmt.*

Ein wichtiger Sonderfall des Definitionssatzes entsteht, wenn ein Term $h(\mathfrak{x}; \mathfrak{y})$ definiert werden soll. Eine Möglichkeit wäre

$$h(\mathfrak{x}; y) = f(\mathfrak{x}; y)$$
$$h(\mathfrak{x}; \mathfrak{y}, y) = g\big(\mathfrak{x}; \mathfrak{y}, y; h(\mathfrak{x}; \mathfrak{y})\big).$$

Hierin kann der Term $f(\mathfrak{x}; y)$ selber definiert sein durch

$$f(x; y) = f_0(x, y)$$
$$f(\mathfrak{x}, x; y) = g_0\big(\mathfrak{x}, x; y; f(\mathfrak{x}; y)\big),$$

und an die Stelle von $g(\mathfrak{x}; \mathfrak{y}, y; c)$ kann daher ein Term $h_0(\mathfrak{x}; \mathfrak{y}, y; c; f(\mathfrak{x}; y))$ treten. Insgesamt entstehen drei Gleichungen:

$$h(x; y) = f_0(x, y) \left.\begin{array}{l} \\ \\ \\ \end{array}\right.$$
$$h(\mathfrak{x}, x; y) = g_0\big(\mathfrak{x}, x; y; h(\mathfrak{x}; y)\big) \quad (12.24)$$
$$h(\mathfrak{x}; \mathfrak{y}, y) = h_0\big(\mathfrak{x}; \mathfrak{y}, y; h(\mathfrak{x}; \mathfrak{y}); h(\mathfrak{x}; y)\big).$$

Mit existenten Termen $f_0(x, y)$, $g_0(\mathfrak{x}, x; y; c)$ und $h_0(\mathfrak{x}; \mathfrak{y}, y; c_1; c_2)$ ist dadurch eindeutig ein existenter Term $h(\mathfrak{x}; \mathfrak{y})$ definiert.

Als erste Anwendung führen wir eine „Multiplikation" $\mathfrak{x} \times \mathfrak{y}$ von Systemen ein. Um das Verständnis zu erleichtern, sei unter Benutzung der Schreibweise $x_1, \ldots, x_m$ und $y_1, \ldots, y_n$ für die Systeme $\mathfrak{x}$ und $\mathfrak{y}$ vorausgeschickt, welches System das Produkt von $\mathfrak{x}$ und $\mathfrak{y}$ heißen soll.

Bilden wir ein rechteckiges Schema:

<br>

$$
\begin{array}{c|c|c|c|c|c|}
 & y_1, & y_2, & \cdots, & y_\nu, & \cdots, y_n \\
\hline
x_1 & & & & & \\
\hline
x_2 & & & & & \\
\hline
\vdots & & & & & \\
\hline
x_\mu & & & & & \\
\hline
\vdots & & & & & \\
\hline
x_m & & & & & \\
\hline
\end{array} \quad ,
$$

so ist jedes entstehende Feld durch seine Eingänge $x_\mu$ und $y_\nu$ gekennzeichnet. Mit einer neuen Figur $\times$ denken wir uns etwa in jedes Feld seine Kennzeichnung $x_\mu \times y_\nu$ hineingeschrieben. Die so entstehenden Objekte $x_\mu \times y_\nu$ ordnen wir nun „lexikalisch" zu einem System, so daß entsteht

$$x_1 \times y_1, \ldots, x_1 \times y_n, x_2 \times y_1, \ldots, \ldots, x_m \times y_1, \ldots, x_m \times y_n.$$

Dieses System soll das Produkt $\mathfrak{x} \times \mathfrak{y}$ heißen.

Um eine Definition ohne Benutzung der Punkte ... zu geben, betrachten wir Systeme von Objekten $x \times y$. Für die Objekte $x \times y$ definieren wir eine Gleichheitsrelation $=$ durch

$$x_1 \times y_1 = x_2 \times y_2 \leftrightharpoons x_1 = x_2 \wedge y_1 = y_2.$$

Anschließend definieren wir die Gleichheit für Systeme solcher Objekte analog zu (12.4). Danach kann durch Gleichungen der Form (12.24) ein Term $\mathfrak{x} \times \mathfrak{y}$ für die bisherigen Systeme $\mathfrak{x}$ und $\mathfrak{y}$ eingeführt werden:

$$\left.\begin{array}{l} x \stackrel{\cdot}{\times} \mathfrak{y}, y = x \times \mathfrak{y}, \quad x \times y \\ \mathfrak{x}, x \stackrel{\cdot}{\times} \mathfrak{y} = \mathfrak{x} \times \mathfrak{y}, \quad x \times \mathfrak{y}. \end{array}\right\} \qquad (12.25)$$

Zur Ersparung von Punkten (bzw. Klammern) gelte hier das Komma als später als $\times$. Da $x \times y$ für Objekte $x$ und $y$ schon definiert ist, braucht bei der gewählten Bezeichnung $x \times y = x \times y$ nicht eigens aufgeführt zu werden.

Aus (12.25) erhält man z.B. sofort

$$x_1 \stackrel{\cdot}{\times} y_1, y_2 = x_1 \times y_1, \; x_1 \times y_2$$
$$x_1, x_2 \stackrel{\cdot}{\times} y_1, y_2 = x_1 \times y_1, \; x_1 \times y_2, \; x_2 \times y_1, \; x_2 \times y_2.$$

Die Bezeichnung „Multiplikation" wird sich später dadurch rechtfertigen, daß wir die Anzahl der Glieder von $\mathfrak{x} \times \mathfrak{y}$ durch Multiplikation der Anzahlen der Glieder von $\mathfrak{x}$ und $\mathfrak{y}$ erhalten werden. Entsprechend hatten wir auch die Bildung von $\mathfrak{x}, \mathfrak{y}$ aus $\mathfrak{x}$ und $\mathfrak{y}$ als „Addition" bezeichnet. Es gelten aber für diese Operationen durchaus nicht alle Sätze, die für die gleichnamigen Operationen der Zahlen gelten. Zum Beispiel ist weder die Addition noch die Multiplikation von Systemen kommutativ, d.h. es gilt *nicht*

$$\mathfrak{x}, \mathfrak{y} = \mathfrak{y}, \mathfrak{x}$$

und auch nicht

$$\mathfrak{x} \times \mathfrak{y} = \mathfrak{y} \times \mathfrak{x}.$$

Die bekannte Distributivität der Zahlen $k + l \stackrel{\cdot}{\times} m = k \times m + l \times m$ gilt aber auch für Systeme:

*Satz 12.3.* $\qquad\qquad \mathfrak{x}_1, \mathfrak{x}_2 \stackrel{\cdot}{\times} \mathfrak{y} = \mathfrak{x}_1 \times \mathfrak{y}, \; \mathfrak{x}_2 \times \mathfrak{y}.$

Beweis durch Induktion nach $\mathfrak{x}_2$. Mit $x$ statt $\mathfrak{x}_2$ ist Satz 12.3 in (12.25) enthalten. Aus Satz 12.3 als Induktionsannahme folgt aber die Gültigkeit mit $\mathfrak{x}_2, x$ statt $\mathfrak{x}_2$. Denn nach (12.25) gilt dann

$$\mathfrak{x}_1, \mathfrak{x}_2, x \overset{\cdot}{\times} \mathfrak{y} = \mathfrak{x}_1, \mathfrak{x}_2 \overset{\cdot}{\times} \mathfrak{y}; \; x \times \mathfrak{y}$$
$$= \mathfrak{x}_1 \times \mathfrak{y}, \; \mathfrak{x}_2 \times \mathfrak{y}, \; x \times \mathfrak{y}$$
$$= \mathfrak{x}_1 \times \mathfrak{y}; \; \mathfrak{x}_2, x \overset{\cdot}{\times} \mathfrak{y}.$$

Nach Satz 12.3 ist die Multiplikation von rechts distributiv bezüglich der Addition. Die Linksdistributivität gilt dagegen nur im Spezialfall der Multiplikation mit einem Objekt:

$$x \overset{\cdot}{\times} \mathfrak{y}_1, \mathfrak{y}_2 = x \times \mathfrak{y}_1, \; x \times \mathfrak{y}_2. \tag{12.26}$$

Der Beweis ist ganz analog dem der Rechtsdistributivität.

Zu einer Erweiterung der Multiplikation kommen wir, wenn wir außer den Paaren $x \times y$ beliebige Systeme $x_1 \times x_2 \times \cdots \times x_n$ betrachten und daraus Systeme bilden:

$$x_{11} \times x_{12} \times \cdots \times x_{1n_1}, \; x_{21} \times x_{22} \times \cdots, \; \cdots. \tag{12.27}$$

Der Einfachheit halber verwenden wir die Buchstaben $x, y, \ldots$ jetzt nicht mehr nur für die bisherigen Objekte, sondern auch für die Systeme $x \times y \times \cdots$. Entsprechend seien $\mathfrak{x}, \mathfrak{y}, \ldots$ Variable für die bisherigen Systeme einschließlich der neuen Systeme (12.27). Für zwei Objekte $x$ und $y$ im neuen Sinne ist dann auch $x \times y$ stets ein Objekt. Die Multiplikation der neuen Systeme definieren wir — wie bisher — durch (12.25). Jetzt ist aber $\mathfrak{x} \times \mathfrak{y}$ stets wieder ein System, so daß z. B. $\mathfrak{x} \times \mathfrak{y} \overset{\cdot}{\times} \mathfrak{z}$ gebildet werden kann.

Für diese erweiterte Multiplikation gilt — wie für Zahlen — die Assoziativität.

*Satz 12.4.* $\qquad\qquad \mathfrak{x} \times \mathfrak{y} \overset{\cdot}{\times} \mathfrak{z} = \mathfrak{x} \overset{\cdot}{\times} \mathfrak{y} \times \mathfrak{z}.$

Der Beweis benutzt dreifache Induktion. Es genügt,

$$(1) \quad x \times \mathfrak{y} \overset{\cdot}{\times} \mathfrak{z} = x \overset{\cdot}{\times} \mathfrak{y} \times \mathfrak{z}$$

und

$$(2) \quad \mathfrak{x} \times \mathfrak{y} \overset{\cdot}{\times} \mathfrak{z} = \mathfrak{x} \overset{\cdot}{\times} \mathfrak{y} \times \mathfrak{z} \rightarrow \mathfrak{x}, x \overset{\cdot}{\times} \mathfrak{y} \overset{\cdot\cdot}{\times} \mathfrak{z} = \mathfrak{x}, x \overset{\cdot}{\times} \mathfrak{y} \times \mathfrak{z}$$

zu beweisen. Mit Hilfe von (1) folgt (2) aus Satz 12.3, denn es gilt

$$\mathfrak{x}, x \overset{\cdot}{\times} \mathfrak{y} \overset{\cdot\cdot}{\times} \mathfrak{z} = \mathfrak{x} \times \mathfrak{y}, \; x \times \mathfrak{y} \overset{\cdot}{\times} \mathfrak{z}$$
$$= \mathfrak{x} \times \mathfrak{y} \overset{\cdot}{\times} \mathfrak{z}; \; x \times \mathfrak{y} \overset{\cdot}{\times} \mathfrak{z}$$
$$= \mathfrak{x} \overset{\cdot}{\times} \mathfrak{y} \times \mathfrak{z}; \; x \overset{\cdot}{\times} \mathfrak{y} \times \mathfrak{z}$$
$$= \mathfrak{x}, x \overset{\cdot}{\times} \mathfrak{y} \times \mathfrak{z}.$$

Zum Beweis von (1) genügt

$$(1.1) \quad x \times y \overset{\cdot}{\times} \mathfrak{z} = x \overset{\cdot}{\times} y \times \mathfrak{z}$$
$$(1.2) \quad x \times \mathfrak{y} \overset{\cdot}{\times} \mathfrak{z} = x \overset{\cdot}{\times} \mathfrak{y} \times \mathfrak{z} \rightarrow x \overset{\cdot}{\times} \mathfrak{y}, y \overset{\cdot\cdot}{\times} \mathfrak{z} = x \overset{\cdot\cdot}{\times} \mathfrak{y}, y \overset{\cdot}{\times} \mathfrak{z}.$$

Auch hier folgt (1.2) mit Hilfe von (1.1), wenn (12.25) und (12.26) benutzt werden:

$$x \dot\times \mathfrak{y}, y \ddot\times \mathfrak{z} = x \times \mathfrak{y}, \; x \times y \dot\times \mathfrak{z}$$
$$= x \times \mathfrak{y} \dot\times \mathfrak{z}; \; x \times y \dot\times \mathfrak{z}$$
$$= x \dot\times \mathfrak{y} \times \mathfrak{z}; \; x \dot\times y \times \mathfrak{z}$$
$$= x \dot\times \mathfrak{y} \times \mathfrak{z}, \; y \times \mathfrak{z}$$
$$= x \ddot\times \mathfrak{y}, \; y \dot\times \mathfrak{z}.$$

Zum Beweis von (1.1) bleibt übrig:

(1.1.1)  $x \times y \dot\times z = x \dot\times y \times z$

(1.1.2)  $x \times y \dot\times \mathfrak{z} = x \dot\times y \times \mathfrak{z} \to x \times y \dot\times \mathfrak{z}, \; z = x \ddot\times y \dot\times \mathfrak{z}, z.$

Jetzt ist (1.1.1) trivial, und (1.1.2) folgt aus (12.25):

$$x \times y \dot\times \mathfrak{z}, z = x \times y \dot\times \mathfrak{z}; \; x \times y \times z$$
$$= x \dot\times y \times \mathfrak{z}; \; x \times y \times z$$
$$= x \dot\times y \times \mathfrak{z}, \; y \times z$$
$$= x \ddot\times y \dot\times \mathfrak{z}, z.$$

Die Multiplikation von Systemen tritt sehr häufig in der Mathematik auf, da die Bildung des Rechtecks aller Paare mit einem Glied aus $\mathfrak{x}$ und einem Glied aus $\mathfrak{y}$ eine sehr naheliegende Operation ist. Zur Veranschaulichung geben wir hier Beispiele aus der Arithmetik — indem wir diese für einen Augenblick schon als bekannt voraussetzen.

Schreiben wir $\times$ für die übliche Multiplikation von Zahlen (Variable $k, l, \ldots$), dann gilt

$$k_1 + k_2 + \cdots + k_i \dot\times l_1 + l_2 + \cdots + l_j = k_1 \times l_1 + k_1 \times l_2 + \cdots + k_2 \times l_1 + \cdots,$$

und hier treten rechts genau alle Glieder $k \times l$ des Systems

$$k_1, \ldots, k_i \dot\times l_1, \ldots, l_j \tag{12.28}$$

auf. Schreiben wir — mit einem umgekehrten Wurzelzeichen nach PEANO — $k \wedge l$ für die Potenz $k^l$, dann gilt entsprechend

$$\left. \begin{aligned} &k_1 \times k_2 \times \cdots \times k_i \dot\wedge l_1 + l_2 + \cdots + l_j \\ &= k_1 \wedge l_1 \times k_1 \wedge l_2 \times \cdots \times k_2 \wedge l_1 \times \cdots . \end{aligned} \right\} \tag{12.29}$$

Mit der üblichen Definition von $\sum_{\mathfrak{x}k} k \leftrightharpoons k_1 + k_2 + \cdots + k_i$ für $\mathfrak{x} = k_1, k_2, \ldots, k_i$ erhält (12.28) die Form

$$\sum_{\mathfrak{x}k} k \times \sum_{\mathfrak{y}l} l = \sum_{\mathfrak{x} \times \mathfrak{y}\, k \times l} \cdot k \times l. \, .$$

Mit $\prod_{k} k \leftleftarrows k_1 \times k_2 \times \cdots \times k_i$ wird (12.29) dagegen

$$\prod_{k} k \wedge \sum_{l} l = \prod_{k \times l} \cdot k \wedge l \cdot \cdot$$

In der Logik liefern die endlichen Konjunktionen und Adjunktionen von Aussagen ähnliche Beispiele ($a, b, \ldots$ seien Aussagenvariable):

$$\bigwedge_{a} a \vee \bigwedge_{b} b \leftrightarrow \bigwedge_{a \times b} \cdot a \vee b \cdot$$

$$\bigvee_{a} a \wedge \bigvee_{b} b \leftrightarrow \bigvee_{a \times b} \cdot a \wedge b \cdot \cdot$$

Zu einer weiteren fundamentalen Verknüpfung von Systemen werden wir geführt, wenn wir z. B. in der Arithmetik von einem Term $f(k, l)$ ausgehen und dann bilden:

$$f(k_1, l_1) + f(k_2, l_1) + \cdots \overset{\cdot}{\times} f(k_1, l_2) + f(k_2, l_2) + \cdots \overset{\cdot}{\times} \cdots.$$

Durch „Ausmultiplizieren" entsteht eine Summe

$$f(k_1, l_1) \times f(k_1, l_2) \times \cdots \overset{\cdot}{+} \cdots,$$

deren Glieder alle die Form

$$f(k_{i_1}, l_1) \times f(k_{i_2}, l_2) \times \cdots \times f(k_{i_j}, l_j)$$

(mit $\{i_1, \ldots, i_j\} \subseteqq \{1, \ldots, i\}$) haben. Die Summe ist bekannt, wenn das System der Glieder — wir könnten etwa

$$(k_{i_1}, l_1) \times (k_{i_2}, l_2) \times \cdots \times (k_{i_j}, l_j)$$

schreiben — bekannt wäre. Dieses System tritt auch in der Logik auf, wenn für eine Formel $A(x, y)$ gebildet wird:

$$\bigwedge_{x} \bigvee_{y} A(x, y)$$

und hierzu eine logisch äquivalente Adjunktion von Konjunktionen gesucht wird.

Um solche Umformungen ohne Benutzung von Zwischenpunkten anschreiben zu können, führen wir über die Multiplikation von Systemen hinaus noch eine *Potenzierung* ein. Wir wählen dazu als neues Atom $\wedge$, bilden die Figuren $x \wedge y$ als neue Objekte, hieraus dann die Objekte $x_1 \wedge y_1 \times x_2 \wedge y_2 \times \cdots$ und schließlich hieraus Systeme

$$x_1 \wedge y_1 \times x_2 \wedge y_2 \times \cdots, \qquad x_1' \wedge y_1' \times x_2' \wedge y_2' \times \cdots, \cdots.$$

Für zwei Systeme $\mathfrak{x} = x_1, \ldots, x_m$ und $\mathfrak{y} = y_1, \ldots, y_n$ wollen wir das System

$$x_1 \wedge y_1 \times x_1 \wedge y_2 \times \cdots \times x_1 \wedge y_n, \ldots,$$

dessen Glieder genau alle Objekte der Form $x_{i_1} \Lambda\, y_1 \times x_{i_2} \Lambda\, y_2 \times \cdots \times x_{i_n} \Lambda\, y_n$ in lexikalischer Ordnung sind, die *Potenz* von $\mathfrak{x}$ mit dem Exponenten $\mathfrak{y}$ — kurz $\mathfrak{x} \Lambda\, \mathfrak{y}$ — nennen.

Entsprechend wie bei der Multiplikation haben wir also mit Hilfe des Definitionssatzes einen neuen Term einzuführen. Für diesen Term soll gelten

$$\left.\begin{aligned} \mathfrak{x}, x \dot\Lambda\, y &= \mathfrak{x} \Lambda\, y, \; x \Lambda\, y \\ \mathfrak{x} \dot\Lambda\, \mathfrak{y}, y &= \mathfrak{x} \Lambda\, \mathfrak{y} \times \mathfrak{x} \Lambda\, y. \end{aligned}\right\} \tag{12.30}$$

Zur Veranschaulichung dieser Begriffsbildung skizzieren wir zunächst — wieder unter Vorwegnahme der Arithmetik — einen Beweis von

$$\Pi_l \underset{\mathfrak{y}}{\underset{\mathfrak{x}}{\Sigma_k}} f(k, l) = \underset{\mathfrak{x}\Lambda\mathfrak{y}\;\mathfrak{z}}{\Sigma_{\mathfrak{z}}} \Pi_{k\Lambda l}\, f(k, l). \tag{12.31}$$

Wir wenden Induktion nach $\mathfrak{y}$ an:

(1) $\quad \underset{l_0}{\underset{\mathfrak{x}}{\Pi_l}} \underset{\mathfrak{x}}{\Sigma_k} f(k, l) = \underset{\mathfrak{x}}{\Sigma_k} f(k, l_0)$

$$= \underset{\mathfrak{x}\Lambda l_0}{\Sigma_{k\Lambda l_0}} f(k, l_0) = \underset{\mathfrak{x}\Lambda l_0\;\mathfrak{z}}{\Sigma_{\mathfrak{z}}} \Pi_{k\Lambda l}\, f(k, l).$$

(2) Unter Voraussetzung von (12.31) ergibt sich

$$\underset{\mathfrak{y}, l_0}{\underset{\mathfrak{x}}{\Pi_l}} \Sigma_k f(k, l) = \underset{\mathfrak{y}}{\underset{\mathfrak{x}}{\Pi_l}} \Sigma_k f(k, l) \times \underset{\mathfrak{x}}{\Sigma_k} f(k, l_0)$$

$$= \underset{\mathfrak{x}\Lambda\mathfrak{y}\;\mathfrak{z}}{\Sigma_{\mathfrak{z}}} \Pi_{k\Lambda l}\, f(k, l) \times \underset{\mathfrak{x}\Lambda l_0\;\mathfrak{z}}{\Sigma_{\mathfrak{z}}} \Pi_{k\Lambda l}\, f(k, l)$$

$$= \underset{\mathfrak{x}\Lambda\mathfrak{y}\times\mathfrak{x}\Lambda l_0\;\;\mathfrak{z}\times\mathfrak{z}}{\Sigma_{\mathfrak{z}\times\mathfrak{z}}} \Pi_{k\Lambda l}\, f(k, l).$$

Die Potenz von Systemen läßt sich auffassen als Verallgemeinerung der Potenz von Zahlen. Von den dort geltenden Sätzen für die Potenz bleibt die Distributivität erhalten.

*Satz 12.5.*

$$\mathfrak{x} \dot\Lambda\, \mathfrak{y}_1, \mathfrak{y}_2 = \mathfrak{x} \Lambda\, \mathfrak{y}_1 \times \mathfrak{x} \Lambda\, \mathfrak{y}_2.$$

Beweis durch Induktion:

(1) $\quad \mathfrak{x} \dot\Lambda\, \mathfrak{y}_1, y = \mathfrak{x} \Lambda\, \mathfrak{y}_1 \times \mathfrak{x} \Lambda\, y \quad$ nach (12.30).

(2) Mit Satz 12.5 als Induktionsannahme folgt

$$\mathfrak{x} \dot\Lambda\, \mathfrak{y}_1, \mathfrak{y}_2, y = \mathfrak{x} \dot\Lambda\, \mathfrak{y}_1, \mathfrak{y}_2 \dot\times \mathfrak{x} \Lambda\, y$$

$$= \mathfrak{x} \Lambda\, \mathfrak{y}_1 \times \mathfrak{x} \Lambda\, \mathfrak{y}_2 \dot\times \mathfrak{x} \Lambda\, y$$

$$= \mathfrak{x} \Lambda\, \mathfrak{y}_1 \dot\times \mathfrak{x} \dot\Lambda\, \mathfrak{y}_2, y.$$

Außer Satz 12.5 gilt noch die folgende Distributivität:

$$\mathfrak{x}_1, \mathfrak{x}_2 \dot\Lambda\, y = \mathfrak{x}_1 \Lambda\, y, \; \mathfrak{x}_2 \Lambda\, y. \tag{12.32}$$

Beweis: (1) $\mathfrak{x}_1, x \overset{.}{\Lambda} y = \mathfrak{x}_1 \Lambda y,\ x \Lambda y$ nach (12.30).

(2) $(12.32) \rightarrow \mathfrak{x}_1, \mathfrak{x}_2, x \overset{.}{\Lambda} y = \mathfrak{x}_1, \mathfrak{x}_2 \overset{.}{\Lambda} y;\ x \Lambda y$
$$= \mathfrak{x}_1 \Lambda y,\ \mathfrak{x}_2 \Lambda y,\ x \Lambda y$$
$$= \mathfrak{x}_1 \Lambda y;\ \mathfrak{x}_2, x \overset{.}{\Lambda} y.$$

(12.32) hat in der Arithmetik nur das triviale Analogon:

$$k_1 + k_2 \overset{.}{\Lambda} 1 = k_1 \Lambda 1 + k_2 \Lambda 1.$$

Neben den Operationen für Systeme ist für den Zahlbegriff vor allem wichtig, daß aus den Systemen durch Abstraktion die „endlichen Mengen" entstehen. Zum Beispiel sind $x, x, y$ und $y, x, y, x$ ungleiche Systeme, es sind aber dieselben Objekte, nämlich $x$ und $y$, die in beiden Systemen als Glieder vorkommen. Wir werden deshalb diese Systeme „identifizieren", und sagen, daß beide Systeme dieselbe Menge darstellen.

Um für jedes System $\mathfrak{x}$ „die durch $\mathfrak{x}$ dargestellte Menge" als einen neuen Term — symbolisch: $\{\mathfrak{x}\}$ — einführen zu können, definieren wir zunächst eine Aussageform „$z$ kommt in $\mathfrak{x}$ vor" — symbolisch: $z \in \{\mathfrak{x}\}$ — durch:

$$\left.\begin{aligned}
z = x &\rightarrow z \in \{x\} \\
z = x &\rightarrow z \in \{\mathfrak{x}, x\} \\
z \in \{\mathfrak{x}\} &\rightarrow z \in \{\mathfrak{x}, x\}.
\end{aligned}\right\} \tag{12.33}$$

Für ein System $x_1, \ldots, x_n$ gilt hiernach

$$z \in \{x_1, \ldots, x_n\} \leftrightarrow z = x_1 \vee z = x_2 \vee \cdots \vee z = x_n.$$

Hiervon können wir uns, ohne Zwischenpunkte zu benutzen, leicht überzeugen, wenn wir zunächst jedem System $\mathfrak{x}$ eine Aussageform $A_{\mathfrak{x}}(z)$ zuordnen durch:

$$\left.\begin{aligned}
A_x(z) &\leftrightarrow z = x \\
A_{\mathfrak{x}, x}(z) &\leftrightarrow A_{\mathfrak{x}}(z) \vee z = x.
\end{aligned}\right\} \tag{12.34}$$

Die Formel $A_{\mathfrak{x}}(z)$ ist nach dem Definitionssatz mit $\leftrightarrow$ als abstrakter Gleichheit ein existenter Term. Da aus (12.33) durch Inversion folgt:

$$\left.\begin{aligned}
z \in \{x\} &\leftrightarrow z = x \\
z \in \{\mathfrak{x}, x\} &\leftrightarrow z \in \{\mathfrak{x}\} \vee z = x,
\end{aligned}\right\} \tag{12.35}$$

erhalten wir sofort die gesuchte Äquivalenz $z \in \{\mathfrak{x}\} \leftrightarrow A_{\mathfrak{x}}(z)$.

Die Elemente einer endlichen Menge $\{\mathfrak{x}\}$, d.h. die Objekte $z$, für die $z \in \{\mathfrak{x}\}$ gilt, sind also genau diejenigen, für die eine gewisse Aussageform $A_{\mathfrak{x}}(z)$ gilt. Wir werden in Kapitel 5 den Begriff einer (beliebigen) Menge definieren, indem wir an die Stelle der $A_{\mathfrak{x}}(z)$ eine umfassendere Klasse von Aussageformen $A(z)$ — nämlich die Formeln einer „Sprache" — treten lassen. Wir schreiben $z \notin \{\mathfrak{x}\}$ für $\neg\, z \in \{\mathfrak{x}\}$.

Die Abstraktion der Systeme zu (endlichen) Mengen geschieht durch eine Gleichheit $\{\mathfrak{x}\} = \{\mathfrak{y}\}$, die definiert wird durch:

$$\{\mathfrak{x}\} = \{\mathfrak{y}\} \leftrightharpoons \bigwedge_z . z \in \{\mathfrak{x}\} \leftrightarrow z \in \{\mathfrak{y}\} .. \tag{12.36}$$

Damit sind dann auch $\{\mathfrak{x}\}$, $\{\mathfrak{y}\}$, … als neue Terme eingeführt. Die Aussageform $z \in \{\mathfrak{x}\}$ ist verträglich mit der durch (12.36) definierten abstrakten Gleichheit — was durch die Schreibweise als einer Aussageform über $z$ und $\{\mathfrak{x}\}$ ja schon vorweggenommen ist.

Neben (12.36) führen wir noch ein:

$$\{\mathfrak{x}\} \subseteqq \{\mathfrak{y}\} \leftrightharpoons \bigwedge_z . z \in \{\mathfrak{x}\} \rightarrow z \in \{\mathfrak{y}\} ..$$

Dann ist $\{\mathfrak{x}\} = \{\mathfrak{y}\}$ äquivalent mit $\{\mathfrak{x}\} \subseteqq \{\mathfrak{y}\} \wedge \{\mathfrak{y}\} \subseteqq \{\mathfrak{x}\}$.

Für eine Menge $\{\mathfrak{x}\}$ nennen wir $\mathfrak{x}$ eine Basis der Menge. Unter den verschiedenen Systemen, die Basis einer Menge sind, gibt es einige, die möglichst wenige Glieder enthalten (das werden wir aber erst mit dem Zahlbegriff beweisen können). Trotzdem können wir diese „Minimalbasen" jetzt schon charakterisieren, nämlich dadurch, daß kein Objekt in ihnen mehrfach vorkommt. Wir nennen solche Systeme „einfach". Wir definieren mit $E(\mathfrak{x})$ statt „$\mathfrak{x}$ ist einfach":

$$\left.\begin{array}{r} E(x) \\ E(\mathfrak{x}) \wedge x \notin \{\mathfrak{x}\} \rightarrow E(\mathfrak{x}, x) \end{array}\right\} \tag{12.37}$$

und erhalten das Ergebnis: *jede Menge besitzt eine einfache Basis.*

*Satz 12.6.*

$$\bigwedge_{\mathfrak{x}} \bigvee_{\mathfrak{y}} . \{\mathfrak{x}\} = \{\mathfrak{y}\} \wedge E(\mathfrak{y}) ..$$

Beweis durch Induktion nach $\mathfrak{x}$. Für Systeme $x$ ist nichts zu beweisen, da diese einfach sind. Mit $\{\mathfrak{x}\} = \{\mathfrak{y}\} \wedge E(\mathfrak{y})$ als Induktionsannahme haben wir zu beweisen: $\bigvee_{\mathfrak{z}} . \{\mathfrak{x}, x\} = \{\mathfrak{z}\} \wedge E(\mathfrak{z}) ..$ Sicher gilt $\{\mathfrak{x}, x\} = \{\mathfrak{y}, x\}$. Wir benutzen nun das tertium non datur $x \in \{\mathfrak{y}\} \vee x \notin \{\mathfrak{y}\}$, das eventuell nur fiktiv gilt (es kann ja $x = y \vee x \neq y$ nur fiktiv gelten). Aus $x \in \{\mathfrak{y}\}$ folgt $\{\mathfrak{y}, x\} = \{\mathfrak{y}\}$, und aus $x \notin \{\mathfrak{y}\}$ folgt $E(\mathfrak{y}, x)$.

## §13. Grundzahlen.

Die Sätze der Arithmetik ließen sich gewinnen, wenn man etwa die „Zahlen" als die in dem Kalkül:

$$Z \quad \left\{ \begin{array}{l} | \\ k \rightarrow k| \end{array} \right.$$

ableitbaren Figuren definiert und dann mit $k, l, \ldots$ als Objektvariablen (für diese Zahlen) einen gewissen Kalkül zur Ableitung von Formeln $k = l$, $k + l = m$, $k \times l = m$, $k \wedge l = m$ usw. aufstellt.

Bei einem solchen Aufbau würde der Sinn und Zweck, zu dem der Kalkül aufgestellt wird, ungeklärt bleiben. Auf diese Klärung würde der Mathematiker gewiß verzichten, wenn zu erwarten wäre, daß eine Klärung der Frage nach dem Sinn doch keine beweisbaren Sätze als Antwort ergäbe. Dies ist aber durchaus nicht der Fall. Denn der Sinn der Zahlen liegt im „Zählen" — und das Zählen gehört wesentlich mit zu den Tätigkeiten, die den Mathematiker zu Aussagen über schematisches Operieren führen.

Schon der Hirte, der zur Kontrolle seiner Herde für jedes Tier ein Steinchen (= calculus) in seine Tasche steckt, *zählt*. Es liegt kein großer Unterschied darin, daß wir statt der Steinchen Figuren I, II, III, ..... nehmen, oder — wie üblich — statt der Steinchen gewisse Laute bzw. Lautvorstellungen: die gesprochenen bzw. gedachten Zahlwörter.

In $Z$ ist aber mehr als ein bequemer Ersatz für eine Tasche voller Steinchen enthalten. In der Regel, daß man zu jedem $k$ auch $k\,|$ herstellen soll, steckt mehr, nämlich das, was man nach ARISTOTELES das „potentiell Unendliche" nennen könnte. Die Idee der Iteration, wie es H. WEYL nennt, kommt hier zu dem primitiven Zählprozeß noch hinzu.

Das Vermögen, jede Regel eines Kalküls als etwas potentiell Unendliches zu begreifen, haben wir schon in der Protologik stets als beim Leser vorhanden vorausgesetzt. Die Zahlen führen uns daher nicht mehr zu etwas wesentlich Neuem, wir können sie aber als den reinsten Typ des potentiell Unendlichen ansehen.

Das Zählen ist ein Prozeß, der einem System von Gegenständen eine Zahl als seine „Anzahl" zuordnet. Wir beschränken uns auf Systeme $\mathfrak{x}$ von Objekten, wie wir sie im vorigen Paragraphen eingeführt haben. Die Anzahl der Glieder eines Systems $\mathfrak{x}$ ist dann nichts anderes als die Länge $|\mathfrak{x}|$, die wir durch

$$|x| = |$$
$$|\mathfrak{x}, x| = |\mathfrak{x}|\,|$$

definieren konnten.

Diese Definition läßt sich auffassen als „Beschreibung" des Zählprozesses, d.h. als Beschreibung des Verfahrens, wie in einem System $\mathfrak{x}$ sukzessive jedes Objekt durch $|$ zu ersetzen ist. Hier wird deutlich, daß die Zahlen nichts anderes als ein Modell für die Bildung von Systemen sind, wobei von den speziellen Objekten „abstrahiert" wird. Wir benutzen die Figuren I, II, III, ..... als Modell nur der Bequemlichkeit wegen. Selbstverständlich ließe sich jedes andere Atom an Stelle von $|$ auch verwenden. Die Willkür in der Auswahl eines Atoms zur

Bildung von Zahlen läßt sich vermeiden, wenn man die Zahlen durch Abstraktion aus den Systemen entstehen läßt. Man hat dazu eine Gleichheitsrelation $\sim$ zwischen Systemen zu definieren durch:

$$\left.\begin{array}{c} x \sim y \\ \mathfrak{x} \sim \mathfrak{y} \rightarrow \mathfrak{x}, x \sim \mathfrak{y}, y. \end{array}\right\} \tag{13.1}$$

Gilt dann $\mathfrak{x} \sim \mathfrak{y}$, so nennen wir $\mathfrak{x}$ und $\mathfrak{y}$ „längengleich". Wäre I ein Objekt und $k$ eine Variable für die „Zahlen": I; I,I; I,I,I; ....., dann würde $\mathfrak{x} \sim k$ genau dann gelten, wenn $|\mathfrak{x}| = k$. (Statt I, I, ..., I wäre dabei II ... I zu schreiben.)

Durch den dargestellten Zusammenhang der Zahlen mit dem Zählen von Systemen erhalten auch die in der Arithmetik üblichen Operationen, z.B. Addition und Multiplikation ihren Sinn. Zur Vereinfachung des Beweisganges werden wir diesen Zusammenhang aber erst im nächsten Paragraphen weiter berücksichtigen und entwickeln jetzt die Arithmetik zunächst für sich allein.

Wir gehen also von dem Kalkül $Z$ aus, der uns die Zahlen als Objekte liefert. Mit $k, l, \ldots$ als Objektvariablen und $=$ als neuem Atom betrachten wir dann den Kalkül:

$$D \left\{\begin{array}{l} I = I \\ k = l \rightarrow kI = lI. \end{array}\right.$$

Die Regeln $D$ sind nichts anderes als eine Spezialisierung der Definition der Gleichheit $\equiv$ für die Aussagen eines Kalküls, die wir in § 9 behandelt haben. Es liegt nur ein Atom I vor und die Tabelle über den Vergleich von Atomen enthält daher nur den einen Fall $I = I$. Die Beweisführungen von § 9 sind auch auf den Kalkül $D$ anwendbar und liefern uns durch Inversion zunächst

$$kI = lI \rightarrow k = l. \tag{13.2}$$

Ferner erhalten wir die Unableitbarkeit von $kI = I$.

Mit $k \neq l \leftrightarrows \neg\, k = l$ bekommen wir also (vgl. 9.22):

$$kI \neq I. \tag{13.3}$$

Dabei ist zu beachten, daß das tertium non datur (vgl. 9.25):

$$k = l \vee k \neq l \tag{13.4}$$

effektiv gilt. Mit Hilfe des Gleichheitsprinzips erhalten wir schließlich noch [vgl. (9.19) und (9.28)]:

$$\left.\begin{array}{c} k = k \\ k = l \wedge A(k) \rightarrow A(l). \end{array}\right\} \tag{13.5}$$

Zusammen mit der Induktionsregel

$$A(|) \wedge \bigwedge_k . A(k) \to A(k|) . \to A(l), \tag{13.6}$$

die aus dem Induktionsprinzip durch Anwendung auf $Z$ folgt, ist damit das System der Sätze vollständig beieinander, das seit DEDEKIND und PEANO der Arithmetik gern als „Axiomensystem" zugrunde gelegt wird. Vom operativen Standpunkt aus entsteht dieses Axiomensystem in zwei Schritten, nämlich zunächst werden die Regeln $Z$ und $D$ aufgestellt, die keine Behauptungen enthalten, sondern nur das Verfahren beschreiben, nach dem wir die „Zahlen" herstellen und die Gleichheit feststellen. (13.2) bis (13.6) sind dagegen Behauptungen über den Kalkül $D$, die auf Grund protologischer Überlegungen zu beweisen sind. Indem üblicherweise (13.4) und (13.5) als „zur Logik gehörig" bei der Begründung der Arithmetik nicht eigens aufgeführt werden, bleiben die Regeln $Z$, $D$ und die Sätze (13.2), (13.3) und (13.6). Beachtet man nun noch, daß die Regeln $D$ sich als Konsequenzen von (13.5) erhalten lassen, so bleiben gerade die bekannten fünf „Axiome" $Z$, (13.2), (13.3) und (13.6) übrig. In der „axiomatischen" Auffassung werden dabei die Regeln von $Z$ auch als Behauptungen formuliert, etwa „| ist eine Zahl" und „Wenn $k$ eine Zahl ist, dann ist $k|$ eine Zahl".

Für unsere gegenwärtige Untersuchung ist die Auszeichnung des Systems dieser fünf Sätze willkürlich. Erst in der abstrakten Mathematik (Teil III, § 22) wird sich zeigen, daß diese Sätze eine monomorphe Struktur beschreiben, d.h. daß durch sie das Gebilde der Grundzahlen bezüglich der Nachfolgerfunktion bis auf Isomorphie eindeutig bestimmt ist. Für den Aufbau der Arithmetik ist die abstrakte Betrachtungsweise jedoch nutzlos. Denn es ist keineswegs so, daß aus dieser Charakterisierung der Grundzahlen folgt, daß alle Sätze der Arithmetik durch „logische Ableitungen" aus den DEDEKIND-PEANOschen Axiomen zu gewinnen wären. Die Beschränkung der Beweismittel, die für metamathematische Untersuchungen vorgenommen wird, ist für die operative Mathematik nicht gerechtfertigt. Warum sollte man den Beweis eines arithmetischen Satzes, der sich auf die protologischen Prinzipien stützt, verbieten, wenn er nicht mit gewissen kodifizierten Mitteln zu führen ist? Der Unvollständigkeitssatz von GÖDEL 1931 zeigt explizit, daß es zu jeder Kodifikation der Arithmetik noch Sätze gibt, die man zwar „inhaltlich" beweisen, aber nicht im Kodifikat ableiten kann.

Darüber hinaus ist aus einem Axiomensystem der Arithmetik, in dem nur die Nachfolgerfunktion vorkommt, schon die Existenz solcher Funktionen wie Addition und Multiplikation nicht mit den quantorenlogischen Mitteln ableitbar. Es fehlt dazu der DEDEKINDsche Satz über die Definitionen durch Induktion.

Für die operative Arithmetik erhalten wir diesen Satz sofort durch Spezialisierung des Definitionssatzes (§ 12) auf Zahlen. Zahlen sind ja — bis auf die Schreibweise mit oder ohne Komma — nichts anderes als Systeme, deren Glieder alle gleich dem Objekt $|$ sind. Zu Gleichungen der Form

$$\left.\begin{aligned} h(a, |) &= f(a) \\ h(a, k|) &= g\big(a, k, h(a, k)\big) \end{aligned}\right\} \qquad (13.7)$$

gibt es daher (in einem geeigneten Kalkül) stets einen bis auf $=$ eindeutig bestimmten existenten Term $h(a, k)$, der diese Gleichungen erfüllt, falls nur die Terme $f(a)$ und $g(a, k, c)$ existieren.

Der Definitionssatz gestattet uns, die Definitionen der Addition und Multiplikation und Potenzierung wie üblich hinzuschreiben:

$$\left.\begin{aligned} k + | &= k| \\ k + l| &= (k + l)| \\ | \times l &= l \\ k| \times l &= k \times l + l \\ k \wedge | &= k \\ k \wedge l| &= k \wedge l \times k. \end{aligned}\right\} \qquad (13.8)$$

Um Punkte (bzw. Klammern) zu sparen, ist hier die Konvention einbehalten, nach der $+$ später als $\times$ und $\times$ später als $\wedge$ ist.

Die Einführung der Operationen $+$, $\times$ und $\wedge$ muß -- wie man aus den definierenden Gleichungen sieht — in dieser Reihenfolge geschehen: zuerst $+$, dann $\times$, dann $\wedge$. Gelegentlich benutzen wir auch die übliche Schreibweise: $kl$ und $k^l$.

Auf Grund der Gln. (13.8) können die — seit GRASSMANN — üblichen Induktionsbeweise für die einfachen Eigenschaften der Operationen $+$, $\times$ und $\wedge$, z.B. Kommutativität von $+$ und $\times$, Distributivität u. a. geführt werden. Für uns ist es jedoch bequemer, diese Sätze in § 14 abzuleiten aus dem Zusammenhang der arithmetischen Operationen mit den gleichnamigen Operationen für Systeme.

Unabhängig von diesen Operationen läßt sich die Ordnung $\leq$ der Zahlen definieren durch:

$$\left.\begin{aligned} | &\leq k \\ k \leq l &\rightarrow k| \leq l|. \end{aligned}\right\} \qquad (13.9)$$

Es ist klar, daß wir zur Definition einer Relation — im Gegensatz zu den Funktionen — den Definitionssatz nicht heranzuziehen brauchen.

Wegen $k| \leq l| \equiv | \leq k_0$ ergibt (13.9) durch Inversion

$$k| \leq l| \rightarrow k \leq l. \qquad (13.10)$$

Wegen $|\leq k \not\equiv k_0| \leq |$ und $k| \leq l| \not\equiv k_0| \leq |$ ergibt sich ferner die Unableitbarkeit von $k_0| \leq |$, also

$$\neg\, k| \leq |. \qquad (13.11)$$

Mit $k > l \leftrightharpoons \neg\, k \leq l$ erhalten wir also $k| > |$.

Über die Ordnung brauchen wir im folgenden noch einige Sätze:

$$k \leq k \qquad (13.12)$$

$$k_1 \leq k_2 \wedge k_2 \leq k_3 \to k_1 \leq k_3 \qquad (13.13)$$

$$k \leq l \wedge l \leq k \to k = l \qquad (13.14)$$

$$k \leq l \vee l \leq k. \qquad (13.15)$$

Der Beweis von (13.12) durch Induktion nach $k$ ist trivial. Für (13.13) setzen wir Induktion nach $k_2$ an und haben zunächst

$$k_1 \leq |\wedge| \leq k_3 \to k_1 \leq k_3,$$

d.h.

$$(1) \quad k_1 \leq | \to k_1 \leq k_3$$

zu zeigen. Dies ergibt sich durch eine Induktion nach $k_1$:

$$(1.1) \quad | \leq | \to | \leq k_3 \qquad \text{wegen (13.9)},$$

$$(1.2) \quad k_1| \leq | \to k_1| \leq k_3 \qquad \text{wegen (13.11)},$$

Es bleibt

$$(2) \quad k_1 \leq k_2| \wedge k_2| \leq k_3 \to k_1 \leq k_3$$

mit (13.13) als Induktionsannahme. Für eine Induktion nach $k_1$ ist zu beweisen

$$(2.1) \quad | \leq k_2| \wedge k_2| \leq k_3 \to | \leq k_3 \quad (13.9)$$

und

$$(2.2) \quad k_1| \leq k_2| \wedge k_2| \leq k_3 \to k_1| \leq k_3.$$

Hierfür liefert jetzt eine Induktion nach $k_3$

$$(2.2.1) \quad k_1| \leq k_2| \wedge k_2| \leq | \to k_1| \leq | \qquad \text{wegen (13.11)},$$

$$(2.2.2) \quad k_1| \leq k_2| \wedge k_2| \leq k_3| \to k_1| \leq k_3|.$$

Diese Subjunktion folgt mit (13.9) und (13.10) aus der Induktionsannahme.

Der Beweis von (13.14) reduziert sich durch Induktion nach $k$ und $l$ auf

$$| \leq l| \wedge l| \leq | \to | = l| \quad (13.11)$$

und

$$k| \leq l| \wedge l| \leq k| \to k| = l|,$$

das mit (13.10) aus (13.14) als Induktionsannahme folgt. Der Beweis von (13.15) reduziert sich entsprechend auf

$$|\leq l|\vee l|\leq|$$

und

$$k\leq l\vee l\leq k\rightarrow k|\leq l|\vee l|\leq k|.$$

Jetzt folgt effektiv das tertium non datur für $\leq$:

$$k\leq l\vee\neg k\leq l. \tag{13.16}$$

Beweis. $\qquad$ (1) $\qquad k=l\rightarrow k\leq l$

$$\rightarrow k\leq l\vee\neg k\leq l$$

$$(2)\quad k\neq l\wedge l\leq k\rightarrow\neg k\leq l \quad (13.14)$$

$$k\neq l\qquad\rightarrow k\leq l\vee\neg k\leq l \quad (13.15)$$

$$(3)\quad k\leq l\vee\neg k\leq l \quad\text{wegen}\quad k=l\vee k\neq l.$$

Es ist üblich, neben $\leq$ und $>$ noch $\geq$ und $<$ zu benutzen, die durch

$$k\geq l\leftrightharpoons l\leq k$$

$$k<l\leftrightharpoons l>k$$

definiert werden. Unmittelbar aus (13.12) bis (13.16) folgen dann

$$k\leq l\leftrightarrow k<l\vee k=l$$

$$k<l\vee k>l\vee k=l$$

$$k_1<k_2\wedge k_2<k_3\rightarrow k_1<k_3.$$

Für

$$k<l|\leftrightarrow k\leq l \tag{13.17}$$

wird dagegen wieder Induktion gebraucht. Wir setzen zur Abkürzung:

$$B(k,l)\leftrightharpoons k<l|\leftrightarrow k\leq l.$$

Dann gilt wegen (13.9) und (13.11) zunächst $B(|,l)$. Ferner gilt

$$B(k,l)\leftrightarrow k\geq l|\leftrightarrow k>l$$

$$\leftrightarrow k\geq l|\leftrightarrow k|>l|$$

$$\leftrightarrow B(l|,k).$$

Hieraus folgt $\wedge_l B(k,l)$ durch Induktion nach $k$:

$$\wedge_l B(k,l)\rightarrow\wedge_l B(l|,k)$$

$$\rightarrow\wedge_l B(l,k) \quad\text{wegen}\quad B(|,k)$$

$$\rightarrow\wedge_l B(k|,l).$$

Die Ordnungsrelationen sind vor allem deshalb wichtig, weil sie eine neue Induktionsregel zu formulieren gestatten:

$$\wedge_{k_0}\cdot\bigwedge_{\substack{k\\k<k_0}}A(k)\rightarrow A(k_0).\rightarrow A(l). \tag{13.18}$$

Mit $C = \bigwedge_{k_0} . \bigwedge_{k < k_0} A(k) \to A(k_0).$ beweisen wir durch Induktion nach $l_0$:

$$C \to \bigwedge_{l < l_0} A(l). \tag{13.19}$$

Zunächst gilt

$$(1) \quad C \to \bigwedge_{l < |} A(l)$$

wegen $l < | \to \bigwedge$ nach (13.9). Ferner gilt mit (13.19) als Induktionsannahme

$$(2) \quad C \to \bigwedge_{l < l_0 |} A(l),$$

d. h.

$$C \wedge l < l_0 | \to A(l).$$

Aus $l < l_0 |$ folgt nämlich $l < l_0 \vee l = l_0$ wegen (13.17). Nach Induktionsannahme gilt $C \wedge l < l_0 \to A(l)$. Auf Grund der Definition von $C$ gilt aber $C \wedge \bigwedge_{l < l_0} A(l) \to A(l_0)$, daher mit der Induktionsannahme $C \to A(l_0)$ und $C \wedge l = l_0 \to A(l)$. Aus (13.19) folgt wegen $l_0 < l_0 |$ speziell $C \to A(l_0)$.

In der fiktiven Logik folgt aus dem „ordnungstheoretischen" Induktionssatz (13.18) durch Kontraposition der Satz vom Minimum:

$$B(l) \to \bigvee_{k_0} . B(k_0) \wedge \bigwedge_{k < k_0} \neg B(k). , \tag{13.20}$$

$$B(l) \to \bigvee_{k_0} . B(k_0) \wedge \bigwedge_{k} . B(k) \to k \geq k_0 \dots \tag{13.21}$$

Selbstverständlich kann für spezielle Formeln $B(k)$ der Satz vom Minimum effektiv gelten, nämlich z. B. immer dann, wenn man eine minimale Zahl $k$ mit $B(k)$ „berechnen" kann. Unabhängig von der Möglichkeit einer Berechnung läßt sich ein Term definieren, der die minimale Zahl darstellt.

Für $C(l) \leftrightharpoons B(l) \wedge \bigwedge_{k} . B(k) \to k \geq l.$ gilt nämlich

$$C(l_1) \wedge C(l_2) \to l_1 = l_2.$$

Der Term $\iota_l C(l)$ ist also für jede Aussageform $B(l)$ sinnvoll. Wir schreiben

$$\mu_l B(l) \leftrightharpoons \iota_l . B(l) \wedge \bigwedge_{k} . B(k) \to k \geq l \dots$$

$\mu_l B(l)$ ist „das minimale $l$ mit $B(l)$".

Wir haben damit das Fundament für die Arithmetik, d. h. für die Theorie der Grundzahlen gelegt. Um uns der üblichen Schreibweise anzupassen, gebrauchen wir im folgenden die Ziffern

$$1 \leftrightharpoons |$$
$$2 \leftrightharpoons ||$$
$$3 \leftrightharpoons |||$$
$$\vdots$$

Wir werden auch die Terme $k|$, $k||$, ..... vermeiden und statt dessen nur noch $k+1$, $k+2$, ..... benutzen.

Es wird für später nützlich sein, hier einzufügen, daß mit den bisherigen methodischen Mitteln außer den Grundzahlen $1, 2, .....$ auch „transfinite Ordinalzahlen", z.B.

$$\omega, \omega + 1, ....., 2\omega, 2\omega + 1, ....., ....., k\omega + l, .....,$$

eingeführt werden können. Selbstverständlich kann hier kein operatives Äquivalent für den CANTORschen Begriff einer *beliebigen* transfiniten Ordinalzahl definiert werden — wir werden in diesem Buch darauf überhaupt nicht eingehen — aber gewisse Anfangsstücke der CANTORschen II. Zahlklasse, etwa die Ordinalzahlen $<\omega^2$, sind ohne Schwierigkeiten zu behandeln.

Der Einfachheit halber fügen wir zu den Grundzahlen noch ein Atom 0 hinzu, gehen also zu den sog. *natürlichen Zahlen* $0, 1, 2, .....$ über. Mit $k, l, ...$ als Variablen für natürliche Zahlen bilden wir mit den Atomen $\omega$ und $+$ alle Figuren $k\omega + l$ und nennen diese hier kurz *Ordinalzahlen*. Als Variable für Ordinalzahlen werden $x, y, ...$ gebraucht. Statt $0\omega + l$ schreiben wir $l$, entsprechend $k\omega$ statt $k\omega + 0$.

Nach Konstruktion der Ordinalzahlen gilt dann die folgende Induktion:

$$\left. \begin{aligned} &A(0) \wedge \wedge_k . A(k\omega) \to A\big((k+1)\,\omega\big). \wedge \\ &\wedge_l . A(k\omega + l) \to A(k\omega + l + 1). \to A(x). \end{aligned} \right\} \qquad (13.22)$$

Wir definieren eine 2-stellige Relation $<$ zwischen den Ordinalzahlen durch:

$$\left. \begin{aligned} k_1 < k_2 &\to k_1\omega + l_1 < k_2\omega + l_2 \\ l_1 < l_2 &\to k\omega + l_1 < k\omega + l_2. \end{aligned} \right\} \qquad (13.23)$$

Für die Gleichheit $=$ gilt

$$k_1\omega + l_1 = k_2\omega + l_2 \leftrightarrow k_1 = k_2 \wedge l_1 = l_2. \qquad (13.24)$$

Aus diesen Definitionen folgt wegen

$$k \neq l \to k < l \vee l < k$$

sofort

$$k_1\omega + l_1 \neq k_2\omega + l_2 \to k_1\omega + l_1 < k_2\omega + l_2 \vee k_2\omega + l_2 < k_1\omega + l_1.$$

Wir beweisen jetzt die Induktionsregel

$$\Lambda_{x_0} . \Lambda_{\substack{x \\ x < x_0}} A(x) \to A(x_0). \to A(y) \qquad (13.25)$$

mit Hilfe von (13.22). Mit

$$C = \Lambda_{x_0} . \Lambda_{\substack{x \\ x < x_0}} A(x) \to A(x_0).$$

beweisen wir dazu:

$$(1) \qquad C \to \bigwedge_{x<0} A(x)$$

$$(2) \qquad C \wedge \bigwedge_{x<k\omega+l} A(x) \to \bigwedge_{x<k\omega+l+1} A(x)$$

$$(3) \qquad C \wedge \bigwedge_{x<k\omega} A(x) \to \bigwedge_{x<(k+1)\omega} A(x).$$

(1) folgt aus $x \geq 0$.

(2) folgt aus $x < k\omega + l + 1 \to x < k\omega + l \vee x = k\omega + l$.

Zum Beweis von (3) folgern wir aus (2) zunächst

$$C \wedge \bigwedge_{x<k\omega} A(x) \to \bigwedge_{x<k\omega+l} A(x)$$

durch arithmetische Induktion nach $l$. Da aus $x < (k+1)\omega$ sofort $\bigvee_l x < k\omega + l$ folgt, erhalten wir damit (3). Nach (13.22) ergeben (1), (2) und (3) aber

$$C \to \bigwedge_{x<z} A(x),$$

woraus für $z = y + 1$ wegen $y < y + 1$ folgt:

$$C \to A(y) \qquad \text{q.e.d.}$$

Auf Grund der Gültigkeit von (13.25) sagt man, daß die Ordnung $\leq$ der Ordinalzahlen eine Wohlordnung ist. Es ist möglich, auch größere Anfangsstücke der CANTORschen II-Klasse einzuführen, z. B. bis zu den Potenzen $\omega^\omega$, $\omega^{\omega^\omega}$, ..... und sogar darüber hinaus. (Vgl. z. B. SCHÜTTE 1960, wo eine Konstruktion aller Ordinalzahlen bis zu den kritischen $\varepsilon$-Zahlen dargestellt ist.)

Auf die Einführung von Rechenoperationen für Ordinalzahlen sei hier verzichtet.

## §14. Länge und Kardinalzahl.

Schon in § 12 haben wir für jedes System $\mathfrak{x}$ die Länge $|\mathfrak{x}|$ definiert, so daß gilt

$$\left. \begin{array}{l} |x| = 1 \\ |\mathfrak{x}, x| = |\mathfrak{x}| + 1 \end{array} \right\} \qquad (14.1)$$

Die Operationen, wie Addition und Multiplikation, haben wir unabhängig voneinander für Systeme einerseits und die Grundzahlen andererseits definiert. Der Zusammenhang ist jedoch leicht herzustellen:

*Satz 14.1.*

$$|\mathfrak{x}, \mathfrak{y}| = |\mathfrak{x}| + |\mathfrak{y}| \qquad (14.2)$$

$$|\mathfrak{x} \times \mathfrak{y}| = |\mathfrak{x}| \times |\mathfrak{y}| \qquad (14.3)$$

$$|\mathfrak{x} \wedge \mathfrak{y}| = |\mathfrak{x}| \wedge |\mathfrak{y}|. \qquad (14.4)$$

Der Beweis benutzt die Definitionen (12.25), (12.30) und (13.7) und wird durch Induktion geführt.

Für (14.2) ist zu zeigen:

(1) $\quad |\mathfrak{x}, y| = |\mathfrak{x}| + 1 = |\mathfrak{x}| + |y|$

und mit (14.2) als Induktionsannahme:

(2) $\quad |\mathfrak{x}, \mathfrak{y}, y| = |\mathfrak{x}, \mathfrak{y}| + 1 = |\mathfrak{x}| + |\mathfrak{y}| + 1 = |\mathfrak{x}| + |\mathfrak{y}, y|.$

Bei (14.3) erhalten wir für eine Induktion nach $\mathfrak{x}$

(1) $\quad |x \times \mathfrak{y}| = |\mathfrak{y}|$

durch Induktion nach $\mathfrak{y}$:

(1.1) $\quad |x \times y| = 1 = |y|$

(1.2) $\quad |x \times \mathfrak{y}| = |\mathfrak{y}| \rightarrow |x \stackrel{\cdot}{\times} \mathfrak{y}, y| = |x \times \mathfrak{y}, x \times y|$
$\qquad\qquad = |x \times \mathfrak{y}| + |x \times y| = |\mathfrak{y}| + |y| = |\mathfrak{y}, y|$

und mit (14.3) als Induktionsannahme

(2) $\quad |\mathfrak{x}, x \stackrel{\cdot}{\times} \mathfrak{y}| = |\mathfrak{x} \times \mathfrak{y}| + |x \times \mathfrak{y}| = |\mathfrak{x}| \times |\mathfrak{y}| + |\mathfrak{y}|$
$\qquad\qquad = |\mathfrak{x}| + 1 \stackrel{\cdot}{\times} |\mathfrak{y}| = |\mathfrak{x}, x| \times |\mathfrak{y}|.$

Für (14.4) benutzen wir Induktion nach $\mathfrak{y}$:

(1) $\quad |\mathfrak{x} \wedge y| = |\mathfrak{x}|$

wegen

(1.1) $\quad |x \wedge y| = 1 = |x|$

und

(1.2) $\quad |\mathfrak{x} \wedge y| = |\mathfrak{x}| \rightarrow |\mathfrak{x}, x \wedge y| = |\mathfrak{x} \wedge y| + |x \wedge y| = |\mathfrak{x}| + 1 = |\mathfrak{x}, x|,$

(2) $\quad (14.4) \rightarrow |\mathfrak{x} \stackrel{\cdot}{\wedge} \mathfrak{y}, y| = |\mathfrak{x} \wedge \mathfrak{y}| \times |\mathfrak{x} \wedge y| = |\mathfrak{x}| \wedge |\mathfrak{y}| \times |\mathfrak{x}|$
$\qquad\qquad = |\mathfrak{x}| \stackrel{\cdot}{\wedge} |\mathfrak{y}| + 1 = |\mathfrak{x}| \wedge |\mathfrak{y}, y|.$

Die in § 12 bewiesenen Sätze über die Operationen für Systeme liefern mit Satz 14.1 sofort entsprechende Sätze für die Zahloperationen.

Es seien $k, l, \ldots$ Variable für Grundzahlen.

*Satz 14.2.* $\quad k_1 + k_2 \stackrel{\cdot}{+} k_3 = k_1 \stackrel{\cdot}{+} k_2 + k_3$
$\qquad\qquad k_1 + k_2 \stackrel{\cdot}{\times} l = k_1 \times l + k_2 \times l$
$\qquad\qquad k_1 \times k_2 \stackrel{\cdot}{\times} k_3 = k_1 \stackrel{\cdot}{\times} k_2 \times k_3$
$\qquad\qquad k \wedge l_1 + l_2 = k \wedge l_1 \times k \wedge l_2.$

Weitere Sätze lassen sich auf einfache Weise durch eine schärfere Ausnutzung des Zusammenhangs der Grundzahlen mit den Systemen gewinnen.

Bisher haben wir jedem System eine Zahl als Länge zugeordnet. Wir wollen nun auch den (endlichen) Mengen eine Zahl, ihre *Kardinalzahl*, zuordnen, die nichts anderes ist als die Anzahl der Elemente der Menge. Jede Menge $M$ — wir verwenden $M, N, \ldots$ als Variable für endliche Mengen — läßt sich darstellen als $\{\mathfrak{x}\}$ mit einem geeigneten System $\mathfrak{x}$, d.h. jede Menge besitzt eine Basis. Nach Satz 12.6 gibt es zu jeder Menge $M$ sogar eine einfache Basis. Wir werden nun beweisen, daß zwei einfache Basen einer Menge stets gleiche Längen haben — das gibt uns dann die Möglichkeit als Kardinalzahl $|M|$ die Länge $|\mathfrak{x}|$ einer einfachen Basis $\mathfrak{x}$ von $M$ zu definieren.

Wir beginnen den Beweis mit:

*Satz 14.3.* $\qquad y \in \{\mathfrak{x}, x\} \to \mathsf{V}_{\mathfrak{y}} \cdot \{\mathfrak{x}, x\} = \{\mathfrak{y}, y\} \wedge |\mathfrak{x}| = |\mathfrak{y}| \, . \, .$

Für eine Induktion nach $\mathfrak{x}$ ist zu zeigen:

$$(1) \qquad y \in \{z, x\} \to \mathsf{V}_{\mathfrak{y}} \cdot \{z, x\} = \{\mathfrak{y}, y\} \wedge |\mathfrak{y}| = 1 \, . \, .$$

Dies folgt aus

$$y \in \{z, x\} \to y = z \vee y = x$$
$$y = z \to \{z, x\} = \{x, y\}$$
$$y = x \to \{z, x\} = \{z, y\}.$$

Satz 14.3 $\to$ (2) $\quad y \in \{\mathfrak{x}, z, x\} \to \mathsf{V}_{\mathfrak{y}} \cdot \{\mathfrak{x}, z, x\} = \{\mathfrak{y}, y\} \wedge |\mathfrak{y}| = |\mathfrak{x}| + 1 \, . \, .$

Aus $y \in \{\mathfrak{x}, z, x\}$ folgt $y \in \{\mathfrak{x}, z\} \vee y = x$ und es gilt:

$$y = x \to \{\mathfrak{x}, z, x\} = \{\mathfrak{x}, z, y\}$$
$$y \in \{\mathfrak{x}, z\} \to \mathsf{V}_{\mathfrak{y}} \cdot \{\mathfrak{x}, z\} = \{\mathfrak{y}, y\} \wedge |\mathfrak{x}| = |\mathfrak{y}| \, .$$
$$\to \mathsf{V}_{\mathfrak{y}} \cdot \{\mathfrak{x}, z, x\} = \{\mathfrak{y}, \dot{x}, y\} \wedge |\mathfrak{y}, x| = |\mathfrak{x}| + 1 \, . \, .$$

Alles weitere stützt sich auf den grundlegenden

*Satz 14.4.* $\quad E(\mathfrak{x}) \wedge \{\mathfrak{x}\} \subseteqq \{\mathfrak{y}\} \to |\mathfrak{x}| \leqq |\mathfrak{y}|.$

Beweis durch Induktion nach $\mathfrak{x}$:

$$(1) \qquad\qquad \{x\} \subseteqq \{\mathfrak{y}\} \to |x| \leqq |\mathfrak{y}| \qquad (13.9).$$
Satz 14.4 $\to$ (2) $\quad E(\mathfrak{x}, x) \wedge \{\mathfrak{x}, x\} \subseteqq \{\mathfrak{y}\} \to |\mathfrak{x}, x| \leqq |\mathfrak{y}|.$

Ersetzen wir hier $\mathfrak{y}$ durch $y$, so ist die Subjunktion trivial, da dann aus dem Antecedens $x = y$ und $x \notin \{\mathfrak{x}\}$ im Widerspruch zu $\{\mathfrak{x}, x\} \subseteqq \{y\}$ folgt. Es bleibt zu zeigen:

$$E(\mathfrak{x}, x) \wedge \{\mathfrak{x}, x\} \subseteqq \{\mathfrak{y}, y\} \to |\mathfrak{x}, x| \leqq |\mathfrak{y}, y|.$$

Nun gilt

$$E(\mathfrak{x}, x) \wedge \{\mathfrak{x}, x\} \subseteqq \{\mathfrak{y}, y\}$$

$$\rightarrow x \in \{\mathfrak{y}, y\} \wedge x \notin \{\mathfrak{x}\}$$

$$\rightarrow V_{\mathfrak{z}} \cdot \{\mathfrak{y}, y\} = \{\mathfrak{z}, x\} \wedge |\mathfrak{z}| = |\mathfrak{y}| \quad \text{nach Satz 14.3.}$$

$$\rightarrow \{\mathfrak{x}\} \subseteqq \{\mathfrak{z}\} \quad \text{denn} \quad \{\mathfrak{x}, x\} \subseteqq \{\mathfrak{z}, x\} \wedge x \notin \{\mathfrak{x}\}$$

$$\rightarrow |\mathfrak{x}| \leq |\mathfrak{z}| \quad \text{nach Induktionsannahme wegen } E(\mathfrak{x})$$

$$\rightarrow |\mathfrak{x}, x| = |\mathfrak{x}| + 1 \leq |\mathfrak{z}| + 1 = |\mathfrak{y}, y|.$$

Aus Satz 14.4 folgt, daß jede einfache Basis einer Menge eine Minimalbasis ist, d.h. eine Basis minimaler Länge. Als Kardinalzahl $|M|$ einer Menge $M$ definieren wir die Länge einer einfachen Basis von $M$:

$$|M| \leftrightharpoons \iota_k V_{\mathfrak{x}} \cdot M = \{\mathfrak{x}\} \wedge E(\mathfrak{x}) \wedge |\mathfrak{x}| = k.. \tag{14.5}$$

Es gilt dann $E(\mathfrak{x}) \rightarrow |\{\mathfrak{x}\}| = |\mathfrak{x}|$ und

*Satz 14.5.* $\qquad\qquad |\{\mathfrak{x}\}| = |\mathfrak{x}| \rightarrow E(\mathfrak{x}).$

Wir zeigen durch Induktion nach $\mathfrak{x}$:

$$\neg E(\mathfrak{x}) \rightarrow \Lambda_{\mathfrak{y}} \cdot \{\mathfrak{x}\} = \{\mathfrak{y}\} \wedge E(\mathfrak{y}) \rightarrow |\mathfrak{x}| > |\mathfrak{y}|..$$

Mit $x$ statt $\mathfrak{x}$ ist wegen $E(x)$ nichts zu beweisen. Aus $\neg E(\mathfrak{x}, x)$ folgt nach Definition (12.37) der Einfachheit

$$\neg E(\mathfrak{x}) \vee x \in \{\mathfrak{x}\}.$$

Aus $x \in \{\mathfrak{x}\} \wedge E(\mathfrak{y}) \wedge \{\mathfrak{x}, x\} = \{\mathfrak{y}\}$ folgt $\{\mathfrak{x}\} = \{\mathfrak{x}, x\} = \{\mathfrak{y}\}$ und $|\mathfrak{x}, x| > |\mathfrak{x}| \geq |\mathfrak{y}|$ nach Satz 14.4. Im Falle $\neg E(\mathfrak{x})$ gibt es ein $\mathfrak{z}$ mit $E(\mathfrak{z}) \wedge \{\mathfrak{x}\} = \{\mathfrak{z}\}$. Aus $E(\mathfrak{y}) \wedge \{\mathfrak{x}, x\} = \{\mathfrak{y}\}$ folgt $\{\mathfrak{z}, x\} = \{\mathfrak{y}\}$ und $|\mathfrak{z}, x| \geq |\mathfrak{y}|$ für jedes solche $\mathfrak{z}$, ferner aber $|\mathfrak{x}| > |\mathfrak{z}|$ nach Induktionsannahme, also $|\mathfrak{x}, x| = |\mathfrak{x}| + 1 > |\mathfrak{z}| + 1 \geq |\mathfrak{y}|$.

Eine Anwendung von Satz 14.4 ergibt sofort die Kommutativität der Addition für Grundzahlen. Wir benutzen dazu, daß es zu jeder Zahl $k$ ein einfaches System $\mathfrak{x}$ der Länge $k$ gibt (z. B. jede Minimalbasis der Menge der $l$ mit $1 \leq l \leq k$). Darüber hinaus lassen sich zu zwei Zahlen $k$ und $l$ auch stets Systeme $\mathfrak{x}$ und $\mathfrak{y}$ mit $|\mathfrak{x}| = k$ und $|\mathfrak{y}| = l$ angeben, so daß noch $\mathfrak{x}, \mathfrak{y}$ einfach ist. Dann folgt aber aus $\{\mathfrak{x}, \mathfrak{y}\} \subseteqq \{\mathfrak{y}, \mathfrak{x}\}$ nach Satz 14.4

$$|\mathfrak{x}, \mathfrak{y}| \leq |\mathfrak{y}, \mathfrak{x}|, \quad \text{also} \quad k + l \leq l + k.$$

Ebenso folgt $l + k \leq k + l$.

Um die Kommutativität der Multiplikation zu beweisen, betrachten wir einfache Systeme $\mathfrak{x}$ und $\mathfrak{y}$ mit $|\mathfrak{x}| = k$ und $|\mathfrak{y}| = l$ und bilden $\mathfrak{x} \times \mathfrak{y}$.

$\mathfrak{x}\times\mathfrak{y}$ ist ein einfaches System, dessen Glieder von der Form $x\times y$ sind mit $x\in\{\mathfrak{x}\}$, $y\in\{\mathfrak{y}\}$. Für solche Systeme $\mathfrak{z}$ definieren wir (Definitionssatz!) eine „Funktion" $\alpha$ durch:

$$\left.\begin{aligned}\alpha(x\times y) &= y\times x \\ \alpha(\mathfrak{z}, x\times y) &= \alpha(\mathfrak{z}), y\times x.\end{aligned}\right\} \tag{14.6}$$

Für $\alpha$ gilt

$$|\alpha(\mathfrak{z})| = |\mathfrak{z}|$$

und

$$E(\mathfrak{z}) \to E\big(\alpha(\mathfrak{z})\big),$$

wie leicht durch Induktion nach $\mathfrak{z}$ zu zeigen ist. (Man benutzt

$$y\times x \in \{\alpha(\mathfrak{z})\} \leftrightarrow x\times y \in \{\mathfrak{z}\}.)$$

Nehmen wir hinzu, daß

$$\{\alpha(\mathfrak{x}\times\mathfrak{y})\} \subseteq \{\mathfrak{y}\times\mathfrak{x}\},$$

so liefert Satz 14.4

$$|\alpha(\mathfrak{x}\times\mathfrak{y})| \le |\mathfrak{y}\times\mathfrak{x}|,$$

d.h.

$$k\times l \le l\times k.$$

Ebenso folgt

$$l\times k \le k\times l.$$

Dieser Beweisgang für

$$k\times l = l\times k \tag{14.7}$$

ist nur eine Präzisierung des naiven Schlusses, der etwa bei der Betrachtung eines Rechteckes von Punkten

$$\begin{matrix} \cdot & \cdot & \cdot & \cdot & \cdot & \cdot \\ \cdot & \cdot & \cdot & \cdot & \cdot & \cdot \\ \cdot & \cdot & \cdot & \cdot & \cdot & \cdot \\ \cdot & \cdot & \cdot & \cdot & \cdot & \cdot \end{matrix}$$

die Anzahl der Punkte einmal zu $4\times6$, ein andermal zu $6\times4$ bestimmt und hieraus $4\times6=6\times4$ folgert.

Auf Grund von (14.7) erhalten wir für die arithmetische Potenzierung durch Induktion nach $m$:

$$k\times l\overset{.}{\wedge} m = k\wedge m\times l\wedge m. \tag{14.8}$$

Beweis. (1) $\qquad k\times l\overset{.}{\wedge} 1 = k\times l$

(14.8) $\;\to$ (2) $\quad k\times l\overset{.}{\wedge} m+1 = k\times l\overset{.}{\wedge} m\overset{.}{\times} k\times l$

$$= k\wedge m\times l\wedge m\times k\times l$$

$$= k\overset{.}{\wedge} m+1\overset{.}{\times} l\overset{.}{\wedge} m+1.$$

$$k\wedge l\overset{.}{\wedge} m = k\overset{.}{\wedge} l\times m. \tag{14.9}$$

Beweis.  (1)  $k \wedge l \overset{\cdot}{\wedge} 1 = k \wedge l$

$(14.9) \rightarrow$ (2)  $k \wedge l \overset{\cdot}{\wedge} m + 1 = k \wedge l \overset{\cdot}{\wedge} m \overset{\cdot}{\times} k \wedge l$

$$= k \overset{\cdot}{\wedge} l \times m \overset{\cdot}{\times} k \wedge l$$
$$= k \overset{\cdot}{\wedge} l \times m + l \qquad \text{(vgl. Satz 12.5)}$$
$$= k \overset{\cdot\cdot}{\wedge} l \overset{\cdot}{\times} m + 1 \,.$$

Satz 14.4 liefert auch unmittelbar den „DIRICHLETschen Schubfachsatz", dessen übliche Formulierung etwa lautet:

Legt man $k$ Dinge in $l$ Schubfächer, dann enthält — falls $k > l$ — mindestens ein Schubfach zwei Dinge.

Eine mathematische Formulierung dieses Satzes erhalten wir durch Heranziehung des Begriffes einer Abbildung: statt Dinge in Schubfächer zu legen, bilden wir ein System in ein anderes ab.

Wir haben für Systeme $\mathfrak{x}$ und $\mathfrak{y}$ die Potenz $\mathfrak{y} \wedge \mathfrak{x}$ definiert. Die Glieder des Systems $\mathfrak{y} \wedge \mathfrak{x}$ haben die Form

$$y_{j_1} \wedge x_1 \times y_{j_2} \wedge x_2 \times \cdots \times y_{j_n} \wedge x_n \qquad (14.10)$$

mit $\mathfrak{x} = x_1, \ldots, x_n$ und $\{y_{j_1}, \ldots, y_{j_n}\} \subseteq \{\mathfrak{y}\}$.

Wir nennen die Glieder von $\mathfrak{y} \wedge \mathfrak{x}$ die *Abbildungen von $\mathfrak{x}$ in $\mathfrak{y}$*. Die Abbildungen sind selbst Systeme, nämlich Systeme der Objekte $y \wedge x$ mit $x \in \{\mathfrak{x}\}$ und $y \in \{\mathfrak{y}\}$. Es ist hier nur das Komma durch $\times$ ersetzt. Zur Unterscheidung nennen wir diese Systeme „$\times$-Systeme". Die Abbildungen von $\mathfrak{x}$ in $\mathfrak{y}$ haben als $\times$-Systeme alle die gleiche Länge $|\mathfrak{x}|$. Dies ergibt sich leicht durch Induktion auch ohne die Benutzung von Zwischenpunkten wie in (14.10). Für eine Abbildung $\mathfrak{f}$ der Form (14.10) wollen wir das System

$$y_{j_1}, y_{j_2}, \ldots, y_{j_n} \qquad (14.11)$$

das „Abbild" von $\mathfrak{f}$ nennen ($x_1, \ldots, x_n$ heißt das Urbild).

Die Definition des Abbildes geschieht ohne Benutzung von Zwischenpunkten dadurch, daß wir auf Grund des Definitionssatzes für beliebige $\times$-Systeme von Objekten $y \wedge x$ eine „Funktion" $\beta$ einführen durch:

$$\left.\begin{aligned} \beta(y \wedge x) &= y \\ \beta(\mathfrak{f} \times y \wedge x) &= \beta(\mathfrak{f}), y. \end{aligned}\right\} \qquad (14.12)$$

Aus (14.12) folgt sofort $|\beta(\mathfrak{f})| = |\mathfrak{f}|$, speziell $|\beta(\mathfrak{f})| = |\mathfrak{x}|$ für $\mathfrak{f} \in \{\mathfrak{y} \wedge \mathfrak{x}\}$.

Der Schubfachsatz behauptet jetzt, daß — unter Voraussetzung von $|\mathfrak{x}| > |\mathfrak{y}|$ — für jede Abbildung $\mathfrak{f}$ von $\mathfrak{x}$ in $\mathfrak{y}$ das Abbild $\beta(\mathfrak{f})$ nicht einfach ist. Im Anschluß an die übliche Begriffsbildung nennen wir eine Abbildung $\mathfrak{f}$ *umkehrbar*, wenn $\beta(\mathfrak{f})$ einfach ist. Für $\mathfrak{f} \in \{\mathfrak{y} \wedge \mathfrak{x}\}$ gilt $|\beta(\mathfrak{f})| = |\mathfrak{x}|$ und $\{\beta(\mathfrak{f})\} \subseteq \{\mathfrak{y}\}$. Daher liefert Satz 14.4:

$$\mathfrak{f} \in \{\mathfrak{y} \wedge \mathfrak{x}\} \wedge U(\mathfrak{f}) \rightarrow |\mathfrak{x}| \leq |\mathfrak{y}|$$

mit $U(\mathfrak{f})$ statt „$\mathfrak{f}$ ist umkehrbar".

Das heißt also:

*Satz 14.6.* $\quad \mathfrak{f} \in \{\mathfrak{y} \diagup{}^{1} \mathfrak{x}\} \wedge |\mathfrak{x}| > |\mathfrak{y}| \rightarrow \neg\, U(\mathfrak{f})$.

In den üblichen Formulierungen dieses Schubfachsatzes läßt er sich nicht unterscheiden von dem folgenden Satz der Junktorenlogik.

Es sei $A(x, y)$ ein zweistelliges Formelsymbol, $\mathfrak{x}$ und $\mathfrak{y}$ seien Systeme von Objektvariablen mit $|\mathfrak{x}| > |\mathfrak{y}|$. $\mathfrak{x}$ sei einfach. Dann gilt

$$\bigwedge_{\substack{x \\ \mathfrak{x}}} \bigvee_{\substack{y \\ \mathfrak{y}}} A(x, y) \rightarrow \bigvee_{\substack{y \\ \mathfrak{y}}} \bigvee_{\substack{x_1, x_2 \\ x_1 \neq x_2}} . A(x_1, y) \wedge A(x_2, y) . . \qquad (14.13)$$

Nennt man eine zweistellige Relation $R$ eine „Zuordnung" von $\mathfrak{x}$ in $\mathfrak{y}$, wenn gilt

$$\bigwedge_{\substack{x \\ \mathfrak{x}}} \bigvee_{\substack{y \\ \mathfrak{y}}} x\,R\,y,$$

und „linkseindeutig", wenn gilt

$$x_1\,R\,y \wedge x_2\,R\,y \rightarrow x_1 = x_2,$$

dann lautet (14.13):

*Eine Zuordnung von $\mathfrak{x}$ in $\mathfrak{y}$ ist nicht linkseindeutig, falls $|\mathfrak{x}| > |\mathfrak{y}|$ und $\mathfrak{x}$ einfach ist.*

Es ist aber nicht so, daß die logische Gültigkeit von (14.13) etwa den Beweisgrund für Satz 14.6 darstellte. Das Verhältnis ist vielmehr dieses, daß die junktorenlogische Formel zu ihrem Beweis den Satz 14.6 benutzt.

Dieser Beweis läßt sich nämlich etwa so führen:

Auf Grund der Distributivität von $\wedge$ bezüglich $\vee$ gilt, wie in Analogie zu (12.31) zu zeigen ist,

$$\bigwedge_{\substack{x \\ \mathfrak{x}}} \bigvee_{\substack{y \\ \mathfrak{y}}} A(x, y) \leftrightarrow \bigvee_{\substack{\mathfrak{f} \\ \mathfrak{y} \diagup \mathfrak{x}}} \bigwedge_{\substack{y \diagup x \\ \mathfrak{f}}} A(x, y). \qquad (14.14)$$

Wegen $|\mathfrak{x}| > |\mathfrak{y}|$ ist jedes $\mathfrak{f}$ mit $\mathfrak{f} \in \{\mathfrak{y} \diagup \mathfrak{x}\}$ nach Satz 14.6 nicht umkehrbar. $\beta(\mathfrak{f})$ ist also nicht einfach, d. h. $\mathfrak{f}$ enthält — wegen der hier vorausgesetzten Einfachheit von $\mathfrak{x}$ — zwei Glieder $y_1 \diagup x_1$ und $y_2 \diagup x_2$ mit $y_1 = y_2$ und $x_1 \neq x_2$:

$$\bigvee_{\substack{y \\ \mathfrak{y}}} \bigvee_{\substack{x_1, x_2 \\ x_1 \neq x_2}} . y \diagup x_1 \in \{\mathfrak{f}\} \wedge y \diagup x_2 \in \{\mathfrak{f}\} . . \qquad (14.15)$$

Aus (14.15) folgt nun $\left[ \text{wegen } \bigwedge_{\substack{z \\ \mathfrak{z}}} A(z) \rightarrow A(z_0) \text{ für } z_0 \in \{\mathfrak{z}\} \right]$

$$\bigwedge_{\substack{y \diagup x \\ \mathfrak{f}}} A(x, y) \rightarrow \bigvee_{\substack{y \\ \mathfrak{y}}} \bigvee_{\substack{x_1, x_2 \\ x_1 \neq x_2}} . A(x_1, y) \wedge A(x_2, y) . . \qquad (14.16)$$

(14.14) und (14.16) liefern dann nach den aussagenlogischen Regeln (14.13). Aus dem damit bewiesenen Satz erhalten wir durch Kontraposition:

*Satz 14.7. Ist $\mathfrak{x}$ einfach und ist für ein zweistelliges Formelsymbol $\mathsf{A}$ die Formel*

$$\bigwedge_{\mathfrak{x}}{}_x \bigvee_{\mathfrak{y}}{}_y \mathsf{A}(x, y) \wedge \bigwedge_{\mathfrak{y}}{}_y \bigwedge_{\mathfrak{x}}{}_{x_1, x_2} \cdot \mathsf{A}(x_1, y) \wedge \mathsf{A}(x_2, y) \to x_1 = x_2 . \to \wedge$$

*aussagenlogisch unableitbar, dann gilt $|\mathfrak{x}| \leq |\mathfrak{y}|$.*

Nennen wir eine Formel $\mathfrak{A}(\mathsf{A})$ kurz „logisch möglich", wenn $\neg\,\mathfrak{A}(\mathsf{A})$ logisch unableitbar ist, so liefert Satz 14.7:

*Ist eine linkseindeutige Zuordnung eines einfachen Systems $\mathfrak{x}$ in $\mathfrak{y}$ logisch möglich, dann gilt $|\mathfrak{x}| \leq |\mathfrak{y}|$.*

Hier ist die übliche elliptische Ausdrucksweise gebraucht, die von der Möglichkeit eines Objektes $\mathsf{A}$ mit $\mathfrak{A}(\mathsf{A})$ spricht, wenn die Möglichkeit der Aussage $\mathfrak{A}(\mathsf{A})$ gemeint ist.

Gilt $\bigwedge_{\mathfrak{y}}{}_y \bigvee_{\mathfrak{x}}{}_x x R y$, dann heißt $R$ eine Zuordnung *aus* $\mathfrak{x}$ *auf* $\mathfrak{y}$. Eine Zuordnung „aus $\mathfrak{x}$ auf $\mathfrak{y}$" und „von $\mathfrak{x}$ in $\mathfrak{y}$" heißt eine Zuordnung *von* $\mathfrak{x}$ *auf* $\mathfrak{y}$.

Gilt $x R y_1 \wedge x R y_2 \to y_1 = y_2$, dann heißt $R$ rechtseindeutig. Eine links- und rechtseindeutige Zuordnung heißt eineindeutig.

Zweimalige Anwendung von Satz 14.7 ergibt mit diesen Definitionen:

*Satz 14.8. Sind $\mathfrak{x}$ und $\mathfrak{y}$ einfache Systeme und ist eine eineindeutige Zuordnung von $\mathfrak{x}$ auf $\mathfrak{y}$ logisch möglich, dann gilt $|\mathfrak{x}| = |\mathfrak{y}|$.*

Durch das „logisch möglich" erinnert dieser Satz noch daran, daß es sich bei diesen Zuordnungen nicht um Abbildungen als Glieder von $\mathfrak{y} \wedge \mathfrak{x}$, sondern nur um eine junktorenlogische Formel handelt.

Satz 14.8 kann aber dazu benutzt werden, um Sätze über die Abbildungen $\mathfrak{f}$ mit $\mathfrak{f} \in \{\mathfrak{y} \wedge \mathfrak{x}\}$ zu gewinnen.

Sind $\mathfrak{x}$ und $\mathfrak{y}$ einfach, ist $\mathfrak{f}$ eine Abbildung von $\mathfrak{x}$ auf $\mathfrak{y}$, d.h. $\mathfrak{f} \in \{\mathfrak{y} \wedge \mathfrak{x}\}$ und $\{\beta(\mathfrak{f})\} = \{\mathfrak{y}\}$ (nicht nur $\subseteq \{\mathfrak{y}\}$), und ist $\mathfrak{f}$ umkehrbar, d.h. $\beta(\mathfrak{f})$ ist einfach, dann gilt $|\mathfrak{x}| = |\mathfrak{y}|$.

Definiert man nämlich

$$x R y \leftrightarrow y \wedge x \in \{\mathfrak{f}\},$$

so hat man damit eine Relation $R$, für die die Formel $\mathfrak{A}(R)$, die besagt, daß $R$ eine eineindeutige Zuordnung von $\mathfrak{x}$ auf $\mathfrak{y}$ ist, gilt. Jetzt folgt die logische Möglichkeit von $\mathfrak{A}(\mathsf{A})$ daraus, daß die aussagenlogischen Regeln zulässig sind. (Da $\lambda$ ohne die Logik unableitbar ist in dem Kalkül, dem $R$ angehört, so ist $\lambda$ auch mit diesen Regeln unableitbar.) Ungenauer drückt man dasselbe aus durch: aus der „Existenz" folgt die logische Möglichkeit. (Vgl. in § 11: $\not{X}A \Rightarrow \not{V}A$.)

Die Schwierigkeiten, die mit dem naiven Mengenbegriff verbunden sind, zeigen sich z.B. schon darin, daß die CANTORsche Mengenlehre von

Satz 14.8 mit „Existenz" an Stelle der logischen Möglichkeit als Definition der Gleichzahligkeit ausgeht. Dabei ist unerheblich, daß in dieser Mengenlehre nicht die Länge von Systemen behandelt wird, sondern nur die Kardinalzahl von Mengen. Denn es ist selbstverständlich leicht zu definieren, was eine eineindeutige Zuordnung von $\{\mathfrak{x}\}$ auf $\{\mathfrak{y}\}$ ist, so daß man erhält:

*Satz 14.9. Sind M und N endliche Mengen und ist eine eineindeutige Zuordnung von M auf N logisch möglich, dann gilt $|M| = |N|$.*

Für den Übergang von Satz 14.8 zu Satz 14.9 ist es nur erforderlich, zu bemerken, daß die Aussagen $\bigwedge_x A(x)$ und $\bigwedge_{x \atop \mathfrak{x}_1} A(x)$ — ebenso wie $\bigvee_{x \atop \mathfrak{x}_1} A(x)$ und $\bigvee_{x \atop \mathfrak{x}_2} A(x)$ — logisch äquivalent sind, wenn $\{\mathfrak{x}_1\} = \{\mathfrak{x}_2\}$ gilt. Denn die logische Konjunktion ist — ebenso wie die Adjunktion — kommutativ, assoziativ, und idempotent. Ein induktiver Beweis ließe sich über

$$\bigwedge_{x \atop \mathfrak{x}} A(x) \leftrightarrow \bigwedge_x . x \in \{\mathfrak{x}\} \to A(x).$$

führen.

Satz 14.9 konnte von CANTOR als Definition der Gleichzahligkeit genommen werden, weil er sich umkehren läßt:

*Satz 14.10. Ist $|M| = |N|$, dann ist eine eineindeutige Zuordnung von M auf N logisch möglich.*

Wie wir oben ausgeführt haben, kann man von der „Existenz" auf die logische Möglichkeit schließen. Zum Beweis von Satz 14.10 genügt daher:

*Satz 14.11. Ist $|\mathfrak{x}| = |\mathfrak{y}|$ mit einfachem $\mathfrak{x}$ und $\mathfrak{y}$, dann gibt es eine umkehrbare Abbildung von $\mathfrak{x}$ auf $\mathfrak{y}$.*

Dieser Satz ist seinerseits eine unmittelbare Folge aus einer Umkehrung des Schubfachsatzes:

*Satz 14.12. Ist $|\mathfrak{x}| \leq |\mathfrak{y}|$ und ist $\mathfrak{y}$ einfach, dann gibt es eine umkehrbare Abbildung von $\mathfrak{x}$ in $\mathfrak{y}$.*

Wir führen den Beweis mit Hilfe einer „kanonischen" Abbildung $\mathfrak{f}(\mathfrak{x})$, die das System $\mathfrak{x}$ abbildet auf das System der Zahlen $1, 2, \ldots, |\mathfrak{x}|$. Wir definieren diese Systeme durch:

$$\left. \begin{array}{l} [1] = 1 \\ [k+1] = [k],\, k+1 . \end{array} \right\} \tag{14.17}$$

Die „Funktion" $\mathfrak{f}$ wird auf Grund des Definitionssatzes definiert durch:

$$\left. \begin{array}{l} \mathfrak{f}(x) = 1 \wedge x \\ \mathfrak{f}(\mathfrak{x}, x) = \mathfrak{f}(\mathfrak{x}) \times |\mathfrak{x}, x| \wedge x . \end{array} \right\} \tag{14.18}$$

Für $\mathfrak{x} = x_1, \ldots, x_m$ ist $\mathfrak{f}(\mathfrak{x})$ also die Abbildung $1 \wedge x_1 \times 2 \wedge x_2 \times \cdots \times m \wedge x_m$. Aus (14.18) folgt durch Induktion, daß $\mathfrak{f}(\mathfrak{x})$ tatsächlich eine Abbildung in unserem Sinne ist, d.h. $\mathfrak{k}(\mathfrak{x}) \in \{[|\dot{\mathfrak{x}}|] \wedge \mathfrak{x}\}$, und zwar eine umkehrbare Abbildung von $\mathfrak{x}$ auf $[|\mathfrak{x}|]$.

Es sei nun $|\mathfrak{x}| \leq |\mathfrak{y}|$. Dann ist $\mathfrak{k}(\mathfrak{x})$ eine umkehrbare Abbildung von $\mathfrak{x}$ auf $[|\mathfrak{x}|]$, $\mathfrak{k}(\mathfrak{y})$ eine umkehrbare Abbildung auf $[|\mathfrak{y}|]$:

$$\mathfrak{k}(\mathfrak{x}) = 1 \wedge x_1 \times \cdots \times m \wedge x_m$$
$$\mathfrak{k}(\mathfrak{y}) = 1 \wedge y_1 \times \cdots \times n \wedge y_n$$

und es ist $\{[|\mathfrak{x}|]\} \subseteqq \{[|\mathfrak{y}|]\}$.

Ist $\mathfrak{y}$ einfach, so ist die — in Analogie zu $\alpha(\mathfrak{x} \times \mathfrak{y})$ in (14.6) definierte — Abbildung

$$\alpha\big(\mathfrak{k}(\mathfrak{y})\big) = y_1 \wedge 1 \times y_2 \wedge 2 \times \cdots \times y_n \wedge n$$

eine umkehrbare Abbildung von $[|\mathfrak{y}|]$ auf $\mathfrak{y}$.

Die Abbildungen $\mathfrak{k}(\mathfrak{x})$ und $\alpha\big(\mathfrak{k}(\mathfrak{y})\big)$ ergeben „hintereinander ausgeführt" — es ist wohl deutlich, was damit gemeint ist —:

$$y_1 \wedge x_1 \times \cdots \times y_m \wedge x_m,$$

eine umkehrbare Abbildung von $\mathfrak{x}$ in $\mathfrak{y}$.

Die zu diesem Beweis benutzte „kanonische Funktion" $\mathfrak{k}$ ist es, die angewendet wird, wenn ein System $\mathfrak{x}$ in der Form $x_1, x_2, \ldots, x_m$ geschrieben wird. Für $k \leq |\mathfrak{x}|$ gibt es stets genau ein $x$ mit $k \wedge x \in \{\mathfrak{k}(\mathfrak{x})\}$. Dieses Objekt heißt das $k$-te Glied von $\mathfrak{x}$. Bezeichnen wir das $k$-te Glied mit $(\mathfrak{x})_k$, also

$$(\mathfrak{x})_k \leftrightharpoons \iota_x \cdot k \wedge x \in \{\mathfrak{k}(\mathfrak{x})\},$$

so gilt

$$\mathfrak{x} = (\mathfrak{x})_1, (\mathfrak{x})_2, \ldots, (\mathfrak{x})_{|\mathfrak{x}|}. \tag{14.19}$$

Auch diese Gleichung läßt sich selbstverständlich noch ohne Zwischenpunkte ausdrücken, aber durch die voraufgegangenen Beispiele wird deutlich geworden sein, wie in jedem Falle die Zwischenpunkte zu vermeiden sind — wir dürfen sie daher wohl hier und im folgenden stets unbedenklich verwenden.

## §15. Rationale und algebraische Zahlen.

In Teil I und den bisherigen Paragraphen dieses Teils haben wir etwa alles das dargestellt, was in einer „Einführung in die höhere Mathematik" — sei es ein Lehrbuch oder eine Vorlesung — als selbstverständlich vorausgesetzt wird. Wir stehen nun vor der Aufgabe, zu zeigen, wie ein Aufbau der „höheren" Mathematik von unserem bereitgestellten Ausgangsmaterial aus durchzuführen ist. Wer auch nur etwas von der Grundlagenproblematik der Mathematik gehört hat, wird sofort übersehen können, daß die kritische Stelle dieses Aufbaues die Einführung der reellen Zahlen, also der Schritt von der Arithmetik zur Analysis sein wird. Eine Möglichkeit, diesen Schritt auszuführen ohne den Rahmen der operativen Mathematik zu verlassen, werden wir in den nächsten Kapiteln darstellen.

In diesem Paragraphen skizzieren wir einen Aufbau der rationalen und algebraischen Zahlen. Die operative Auffassung erzwingt dabei keine Änderung gegenüber dem traditionellen Aufbau — jedenfalls dann nicht, wenn wir uns stets der fiktiven Logik bedienen. Und wir haben ja gesehen, in welchem Sinne wir dazu berechtigt sind. Wir fassen daher die Frage, ob ein fiktiv bewiesener Satz auch effektiv beweisbar ist, als eine zwar stets sinnvolle und interessante Frage auf, deren Beantwortung jedoch in einer Einführung unterbleiben darf, wenn dazu der fiktive Beweisgang wesentlich geändert werden müßte.

Die Behandlung der rationalen Zahlen wird daher dem Leser gar nichts Neues bieten. Die Einführung der algebraischen Zahlen weicht nur insofern vom Üblichen ab, als sie von der Ordnung der rationalen Zahlen Gebrauch macht. Dieser Weg scheint mir hier zur Vorbereitung der Analysis geeigneter zu sein, als die „körpertheoretische" Methode.

Zur Einführung der rationalen Zahlen tragen wir zunächst einige Sätze über Grundzahlen nach, die den Zusammenhang der Ordnung mit der Addition und Multiplikation betreffen.

$$k_1 < k_2 \rightarrow k_1 + l < k_2 + l. \tag{15.1}$$

Beweis durch Induktion nach $l$:

(1) $\qquad k_1 < k_2 \rightarrow k_1 + 1 < k_2 + 1$ wegen (13.10)

(2) $\quad k_1 + l < k_2 + l \rightarrow k_1 + l + 1 < k_2 + l + 1$ wegen (13.10).

$$k_1 < k_2 \wedge l_1 < l_2 \rightarrow k_1 + l_1 < k_2 + l_2. \tag{15.2}$$

Beweis. $\qquad k_1 < k_2 \wedge l_1 < l_2 \rightarrow k_1 + l_1 < k_2 + l_1 < k_2 + l_2.$

(15.2) gilt auch mit $\leq$ an Stelle von $<$.

$$k_1 + l = k_2 + l \rightarrow k_1 = k_2. \tag{15.3}$$

Beweis. $\qquad k_1 \neq k_2 \rightarrow k_1 < k_2 \vee k_1 > k_2$

$$k_1 < k_2 \rightarrow k_1 + l < k_2 + l \rightarrow k_1 + l \neq k_2 + l$$

$$k_1 > k_2 \rightarrow k_1 + l > k_2 + l \rightarrow k_1 + l \neq k_2 + l.$$

$$k_1 < k_2 \rightarrow k_1 \times l < k_2 \times l. \tag{15.4}$$

Beweis durch Induktion nach $l$:

$$k_1 < k_2 \rightarrow k_1 \times 1 = k_1 < k_2 = k_2 \times 1$$

$$k_1 < k_2 \wedge k_1 \times l < k_2 \times l \rightarrow k_1 \dot\times l + 1 = k_1 \times l + k_1 < k_2 \times l + k_2 = k_2 \dot\times l + 1.$$

Aus (15.4) folgen analog zu (15.2) und (15.3)

$$k_1 < k_2 \wedge l_1 < l_2 \to k_1 \times l_1 < k_2 \times l_2, \tag{15.5}$$

$$k_1 \times l = k_2 \times l \to k_1 = k_2. \tag{15.6}$$

Der Zusammenhang der Ordnung mit der Addition ist besonders eng. Dies zeigt

$$k_1 < k_2 \leftrightarrow \bigvee_l k_1 + l = k_2. \tag{15.7}$$

Beweis durch Induktion nach $k_2$:

(1) $\qquad k_1 < 1 \to \wedge$

(2) $\quad k_1 < k_2 + 1 \to k_1 \leq k_2 \qquad (13.17)$

$\qquad\qquad \to k_1 < k_2 \vee k_1 = k_2$

$\qquad\qquad \to \bigvee_{l_0} k_1 + l_0 = k_2 \vee k_1 = k_2$

$\qquad\qquad \to \bigvee_{l_0} k_1 + l_0 + 1 = k_2 + 1 \vee k_1 + 1 = k_2 + 1$

$\qquad\qquad \to \bigvee_l k_1 + l = k_2 + 1.$

Definiert man mit der Multiplikation eine Relation $\leq$ analog zu (15.7):

$$k_1 \leq k_2 \leftrightharpoons \bigvee_l k_1 \times l = k_2, \tag{15.8}$$

so kommt man zur Teilbarkeit ($k_1$ teilt $k_2$), deren Theorie Hauptgegenstand der sog. Zahlentheorie ist. Diese liegt aber außerhalb unseres Weges zur Analysis.

Im Anschluß an (15.3) und (15.6) können die Terme $\iota_l k_1 + l = k_2$ und $\iota_l k_1 \times l = k_2$ gebildet werden. Wir setzen

$$\left.\begin{array}{l} k_2 - k_1 \leftrightharpoons \iota_l k_1 + l = k_2 \\ k_2 / k_1 \leftrightharpoons \iota_l k_1 \times l = k_2. \end{array}\right\} \tag{15.9}$$

Hier begegnen wir zum erstenmal einer Situation, in der nichtexistente Terme auftreten, denn $k_2 - k_1$ existiert nur dann, wenn $k_2 > k_1$ gilt. Selbst für $k_2 > k_1$ existiert aber $k_2 / k_1$ nicht allemal, z.B. ist $3/2$ nichtexistent. Der fundamentale Gedanke, der hier eingreift, und von dem die Mathematik in ihrer ganzen historischen Entwicklung entscheidend abhängt, ist der Gedanke des Überganges von der gerade betrachteten Klasse $K_0$ von Objekten, in deren Theorie nichtexistente Terme auftreten, zu einer Erweiterung, d.h. zu einer neuen Klasse $K'$ von Objekten, die folgenden Bedingungen genügen muß:

(1) Für die Objekte von $K_0$ und $K'$ läßt sich eine eineindeutige Zuordnung definieren, die jedem „alten" Objekt von $K_0$ ein „neues" Objekt von $K'$ zuordnet. Ist $K_0'$ die Klasse der den Objekten von $K_0$ zugeordneten Objekte, so ist *jeder* in $K_0$ definierten Relation $R_0$ eine Relation $R_0'$ zugeordnet, deren Definition lautet:

$$x_1', \ldots, x_m' \in R_0' \leftrightharpoons x_1, \ldots, x_m \in R_0.$$

(Hierbei seien $x_1, \ldots, x_m$ Objekte von $K_0$ und $x_1', \ldots, x_m'$ die zugeordneten Objekte von $K_0'$.)

(2) Zu *einigen* der Relationen $R_0'$ lassen sich Relationen $R'$ in $K'$ definieren, die in $K_0'$ mit $R_0'$ übereinstimmen, d.h.

$$x_1', \ldots, x_m' \in R' \leftrightarrow x_1', \ldots, x_m' \in R_0' \quad \text{für alle } x_1', \ldots, x_m' \text{ aus } K_0'.$$

Insbesondere lassen sich diejenigen Relationen $R_0'$ auf diese Weise „fortsetzen", die den in den nichtexistenten Termen von $K_0$ auftretenden Relationen $R_0$ zugeordnet sind, so daß jetzt in $K'$ die entsprechenden Terme (ausnahmslos, oder unter sehr einfach zu übersehenden Einschränkungen) existieren.

Die durch die Forderungen (1) und (2) beschriebene „Erweiterungsmethode" läßt im allgemeinen viele Erfüllungen zu: man wird häufig die verschiedensten Klassen $K'$ angeben können, die (1) und (2) erfüllen. Durch eine weitere Forderung läßt sich diese Willkür aber sinnvoll einschränken: durch die sog. Permanenzforderung. Man fordert:

(3) Für die nach (2) definierten Relationen $R'$ in $K'$ gelten *gewisse* derjenigen Sätze, die für die entsprechenden Relationen $R_0$ in $K_0$ gelten.

Die Forderungen (1) bis (3) können bei geeigneter Wahl des Systems der Sätze von $K_0$, das in (3) auftritt, so stark sein, daß es für die neue Klasse $K'$ nur eine einzige (selbstverständlich bis auf eineindeutige Zuordnungen) *minimale* Lösung gibt, daß also nur eine einzige solche Klasse (1) bis (3) erfüllt, von der kein Objekt weggelassen werden kann, ohne gegen die in (2) geforderte Existenz gewisser Terme zu verstoßen.

Die einfachsten Beispiele für diese Erweiterungsmethode liefert der Übergang von den Grundzahlen zu den rationalen Zahlen. Es entspricht der historischen Entwicklung, wenn wir zunächst den Übergang zu den *positiven rationalen* Zahlen durchführen.

$K_0$ sei die Klasse der Grundzahlen. Wir suchen eine Erweiterung $K'$ derart, daß alle Terme $\delta/\varepsilon$ (es seien $\delta, \varepsilon, \ldots$ Variable für die Objekte von $K'$) existent sind. Die neue Klasse $K'$ definieren wir auf folgende Weise. Zwischen den Paaren von Grundzahlen (d.h. den Systemen der Länge 2) wird eine Gleichheitsrelation $\sim$ eingeführt durch:

$$k_1, k_2 \sim l_1, l_2 \leftrightharpoons k_1 \times l_2 = k_2 \times l_1. \tag{15.10}$$

$\sim$ ist reflexiv und komparativ.

Wir abstrahieren aus den Paaren neue Objekte und setzen

$$k_1 / k_2 = l_1 / l_2 \leftrightharpoons k_1, k_2 \sim l_1, l_2.$$

Die Einführung der Bezeichnung $k_1/k_2$ für Terme in (15.9) setzen wir — um Mißverständnisse zu vermeiden — vorübergehend wieder außer Kraft. Zwischen den Grundzahlen und den neuen Objekten (die wir die positivrationalen Zahlen nennen) definieren wir eine eineindeutige Zuordnung durch:

$$k \rightarrowtail k\,/\,1. \tag{15.11}$$

Die „Zahlen" $k\,/\,1$ bilden also die Klasse $K_0'$. Auf $K_0'$ lassen sich alle in $K_0$ definierten Relationen und Funktionen übertragen, also

$$\left.\begin{aligned}
k\,/\,1 + l\,/\,1 &\leftrightharpoons k + l\,/\,1 \\
k\,/\,1 \times l\,/\,1 &\leftrightharpoons k \times l\,/\,1 \\
k\,/\,1 \wedge l\,/\,1 &\leftrightharpoons k \wedge l\,/\,1 \\
k\,/\,1 \leq l\,/\,1 &\leftrightharpoons k \leq l.
\end{aligned}\right\} \tag{15.12}$$

Von diesen Relationen und Funktionen setzen wir nun *einige* auf $K'$ fort, nämlich

$$\left.\begin{aligned}
k_1\,/\,k_2 + l_1\,/\,l_2 &\leftrightharpoons k_1 \times l_2 + k_2 \times l_1 \,/\, l_1 \times l_2 \\
k_1\,/\,k_2 \times l_1\,/\,l_2 &\leftrightharpoons k_1 \times l_1 \,/\, k_2 \times l_2 \\
k_1\,/\,k_2 \leq l_1\,/\,l_2 &\leftrightharpoons k_1 \times l_2 \leq k_2 \times l_1.
\end{aligned}\right\} \tag{15.13}$$

Da die rationalen Zahlen durch Abstraktion gewonnen sind, hat man sich davon zu überzeugen, daß diese Fortsetzungen *invariant* sind bzgl. der Gleichheitsrelation $\sim$. Ebenso leicht ist dann zu sehen, daß sie (15.12) fortsetzen. Die Permanenzforderung schließlich ist hier in günstigster Weise erfüllt, denn alle Sätze über Addition und Multiplikation, die wir bewiesen haben, bleiben erhalten. Aus $k + l = l + k$ wird so z. B.

$$\delta + \varepsilon = \varepsilon + \delta.$$

Für die Ordnung bleiben dagegen Sätze wie $k \geq 1$ nicht erhalten, wohl aber (13.12) bis (13.15), (15.1) und (15.4).

Mit

$$\delta_2\,/\,\delta_1 \leftrightharpoons \iota_\varepsilon\, \delta_1 \times \varepsilon = \delta_2$$

zeigt sich dann die Aufgabe der Erweiterung erfüllt: der Term $\delta_2\,/\,\delta_1$ ist für alle $\delta_1$, $\delta_2$ existent. Zur Vereinfachung der Schreibweise führen wir zum Schluß die Bezeichnung

$$k \leftrightharpoons k\,/\,1$$

ein. Das sieht dann so aus, als ob die Grundzahlen zu den Objekten von $K'$ gehören, z. B. können wir jetzt $\delta \geq 1$ schreiben an Stelle von $\delta \geq 1\,/\,1$. Eine Mehrdeutigkeit in der Bezeichnung entsteht dadurch nicht, weil in $K'$

$$k_1\,/\,1 \,/\, k_2\,/\,1 = k_1\,/\,k_2$$

beweisbar ist.

Ein Nachteil der damit eingeführten positivrationalen Zahlen liegt darin, daß die Potenzoperation nicht mehr — wie für die Grundzahlen — ausführbar ist. Fordert man die Permanenz von $k \,/\!\!\!\Lambda\, 1 = k$ und $k \,\dot{/\!\!\!\Lambda}\, l_1 + l_2 = k_1 \,/\!\!\!\Lambda\, l_1 \times k_2 \,/\!\!\!\Lambda\, l_2$ also $\delta \,/\!\!\!\Lambda\, 1 = \delta$ und $\delta \,\dot{/\!\!\!\Lambda}\, \delta_1 + \delta_2 = \delta \,/\!\!\!\Lambda\, \delta_1 \times \delta \,/\!\!\!\Lambda\, \delta_2$, so läßt sich beweisen, daß es keine Fortsetzung der Potenzoperation von (15.12) gibt, die dieser Forderung genügt. Es würde nämlich aus $\delta = 2 \,/\!\!\!\Lambda\, 1/2$ folgen:

$$\delta \times \delta = 2 \,/\!\!\!\Lambda\, 1 = 2.$$

Für alle rationalen Zahlen $\delta$ gilt aber bekanntlich $\delta \times \delta \neq 2$.

Diese Erkenntnis hat schon in der griechischen Mathematik zur Einführung von reellen Zahlen nach der Eudoxischen Methode geführt. Sachlich ist dieser Schritt durch die Nichtfortsetzbarkeit der Potenzoperation jedoch nicht gerechtfertigt: Es liegen meines Wissens bisher noch keine Untersuchungen darüber vor, wie mit „elementaren" Mitteln — vergleichbar denen, die bei der Erweiterung von den Grundzahlen zu den rationalen und algebraischen Zahlen angewandt werden — eine Erweiterung der Klasse der positivrationalen Zahlen konstruiert werden kann, in der die Potenzoperation uneingeschränkt ausführbar ist. Zu den neuen „Potenzzahlen" würden dann allerdings auch solche „transzendenten" Zahlen, wie

$$2 \,\ddot{/\!\!\!\Lambda}\, 2 \,\dot{/\!\!\!\Lambda}\, 1/2 \quad (= 2^{\sqrt{2}})$$

gehören.

Es ist üblich, von den reellen Zahlen nur die algebraischen durch eine „elementare" Konstruktion zu gewinnen.

Zunächst müssen wir dazu von den positivrationalen Zahlen zu den rationalen Zahlen übergehen. Der Term $\iota_\delta\, \delta_1 + \delta = \delta_2$ ist ja auch jetzt nur für $\delta_1 < \delta_2$ existent.

Eine geeignete Erweiterung, um diesem Mißstand abzuhelfen, findet sich auf folgende Weise:

$K_0$ sei jetzt die Klasse der positivrationalen Zahlen. Wir bilden die Paare $\delta$, $\varepsilon$ von solchen Zahlen und definieren eine Gleichheitsrelation $\sim$ durch:

$$\delta_1, \delta_2 \sim \varepsilon_1, \varepsilon_2 \;\leftrightarrow\; \delta_1 \mid \varepsilon_2 = \delta_2 \mid \varepsilon_1. \tag{15.14}$$

Die durch Abstraktion bezüglich $\sim$ entstehenden Objekte nennen wir „rationale" Zahlen und schreiben

$$\delta_1 - \delta_2 = \varepsilon_1 - \varepsilon_2 \;\leftrightarrows\; \delta_1, \delta_2 \sim \varepsilon_1, \varepsilon_2.$$

Eine eineindeutige Zuordnung der positivrationalen Zahlen zu gewissen dieser rationalen Zahlen definieren wir durch:

$$\delta \rightarrowtail \delta + 1 - 1. \tag{15.15}$$

Als Fortsetzungen der dadurch auf die Zahlen $\delta + 1 - 1$ übertragenen Relationen und Funktionen setzen wir:

$$\left.\begin{aligned}
\delta_1 - \delta_2 \dotplus \varepsilon_1 - \varepsilon_2 &\leftrightharpoons \delta_1 + \varepsilon_1 \dotminus \delta_2 + \varepsilon_2 \\
\delta_1 - \delta_2 \mathbin{\dot{\times}} \varepsilon_1 - \varepsilon_2 &\leftrightharpoons \delta_1 \times \varepsilon_1 + \delta_2 \times \varepsilon_2 \dotminus \delta_1 \times \varepsilon_2 + \delta_2 \times \varepsilon_1 \\
\delta_1 - \delta_2 \mathbin{\dot{\leq}} \varepsilon_1 - \varepsilon_2 &\leftrightharpoons \delta_1 + \varepsilon_2 \leq \delta_2 + \varepsilon_1.
\end{aligned}\right\} \quad (15.16)$$

Die Erfüllung der Permanenzforderung ist hier nicht mehr ganz so günstig wie bei der Einführung der positivrationalen Zahlen. Mit $r, s, \ldots$ als Variablen für die rationalen Zahlen gelten zwar die Sätze der Kommutativität, Assoziativität und Distributivität, bei der Ordnung geht aber die „Isotonie" teilweise verloren. Es gilt nur noch

$$r_1 < r_2 \to r_1 + s < r_2 + s.$$

Mit $0 \leftrightharpoons \delta - \delta$ treten dagegen neu auf:

$$\left.\begin{aligned}
s > 0 \wedge r_1 < r_2 &\to r_1 \times s < r_2 \times s \\
s = 0 \wedge r_1 < r_2 &\to r_1 \times s = r_2 \times s = 0 \\
s < 0 \wedge r_1 < r_2 &\to r_1 \times s > r_2 \times s.
\end{aligned}\right\} \quad (15.17)$$

Für $r_1 - r_2 \leftrightharpoons \iota_s\, r_2 + s = r_1$ erweist sich der Term $r_1 - r_2$ stets als existent. Der Term $r_1/r_2$, der wieder durch

$$r_1 / r_2 \leftrightharpoons \iota_s\, r_2 \times s = r_1$$

definiert wird, ist dagegen hier nur für $r_2 \neq 0$ existent.

Trotz dieser Mängel besteht aber wohl kein Zweifel darüber, daß die rationalen Zahlen diejenige Erweiterung der Grundzahlen in bezug auf die Existenz der Terme $r_1 - r_2$ und $r_1/r_2$ liefern, die die Permanenzforderung bestmöglich erfüllt. Wir setzen wieder zur Vereinfachung

$$\delta \leftrightharpoons \delta + 1 - 1.$$

Die Unerfüllbarkeit von $\delta \times \delta = 2$ zieht die Unerfüllbarkeit von $r \times r = 2$ nach sich. Jetzt wird sogar der Term $\iota_r\, r \times r = s$ sinnlos, denn

$$r_1 \times r_1 = s \wedge r_2 \times r_2 = s \to r_1 = r_2$$

ist widerlegbar. Mit den Abkürzungen

$$-r \leftrightharpoons 0 - r$$
$$+r \leftrightharpoons 0 + r\, (= r)$$

gilt stets

$$-r \times -r = +r \times +r,$$

aus $-r = +r$ folgt aber $2 \times r = 0$, also $r = 0/2 = 0$.

Fragt man nach einer Erweiterung, in der die Aussageform $r \times r = s$ erfüllbar wird (in der die Gleichung für $r$ lösbar wird, wie man sagt), so ist das nicht mehr genau die Fragestellung, in der eine Erweiterung mit der Existenz gewisser Terme gesucht wird, sondern eine Verallgemeinerung hiervon.

In der Formulierung der Forderungen (1) bis (3), durch die wir die Erweiterungsmethode beschrieben haben, ist nur (2) dahingehend zu modifizieren, daß in der Erweiterung $K'$ gewisse Aussageformen erfüllbar sein sollen.

Für die Erweiterung, die uns von den rationalen Zahlen zu den *algebraischen* Zahlen führen wird, beschreiben wir zunächst die Aussageformen, die mit den neuen Objekten erfüllbar sein sollen.

$x$ sei ein Objektsymbol für die neuen Objekte (da diese noch nicht bestimmt sind, ist $x$ im eigentlichen Sinne des Wortes eine „Unbestimmte"). Die Terme, die durch Addition und Multiplikation aus $x$ und den rationalen Zahlen entstehen, heißen „Polynome" in $x$.

Als Variable für rationale Zahlen benutzen wir im folgenden neben $r, s, t$ auch $a, b, c$. Polynome sind dann z. B.

$$a \times x + b$$

$$a \times x + x \times b \times x \overset{.}{\times} c \times x.$$

Die üblichen kürzeren Normalformen, z. B.

$$a + b \times x + c \times x^2 + \cdots$$

einzuführen, lohnt hier nicht.

$f, g, h$ seien Variable für Polynome in $x$. Statt $f$ schreiben wir gelegentlich auch $f(x)$. Wird $x$ durch eine rationale Zahl $r$ ersetzt, so entsteht ein Term $f(r)$ für eine rationale Zahl. Die Aussageformen $f(x) = 0$ mit nicht konstantem $f$ heißen algebraische Gleichungen (in $x$). Die algebraischen Gleichungen sind diejenigen Aussageformen, die in der gesuchten Erweiterung erfüllbar sein sollen.

Man sieht sofort, daß es nicht möglich sein wird, die Ordnung mit den bisherigen Monotoniesätzen in die Erweiterung fortzusetzen. Ist nämlich

$$x \times x + 1 = 0$$

erfüllbar, so kann für eine Lösung $i$ weder $i \geq 0$ noch $i \leq 0$ gelten. Unter Voraussetzung der Permanenz von (15.1) und (15.17) würde in beiden Fällen $i \times i \geq 0$, also $i \times i + 1 \geq 1$, d. h. $0 \geq 1$ folgen. Es liegt daher nahe, zunächst eine Erweiterung zu suchen, in der nur gewisse (aber schon möglichst viele) algebraische Gleichungen erfüllbar sind — dafür soll jedoch die Ordnung fortsetzbar sein. Diese Einschränkung der Aufgabe führt auf die reell-algebraischen Zahlen.

An Stelle der algebraischen Gleichungen betrachten wir die folgenden Aussageformen:

$$a < b \wedge f(a) < 0 \leq f(b) \rightarrow f(x) = 0 \wedge a < x \leq b.$$

(Der Leser wird sich hier an den WEIERSTRASSschen Nullstellensatz für stetige Funktionen reeller Zahlen erinnern.) Wir suchen eine Erweiterung, in der alle diese Aussageformen erfüllbar werden: d.h. für alle Paare $a, b$ mit $a < b$ und für alle Polynome $f$ mit $f(a) < 0 \leq f(b)$ soll es in der Erweiterung ein Objekt $x$ mit $f(x) = 0 \wedge a < x \leq b$ geben.

Verglichen mit den Forderungen, die uns von den Grundzahlen zu den rationalen Zahlen geführt haben, liegt hier eine schwierigere Aufgabe vor. Dementsprechend ist auch die Konstruktion einer geeigneten Erweiterung komplizierter. Für jedes Polynom $f$ und jede rationale Zahl $a$, die die Bedingungen

$$\left.\begin{array}{r} f(a) < 0 \\ V_b . a < b \wedge f(b) \geq 0. \end{array}\right\} \tag{15.18}$$

erfüllen, werden wir eine „Lösung" von

$$f(x) = 0 \wedge a < x \leq b$$

allein durch $f$ und $a$ festlegen. In Worten etwa: „das kleinste $x$ mit $f(x) \geq 0$ und $a < x$". Es wird sich darum handeln, diesen Worten einen Sinn zu geben. Jedenfalls führen wir schon jetzt ein Symbol $f_a$ ein [für alle $f$ und $a$ mit (15.18)], dem diese — noch unklare — Bedeutung des kleinsten $x$ mit $f(x) \geq 0$ und $a < x$ später zukommen soll.

Für alle $f$ und $a$ mit (15.18) betrachten wir also die Paare $f, a$. Durch eine geeignete Abstraktion wird jedes Paar $f, a$ ein Objekt $f_a$ darstellen. Um zu einer Definition von $f_a = g_b$ zu kommen, ordnen wir $f_a$ zunächst in die rationalen Zahlen ein. Das ist der Grundgedanke der Erweiterung, der auch schon der EUDOXischen Theorie der inkommensurablen Größen zugrunde liegt. Für die Aussageform $A(x)$ mit

$$A(x) \leftrightharpoons a < x \wedge f(x) \geq 0$$

definieren wir:

$$\left.\begin{array}{l} r < f_a \leftrightharpoons \underset{r < s}{V_s} \wedge_t . A(t) \rightarrow s \leq t. \\ \quad \leftrightarrow \underset{\substack{r < s \\ a < t}}{V_s} \wedge_t . f(t) \geq 0 \rightarrow s \leq t.. \end{array}\right\} \tag{15.19}$$

Diese Definition steht ersichtlich im Einklang mit dem oben angedeuteten Sinn von $f_a$.

In der Ausdrucksweise von DEDEKIND liefert jedes $f_a$ auf Grund von (15.19) einen *Schnitt*, d.h. eine Einteilung aller rationalen Zahlen in die Unterklasse der $r$ mit $r < f_a$ und in die komplementäre Klasse der $r$ mit $r \geq f_a$, d.h. $\neg\, r < f_a$. Die Schnitteigenschaften sind vorhanden, denn zunächst folgt wegen

$$A(x) \to a \leq x$$
$$r < a \to r < a \wedge \Lambda_t . A(t) \to a \leq t.$$
$$\to \underset{r<s}{V_s}\, \Lambda_t . A(t) \to s \leq t.$$
$$\to r < f_a,$$

d.h. (I) die Unterklasse ist nicht leer. Aus (15.18) folgt ferner $V_b A(b)$ und hieraus $V_b\, b \geq f_a$ wegen

$$r < f_a \to \neg\, A(r). \tag{15.20}$$

Beweis: $\qquad\qquad r < f_a \to \underset{r<s}{V_s}\, \Lambda_t . A(t) \to s \leq t.$
$$\to \Lambda_t . A(t) \to r < t.$$
$$\dashrightarrow A(r) \to r < r$$
$$\to \neg\, A(r).$$

Also: (II) die Unterklasse ist echt, d.h. ungleich der Klasse *aller* rationalen Zahlen. Ohne Benutzung der speziellen Bedeutung von $A(x)$ folgt

$$r_1 < r_2 < f_a \to r_1 < f_a. \tag{15.21}$$

(III) die Unterklasse enthält mit jeder Zahl jede kleinere.

$$r_1 < f_a \to \underset{r_2}{V}\, r_1 < r_2 < f_a. \tag{15.22}$$

(IV) die Unterklasse enthält zu jeder Zahl eine größere. Zum Beweis von (15.22) benutzt man

$$r_1 < s \to r_1 < r_2 < s \quad \text{für} \quad r_2 = r_1 + s \,/\, 2.$$

Im Unterschied von der üblichen Einführung der reellen Zahlen haben wir es hier aber nicht mit „beliebigen" Schnitten zu tun (das wäre vom operativen Standpunkt aus sinnlos), sondern nur mit den durch die Polynome definierten Schnitten. Für die folgenden Untersuchungen der Schnitte macht sich dieser Unterschied jedoch kaum bemerkbar, so daß wir uns auf eine Skizzierung beschränken können. Alle fehlenden Beweise können z. B. aus LANDAU 1930 ergänzt werden.

Zunächst definieren wir eine abstrakte Gleichheit der Paare $f$, $a$ durch:

$$f_a = g_b \leftrightharpoons \Lambda_r . r < f_a \leftrightarrow r < g_b.. \tag{15.23}$$

Es wird sich herausstellen, daß die dadurch erhaltenen neuen Objekte schon die gesuchte Erweiterung der rationalen Zahlen bilden. Es lassen sich Addition, Multiplikation und Ordnung fortsetzen, mit günstigster Erfüllung der Permanenzforderung. Zu $f_a$ und $g_b$ gibt es z. B. stets ein $h_c$, das geeignet ist, als $f_a + g_b$ definiert zu werden. Diese „Eignung" läßt sich daran erkennen, daß gilt:

$$t < h_c \leftrightarrow \mathsf{V}_{r,s}.\, r < f_a \wedge s < g_b \wedge r + s = t.. \tag{15.24}$$

Ein Existenzbeweis für $h_c$ dürfte an dieser Stelle aber schwierig sein.

Wir kommen bequemer zum Ziel, wenn wir neben den rationalen Zahlen $r, s, \ldots$ und den bisherigen Objekten $f_a, g_b, \ldots$ noch weitere Objekte einführen, nämlich alle Terme, die sich durch Verknüpfung mit $+$ und $\times$ (das sind noch keine definierten Operationen, sondern nur Figuren!) zusammensetzen lassen, z. B.:

$$f_a \times r + g_b \,\dot\times\, h_c + s + f_a.$$

Mit $X, Y, \ldots$ als Variablen für diese neuen Objekte — die bisherigen Objekte kommen als Terme der Länge 1 unter ihnen vor — wird nun wieder $X = Y$ auf dem Wege über $r < X$ definiert.

Neben $r < X$ werden wir gleichzeitig $r > X$ definieren. Ist $X$ eine rationale Zahl, so sind beide Ausdrücke schon definiert. Für $f_a$ statt $X$ ist noch $r > f_a$ zu definieren. Dies geschieht durch

$$r \leqq f_a \leftrightharpoons \wedge_s .\, s < r \rightarrow s < f_a. \tag{15.25}$$
$$r > f_a \leftrightharpoons \neg\, r \leqq f_a. \tag{15.26}$$

Für die *Oberklassen* der $r$ mit $r > f_a$ gelten die festgestellten Eigenschaften (I) bis (IV) der Unterklassen entsprechend nach Vertauschung von $<$ mit $>$, denn aus (15.25) folgt

$$r > f_a \leftrightarrow \mathsf{V}_s \underset{r>s}{\wedge_t} .\, t \leqq f_a \rightarrow s \geqq t.,$$

was bei dieser Vertauschung (15.19) entspricht mit $t \leqq f_a$ statt $A(t)$.

Zu einer induktiven Definition der Aussageformen $r < X$ und $r > X$ kommen wir jetzt, wenn wir $r < X + Y$ und $r > X + Y$, ebenso wie $r < X \times Y$ und $r > X \times Y$ mit Hilfe von $r < X$, $r > X$, $r < Y$ und $r > Y$ definieren.

In Anlehnung an (15.24) definieren wir:

$$\left.\begin{aligned}
t < X + Y &\leftrightharpoons \mathsf{V}_{r,s}.\, r < X \wedge s < Y \wedge r + s = t. \\
t > X + Y &\leftrightharpoons \mathsf{V}_{r,s}.\, r > X \wedge s > Y \wedge r + s = t..
\end{aligned}\right\} \tag{15.27}$$

Werden durch $X$ und $Y$ Schnitte definiert, so auch durch $X + Y$. Bei der Multiplikation sind Fallunterscheidungen zu machen. Für $X > 0$ und $Y > 0$ kann

$$\left.\begin{aligned}
t > X \times Y &\leftrightharpoons \mathsf{V}_{r,s}.\, r > X \wedge s > Y \wedge r \times s = t. \\
t < X \times Y &\leftrightharpoons t \leqq 0 \vee \mathsf{V}_{r,s}.\, 0 < r < X \wedge 0 < s < Y \wedge r \times s = t.
\end{aligned}\right\} \tag{15.28}$$

gesetzt werden. Die anderen Fälle lassen sich hierauf zurückführen, indem zunächst für $-X\ (\leftrightharpoons -1\times X)$ definiert wird:

$$\left.\begin{aligned} t< -X &\leftrightharpoons -t>X \\ t> -X &\leftrightharpoons -t<X. \end{aligned}\right\} \qquad (15.29)$$

Wir setzen dann,

$$\text{falls } X<0 \wedge Y>0: \left\{\begin{aligned} t< X\times Y &\leftrightharpoons -t> -X\times Y \\ t> X\times Y &\leftrightharpoons -t< -X\times Y \end{aligned}\right.$$

$$\text{falls } X>0 \wedge Y<0: \left\{\begin{aligned} t< X\times Y &\leftrightharpoons -t> X\times -Y \\ t> X\times Y &\leftrightharpoons -t< X\times -Y \end{aligned}\right\} \qquad (15.30)$$

$$\text{und falls } X<0 \wedge Y<0: \left\{\begin{aligned} t< X\times Y &\leftrightharpoons t< -X\times -Y \\ t> X\times Y &\leftrightharpoons t> -X\times -Y. \end{aligned}\right.$$

Schließlich setzen wir,

$$\text{falls } X=0 \vee Y=0: \left\{\begin{aligned} t< X\times Y &\leftrightharpoons t<0 \\ t> X\times Y &\leftrightharpoons t>0. \end{aligned}\right\} \qquad (15.31)$$

Auch $X\times Y$ definiert dadurch stets einen Schnitt, wenn dies $X$ und $Y$ tun. In Verallgemeinerung von (15.23) und (15.25) benutzen wir dann die EUDOXische Definition

$$X=Y \leftrightharpoons \bigwedge_r . r< X \leftrightarrow r< Y.. \qquad (15.32)$$

Die damit eingeführten neuen Objekte mögen *reell-algebraische* Zahlen heißen. Für diese sind Addition und Multiplikation durch unsere Bezeichnungsweise definiert. Die Ordnung $\leq$ wird definiert durch:

$$X\leq Y \leftrightharpoons \bigwedge_r . r< X \rightarrow r< Y.. \qquad (15.33)$$

Die schon definierten Relationen $r_1\leq r_2$, $s\leq f_a$, $f_a\leq s$ sind Spezialfälle von (15.33), wie man leicht nachprüft.

Wir haben jetzt die Erfüllung der Permanenzforderung zu untersuchen. Es ist sofort zu sehen, daß die Sätze der Kommutativität, Assoziativität und Distributivität für Addition und Multiplikation erhalten bleiben. Eine kleine Schwierigkeit besteht allein bei

$$X + -X = 0. \qquad (15.34)$$

Zum Beweis ist es erforderlich, eine Eigenschaft der Ordnung der rationalen Zahlen heranzuziehen, die bisher noch nicht gebraucht wurde, nämlich die „Archimedizität":

$$t>0 \rightarrow \bigvee_k k\times t \geq r \qquad (k \text{ Grundzahl}). \qquad (15.35)$$

Diese Eigenschaft folgt aus einem entsprechenden Satze für die Grundzahlen:

$$\bigwedge_m \bigvee_k k\times m \geq l.$$

Aus (15.35) ergibt sich zunächst für jedes $X$:

$$t > 0 \to \mathsf{V}_{r_1, r_2} . r_1 < X < r_2 \wedge r_2 - r_1 = t. . \tag{15.36}$$

Beweis. Ausgehend von Zahlen $s_1, s_2$ mit $s_1 < X \leq s_2$, gibt es für jedes $t > 0$ wegen $t/2 > 0$ eine Grundzahl $k$ mit $k \times t/2 \geq s_2 - s_1$, also $s_1 + k \times t/2 \geq s_2$, d.h. $s_1 + k \times t/2 \geq X$. Ist $k_0$ das kleinste $k$ mit $s_1 + k \times t/2 \geq X$, also $k_0 = \mu_k \, s_1 + k \times t/2 \geq X$, so folgt

$$r_1 = s_1 \dotplus k_0 - 1 \, \dot{\times} \, t/2 < X < s_1 \dotplus k_0 + 1 \, \dot{\times} \, t/2 = r_2$$

und

$$r_2 - r_1 = k_0 + 1 \dotdiv k_0 - 1 \, \ddot{\times} \, t/2 = 2 \times t/2 = t.$$

Jede reell-algebraische Zahl liegt also in rationalen Intervallen beliebiger Länge.

(15.34) ergibt sich jetzt so: $X + - X = 0$ folgt aus

$$r < X \wedge s < - X \to r < X < - s$$
$$\to r < - s$$
$$\to r + s < 0.$$

Ist andererseits $t < 0$, so gibt es $r_1, r_2$ mit

$$r_1 < X < r_2 \wedge r_1 - r_2 = t.$$

Also gilt $r_1 < X$, $- r_2 < - X$ und $t < X + - X$.

Aus (15.34) folgt, daß die Subtraktion stets eindeutig ausführbar ist. Es gilt also

$$X + Z = Y + Z \to X = Y. \tag{15.37}$$

Hieraus ergibt sich für die Ordnung $\leq$ außer der Permanenz von (13.12) bis (13.15) und dem trivialen

$$X \leq Y \to X + Z \leq Y + Z \tag{15.38}$$

auch

$$X < Y \to X + Z < Y + Z \tag{15.39}$$

$$X < Y \leftrightarrow Y - X > 0. \tag{15.40}$$

Für die Multiplikation liegen die Verhältnisse insofern einfacher, als in (15.28) festgesetzt ist:

$$X > 0 \wedge Y > 0 \to X \times Y > 0. \tag{15.41}$$

Hieraus folgen — zusammen mit (15.40) und der Distributivität — die Monotoniesätze (15.17). Insbesondere folgt

$$X \times Y = 0 \to X = 0 \vee Y = 0 \tag{15.42}$$

und daher

$$Z \neq 0 \wedge X \times Z = Y \times Z \to X = Y. \tag{15.43}$$

Es läßt sich im Unterschied zur Subtraktion die Ausführbarkeit der Division nicht unmittelbar beweisen. Algebraisch gesprochen, wissen wir — außer der Ordnung — von unseren reell-algebraischen Zahlen nur, daß sie einen „Integritätsbereich" bilden. Daß sie einen „Körper" bilden, wird erst später folgen. Wir untersuchen zunächst, welche algebraischen Gleichungen jetzt erfüllbar sind.

Ist $f(x)$ ein Polynom in der Unbestimmten $x$, so ist klar, welche Zahl unter $f(X)$ zu verstehen ist. Ist $f(x)$ ein Polynom und sind $a, b$ rationale Zahlen mit $a < b$ und $f(a) < 0 \leq f(b)$, so beweisen wir für die reell-algebraische Zahl $f_a$:

$$X = f_a \to f(X) = 0 \wedge a < X \leq b. \tag{15.44}$$

Der Beweis stützt sich wie beim WEIERSTRASSschen Nullstellensatz auf die Stetigkeit der Polynome, d.h. auf

$$r_1 < f(X) < r_2 \to \bigvee_{\substack{c_1, c_2 \\ c_1 < X < c_2}} \bigwedge_Y . c_1 < Y < c_2 \to r_1 < f(Y) < r_2 .. \tag{15.45}$$

Wir übergehen den Beweis der Stetigkeit, da er nach üblichem Muster durch Induktion über alle Polynome zu erbringen ist. Die konstanten Polynome $r$ und das Polynom $x$ sind trivialerweise stetig (in jeder Stelle $X$), ferner sind Summe und Produkt in $X$ stetiger Polynome wieder stetig in $X$.

Wir beweisen für $X = f_a$ unter Voraussetzung von $a < b \wedge f(a) < 0 \leq f(b)$:

$$a < X. \tag{15.46}$$

Beweis. $\quad f(a) < 0 \to \bigvee_{\substack{s \\ a < s}} \bigwedge_{\substack{t \\ a < b < s}} f(t) < 0 \quad (15.45)$

$$\to \bigvee_{\substack{s \\ a < s}} \bigwedge_{\substack{t \\ a < t}} . f(t) \geq 0 \to s \leq t.$$

$$\to a < X.$$

$$a < r < X \to f(r) < 0. \tag{15.47}$$

Beweis. $\quad r < X \to f(r) < 0 \vee a \geq r \quad (15.20).$

Aus (15.47) folgt einerseits $X \leq b$, andererseits $f(X) \leq 0$ wegen

$$f(X) > 0 \to \bigvee_{\substack{s \\ s < X}} \bigwedge_{\substack{r \\ s < r < X}} f(r) > 0 \quad (15.45)$$

$$\to \bigvee_{\substack{r \\ a < r < X}} f(r) > 0$$

$$\to \wedge \quad (15.47)$$

$$X < r \to \bigvee_{\substack{t \\ a < t < r}} f(t) \geq 0. \tag{15.48}$$

Beweis.
$$X < r \to \bigvee_{r_1} X \leq r_1 < r$$
$$\to \bigvee_{\substack{r_1 \\ r_1 < r}} \bigwedge_{\substack{s \\ r_1 < s}} \bigvee_{\substack{t \\ a < t}} . \, f(t) \geq 0 \wedge s > t. \qquad (15.19)$$
$$\to \bigvee_{\substack{r_1 \\ r_1 < r}} \bigvee_{\substack{t \\ a < t}} . \, f(t) \geq 0 \wedge r > t.$$
$$\to \bigvee_{\substack{t \\ a < t < r}} f(t) \geq 0.$$

Jetzt folgt $f(X) \geq 0$, denn

$$f(X) < 0 \to \bigvee_{\substack{r \\ X < r}} \bigwedge_{\substack{t \\ X \leq t < r}} f(t) < 0 \qquad (15.45)$$
$$\to \bigvee_{\substack{r \\ X < r}} \bigwedge_{\substack{t \\ a < t < r}} f(t) < 0 \qquad (15.47)$$
$$\to \bigvee_{\substack{r \\ X < r}} r \leq X \qquad\qquad (15.48)$$
$$\to \wedge.$$

Damit ist der Weierstrasssche Nullstellensatz für Polynome (15.44) bewiesen.

Jede Zahl $f_a$ ist Lösung einer algebraischen Gleichung. Für jede solche Zahl $X$ gibt es also ein nichtkonstantes Polynom $h$ mit $h(X) = 0$. $h(x)$ läßt sich darstellen als $h(x) \equiv g(x) \times x + r$. Ist $h$ als ein Polynom kleinsten Grades — der Grad eines Polynoms ist wie üblich zu definieren — mit der Nullstelle $X$ gewählt, so ist $g(X) \neq 0$. Für $X \neq 0$ folgt also $g(X) \times X = -r$ mit $r \neq 0$. Also hat die Gleichung $X \times Y = 1$ für $X = f_a \neq 0$ stets eine Lösung. Hieraus folgt, daß die Division in der Klasse der reell-algebraischen Zahlen $\neq 0$ stets ausführbar ist. Es braucht nämlich nur noch gezeigt zu werden, daß mit $X$ und $Y$ auch $X + Y$ und $X \times Y$ algebraisch sind, d.h. Lösungen einer algebraischen Gleichung. Dies geschieht am einfachsten auf dem üblichen Wege. Man überzeugt sich, daß $X$ genau dann algebraisch ist, wenn alle Potenzen Linearkombinationen von endlich vielen Zahlen — etwa $X_1, \ldots, X_m$ — sind (mit rationalen Koeffizienten). Sind alle Potenzen von $Y$ Linearkombinationen von $Y_1, \ldots, Y_n$, so sind aber die Potenzen von $X + Y$ und von $X \times Y$ Linearkombinationen der endlich vielen Zahlen $X_1 \times Y_1, \ldots, X_i \times Y_j, \ldots, X_m \times Y_n$. Die reell-algebraischen Zahlen bilden also einen algebraischen *Erweiterungskörper* des rationalen Zahlkörpers.

Gewisse algebraische Gleichungen, wie $x \times x + 1 = 0$, sind jedoch nach wie vor unlösbar. Erst eine letzte Erweiterung der Klasse unserer Zahlen führt zu den *algebraischen* Zahlen, die einen Körper bilden, in dem jede algebraische Gleichung eine Lösung hat.

Dieser Übergang durch Hinzunahme der *komplex-algebraischen* Zahlen $X + iY$ mit $i \times i = -1$ bietet methodisch nichts Neues mehr, und er sei daher hier nicht beschrieben.

## Kapitel 5.

# Sprachkonstruktionen.

### § 16. Die elementare Sprache.

Wir haben bisher Kalküle betrachtet, speziell die Kalküle zur Konstruktion der Grundzahlen und zur Definition einzelner arithmetischen Relationen (und Funktionen).

Der Übergang von der Arithmetik zur Analysis vollzieht sich durch den Übergang von den bisher definierten speziellen arithmetischen Relationen zu „beliebigen" arithmetischen Relationen.

Um im methodischen Rahmen der operativen Mathematik zu bleiben, müssen wir sagen, was mit diesem „beliebig" gemeint ist, d.h. wir müssen einen definiten Begriff „arithmetische Relation" einführen. Während in der Arithmetik allein die Grundzahlen (bzw. die durch Systeme von Grundzahlen darzustellenden rationalen oder algebraischen Zahlen) Objekt unserer Betrachtung waren und die Aussagen über die Grundzahlen gewissermaßen nur „aktiv", nicht „passiv" als Objekt auftraten, wird in der Analysis ein Wechsel der Betrachtung vollzogen: jetzt dienen die Aussagen über die bisherigen Objekte als neue Objekte. Die Schwierigkeit, die zu überwinden ist, besteht darin, die Klasse dieser neuen Objekte zu definieren. Es handelt sich dabei um genau das, was WEYL 1918 als den „mathematischen Prozeß" beschreibt.

Der Vorwurf der „Naivität", der der modernen Mathematik häufig gemacht wird, gründet sich wesentlich gerade darauf, daß für die moderne Mathematik mit einer Klasse von Objekten allemal auch unproblematisch und eindeutig die Klasse *aller* Aussagen über diese Objekte gegeben ist. Diese unbewiesene Voraussetzung wirkt sich in der CANTORschen Mengenlehre so aus, daß für jede Menge $M$ die Potenzmenge von $M$ „existiert".

Durch die Zurückführung des Mengenbegriffs auf den Aussagebegriff ergibt sich ein Weg, den „mathematischen Prozeß" in der operativen Mathematik zu vollziehen. Jede Aussage ist ja eine Figur (zusammengesetzt aus endlich vielen Atomen), es muß nur noch definiert werden, welche Figuren „Aussagen" heißen.

Durch den bisherigen Gebrauch des Wortes „Aussage" ist eine solche Definition nicht festgelegt. Es bleibt uns überlassen, einen definiten Begriff von „Aussage" enger oder weiter zu wählen.

In axiomatischen Untersuchungen ist es z.B. üblich, unter Aussage nur das zu verstehen, was sich aus den — im Axiomensystem gegebenen — „primitiven Aussageformen" mit Hilfe der logischen Partikeln zusammensetzen läßt. In der Metamathematik hat man entsprechend für die

Arithmetik die Klasse der Aussageformen untersucht, die sich mit Hilfe
der logischen Partikeln aus Gleichheit, Addition und Multiplikation
als primitiven Relationen zusammensetzen lassen. Eine engere Klasse
bilden die in der Metamathematik so wichtigen allgemeinrekursiven
Relationen.

Diese Klassen sind aber für die üblichen Schlüsse der modernen
Analysis durchaus unzureichend. Die Überschreitung erfolgt dabei nicht
etwa nur dadurch, daß in der Analysis die reellen Zahlen als neue
Objekte auftreten — sondern unabhängig davon schon bei den induktiven Definitionen von arithmetischen Funktionen. Als Beispiel sei
das CANTORsche Verfahren behandelt, zu einer Doppelfolge

$$r_{11}, r_{12}, r_{13}, \ldots\ldots$$
$$r_{21}, r_{22}, r_{23}, \ldots\ldots$$
$$r_{31}, r_{32}, r_{33}, \ldots\ldots$$
$$\vdots$$

rationaler Zahlen $r_{mn}$ mit $0 \leq r_{mn} \leq 1$ eine „Grundfolge" $k_1 < k_2 < k_3 < \ldots\ldots$
(eine echt aufsteigende Folge von Grundzahlen) zu definieren, so daß
alle Folgen $r_{mk_1}, r_{mk_2}, \ldots\ldots$ konvergent sind, d.h. daß für alle positivrationalen $\varepsilon$:

$$\bigvee_{n_0} \bigwedge_{n_1, n_2} \cdot n_1 > n_0 \wedge n_2 > n_0 \to \left| r_{mk_{n_1}} - r_{mk_{n_2}} \right| < \varepsilon ..$$

Zur Vorbereitung überlegen wir uns, wie für eine Folge $r_* = r_1, r_2, \ldots\ldots$
rationaler Zahlen $r_n$ mit $0 \leq r_n \leq 1$ eindeutig eine Grundfolge $l_* = l_1$,
$l_2, \ldots\ldots$ als „zugehörig" gefunden werden kann, so daß $r_{l_*} = r_{l_1}, r_{l_2}, \ldots\ldots$
konvergent ist. Wir setzen $l_1 = 1$. Wir halbieren dann das Intervall
$I_1 = [0, 1]$. Enthalten beide Hälften unendlich viele Glieder der Folge
$r_*$, so sei $I_2$ die linke Hälfte, sonst diejenige, die unendlich viele Glieder
enthält. $l_2$ sei die kleinste Zahl $l$ mit $l > l_1$ und $r_l \in I_2$. Anschließend wird
$I_2$ halbiert, $I_3$ als eine der Hälften definiert, dann $l_3$ analog bestimmt,
usw. Zu $r_{1*}$ gehöre so die Grundfolge $l_{1*}$. Mit $l'_{1*} = l_{1*}$ ist $r_{2l'_{1*}}$ eine Teilfolge von $r_{2*}$. Zu dieser Teilfolge gehöre die Grundfolge $l_{2*}$. Wir setzen
$l'_{2*} = l'_{1l_{2*}}$, bilden die Teilfolge $r_{3l'_{2*}}$ von $r_{3*}$, und so weiter.

Die gewünschte Grundfolge $k_*$ ergibt sich schließlich durch $k_n = l'_{nn}$.
Im Unterschied zu den üblicherweise in der Arithmetik auftretenden
Rekursionen gestattet die vorliegende Definition keine „Berechnung" der
Zahlen $k_n$. Um von $l'_{m*}$ zu $l'_{m+1, *}$ zu kommen, müßte nämlich zunächst
$l_{m+1, *}$ als die zu $r_{m+1, l'_{m*}}$ gehörige Grundfolge „berechnet" werden. Zur
Definition von $l_{m+1, 2}$ gehört aber z.B. die Feststellung, welches der
Intervalle $[0, \frac{1}{2}]$ oder $[\frac{1}{2}, 1]$ unendlich viele Glieder von $r_{m+1, l'_{m*}}$ ent-
hält, d.h. ob

$$\bigwedge_{n_0} \bigvee_n r_{m+1, l'_{mn}} \leq 1/2. \tag{16.1}$$

Unter der Voraussetzung, daß die Folgen $r_{m+1*}$ und $l'_{m*}$ *definit* sind, ist auch die Aussage (16.1) definit. Zu einem Beweis von (16.1) kann man jedoch niemals dadurch kommen, daß man die Folge $l'_{m*}$ gliedweise — wie weit auch immer — berechnet.

Es ist sicherlich für manche Fragestellungen sinnvoll, solche nicht berechenbaren Folgen von der Betrachtung auszuschließen, es besteht aber keinerlei Grund, sie überhaupt auszuschließen.

Es könnte allerdings schon gegen die Definition der „zugehörigen" Grundfolge $l_*$ zu einer (beschränkten) rationalen Folge $r_*$ eingewandt werden, daß nur mit Hilfe des tertium non datur die eindeutige Existenz der Zahl $l_n$ bewiesen werden kann, daß also nur fiktiv eine Funktion vorliegt. Es bleibt zu zeigen, in welchem Sinne diese Fiktion gerechtfertigt werden kann. Der Gebrauch des tertium non datur läßt sich zunächst vermeiden, wenn wir an Stelle der Funktion $l_*$ eine 2-stellige Relation $R$ definieren, für die gelten soll:

$$n\,R\,l \leftrightarrow l_n = \iota. \tag{16.2}$$

Für die Folge $r_*$ mit $0 \leq r_n \leq 1$ setzen wir $I_n = \left[a_n, a_n + \frac{1}{2^{n-1}}\right]$ mit $a_1 = 0$. Hierbei ist $a_n$ so zu definieren, daß gilt:

$$\bigwedge_{m_0} \bigvee_m . m > m_0 \to a_n \leq r_m \leq a_n + \frac{1}{2^{n-1}}. \tag{16.3}$$

Auch die Folge $a_*$ ersetzen wir durch eine Relation $S$, deren Definition lautet:

$$\left.\begin{aligned}
&\hspace{6.5cm} 1\,S\,0 \\
&n\,S\,a \wedge \bigwedge_{m_0} \bigvee_m . m > m_0 \wedge a \leq \quad r_m \leq a + \tfrac{1}{2^n}. \to n+1\,S\,a \\
&n\,S\,a \wedge \bigvee_{m_0} \bigwedge_m . m > m_0 \to r_m < a \vee r_m > a + \tfrac{1}{2^n}. \to n+1\,S\,a + \tfrac{1}{2^n}.
\end{aligned}\right\} \tag{16.4}$$

Die Definition von $R$ lautet dann

$$\left.\begin{aligned}
&\hspace{5.5cm} 1\,R\,1 \\
&n\,S\,a \wedge n\,R\,k \wedge l_0 = \mu_l . a \leq r_l \leq a + \tfrac{1}{2^n} \wedge l > k. \to n+1\,R\,l_0.
\end{aligned}\right\} \tag{16.5}$$

(16.4) und (16.5) sind Beispiele von *induktiven Definitionen*. (16.4) legt fest, wie eine Aussage $n\,S\,a$ zu beweisen ist. Es muß zu einem Beweis nämlich eine „Ableitung" angegeben werden nach den Regeln (16.4). Eine solche „Ableitung" wird mit $1\,S\,0$ beginnen. Um dann auf $2\,S\,b$ zu schließen, stehen die beiden Regeln

$$1\,S\,a \wedge \bigwedge_{m_0} \bigvee_m . m > m_0 \wedge a \leq \quad r_m \leq a + \tfrac{1}{2}. \to 2\,S\,a$$

$$1\,S\,a \wedge \bigvee_{m_0} \bigwedge_m . m > m_0 \to a > r_m \vee r_m > a + \tfrac{1}{2}. \to 2\,S\,a + \tfrac{1}{2}$$

zur Verfügung. Es muß also für geeignetes $a$ (hier 0) eine der beiden
Aussagen

$$\bigwedge_{m_0} \bigvee_{\substack{m \\ m > m_0}} a \leq r_m \leq a + \tfrac{1}{2} \quad \text{oder} \quad \bigvee_{m_0} \bigwedge_{\substack{m \\ m > m_0}} . \, r_m < a \vee r_m > a + \tfrac{1}{2}.$$

bewiesen werden. (Wir setzen natürlich voraus, daß die Folge $r_*$ und
also diese Aussagen definit sind.) Gelingt für keine der Aussagen ein
Beweis, so ist eben weder $2S0$ noch $2S\tfrac{1}{2}$ bewiesen. Nur fiktiv erhält
man $2S0 \vee 2S\tfrac{1}{2}$. Jedenfalls ist aber $2Sb$ eine definite Aussageform.
Durch Induktion nach $n$ schließen wir, daß auch $nSb$ definit ist. Dieselben Überlegungen führen zur Definitheit von $nRl$, und man sieht,
daß zum obigen Existenzbeweis der Grundfolge $k_*$ auf ähnliche Weise
an Stelle der Funktionen (Folgen) stets zunächst Relationen definiert
werden können. Die Definitheit dieser Relationen ist unabhängig von
der Benutzung des tertium non datur. Nur der Existenzbeweis für die
Funktionen wird fiktiv geführt.

Nach dieser vorbereitenden Betrachtung eines Beispiels nehmen wir
systematisch die Frage auf, auf welche „möglichst weitherzige" Weise
wir im methodischen Rahmen der operativen Mathematik Relationen
für Objekte einer Klasse definieren können. Es wird genügen, wenn
wir den einfachsten Fall erörtern, in dem die Objekte alle die Figuren
sind, die sich aus endlich vielen Atomen zusammensetzen lassen.

Es seien $u_1, \ldots, u_i$ die zu betrachtenden Atome. Die hieraus zusammengesetzten Figuren nennen wir Objekte. Mit $x, y, \ldots$ als Eigenvariablen sind die Objekte definiert als die Figuren, die in dem Kalkül

$$\begin{array}{c} u_1 \\ \vdots \\ u_i \\ x \to x\,u_1 \\ \vdots \\ x \to x\,u_i \end{array}$$

ableitbar sind. Die Terme $X, Y, \ldots$ sind dann — außer $u_1, \ldots, u_i$ —
die Objektvariablen $x, y, \ldots$ und:

$$\text{mit } X \text{ auch } X u_1$$
$$\vdots$$
$$\text{mit } X \text{ auch } X u_i.$$

Der einfache — vom operativen Ansatz her selbstverständliche —
Grundgedanke zur Definition von „Relation" ist nun der, daß jeder
Kalkül mit den Atomen $u_1, \ldots, u_i$ eine Relation definiert.

Sind nämlich

$$\left.\begin{array}{r} X_{11}, X_{12}, \ldots \to X_1 \\ \vdots \\ X_{m1}, X_{m2}, \ldots \to X_m \end{array}\right\} \qquad (16.6)$$

die Regeln eines Kalküls $K$, so ist $\vdash_K X$ für jedes Objekt $X$ eine definite Aussage.

Sollen weitere Kalküle betrachtet werden, so läßt sich $K$ mit diesen vereinigen, indem ein neues Atom $\pi$ eingeführt wird und das Regelsystem von $K$ umgeformt wird zu:

$$\left.\begin{array}{r} \pi X_{11}, \pi X_{12}, \ldots \to \pi X_1 \\ \vdots \\ \pi X_{m1}, \pi X_{m2}, \ldots \to \pi X_m. \end{array}\right\} \qquad (16.7)$$

Sind alle Regeln, die außer diesen betrachtet werden, so, daß $\pi$ in den Hinterformeln nicht vorkommt, dann ist $X$ in $K$ genau dann ableitbar, wenn $\pi X$ im erweiterten Kalkül ableitbar ist.

Von der Aussageform $\pi x$ ist dann der Übergang zur Relation $R = \epsilon_x \pi x$ nach § 10 zu vollziehen. Wir nennen (16.7) ein *Definitions-schema* der Relation $R$ und schreiben dieses auch:

$$X_{11} \in R, X_{12} \in R, \ldots \to X_1 \in R$$
$$\vdots$$
$$X_{m1} \in R, X_{m2} \in R, \ldots \to X_m \in R.$$

Diese provisorische Definition: Relation = Kalkül, ist in gewisser Hinsicht zu weit, vor allem aber zu eng.

Mit $|$ als einzigem Atom und $\varrho$ als Relationssymbol wäre z.B.

$$\left\{\begin{array}{l} | \in \varrho \\ x| \in \varrho \to x \in \varrho \end{array}\right.$$

ein Definitionsschema. Ersichtlich ist $| \in \varrho$ ableitbar, $|| \in \varrho$, $||| \in \varrho$, ..... aber sind unableitbar. Die Regel $x| \in \varrho \to x \in \varrho$ ist hier nicht recht sinnvoll, da sie einen *regressus in infinitum* liefert. Es besteht, genau genommen, hier noch kein zwingender Grund, ein solches Schema nicht als Definitionsschema anzuerkennen, aber es ist auch klar, daß kaum ein Grund dafür sprechen wird, solche Kalküle, die einen *unendlichen Regreß* enthalten, zu betrachten.

Ähnlich ist es mit

$$\left\{\begin{array}{l} x \in \varrho \to x| \in \varrho \\ x| \in \varrho \to x \in \varrho. \end{array}\right.$$

wo der unendliche Regreß periodisch ist, der Kalkül also, wie man sagt, einen *Zirkel* enthält.

Die naheliegende — hier aber noch nicht erzwungene — Forderung, Definitionsschemata, die einen unendlichen Regreß enthalten, zu vermeiden, führt zunächst zu einer Schwierigkeit. Wie ist nämlich die Aussage: „Das Schema enthält einen unendlichen Regreß" als eine definite Aussage zu definieren?

Es sei (16.7) das zu betrachtende Schema. Für jede Regel

$$\pi X_{\mu 1}, \pi X_{\mu 2}, \ldots \to \pi X_\mu$$

bilden wir alle Belegungen, die durch Ersetzungen der Objektvariablen entstehen, d.h. die Regeln

$$\pi X_{\mu 1}, \pi X_{\mu 2}, \ldots \to \pi X_\mu \quad \text{mit } \textit{Objekten} \quad X_{\mu 1}, X_{\mu 2}, \ldots, X_\mu,$$

und nennen die Objekte $X_{\mu 1}, X_{\mu 2}, X_{\mu 3}, \ldots$ *unmittelbare Vorgänger* von $X_\mu$. Wir schreiben $Y < X$, wenn $Y$ unmittelbarer Vorgänger von $X$ ist. Ein Objekt $Y$ heißt ein *Vorgänger* von $X$, wenn es eine endliche Kette

$$Y, Y_1, \ldots, Y_l, X$$

gibt, in der jedes Glied unmittelbarer Vorgänger des folgenden Gliedes ist. Wir schreiben dann $Y \lll X$.

Die Forderung, daß das Schema keinen unendlichen (periodischen oder nichtperiodischen) Regreß enthalten soll, läßt sich dann präzisieren als: es soll keine unendliche Vorgängerkette geben. Auch diese Formulierung ist jedoch noch nicht definit. Was ist nämlich eine unendliche Kette? Man kann eine solche ja nicht hinschreiben. Die Existenz einer unendlichen Vorgängerkette ließe sich nur so beweisen, daß eine Klasse $N$ von Objekten angegeben wird, für die gilt:

$$\left. \begin{array}{l} \bigvee_x x \in N \\ \bigwedge_{\substack{x \\ N}} \bigvee_{\substack{y \\ N}} y \lll x. \end{array} \right\} \tag{16.8}$$

Wir hätten also zu fordern, daß keine solche Klasse (Menge) existiert.

Damit haben wir aber immer noch keine definite Formulierung. Denn was heißt „Klasse"? Wir wollen doch in diesem Paragraphen erst eine Definition von „Relation" geben — was ja gleichwertig mit einer Definition von „Klasse" oder „Menge" ist. Zu einer definiten Forderung kommen wir erst, wenn wir verlangen, daß eine Klasse $N$, für die (16.8) gilt, nicht nur nicht existiert, sondern *logisch unmöglich* ist, d.h. daß sich mit einem Formelsymbol $\mathsf{A}(x)$ die Aussage

$$\bigvee_x \mathsf{A}(x) \wedge \bigwedge_{\substack{x \\ \mathsf{A}(x)}} \bigvee_{\substack{y \\ \mathsf{A}(y)}} y \lll x \to \curlywedge \tag{16.9}$$

„logisch" ableiten läßt.

Fiktiv äquivalent mit (16.9) (effektiv stärker) ist die Ableitbarkeit von

$$\bigwedge_x . \bigwedge_{\substack{y \\ y \ll x}} \mathsf{B}(y) \to \mathsf{B}(x) . \to \mathsf{B}(x) \qquad (16.10)$$

mit einem Formelsymbol $\mathsf{B}(x)$. In üblicher Terminologie ist (16.9) das Minimalprinzip für die transitive Relation $\ll$, (16.10) das Induktionsprinzip für $\ll$.

Es muß jetzt nur noch präzisiert werden, was hier unter einer „logischen" Ableitung zu verstehen ist. Als Anfänge der Ableitungen haben wir endlich viele Formeln

$$X_{\mu\nu} < X_{\mu},$$

die aus dem Definitionsschema (16.7) abgelesen werden. Als Ableitungsregeln stehen die Objektinduktion zur Verfügung:

$$\bigwedge_u A(u) \wedge \bigwedge_u \bigwedge_x . A(x) \to A(xu) . \to A(y)$$

und die Regeln der Quantorenlogik.

Die Einführung von $\ll$ statt $<$ läßt sich vermeiden. Es genügt die Ableitung von

$$\bigwedge_x . \bigwedge_{\substack{y \\ y < x}} \mathsf{B}(y) \to \mathsf{B}(x) . \to \mathsf{B}(x) . \qquad (16.11)$$

Ein Schema, das die Bedingung erfüllt, daß für seine Vorgängerrelation $<$ das „Induktionsprinzip" (16.11) ableitbar ist, heiße nach ZERMELO *fundiert*. Die Fundiertheit eines Regelsystems ist ein beweisdefiniter Begriff, denn der Beweis der Fundiertheit muß durch eine gewisse Ableitung geschehen. (Genaueres hierüber in § 17.)

Die Beschränkung auf fundierte Schemata wird erforderlich, wenn wir außer den bisherigen Regelsystemen noch weitere hinzunehmen. In welcher Richtung eine Erweiterung vorzunehmen ist, zeigen die Relationen, die wir anläßlich des CANTORschen Satzes über rationale Doppelfolgen behandelt haben. In den Regeln (16.4) treten als Prämissen nicht nur Aussagen $n\,S\,a$ auf, sondern auch Aussagen, die aus schon definierten Aussageformen mit Hilfe der logischen Partikeln zusammengesetzt sind. Außerdem haben wir hier mehrstellige Relationen statt 1-stelliger. Die allgemeinste Form eines Schemas zur Definition einer Relation wäre also

$$\left. \begin{aligned} & A_1 \to X_{11}, X_{12}, \dots, X_{1n} \in \varrho \\ & \quad\vdots \\ & A_m \to X_{m1}, X_{m2}, \dots, X_{mn} \in \varrho, \end{aligned} \right\} \qquad (16.12)$$

wobei die Formeln $A_1, \dots, A_m$ aus schon definierten Aussageformen $x_1, x_2, \dots \in R$ einschließlich $x_1, \dots, x_n \in \varrho$ mit Hilfe der logischen Partikeln zusammengesetzt sind.

Schon die Zulassung der logischen Partikeln allein bringt eine wesentliche Erweiterung mit sich — auch wenn das Relationssymbol $\varrho$ in den Prämissen des Definitionsschemas nicht vorkommt.

Es liege z. B. ein Kalkül $K_0$ vor, mit den primitiven Aussageformen

$$C_1(x_1, x_2, \ldots), \ C_2(x_1, x_2, \ldots), \ldots, \ C_l(x_1, x_2, \ldots)$$

und einem Regelsystem wie (16.7) — wobei die Formeln $\pi X$ durch Formeln $C_j(X_1, X_2, \ldots)$ zu ersetzen sind. Es mögen jetzt aus den primitiven Aussageformen mit Hilfe der logischen Partikeln die Formeln $A_1, \ldots, A_m$ zusammengesetzt werden, und wir betrachten das Definitionsschema (16.12). Trivialerweise ist das Schema dann fundiert — es gibt ja überhaupt keine unmittelbaren Vorgänger. Erweitern wir $K_0$ durch ein solches Definitionsschema, so liegt jedoch nicht immer ein Kalkül im bisherigen Sinne vor.

Es laute eine der neuen Regeln etwa — für 1-stelliges $\varrho$ —

$$\wedge_x C_1(x, y) \to y \in \varrho.$$

Wie sieht dann ein Ableitungsschritt nach dieser Regel aus? Man gibt eine „Ableitung" von $\wedge_x C_1(x, y)$ und darf dann zu $y \in \varrho$ übergehen. Zu beachten ist hierbei aber, daß für eine Aussage wie $\wedge_x C_1(x, Y)$ gar nicht definiert ist, wie sie „abzuleiten" ist, sondern nur, was es heißt, daß die Aussage zulässig bezüglich $K_0$ ist.

So lange die Vorderformeln $A_1, \ldots, A_m$ des Definitionschemas nur mit Hilfe der logischen Partikeln $\wedge$, $\vee$, $\vee_x$ — wir wollen diese die „*eigentlichen*" logischen Partikel nennen — zusammengesetzt sind, tritt diese Komplikation nicht auf. Fügen wir nämlich zu $K_0$ die definierenden Regeln für $\wedge$, $\vee$, $\vee_x$ hinzu:

$$\left. \begin{array}{r} A, B \to A \wedge B \\ A \to A \vee B \\ B \to A \vee B \\ A(y) \to \vee_x A(x), \end{array} \right\} \qquad (16.13)$$

so bildet $K_0$ zusammen mit diesen logischen Regeln und dem Schema (16.12) wieder einen Kalkül im bisherigen Sinne. Nur wenn in den Vorderformeln eine der „*uneigentlichen*" logischen Partikeln $\to$, $\wedge_x$ (oder auch $\leftrightarrow$, $\neg$) auftritt, entsteht etwas Neues, was wir einen *uneigentlichen Kalkül* nennen wollen.

Da die Zulässigkeit (bezüglich $K_0$) der Vorderformeln $A_\mu$ ein definiter Begriff ist, wird auch die Aussage „$X_1, \ldots, X_n \in \varrho$ ist ableitbar" — wir schreiben wieder $\vdash X_1, \ldots, X_n \in \varrho$ bezüglich der Erweiterung von $K_0$ durch (16.12) und (16.13) — definit, wenn wir fordern, daß ein Beweis von $\vdash X_1, \ldots, X_n \in \varrho$ nur durch den Beweis der Zulässigkeit einer Formel $A$ geführt werden soll, für die die Regel

$$A \to X_1, \ldots, X_n \in \varrho$$

eine Belegung einer der Regeln von (16.12) ist.

Von einem „konstruktiven" Standpunkt aus mag man solchen uneigentlichen Kalkülen die Existenzberechtigung absprechen. Dadurch ändert sich nichts daran, daß die Ableitbarkeit in einem uneigentlichen Kalkül ein definiter Begriff ist — und daß es beliebig viele Beispiele solcher Kalküle gibt, in denen wir mit Sicherheit die Zulässigkeit einer der Vorderformeln beweisen können, also auch Aussagen der Form $\vdash X_1, \ldots, X_n \in \varrho$ beweisen können.

Die Ableitbarkeit in einem uneigentlichen Kalkül ist ein beweisdefiniter Begriff. Die Unableitbarkeit ist daher — genau wie bei eigentlichen Kalkülen — widerlegungsdefinit. Der Unterschied liegt nur darin, daß der Beweisbegriff für die Ableitbarkeit nicht mehr entscheidbar ist wie im eigentlichen Fall.

Für den bisher betrachteten Fall, daß ein eigentlicher Kalkül $K_0$ erweitert wird durch ein Definitionsschema (16.12), in dem die Vorderformeln $A_1, \ldots, A_m$ das Symbol $\varrho$ nicht enthalten, ließe sich die Einführung uneigentlicher Kalküle noch vermeiden. Es wäre ja leicht, das Regelsystem auf die Form

$$\left.\begin{array}{c} A_1' \to x_1, \ldots, x_n \in \varrho \\ \vdots \\ A_m' \to x_1, \ldots, x_n \in \varrho \end{array}\right\} \qquad (16.14)$$

zu bringen, indem jede Regel

$$A \to X_1, \ldots, X_n \in \varrho$$

durch

$$A \wedge x_1 = X_1 \wedge \cdots \wedge x_n = X_n \to x_1, \ldots, x_n \in \varrho$$

ersetzt wird. Kommen hier in der Vorderformel außer $x_1, \ldots, x_n$ noch andere freie Variable $y_1, y_2, \ldots$ vor, so wird die Vorderformel durch Vorsetzung von $\bigvee_{y_1, y_2, \ldots}$ zu einer Formel, die nur $x_1, \ldots, x_n$ frei enthält. Aus (16.14) folgt dann durch Inversion

$$x_1, \ldots, x_n \in \varrho \leftrightarrow A_1' \vee A_2' \vee \cdots \vee A_m',$$

d.h. das Definitionsschema ließe sich durch eine explizite Definition ersetzen.

Diese Möglichkeit besteht nicht mehr, wenn in dem Schema (16.12) die Vorderformeln nicht frei von $\varrho$ sind. Dadurch, daß die Vorderformeln selbst $\varrho$ enthalten können, wird es erforderlich, uns auf fundierte Definitionsschemata zu beschränken, wenn unsere Aussagen

definit bleiben sollen. Es seien etwa schon die (1-stelligen) Relationen
$R_1, \ldots, R_k$ durch Definitionsschemata definiert, und wir wollen eine
neue (1-stellige) Relation einführen durch ein Schema

$$A(x) \to x \in \varrho$$
$$\wedge_x . x \in \varrho \to B(x, y). \to y \in \varrho.$$

Die Formeln $A(x)$ und $B(x, y)$ mögen dabei $\varrho$ nicht enthalten. Hier
ist mit der Behauptung von $\vdash x \in \varrho$ kein definiter Sinn mehr zu ver-
binden. Sicherlich würde ein Beweis von $\vdash A(x)$ als ein Beweis von
$\vdash x \in \varrho$ anerkannt werden, was soll aber die zweite Regel? Um nach
ihr $\vdash y \in \varrho$ zu beweisen, müßte zuvor

$$\vdash \wedge_x . x \in \varrho \to B(x, y).$$

bewiesen sein, d.h. die Regel $x \in \varrho \to B(x, y)$ müßte als zulässig bewiesen sein für die Klasse der ableitbaren primitiven Aussagen $X \in R_1$,
$\ldots, X \in R_k$ und $X \in \varrho$. Also: Um zu definieren, wann $X \in \varrho$ ableitbar
heißen soll, müßte schon eine Möglichkeit bestehen, gewisse Regeln als
zulässig für eine Klasse zu beweisen, deren Definition davon abhängt,
welche Aussagen $X \in \varrho$ ableitbar heißen sollen. Das Schema enthält
also einen logischen Zirkel. Nur wenn wir uns auf fundierte Definitionsschemata beschränken, können wir der Aussage $\vdash X \in \varrho$ (d.h. $X \in \varrho$ ist
ableitbar) einen definiten Sinn geben.

Ein einfaches fundiertes Definitionsschema ist z.B. für die Grundzahlen als Objekte:

$$\left.\begin{aligned}
&\ldots \to 1, 1 \in \varrho \\
&\ldots 1, k \in \varrho \ldots \to 1, k+1 \in \varrho \\
&\ldots \wedge_x l, x \in \varrho \ldots \to l+1, 1 \in \varrho \\
&\ldots \wedge_x l, x \in \varrho \ldots l+1, k \in \varrho \ldots \to l+1, k+1 \in \varrho.
\end{aligned}\right\} \quad (16.15)$$

Hier sind die Vorderformeln durch $\ldots$ angedeutet, sie mögen außer den
angegebenen Bestandteilen nur aus schon definierten primitiven Aussageformen zusammengesetzt sein. Wie ist jetzt die „Ableitbarkeit"
von z.B. $2, 2 \in \varrho$ zu definieren? Für eine Ableitung kommt nur die
letzte Zeile in Frage und man müßte also schon $\vdash \wedge_x 1, x \in \varrho$ und $\vdash 2, 1 \in \varrho$
definiert haben. Hätten wir schon für jedes System $1, X$ und für das
System $2, 1$ die „Ableitbarkeit" definiert (d.h. also, hätten wir für jede
der Aussagen $1, X \in \varrho$ und $2, 1 \in \varrho$ einen uneigentlichen Kalkül definiert,
bezüglich dessen ihre Ableitbarkeit gemeint ist), so wäre auch die Zu-
lässigkeit der Prämisse $\ldots \wedge_x 1, x \in \varrho \ldots 2, 1 \in \varrho \ldots$ definit festgelegt. Nur
ein Beweis dieser Zulässigkeit soll ein Beweis von $\vdash 2, 2 \in \varrho$ sein. Damit
ist dann auch die Ableitbarkeit von $2, 2 \in \varrho$ definit eingeführt.

Für ein fundiertes Definitionsschema (16.12) führen wir allgemein die Ableitbarkeit von $X_1, \ldots, X_n \in \varrho$ als einen beweisdefiniten Begriff ein. Wir betrachten dazu nur die Belegungen der Regeln von (16.12) mit der Hinterformel $X_1, \ldots, X_n \in \varrho$. Die Vorderformeln dieser Belegungen sind mit Hilfe eigentlicher oder uneigentlicher logischer Partikeln aus Formeln $Y_1, \ldots, Y_n \in \varrho$ zusammengesetzt, die so sind, daß alle Belegungen von $Y_1, \ldots, Y_n$ Vorgänger von $X_1, \ldots, X_n$ sind. Ist nun $\vdash Y_1, \ldots, Y_n \in \varrho$ für jeden Vorgänger $Y_1, \ldots, Y_n$ von $X_1, \ldots, X_n$ schon beweisdefinit eingeführt, so ist auch die Zulässigkeit für jede aus diesen $Y_1, \ldots, Y_n \in \varrho$ logisch zusammengesetzte Formel definit. $X_1, \ldots, X_n \in \varrho$ heiße dann ableitbar, wenn mindestens eine Vorderformel $A$ einer Regel

$$A \to X_1, \ldots, X_n \in \varrho$$

zulässig ist. Damit ist die Aussage $\vdash X_1, \ldots, X_n \in \varrho$ beweisdefinit eingeführt — unter der Voraussetzung, daß für alle Vorgänger $Y_1, \ldots, Y_n$ von $X_1, \ldots, X_n$ die Aussage $\vdash Y_1, \ldots, Y_n \in \varrho$ beweisdefinit ist. Da nun aber das Definitionsschema fundiert ist — das wird an dieser Stelle gebraucht —, können wir hieraus schließen, daß $\vdash X_1, \ldots, X_n \in \varrho$ für jedes Objektsystem $X_1, \ldots, X_n$ eine definite Aussage ist.

Neben den Definitionsschemata (16.12) für eine Relation ist es nicht erforderlich, noch Schemata für simultane Definitionen zur Verfügung zu stellen. An Stelle von

$$x_1, x_2, \ldots \in R_1; \; x_1, x_2, \ldots \in R_2; \; \ldots; \; x_1, x_2, \ldots \in R_k$$

könnten wir ja eine Aussageform $x_0, x_1, x_2, \ldots \in R$ einführen, wobei für $x_0$ nur $k$ verschiedene Objekte einzusetzen sind. Haben die Relationen $R_1, R_2, \ldots$ nicht alle dieselbe Stellenzahl, so läßt sich dies nachträglich durch Hinzufügung von Stellen — man schreibe z. B. $x_1, x_2, 0, 0 \in R_1'$ an Stelle von $x_1, x_2 \in R_1$ mit einem neuen Atom 0 — erreichen.

Die in unseren späteren Anwendungen auftretenden Definitionsschemata (16.12) werden außer der Fundiertheit noch eine weitere Eigenschaft haben, die für eine einfache Behandlung sehr bequem ist. Das Schema (16.15) zeigt die Eigenschaft deutlich: für jedes System $l, k$ von Objekten gibt es höchstens *eine* Regel mit $l, k \in \varrho$ als Belegung der Hinterformeln. Anders ausgedrückt: Sind $X_1, \ldots, X_n \in \varrho$ und $Y_1, \ldots, Y_n \in \varrho$ die Hinterformeln von zwei verschiedenen Regeln des Schemas, so gibt es keine gemeinsame Belegung beider Formeln. Die Belegungen der Hinterformeln bilden ein System zueinander fremder (getrennter) Klassen. Wir wollen daher ein Schema (16.12), das dieser Bedingung genügt, *separiert* nennen.

Die Forderung der Separiertheit bedeutet praktisch keine Einschränkung gegenüber den induktiven Definitionen, die in der modernen

Mathematik üblich sind, denn hier beschränkt man sich meist auf Definitionen von Funktionen der Form:

$$\left.\begin{aligned} f\, \imath\, X_{11}, \ldots, X_{1n} &= \cdots \\ &\;\;\vdots \\ f\, \imath\, X_{m1}, \ldots, X_{mn} &= \cdots, \end{aligned}\right\} \tag{16.16}$$

bei denen die Separiertheit (der linken Seiten) unmittelbar einsichtig ist. Das einfachste Beispiel bilden die rekursiven Definitionen einer 1-stelligen Funktion von Grundzahlen der Form:

$$\left.\begin{aligned} f\, \imath\, 1 &= X \\ f\, \imath\, n + 1 &= Y. \end{aligned}\right\} \tag{16.17}$$

Wegen $n + 1 \neq 1$ ist dieses Schema separiert. Es ist fundiert, wenn in $Y$ nur die Terme $f\, \imath\, m$ mit $m \leq n$ auftreten.

Schreiben wir die Definition in der Form

$$\begin{aligned} f\, \imath\, 1 &= k \leftrightarrow X = k \\ f\, \imath\, n + 1 &= k \leftrightarrow Y = k, \end{aligned}$$

so erhalten wir für $n, k \in \varrho$ statt $f\, \imath\, n = k$ ein Schema

$$\left.\begin{aligned} 1, k &\in \varrho \leftrightarrow A \\ n + 1, k &\in \varrho \leftrightarrow B. \end{aligned}\right\} \tag{16.18}$$

Zu diesen Äquivalenzen kommen wir aber auch, wenn wir von dem separierten Definitionsschema

$$\left.\begin{aligned} A &\rightarrow 1, k \in \varrho \\ B &\rightarrow n + 1, k \in \varrho \end{aligned}\right\} \tag{16.19}$$

ausgehen. Gerade wegen der Separiertheit liefert das Inversionsprinzip für einen durch (16.19) erweiterten Kalkül sofort die Zulässigkeit der Regeln (16.18).

Ein Definitionsschema (16.12), das fundiert und separiert ist, nennen wir kurz ein *Induktionsschema*. Unseren vorhin ausgesprochenen Ansatz: „Relation = Kalkül" ersetzen wir jetzt durch: „Relation = Induktionsschema".

Gehen wir also von den Atomen $u_1, \ldots, u_\iota$ aus, so bilden wir zur Definition der „elementaren Sprache" über den aus $u_1, \ldots, u_i$ zusammengesetzten Figuren als Objekten als erstes die Terme $X, Y, \ldots$, die aus Objektvariablen $x, y, \ldots$ durch Anfügen der Atome entstehen. Wir nehmen dann Relationssymbole $\varrho, \sigma, \ldots$ hinzu und bilden Aussageformen:

$$x \in \varrho; \; x, y \in \sigma; \; \ldots.$$

Dabei werden die Relationssymbole je nach Bedarf als Symbole für 1-stellige, 2-stellige, ... Relationen gebraucht.

Mit einem Relationssymbol $\varrho$ allein können aus den $n$-stelligen Formeln $x_1, \ldots, x_n \in \varrho$ weitere Formeln $A_1, \ldots, A_m$ durch die logischen Partikeln zusammengesetzt werden. Ist dann das Regelsystem

$$A_1 \to X_{11}, \ldots, X_{1n} \in \varrho; \ldots; A_m \to X_{m1}, \ldots, X_{mn} \in \varrho \qquad (16.20)$$

ein Induktionsschema, so heißt

$$|_\varrho \cdot A_1 \to X_{11}, \ldots, X_{1n} \in \varrho; \ldots; A_m \to X_{m1}, \ldots, X_{mn} \in \varrho. \qquad (16.21)$$

ein *Relationszeichen*, und zwar ein $n$-stelliges Relationszeichen.

Benutzen wir „$R$" als Abkürzung für das Relationszeichen (16.21), so ist die *Relation R* dadurch definiert, daß $x_1, \ldots, x_n \in R$ genau dann gilt, wenn $x_1, \ldots, x_n \in \varrho$ nach (16.20) ableitbar ist.

$|_\varrho$ heißt ein *Induktionsoperator*. So wie aus einer Formel $A(x)$ durch $\iota_x$ ein Objekt $\iota_x A(x)$ definiert wird, so wird aus einem Induktionsschema $\mathfrak{A}(\varrho)$ durch $|_\varrho$ eine Relation $|_\varrho \mathfrak{A}(\varrho)$ definiert.

Es ist klar, daß wegen der Fundiertheit gewisse Objektsysteme $X_1, \ldots, X_n$ keine Vorgänger in (16.20) haben, also muß für mindestens eine der Regeln (16.20) in der Vorderformel $\varrho$ nicht vorkommen, d.h. aber die Vorderformel muß leer sein, die Regel heißt nur

$$\to X_1, \ldots, X_n \in \varrho.$$

Mit den so erhaltenen Relationen — wir benutzen $R, S, \ldots$ als Mitteilungsvariable für Relationen — läßt sich der Prozeß wiederholen. Für ein Relationssymbol lassen sich wieder (diesmal etwa $k$-stellige) Formeln $x_1, \ldots, x_k \in \varrho$ bilden und dann weitere zusammensetzen. Jetzt können aber auch die Formeln $x_1, \ldots, x_n \in R$ mitbenutzt werden, wenn $R$ eine schon definierte $n$-stellige Relation ist. Die Induktionsschemata (16.20) liefern dann weitere Relationszeichen (16.21). Wieder wird eine der Vorderformeln $\varrho$ nicht enthalten: eine solche Vorderformel braucht jetzt aber nicht mehr leer zu sein, sie setzt sich allein aus Formeln $x_1, \ldots, x_n \in R$ zusammen.

Insgesamt erhalten wir eine simultane induktive Definition von „Relationszeichen" und „Formel" der *elementaren Sprache* über $u_1, \ldots, u_i$. Zusammengefaßt lautet diese:

*Definition 16.1.* (1) *Ist* „$R$" *ein $n$-stelliges Relationszeichen, dann sei $X_1, \ldots, X_n \in R$ eine Formel, genauer eine primitive Formel mit R.*

(2) *Sind $A, B$ Formeln, dann seien $A \to B$, $A \wedge B$, $A \vee B$, $\neg A$ Formeln, ist $A(x)$ Formel, dann seien $\bigwedge_x A(x)$, $\bigvee_x A(x)$ Formeln.*

(3) *Sind $A_1, \ldots, A_m$ Formeln, die aus primitiven Formeln mit den Relationszeichen $R_1, \ldots, R_k$ (eventuell $k = 0$) einschließlich $X_1, \ldots, X_n \in \varrho$*

*nach* (2) *zusammengesetzt sind, und ist*

$$A_1 \rightarrow X_{11}, \ldots, X_{1n} \in \varrho; \ldots; A_m \rightarrow X_{m1}, \ldots, X_{mn} \in \varrho$$

*ein Induktionsschema, dann sei*

$$\mathsf{I}_\varrho \cdot A_1 \rightarrow X_{11}, \ldots, X_{1n} \in \varrho; \ldots; A_m \rightarrow X_{m1}, \ldots, X_{mn} \in \varrho.$$

*ein n-stelliges Relationszeichen.*

Selbstverständlich ließe sich diese Definition restlos symbolisieren, so daß ein eigentlicher Kalkül entsteht, mit ableitbaren Aussagen der Form „*A* ist Formel", „*R* ist Relationszeichen". Auf diese Präzisierung gehen wir aber erst im nächsten Paragraphen ein. Es sei zunächst nur festgehalten, daß die Formeln der elementaren Sprache über $u_1, \ldots, u_i$ sich aus den folgenden Atomen zusammensetzen:

(1) Objektatome $u_1, \ldots, u_i$;

(2) Objektvariable $x, y, \ldots$;

(3) Relationssymbole $\varrho, \sigma, \ldots$ mit vorangestelltem $\in$;

(4) Logische Partikeln $\rightarrow$, $\wedge$, $\vee$, $\wedge_x$, $\vee_x$, $\neg$;

(5) Induktionsoperatoren $\mathsf{I}_\varrho, \mathsf{I}_\sigma, \ldots$.

In der Sprache über diese neuen Atome — wegen (2) und (3) sind es unendlich viele, das ist hier jedoch unerheblich — ist die Definition 16.1 durch geeignete Induktionsschemata wiederzugeben.

Jede Formel der elementaren Sprache ist nach Definition 16.1 (1) und (2) primitiv oder zusammengesetzt. Die Formeln ohne freie Objektvariable heißen — wie bisher — *Aussagen* der elementaren Sprache, die Formeln mit freien Objektvariablen heißen *Aussageformen*.

Für eine primitive Aussage $X_1, \ldots, X_n \in R$ ist zu definieren, wann sie ableitbar heißen soll. Für $R \leftrightharpoons \mathsf{I}_\varrho \cdot A_1 \rightarrow X_{11}, \ldots \in \varrho; \ldots; A_m \rightarrow X_{m1}, \ldots \in \varrho.$ ist dazu der (eventuell uneigentliche) Kalkül mit den Regeln

$$A_1 \rightarrow X_{11}, \ldots, X_{1n} \ \in \varrho$$
$$\vdots$$
$$A_m \rightarrow X_{m1}, \ldots, X_{mn} \in \varrho$$

heranzuziehen. Kommen in den Vorderformeln die Relationszeichen $R_1, \ldots, R_k$ vor, so ist der Kalkül zu ergänzen durch die zu diesen Relationszeichen zugehörigen Regelsysteme. Um Verwechslungen zu vermeiden, ist dabei für jedes der Regelsysteme ein neues Relationssymbol einzuführen. Die Ableitbarkeit von $X_1, \ldots, X_n \in R$ wird dann definiert durch die Ableitbarkeit von $X_1, \ldots, X_n \in \varrho$ in dem so entstehenden Kalkül.

Es wird hier deutlich, daß durch die Induktionsschemata nicht nur uneigentliche Kalküle in unsere Betrachtungen hineinkommen, sondern daß der uneigentliche Kalkül, bezüglich dessen die Ableitbarkeit von $X_1, \ldots, X_n \in R$ definiert ist, auch noch von der Formel $X_1, \ldots, X_n \in R$ selbst abhängt.

Ist für die primitiven Aussagen die Ableitbarkeit definiert, so ist für eine zusammengesetzte Formel die Zulässigkeit wie bisher zu definieren.

Für das Operieren mit den zusammengesetzten Formeln ist die Frage nach der Berechtigung der fiktiven Logik erneut zu behandeln. Satz 8.2 reicht hier nicht mehr aus, da jetzt uneigentliche Kalküle zu berücksichtigen sind. Die Separiertheit, die wir von den Induktionsschemata gefordert haben, ermöglicht jedoch eine einfache Ausdehnung von Satz 8.2 auf die elementare Sprache.

Jeder Relation $R$ wird dazu eine Relation $+R$ zugeordnet, indem jedem Induktionsschema

$$\left. \begin{array}{l} A_1 \to X_{11}, \ldots, X_{1n} \in \varrho \\ \qquad \vdots \\ A_m \to X_{m1}, \ldots, X_{mn} \in \varrho \end{array} \right\} \tag{16.22}$$

das Schema

$$\left. \begin{array}{l} +A_1 \to X_{11}, \ldots, X_{1n} \in \varrho \\ \qquad \vdots \\ +A_m \to X_{m1}, \ldots, X_{mn} \in \varrho \end{array} \right\} \tag{16.23}$$

zugeordnet wird, wobei $+A$ wörtlich wie in § 8 definiert wird — nur für die in den Vorderformeln auftretenden primitiven Formeln $X_1, X_2, \ldots \in R_j \, (j = 1, \ldots, k)$ wird

$$+X_1, X_2, \ldots \in R_j \leftrightharpoons X_1, X_2, \ldots \in +R_j$$

gesetzt, und es wird

$$+X_1, \ldots, X_n \in \varrho \leftrightharpoons X_1, \ldots, X_n \in \varrho$$

gesetzt.

Definiert das Schema (16.22) die Relation $R$, so sei $+R$ die Relation, die durch (16.23) definiert wird. Sind die Relationen $+R_1, +R_2, \ldots, +R_k$ schon definiert, so ist hierdurch $+R$ definiert. Insgesamt ist also $+R$ für jede Relation $R$ definiert.

Alle diese Relationen $+R$ sind stabil, d.h. die primitiven Aussagen $X_1, \ldots, X_n \in +R$ sind stabil. Sind nämlich die Relationen $+R_j$ schon als stabil bewiesen, so folgt die Stabilität von $+R$ folgendermaßen: Aus (16.22) folgt für $R$ das Regelsystem

$$\left. \begin{array}{l} A_1' \to X_{11}, \ldots, X_{1n} \in R \\ \qquad \vdots \\ A_m' \to X_{m1}, \ldots, X_{mn} \in R, \end{array} \right\} \tag{16.24}$$

wobei $A'_\mu$ aus $A_\mu$ entsteht, indem $\varrho$ durch $R$ ersetzt wird. Entsprechend folgt aus (16.23) für $+R$ das Regelsystem

$$\left.\begin{aligned}
+A'_1 &\to X_{11}, \ldots, \ X_{1n} \in +R \\
&\;\;\vdots \\
+A'_m &\to X_{m1}, \ldots, X_{mn} \in +R.
\end{aligned}\right\} \tag{16.25}$$

Wegen der Separiertheit von (16.22) und also von (16.23) ergibt sich durch Inversion aus (16.25) die Zulässigkeit der Regeln

$$\left.\begin{aligned}
X_{11}, \ldots, X_{1n} &\in +R \leftrightarrow +A'_1 \\
&\;\;\vdots \\
X_{m1}, \ldots, X_{mn} &\in +R \leftrightarrow +A'_m.
\end{aligned}\right\} \tag{16.26}$$

Aus der Fundiertheit von (16.22), und also von (16.23), folgt die Stabilität von $X_1, \ldots, X_n \in +R$. Zunächst gilt nämlich für die Aussagen $X_1, \ldots, X_n \in +R$, die nicht als Belegung einer der Hinterformeln von (16.25) auftreten: $\neg X_1, \ldots, X_n \in +R$, also

$$\neg\neg X_1, \ldots, X_n \in +R \to \wedge.$$

Für $X_1, \ldots, X_n \in +R \leftrightarrow +A'$, wobei $R$ in $A'$ nicht auftritt, ist $X_1, \ldots, X_n \in +R$ stabil, weil $+A'$ stabil ist (vgl. § 8). Hat $X_1, \ldots, X_n$ keine Vorgänger, so ist also $X_1, \ldots, X_n \in +R$ stabil. Hat dagegen $X_1, \ldots, X_n$ Vorgänger, so folgt die Stabilität von $X_1, \ldots, X_n \in +R$ aus der Annahme der Stabilität von $Y_1, \ldots, Y_n \in +R$ für alle Vorgänger $Y_1, \ldots, Y_n$ von $X_1, \ldots, X_n$.

Wie in § 8 gilt für alle adjunktionsfreien Formeln $A$, daß sie invariant bei der Abbildung $+$ sind, d.h. $+A \equiv A$. Hierbei ist jetzt aber zu beachten, daß eine Formel $A$ nur dann *adjunktionsfrei* ist, wenn sie adjunktionsfrei zusammengesetzt ist aus primitiven Formeln $X_1, X_2, \ldots \in R_j$, für die auch die Relationen $R_j$ adjunktionsfrei sind. Eine Relation $R$ heißt dabei adjunktionsfrei, wenn im zugehörigen Induktionsschema alle Vorderformeln adjunktionsfrei sind. (Die Relationssymbole $\varrho, \sigma, \ldots$ gelten hierbei als adjunktionsfrei.)

Nach diesen Vorbereitungen folgt:

*Satz 16.1. Für jede fiktiv beweisbare Formel $A$ ist die Formel $+A$ effektiv beweisbar. Die „Stabilitätsfiktion" $\neg\neg a \to a$ ist also relativzulässig bezüglich der Klasse der adjunktionsfreien Formeln.*

Beweis. Ein fiktiver Beweis einer Formel $A$ geht auf Grund von (16.24) und der Inversion von den Regelsystemen

$$\left.\begin{aligned}
X_{11}, \ldots, X_{1n} &\in R \leftrightarrow A'_1 \\
&\;\;\vdots \\
X_{m1}, \ldots, X_{mn} &\in R \leftrightarrow A'_m
\end{aligned}\right\} \tag{16.27}$$

aus. Durch die +-Abbildung entstehen die Regelsysteme (16.26). Jede fiktive Folgerung $A$ aus (16.27) geht dann in die effektive Folgerung $+A$ aus (16.26) über, da alle in (16.26) auftretenden primitiven Formeln stabil sind.

Auf Grund von Satz 16.1 werden wir im folgenden stets die Stabilitätsfiktion $\neg\neg A \to A$, also das tertium non datur, gebrauchen.

Mit der elementaren Sprache haben wir definiert, was eine „Formel" ist. Wir haben daher jetzt auch die Möglichkeit, Relationen (Mengen) und Funktionen (Abbildungen) zu definieren.

Nach § 10 entsteht aus jeder Formel $A(x_1, \ldots, x_n)$ durch Abstraktion eine *Relation* $\in_{x_1, \ldots, x_n} A(x_1, \ldots, x_n)$. Die 1-stelligen Relationen $\in_x A(x)$ sind die *Mengen*. Die elementare Sprache liefert uns also Mengen und Relationen nur insofern diese durch Formeln der elementaren Sprache *darstellbar* sind.

Wird eine (eventuell abstrakte) Gleichheitsrelation $=$ zwischen den Objekten vorausgesetzt, so ist für jede Formel $A(x)$ mit

$$A(x_1) \wedge A(x_2) \to x_1 = x_2$$

der Term $\iota_x A(x)$ sinnvoll. Wir nennen diese Terme zur elementaren Sprache *zugehörig*, wenn $A(x)$ eine Formel der elementaren Sprache ist. Aus jeder zur elementaren Sprache zugehörigen Objektform $X(x_1, \ldots, x_n)$ entsteht durch Abstraktion nach § 10 eine *Funktion* $\imath_{x_1, \ldots, x_n} X(x_1, \ldots, x_n)$. Wiederum erhalten wir nur Abbildungen und Funktionen, die in der elementaren Sprache *darstellbar* sind.

Die in § 10 eingeführten Operatoren $\iota, \in, \imath$ genügen zwar zur Bezeichnung von Termen, Relationen und Funktionen, für den praktischen Gebrauch sind sie jedoch gelegentlich etwas umständlich. Will man etwa — $n$ sei Variable für Grundzahlen — die Menge der Werte eines Terms $X(n)$ bezeichnen, so hätte man zu schreiben $\in_x \mathsf{V}_n X(n) = x$. Üblich ist statt dessen $\{X(n)\}_n$. Unterläßt man hier die Wiederholung der Variablen $n$, so können Uneindeutigkeiten entstehen. In Verallgemeinerung dieser Bezeichnung schreibt man $\{X(x) \mid A(x)\}_x$ für die Menge der $X(x)$ mit $x \in \in_x A(x)$. Also

$$\{X(x) \mid A(x)\}_x \leftrightharpoons \in_y \mathsf{V}_x . A(x) \wedge X(x) = y\, .\, .$$

Der $\in$-Operator ist dann entbehrlich wegen

$$\in_x A(x) = \{x \mid A(x)\}_x .$$

Um den $\imath$-Operator zu vermeiden, genügt es, für „rechtseindeutige" Relationen $R$, d.h. für solche 2-stellige Relationen, für die gilt:

$$x\,R\,y_1 \wedge x\,R\,y_2 \to y_1 = y_2,$$

zu setzen:

$$\overrightarrow{R} \leftrightharpoons \imath_x \iota_y \, x \, R \, y.$$

Es wird dann nämlich

$$\imath_x X(x) = \overrightarrow{\{x, X(x)\}}_x.$$

Um eine Funktion $f$ zu definieren, die alle $x$ mit $A(x)$ als Argumente hat und für diese

$$f \imath \, x = X(x)$$

erfüllt, hat man statt

$$f = \imath_x \iota_y . A(x) \wedge X(x) = y.$$

zu schreiben:

$$f = \overrightarrow{\{x, X(x) | A(x)\}}_x.$$

Selbstverständlich lassen sich so auch mehrstellige Funktionen bezeichnen, z. B.

$$\overrightarrow{\{x_1, \ldots, x_n; y | A(x_1, \ldots, x_n; y)\}}_{x_1, \ldots, x_n, y} \leftrightharpoons \imath_{x_1, \ldots, x_n} \iota_y \, A(x_1, \ldots, x_n; y).$$

Läßt man hier auch $n = 0$ zu, so entsteht

$$\overrightarrow{\{y | A(y)\}}_y \leftrightharpoons \iota_y \, A(y).$$

Die Benutzung von $\{\ldots|\ldots\}$ und $\rightarrow$ gestattet es also, die Operatoren $\iota, \in, \imath$ zu vermeiden. Neben $\overrightarrow{R}$ kann selbstverständlich für linkseindeutiges $R$ entsprechend $\overleftarrow{R}$ benutzt werden.

## §17. Sprachschichten.

Mit der Definition der *elementaren Sprache* über den aus $u_1, \ldots, u_i$ zusammengesetzten Figuren haben wir als *Formeln* gewisse Figuren eingeführt, die aus

$$\left.\begin{array}{l} u_1, \ldots, u_i, \; x, y, \ldots, \; \rightarrow, \wedge, \vee, \neg, \; \Lambda_x, \Lambda_y, \ldots, \; V_x, V_y, \ldots, \\ \in \varrho, \in \sigma, \ldots, \; |_\varrho, |_\sigma, \ldots \end{array}\right\} \quad (17.1)$$

zusammengesetzt sind.

Die Formeln führten uns dann weiter zu den Definitionen von Mengen und Abbildungen, Relationen und Funktionen. Hierbei handelt es sich jedoch bisher stets um Mengen von Objekten und um Abbildungen, bei denen sowohl die Urbilder wie auch die Abbilder Objekte im bisherigen Sinne sind, d. h. Figuren, die aus $u_1, \ldots, u_i$ zusammengesetzt sind.

Die in der modernen Mathematik übliche Betrachtung von *Familien*, d.h. Mengen von Mengen, von Mengenfunktionen, usw. legt uns nahe, den Konstruktionsprozeß der elementaren Sprache zu iterieren.

Die Bildung der elementaren Sprache über dem Atomsystem (17.1) geschieht wörtlich so, wie in § 16 die Bildung der elementaren Sprache über $u_1, \ldots, u_i$. Als neue Figuren treten alle diejenigen auf, die sich aus den Atomen (17.1) zusammensetzen lassen. Von diesen sind nur die bisherigen (aus $u_1, \ldots, u_i$ zusammengesetzten) Objekte und die in § 16 definierten Relationszeichen und Formeln wichtig, es ist jedoch einfacher, wenn wir auch die unwichtigen (sinnlosen) Figuren wie $\mid_\varrho \varrho \to \wedge x$ nicht von vornherein ausschließen.

Wir nennen die Klasse der bisherigen Objekte die *0. Schicht*, die Klasse der aus (17.1) zusammensetzbaren Figuren die *1. Schicht*. Insbesondere haben wir unter den Figuren der 1. Schicht also *Formeln der 1. Schicht* und aus diesen entstehen mit Hilfe des Kennzeichnungsoperators die *Terme $\iota_x A(x)$ der 1. Schicht*. Unter *Mengen* und *Abbildungen der 1. Schicht* sind entsprechend solche Mengen bzw. Abbildungen zu verstehen, die durch Formeln bzw. Terme der 1. Schicht dargestellt werden. Die Figuren der 0. Schicht nennen wir jetzt auch die *Objekte der 1. Schicht*.

Die elementare Sprache über den Atomen der 1. Schicht wird nun die *2. Schicht* bilden. Dazu müssen wir neue Atome zu (17.1) hinzufügen. Neben den bisherigen Objektvariablen fügen wir neue Objektvariable $x, y, \ldots$ hinzu, deren Variabilitätsklasse die 1. Schicht ist. Neben den Atomen $\to, \wedge, \vee, \neg$ benutzen wir $\underset{1}{\to}, \underset{1}{\wedge}, \underset{1}{\vee}, \underset{1}{\neg}$ als Junktoren. Diese Figuren haben keine neue Bedeutung gegenüber $\to, \wedge, \vee, \neg$, nur um Verwechslungen zu vermeiden, müssen neue Atome gewählt werden. Als neue Quantoren führen wir $\underset{1}{\wedge}_x, \underset{1}{\wedge}_y, \ldots$ bzw. $\underset{1}{\vee}_x, \underset{1}{\vee}_y, \ldots$ ein. Als neue Relationssymbole benutzen wir $\underset{1}{\varrho}, \underset{1}{\sigma}, \ldots$ mit den Induktionsoperatoren $\underset{1}{\mid_\varrho}, \underset{1}{\mid_\sigma}, \ldots$. Insgesamt haben wir dann folgende Atome:

$$\left.\begin{array}{l} u_1, \ldots, u_i, x, y, \ldots, \to, \wedge, \vee, \neg, \wedge_x, \ldots, \vee_x, \ldots, \in\varrho, \in\sigma, \ldots, \mid_\varrho, \ldots, \\[4pt] \underset{1}{x}, \underset{1}{y}, \ldots, \underset{1}{\to}, \underset{1}{\wedge}, \underset{1}{\vee}, \underset{1}{\neg}, \underset{1}{\wedge}_x, \ldots, \underset{1}{\vee}_x, \ldots, \underset{1}{\in}\varrho, \underset{1}{\in}\sigma, \ldots, \underset{1}{\mid_\varrho}, \ldots \end{array}\right\} \quad (17.2)$$

Die Klasse der aus (17.2) zusammensetzbaren Figuren heiße die 2. Schicht. Die 1. Schicht ist also eine Unterklasse der 2. Schicht. Die Figuren der 1. Schicht heißen die *Objekte der 2. Schicht*.

Induktionsschemata sehen jetzt so aus:

$$\underset{1}{A_1} \underset{1}{\to} \underset{1}{X_{11}}, \ldots \underset{1}{\in} \varrho$$
$$\vdots$$
$$\underset{1}{A_m} \underset{1}{\to} \underset{1}{X_{m1}}, \ldots \underset{1}{\in} \varrho,$$

wenn $\underset{1}{A}, \underset{1}{B}, \ldots$ als Mitteilungsvariable für Formeln der 1. Schicht und $\underset{1}{X}, \underset{1}{Y}, \ldots$ als Mitteilungsvariable für primitive Terme der 2. Schicht [zusammengesetzt aus den Objektvariablen $x, y, \ldots$ und den Atomen von (17.1)] gebraucht werden.

Aus jeder Formel der 1. Schicht wird eine Formel der 2. Schicht, wenn zu allen Atomen — außer $u_1, \ldots, u_i$ — eine 1 unten angefügt wird. Es finden sich also alle Formeln der 1. Schicht gewissermaßen in der 2. Schicht noch einmal vor. Es wird daher genügen, uns auf Formeln der 2. Schicht zu beschränken. Bilden wir mit den Formeln erst Terme und dann Mengen und Abbildungen, so haben wir nur zu unterscheiden zwischen Mengen bzw. Abbildungen, die durch Formeln bzw. Terme der 1. Schicht dargestellt werden, und solchen, die nur durch Formeln bzw. Terme der 2. Schicht dargestellt werden können.

Zu beachten ist hierbei noch, daß, wenn aus einer Formel $A(x)$ der 1. Schicht durch Anfügen von 1 eine Formel $\underset{1}{A}(\underset{1}{x})$ der 2. Schicht geworden ist, zunächst noch nicht

$$\in_x A(x) = \underset{1}{\in_{\underset{1}{x}}} \underset{1}{A}(\underset{1}{x})$$

gilt, weil die Variabilitätsklasse von $\underset{1}{x}$ eine andere ist als die von $x$. Wir können aber die Zugehörigkeit von $\underset{1}{X}$ zur Variabilitätsklasse $S_0$ von $x$, d.h. also zur 0. Schicht, in der 2. Schicht ausdrücken. Die Darstellung von $S_0$ in der 2. Schicht lautet

$$S_0 = |_{\underset{1}{\varrho}} \cdot u_1 \in \underset{1}{\varrho}; \ldots; \underset{1}{u_i} \in \underset{1}{\varrho}; \underset{1}{x} \in \underset{1}{\varrho} \to \underset{1}{x}\,\underset{1}{u_1} \in \underset{1}{\varrho}; \ldots; \underset{1}{x} \in \underset{1}{\varrho} \to \underset{1}{x}\,\underset{1}{u_i} \in \underset{1}{\varrho}..$$

Werden die Quantoren $\bigwedge_x$ bzw. $\bigvee_x$ in Formeln $A$ der 1. Schicht beim Übergang zu den Formeln $\underset{1}{A}$ der 2. Schicht nicht durch $\underset{1}{\bigwedge_{\underset{1}{x}}}$ bzw. $\underset{1}{\bigvee_{\underset{1}{x}}}$, sondern durch die bedingten Quantoren $\underset{\underset{1}{x\in S_0}}{\bigwedge_{\underset{1}{x}}}$ bzw. $\underset{\underset{1}{x\in S_0}}{\bigvee_{\underset{1}{x}}}$ ersetzt, dann gilt

$$\underset{\underset{1}{x\in S_0}}{\in_x} A(x) = \underset{1}{\in_{\underset{1}{x}}} \underset{1}{A}(\underset{1}{x}).$$

Zur Abkürzung schreiben wir $_0\!\bigwedge_x B(x)$ bzw. $_0\!\bigvee_x B(x)$ statt $\underset{\underset{1}{x\in S_0}}{\bigwedge_{\underset{1}{x}}} B(\underset{1}{x})$ bzw. $\underset{\underset{1}{x\in S_0}}{\bigvee_{\underset{1}{x}}} B(\underset{1}{x})$ und schreiben analog dazu auch $_1\!\bigwedge_x B(x)$ bzw. $_1\!\bigvee_x B(x)$ statt $\underset{1}{\bigwedge_{\underset{1}{x}}} B(\underset{1}{x})$ bzw. $\underset{1}{\bigvee_{\underset{1}{x}}} B(\underset{1}{x})$. Es ist dadurch möglich, wieder mit einer Sorte von Variablen $x, y, \ldots$ auszukommen. Schreiben wir entsprechend $_1|_{\underset{1}{\varrho}} \mathfrak{A}(\varrho)$ statt $|_{\underset{1}{\varrho}} \underset{1}{\mathfrak{A}}(\underset{1}{\varrho})$, so sind auch die neuen Relationssymbole $\underset{1;}{\varrho}, \underset{1}{\sigma}, \ldots$ überflüssig.

Bei Zusammensetzung von primitiven Formeln mit $\to$, $\wedge$, $\vee$, $\neg$ bzw. $\underset{1}{\to}$, $\underset{1}{\wedge}$, $\underset{1}{\vee}$, $\underset{1}{\neg}$ ist schließlich immer eindeutig bestimmt, ob die Atome der 1. Schicht oder der 2. Schicht zu wählen sind: Primitive Formeln der 1. Schicht werden nur mit $\to$, $\wedge$, $\vee$, $\neg$ zusammengesetzt, primitive Formeln der 2. Schicht nur mit $\underset{1}{\to}$, $\underset{1}{\wedge}$, $\underset{1}{\vee}$, $\underset{1}{\neg}$. Dadurch erübrigt sich auch hier die Verwendung von $\underset{1}{\to}$, $\underset{1}{\wedge}$, $\underset{1}{\vee}$, $\underset{1}{\neg}$. Wir lassen den Index 1 einfach weg.

An Stelle der in (17.2) neu eingeführten Atome bleiben somit als neue Atome nur übrig $_1\wedge_x$, $_1\vee_x$ und $_1|_\varrho$. Falls Mißverständnisse befürchtet werden, kann jedoch stets zu der Schreibweise mit den Atomen von (17.2) zurückgegangen werden.

Zu den Figuren der 1. Schicht, die aus (17.1) zusammengesetzt sind, gehören insbesondere die Formeln der 1. Schicht. Wir wollen uns klarmachen, daß es in der 2. Schicht eine Formel $\underset{1}{x} \in F_1$ gibt, so daß $\underset{1}{X} \in F_1$ genau dann gilt, wenn $\underset{1}{X}$ eine Formel der 1. Schicht ist. Dazu haben wir die Definition von „Formel der 1. Schicht", wie sie in Definition 16.1 enthalten ist, darauf hin zu prüfen, ob sie mit den Mitteln der 2. Schicht ausdrückbar ist. Die einzige Schwierigkeit liegt darin, daß wir von unseren Relationen fordern, daß sie durch ein Induktionsschema, d.h. durch ein fundiertes und separiertes Definitionsschema definiert werden. Unsere Definition von „Formel" muß darauf geprüft werden, ob sie selbst den in ihr festgelegten Bedingungen genügt. Hierin liegt durchaus nichts Zirkelhaftes. Nach Aufstellung der Definition von „Formel der 1. Schicht" wollen wir nur feststellen, ob „$x$ ist Formel der 1. Schicht" eine Formel der 2. Schicht ist.

Wir wollen die (etwas langwierige) Feststellung nicht völlig durchführen. Es ist zunächst klar, daß wir in der 2. Schicht die Menge der „Formelschemata" definieren können, indem für Relationssymbole $\varrho, \sigma, \ldots$ die Figuren $X_1, \ldots, X_n \in \varrho$ als „primitive Formelschemata" definiert werden, und dann alle hieraus mit $\to$, $\wedge$, $\vee$, $\neg$, $\wedge_x, \ldots, \vee_x, \ldots$ zusammensetzbaren Figuren gebildet werden.

Mit $A, B, \ldots$ als Formelschemata heißt ein System von Figuren

$$A \to X_1, \ldots, X_n \in \varrho \qquad (17.3)$$

ein Definitionsschema (bezüglich $\varrho$). Auch „Definitionsschema" ist hiernach in der 2. Schicht durch ein Induktionsschema zu definieren. Ob eine Figur ein Definitionsschema der 1. Schicht ist, ist sogar entscheidbar. Nicht mehr entscheidbar dürfte dagegen die Menge der „Induktionsschemata" sein.

Die Definition ist die folgende. Für jedes Definitionsschema wird ein System von Formeln zur Definition der Vorgängerrelation $<$ aufgestellt:

$$Y_1, \ldots, Y_n < X_1, \ldots, X_n. \qquad (17.4)$$

Statt $<$ kann hier jedes Relationssymbol stehen. Zur Definition von (17.4) nehme man in jeder Regel (17.3) des Definitionsschemas die Argumentsysteme der Formeln $Y_1, \ldots, Y_n \in \varrho$, aus denen $A$ zusammengesetzt ist. Heißt die Regel (17.3) etwa

$$\bigwedge_x x, y \in \varrho \wedge x, y| \in \varrho \rightarrow x, y|| \in \varrho,$$

so lauten die zugehörigen Formeln (17.4):

$$z, y < x, y||,$$
$$x, y| < x, y||.$$

In der ersten Formel ist dabei $\bigwedge_x x, y \in \varrho$ in $\bigwedge_z z, y \in \varrho$ umbenannt, da $x$ schon anderweitig auftritt.

Ein Definitionsschema

$$\left.\begin{array}{c} A_1 \rightarrow X_{11}, \ldots, X_{1n} \in \varrho \\ \vdots \\ A_m \rightarrow X_{m1}, \ldots, X_{mn} \in \varrho \end{array}\right\} \tag{17.5}$$

mit den zugehörigen Formeln

$$\left.\begin{array}{c} Y^1_{11}, \ldots, Y^1_{1n} < X_{11}, \ldots, X_{1n} \\ \vdots \\ Y^1_{21}, \ldots, Y^1_{2n} < X_{21}, \ldots, X_{2n} \\ \vdots \end{array}\right\} \tag{17.6}$$

zur Definition der Vorgängerrelation $<$ hatten wir „fundiert" genannt, wenn aus der Konjunktion von (17.6) das Formelschema

$$\bigwedge_x . \bigwedge_{y < x} \mathsf{B}(y) \rightarrow \mathsf{B}(x). \rightarrow \mathsf{B}(x) \tag{17.7}$$

logisch ableitbar ist.

In der 2. Schicht läßt sich nun sicherlich ausdrücken, daß ein Schema $S(<)$ die Konjunktion der Formeln (17.6) ist, die zu einem Definitionsschema (17.5) gehören. Mit $F(<)$ als Abkürzung für (17.7) bleibt daher zu definieren:

$$S(<) \vdash F(<) \tag{17.8}$$

[in Worten: aus $S(<)$ ist $F(<)$ logisch ableitbar].

Zur logischen Ableitung lassen wir die Regeln der Quantorenlogik zu und die Induktionsregeln für die Objekte. Diese Regeln zusammen liefern aber nicht unmittelbar ein Induktionsschema für $\vdash$. Um die erforderliche Fundiertheit und Separiertheit sicherzustellen, definieren wir vorher eine 3-stellige Relation $\vdash$ mit den Formeln $A \vdash_n B$ ($n$ Grundzahlvariable) an Stelle von $A, B, n \in \vdash$. $A \vdash_n B$ bedeute, daß $B$ aus $A$

in $n$ Schritten logisch ableitbar ist. Für $\vdash_1$ haben wir als Definition:

$$\left.\begin{array}{l} A \vdash_1 A \\ A \wedge B \vdash_1 A \qquad A \wedge B \vdash_1 B \\ A \vdash_1 A \vee B \qquad B \vdash_1 A \vee B \\ \wedge_x A(x) \vdash_1 A(y) \quad\left.\begin{array}{l}\ \\ \ \end{array}\right\} \quad (y \text{ frei} \\ A(y) \vdash_1 \vee_x A(x) \qquad\quad \text{in } A(y) \\ \wedge_u A(u) \wedge \wedge_u \wedge_x . A(x) \to A(x\,u) . \vdash_1 A(y) . \end{array}\right\} \quad (17.9)$$

$\vdash_{n+1}$ wird anschließend mit Hilfe von $\vdash_n$ definiert durch:

$$\left.\begin{array}{lcl} A \wedge B \vdash_n C & \underset{1}{\to} & A \vdash_{n+1} B \to C \\ A \vdash_n B \to C \underset{1}{\to} & & A \wedge B \vdash_{n+1} C \\ A \vdash_n B \underset{1}{\wedge} B \vdash_n C & \underset{1}{\to} & A \vdash_{n+1} C \\ C \vdash_n A \underset{1}{\wedge} C \vdash_n B & \underset{1}{\to} & C \vdash_{n+1} A \wedge B \\ A \vdash_n C \underset{1}{\wedge} B \vdash_n C & \underset{1}{\to} & A \vee B \vdash_{n+1} C \\ C \vdash_n A(x) & \underset{1}{\to} & C \vdash_{n+1} \wedge_x A(x) \ \left.\begin{array}{l}\ \\ \ \end{array}\right\} \ (x \text{ nicht} \\ A(x) \vdash_n C & \underset{1}{\to} \vee_x A(x) \vdash_{n+1} C & \qquad\qquad \text{frei in } C). \end{array}\right\} \quad (17.10)$$

(17.9) und (17.10) bilden ein Definitionsschema, das zwar fundiert ist $(n+1, A, B$ hat nur Vorgänger $n, C, D)$, aber noch nicht separiert. Es ist jedoch leicht, mit Hilfe der Adjunktion $\underset{1}{\vee}$ zu einem Schema

$$A \underset{1}{\to} A \vdash_1 B$$
$$B(\vdash_n) \underset{1}{\to} C \vdash_{n+1} D \qquad\qquad (17.11)$$

zu kommen, das fundiert und separiert ist. Danach braucht nur noch

$$S(<) \vdash_n F(<) \underset{1}{\to} S(<) \vdash F(<) \qquad\qquad (17.12)$$

gesetzt zu werden, um zu sehen, daß die Menge der „fundierten Definitionsschemata" tatsächlich in der 2. Schicht definierbar ist.

Ein Definitionsschema (17.5) hatten wir separiert genannt, wenn die Belegungen der Argumentsysteme $X_{11}, \ldots, X_{1n}; X_{21}, \ldots, X_{2n}; \ldots$ paarweise fremde Klassen bilden, d.h. wenn die Ungleichungen

$$X_{k1}, \ldots, X_{kn} \not\equiv X_{l1}, \ldots, X_{ln} \quad \text{für} \quad k \neq l$$

gelten. Wir fordern genauer, daß diese Ungleichungen logisch ableitbar sind aus der Definition der Ungleichheit, d.h. aus den atomaren Ungleichheiten in Verbindung mit $u \not\equiv yv$, $xu \not\equiv v$ und

$$xu \not\equiv yv \leftrightarrow x \not\equiv y \vee u \not\equiv v$$
$$X_1, \ldots, X_n \not\equiv Y_1, \ldots, Y_n \leftrightarrow X_1 \not\equiv Y_1 \vee \cdots \vee X_n \not\equiv Y_n .$$

Die Separiertheit ist ebenso wie die Fundiertheit in der 2. Schicht ausdrückbar. Damit haben wir gezeigt, daß die Menge der „Induktionsschemata" in der 2. Schicht darstellbar ist.

Die Definition von „Formel der 1. Schicht" verläuft dann weiterhin etwa folgendermaßen. Ein Induktionsschema (17.5) enthält außer $\varrho$ eventuell noch andere Relationssymbole. Enthält

$$|_\varrho \cdot A_1 \to X_{11},\ldots \in \varrho; \ldots; A_m \to X_{m1},\ldots \in \varrho. \tag{17.13}$$

kein freies Relationssymbol mehr, so heißt (17.13) ein Relationszeichen. Bei Ersetzung aller freien Relationssymbole in (17.13) durch Relationszeichen entsteht ebenfalls ein Relationszeichen. Dies ist leicht durch ein Induktionsschema für „Relationszeichen" auszudrücken. Der Weg von „Relationszeichen" zu „Formel" ist dann trivial (vgl. Definition 16.1).

Nachdem wir auf diese Weise gesehen haben, wie der Übergang von der 1. Schicht zur 2. Schicht vollzogen werden kann, macht der weitere Aufstieg zu den höheren Schichten keine Schwierigkeiten mehr.

Um zur 3. Schicht zu kommen, fügen wir zu den Atomen (17.2) weitere Atome

$$\underset{2}{x}, \underset{2}{y}, \ldots, \underset{2}{\to}, \underset{2}{\wedge}, \underset{2}{\vee}, \underset{2}{\neg}, \underset{2}{\wedge}_x, \ldots, \underset{2}{\vee}_x, \ldots, \underset{2}{\in}\varrho, \underset{2}{\in}\sigma, \ldots, \underset{2}{|_\varrho}, \ldots \tag{17.13}$$

hinzu. Praktisch verwenden wir statt dessen neu jedoch nur

$$_2\wedge_x, \ldots, {}_2\vee_x, \ldots, {}_2|_\varrho. \tag{17.14}$$

Alle Formeln der 1. Schicht und der 2. Schicht finden wir dann unter den Formeln der 3. Schicht wieder. Neu tritt aber z. B. die Menge der Formeln der 2. Schicht auf.

Gehen wir von der 3. Schicht noch weiter zu den Schichten endlicher Höhe, so treten folgende Atome auf:

$$\left.\begin{array}{l} u_1, \ldots, u_i, \ x, y, \ldots, \ \in\varrho, \in\sigma, \ldots, \ \to, \wedge, \vee, \neg, \\[2mm] {}_n\wedge_x, \ldots, {}_n\vee_x, \ldots, {}_n|_\varrho. \end{array}\right\} \tag{17.15}$$

Die Klasse dieser Atome ist unendlich, auch wenn wir für jede Schicht nur endlich viele Objektvariable und Relationssymbole zuließen. Für die Konstruktion der elementaren Sprache ist es aber unerheblich, ob wir endlich oder unendlich viele Atome haben. Daher läßt sich die Bildung der elementaren Sprache noch weiter iterieren.

Wir haben zunächst die Mengen $S_0, S_1, S_2, \ldots\ldots$ mit der Bedeutung:

$$X \in S_0 \leftrightarrow X \text{ ist eine Figur der 0. Schicht}$$

$$\vdots$$

$$X \in S_n \leftrightarrow X \text{ ist eine Figur der } n. \text{ Schicht}$$

$$\vdots$$

Wir definieren

$$X \in S_\omega \leftrightharpoons \bigvee_n X \in S_n.$$

Die Figuren $X$ mit $X \in S_\omega$ heißen die *Figuren der $\omega$. Schicht*. Entsprechend verstehen wir unter einer *Formel der $\omega$. Schicht* eine Figur $A$, für die es ein $n$ gibt, so daß $A$ eine Formel der $n$. Schicht ist.

Die $\omega$. Schicht $S_\omega$ entsteht also nicht durch die Bildung der elementaren Sprache über einer Klasse von Atomen. $S_\omega$ ist vielmehr nur die Vereinigung der Schichten endlicher Höhe.

Bilden wir dagegen die elementare Sprache über allen Atomen (17.15), so nennen wir die entstehende Schicht $S_{\omega+1}$. Die Inklusion der Schichten bleibt dabei erhalten:

$$S_0 \subset S_1 \subset S_2 \subset \cdots\cdots \subset S_\omega \subset S_{\omega+1} \subset \cdots\cdots .$$

Es ist in unser Belieben gestellt, wie weit wir diesen Iterationsprozeß durchführen wollen. Aber es hätte natürlich keinen *definiten* Sinn mehr, zu sagen, die Iteration solle „beliebig" weit geführt werden — ebenso wären Bestimmungen der modernen Mengenlehre wie: „der Index der Schichten durchlaufe die CANTORsche II. Zahlenklasse" nicht definit.

Um im Rahmen der operativen Mathematik zu bleiben, müssen wir fixieren, wie weit die Iteration der Sprachkonstruktion durchgeführt werden soll, wenn wir Aussagen über *alle* Schichten machen wollen. Es kommt allerdings für unsere Betrachtungen nicht darauf an, wie weit wir nun gehen — ob wir z. B. nur bis $\omega + 1$ gehen, oder aber bis $2\omega$ oder $\omega^2$ oder $\varepsilon_0$. Für die Analysis, wie wir sie in Kapitel 6 aufbauen werden, ist allein erforderlich, daß wir über $\omega$ hinausgehen.

Nehmen wir etwa an, wir hätten die Konstruktion von Sprachschichten bis $\omega^2$ durchgeführt. Wir haben dann die Schichten

$$S_0 \subset S_1 \subset \cdots\cdots \subset S_\omega \subset S_{\omega+1} \subset \cdots\cdots S_{2\omega} \subset \cdots\cdots \subset S_{n\omega} \subset \cdots\cdots \subset S_{\omega^2}$$

und entsprechend für die Zusammensetzung von Formeln die Atome

$$u_1, \ldots, u_i, \; x, y, \ldots, \; \in\varrho, \in\sigma, \ldots, \; \rightarrow \wedge, \vee, \neg,$$

$$_0\wedge_x, \ldots, \; _0\vee_x, \ldots, \; _0|_\varrho, \ldots,$$

$$\vdots$$

$$_\omega\wedge_x, \ldots, \; _\omega\vee_x, \ldots, \; _\omega|_\varrho, \ldots,$$

$$\vdots$$

Die Operatoren $_{\omega^2}\wedge_x$, $_{\omega^2}\vee_x$, $_{\omega^2}|_\varrho$ treten dagegen in $S_{\omega^2}$ nicht auf.

Wir verwenden $\vartheta, \ldots$ als Mitteilungsvariable für die Indizes 1, 2, $\ldots\ldots$, $\omega, \ldots\ldots$ der konstruierten Schichten, beispielsweise für die Ordinalzahlen $\leq \omega^2$. Für jede Schicht $S_{\vartheta+1}$ haben wir innerhalb aller Figuren, die sich aus den Atomen dieser Schicht zusammensetzen lassen, speziell die „Formeln der $\vartheta+1$. Schicht". Neben den primitiven Termen der $\vartheta+1$. Schicht, die sich aus den Variablen $\underset{\vartheta}{x}$ (deren Variabilitätsklasse die $\vartheta$. Schicht ist) und den Atomen der $\vartheta$. Schicht zusammensetzen, erhalten wir aus den Formeln $A\left(\underset{\vartheta}{x}\right)$ der $\vartheta+1$. Schicht die weiteren Terme $\underset{\vartheta}{\iota_x} A\left(\underset{\vartheta}{x}\right)$ der $\vartheta+1$. Schicht. Wir schreiben für diese Terme kürzer ${}_\vartheta\iota_x A(x)$.

Gehen wir von den Formeln (Aussageformen) und den Termen (Objektformen) zu den Relationen und Funktionen über, so schreiben wir ebenfalls kurz

$${}_\vartheta\in_{x_1,\ldots,x_n} A(x_1,\ldots,x_n) \quad \text{und} \quad {}_\vartheta\iota_{x_1,\ldots,x_n} A(x_1,\ldots,x_n)$$

statt

$$\underset{\vartheta}{\in}_{x_1,\ldots,\underset{\vartheta}{x_n}} A\left(\underset{\vartheta}{x_1},\ldots,\underset{\vartheta}{x_n}\right) \quad \text{und} \quad \iota_{\underset{\vartheta}{x_1},\ldots,\underset{\vartheta}{x_n}} A\left(\underset{\vartheta}{x_1},\ldots,\underset{\vartheta}{x_n}\right).$$

Die Figuren von $S_\vartheta$ heißen dabei die *Objekte von* $S_{\vartheta+1}$. Bei einer Limeszahl $\Theta$, d.h. einer Ordinalzahl, die nicht in der Form $\vartheta+1$ geschrieben werden kann (z.B. $\omega$, $2\omega$, $\ldots$), sind die Objekte von $S_\Theta$ alle Figuren der Schichten $S_\vartheta$ mit $\vartheta < \Theta$. Die Formeln bzw. Terme von $S_\Theta$ sind dann die Formeln bzw. Terme der Schichten $S_\vartheta$ mit $\vartheta < \Theta$.

Die höheren Schichten dienen vor allem dazu, außer den Mengen von Grundobjekten (den Figuren von $S_0$) auch Mengen von Mengen von Grundobjekten, Mengen von Mengen von Mengen von Grundobjekten, usw. zu bilden. Wollen wir erreichen, daß jede Menge auch als Element auftreten kann, dann müssen wir mit dem Schichtindex bis zu einer Limeszahl gehen.

Über die Schichten mit endlichem Index kommt man z.B. hinaus, wenn man eine Menge bildet, deren Elemente sind

$$u, \{u\}, \{\{u\}\}, \ldots\ldots.$$

Diese Menge ist erst in $S_{\omega+1}$ darstellbar.

Jede endliche Menge von Grundobjekten $\{X_1, \ldots, X_n\}$ ist selbstverständlich in der 1. Schicht darstellbar, nämlich durch die Formel

$$x = X_1 \vee \cdots \vee x = X_n.$$

In der 2. Schicht finden wir dann die Menge aller endlichen Mengen von Grundobjekten. Dazu ist nur eine induktive Definition für die

darstellenden Formeln $x = X_1 \vee x = X_2 \vee \cdots \vee x = X_n$ anzugeben, etwa
— unter Zuhilfenahme von $S_0$ —

$$\underset{1}{x} \in S_0 \underset{1}{\to} x = \underset{1}{x} \in \underset{1}{\varrho}$$

$$\underset{1}{y} \in \underset{1}{\varrho} \underset{1}{\wedge} \underset{1}{x} \in S_0 \underset{1}{\to} \underset{1}{y} \vee x = \underset{1}{x} \in \underset{1}{\varrho}.$$

Ist $E$ die durch dieses Induktionsschema definierte Menge, so läßt sich eine inhaltliche Ausdrucksweise wie: „es gibt eine endliche Menge $\{X_1, \ldots, X_n\}$, so daß $A(\{X_1, \ldots, X_n\})$ gilt", jetzt in der 2. Schicht durch eine Aussage

$$\underset{1}{\vee}_x . x \in E \wedge A(x).$$

präzisieren.

In ähnlicher Weise lassen sich in der 2. Schicht auch Aussagen über Systeme ausdrücken. Wir können z. B. so vorgehen, daß wir die Systeme auf endliche Mengen zurückführen, indem wir statt des Systems $X_1, X_2, \ldots, X_n$ die endliche Menge $\{1, X_1; 2, X_2; \ldots; n, X_n\}$ von Paaren $k, X_k$ betrachten. Das ist sicherlich ein Umweg, da sich die Systeme von Objekten ja — wie wir in § 12 gesehen haben — unmittelbar aus den Objekten konstruieren lassen. Der beschriebene Umweg erspart uns jedoch, diese Konstruktion explizit mit in die Definition der elementaren Sprache (die schon kompliziert genug ist) hineinzunehmen.

Es ist noch darauf hinzuweisen, daß durch die höheren Schichten nicht nur neue Mengen von Mengen dargestellt werden können, sondern daß mit jeder neuen Schicht $S_\vartheta$ auch neue Mengen von Grundobjekten darstellbar sind. Zum Beweis braucht nur das CANTORsche Diagonalverfahren angewendet zu werden, mit dem in der Mengenlehre die sog. Überabzählbarkeit der Potenzmenge einer abzählbaren Menge bewiesen wird. In der CANTORschen Ausdrucksweise sind nämlich alle unsere Schichten „abzählbar", d. h. es gibt für jede Schicht eine umkehrbare Abbildung auf die Menge der Grundzahlen. Es gibt hiernach insbesondere für jede Schicht eine umkehrbare Abbildung auf $S_0$. Es gilt sogar, daß eine umkehrbare Abbildung von $S_\vartheta$ auf $S_0$ schon in $S_{\vartheta+1}$ darstellbar ist.

An Stelle der Grundzahlen verwenden wir in $S_0$ die aus einem bestimmten Atom — etwa $u_0$ — zusammengesetzten Figuren. Es werden dann die Atome von $S_\vartheta$ umkehrbar auf Grundzahlen abgebildet, indem induktiv in $S_{\vartheta+1}$ eine Formel $u, n \in R$ definiert wird. Zum Beispiel für $S_0$ durch

$$u_1, 1 \in R; \ldots; u_i, i \in R.$$

Bei unendlich vielen Atomen ist diese Relation nicht viel schwieriger zu definieren, z. B. für $S_1$ mit den Atomen

$$u_1, \ldots, u_i, \ \to, \ \wedge, \ \vee, \ \neg, \ x_1, \ x_2, \ldots\ldots, \ \in\varrho_1, \in\varrho_2, \ldots\ldots$$
$$\wedge_{x_1}, \wedge_{x_2}, \ldots\ldots, \ |_{\varrho_1}, |_{\varrho_2}, \ldots\ldots$$
$$\vee_{x_1}, \vee_{x_2}, \ldots\ldots$$

durch:

$$u_1, 1 \in R; \ldots; u_i, i \in R;$$
$$\rightarrow, i+1 \in R; \quad \wedge, i+2 \in R; \quad \vee, i+3 \in R; \quad \neg, i+4 \in R;$$
$$x_m, i+5+5(m-1) \in R;$$
$$\wedge_{x_m}, i+6+5(m-1) \in R; \quad \vee_{x_m}, i+7+5(m-1) \in R;$$
$$\in_{\varrho_m}, i+8+5(m-1) \in R; \quad \mathsf{I}_{\varrho_m}, i+9+5(m-1) \in R.$$

Schreiben wir $R(u)$ für $\iota_n u, n \in R$, so können wir als Bild der Figur $v_1 \ldots v_n$ die Zahl $p_1^{R(v_1)} p_2^{R(v_2)} \ldots p_n^{R(v_n)}$ definieren, wenn $p_1, p_2, \ldots\ldots$ eine schlichte Folge von Primzahlen ist. Die Relation $R'$, für die $v_1 \ldots v_n, p_1^{R(v_1)} \ldots p_n^{R(v_n)} \in R'$ gilt, ist in $S_{\vartheta+1}$ darstellbar.

Wir erhalten als $R'$-Bild von $S_\vartheta$ nicht alle Grundzahlen, sondern eine echte Untermenge, die aber unendlich ist. Diese Menge der Zahlen $R'(x)$ läßt sich umkehrbar auf die Menge aller Grundzahlen abbilden durch:

$$f\, \imath\, 1 = \mu_{n\,\vartheta} \vee_x x R' n,$$
$$f\, i\, m+1 = \mu_{n\,\vartheta} \vee_x . x R' n \wedge R'(x) > f\, \imath\, m..$$

Durch Zusammensetzung dieser Abbildungen erhalten wir eine umkehrbare Abbildung von $S_\vartheta$ auf $S_0$, die in $S_{\vartheta+1}$ darstellbar ist.

Unter den Figuren von $S_\vartheta$ kommen die Formeln von $S_\vartheta$ vor. Wir haben gesehen, daß die Menge der Formeln von $S_\vartheta$ in $S_{\vartheta+1}$ darstellbar ist. Ebenso ist daher auch die Menge $M$ der Aussageformen von $S_\vartheta$ mit einer freien Objektvariablen $z$ in $S_{\vartheta+1}$ darstellbar.

Die Menge der Grundzahlen $n$ mit $_\vartheta\vee_y . y \in M \wedge R'(y) = n.$ ist wieder eine unendliche Menge von Grundzahlen. Also läßt sich weiterhin eine Abbildung aus $S_0$ auf die Menge aller Aussageformen von $S_\vartheta$ mit einer freien Objektvariablen $z$ zusammensetzen. Ist hierbei das Grundobjekt $X$ auf $A_X(z)$ abgebildet, so bilden wir schließlich $X$ auf die Menge $_0\in_z A_X(z)$, also eine Menge von Grundobjekten, ab. Diese Abbildung ist nicht mehr umkehrbar, da verschiedene Aussageformen dieselbe Menge von Grundobjekten darstellen, aber wir haben jedenfalls eine in $S_{\vartheta+1}$ darstellbare Abbildung aus $S_0$ auf die Menge *aller* in $S_\vartheta$ darstellbaren Mengen von Grundobjekten. Mit dieser Abbildung

$$X \rightarrowtail {}_0\in_z A_X(z)$$

läßt sich das CANTORsche Diagonalverfahren anwenden. In $S_{\vartheta+1}$ ist die Menge der Grundobjekte $X$ mit

$$X \notin {}_0\in_z A_X(z)$$

darstellbar. Diese Menge ist für jedes $X$ verschieden von $_0\in_z A_X(z)$ und daher nicht in $S_\vartheta$ darstellbar.

Hiernach hat schon die „Potenzmenge" der Menge aller Grundzahlen, die in der modernen Analysis entscheidend auftritt (sie hat dort ja die Mächtigkeit des Kontinuums), in der operativen Mathematik keinen definiten Sinn. Wenn von allen Mengen von Grundzahlen gesprochen wird, so muß die Schicht angegeben werden, in der diese Mengen durch Aussageformen darstellbar sein sollen. Je höher die Schicht, desto mehr Mengen gibt es.

Eine andere Folgerung aus dem soeben bewiesenen Satz, daß jede Schicht $S_\vartheta$ in $S_{\vartheta+1}$ abzählbar ist, ist diese, daß es in der operativen Mathematik keine „Überabzählbarkeit" gibt. Der Begriff der Abzählbarkeit tritt nur als ein *relativer* Begriff auf, als die Frage, ob eine Abzählungsrelation in einer bestimmten Schicht darstellbar ist oder nicht. Die Menge aller in $S_\vartheta$ darstellbaren Mengen von Grundobjekten ist in $S_\vartheta$ selbst nicht abzählbar, d. h. es gibt keine in $S_\vartheta$ darstellbare umkehrbare Abbildung zwischen diesen Mengen und den Grundzahlen. Gäbe es nämlich eine solche in $S_\vartheta$ darstellbare Abzählungsrelation, so müßten alle in $S_\vartheta$ darstellbaren Mengen von Grundobjekten schon in einer Schicht $S_{\vartheta_0}$ mit $\vartheta_0 < \vartheta$ darstellbar sein — im Widerspruch dazu, daß in $S_{\vartheta_0+1} \subseteqq S_\vartheta$ weitere Mengen von Grundobjekten darstellbar sind. Wir könnten also sagen, daß die in $S_\vartheta$ darstellbaren Mengen von Grundobjekten abzählbar sind relativ zu $S_{\vartheta+1}$, aber nicht abzählbar (also „überabzählbar") relativ zu $S_\vartheta$.

Diese relative Abzählbarkeit und Überabzählbarkeit unterscheidet sich von den absoluten Begriffen der CANTORschen Mengenlehre vor allem dadurch, daß eine Untermenge einer in $S_\vartheta$ abzählbaren Menge nicht allemal auch in $S_\vartheta$ abzählbar ist. Während die Menge aller Grundobjekte z. B. schon in $S_1$ abzählbar ist, gibt es ja — wie wir gesehen haben — Mengen von Grundobjekten, die in $S_1$ nicht darstellbar sind, also erst recht nicht in $S_1$ abzählbar sind.

In der operativen Mathematik kommt dem Begriff der (relativen) Abzählbarkeit daher nicht die Wichtigkeit zu, die er in der modernen Mathematik hat. Jede in $S_\vartheta$ darstellbare Menge ist in $S_\vartheta$ abzählbar. Wollte man in der operativen Mathematik einen absoluten Abzählbarkeitsbegriff einführen, so bliebe nur festzustellen, daß jede Menge abzählbar ist — im absoluten Sinne, d. h. in einer geeigneten Sprachschicht.

Das ist ja auch schon deshalb selbstverständlich, weil der Gegenstand der operativen Mathematik das schematische Operieren mit Figuren ist. Wir können aber stets nur mit endlich vielen Atomen operieren — und aus diesen sind stets nur abzählbar viele Objekte zusammensetzbar. Die einzige Möglichkeit, neue Objekte außer den Figuren einzuführen, ist die Abstraktion (auf Grund einer abstrakten Gleichheit zwischen Figuren) — hierbei handelt es sich aber nur um eine façon de parler: jedes der neuen Objekte wird durch (mindestens) eine Figur dargestellt.

In einem engen Zusammenhang mit der Abzählbarkeit steht die Frage nach Auswahlfunktionen für Mengen von Mengen. In der modernen Mathematik wird diese Frage „beantwortet" durch das „Auswahlprinzip", durch das schon in die inhaltlichen Überlegungen ein axiomatisches Element hineinkommt.

Für die operative Mathematik liegt hier kein Problem vor. Ist $\mathfrak{M}$ eine Familie nicht leerer Mengen, und ist $\mathfrak{M}$ in $S_{\vartheta+2}$ darstellbar, dann sind die Mengen von $\mathfrak{M}$ in $S_{\vartheta+1}$ darstellbar, die Elemente dieser Mengen gehören also zu $S_\vartheta$. Schon in $S_{\vartheta+1}$, erst recht in $S_{\vartheta+2}$, gibt es eine Abzählung aller Figuren von $S_\vartheta$: $R'(X)$ sei die $X$ zugeordnete Grundzahl bei dieser Abzählung. Für $M \in \mathfrak{M}$ bilden wir dann $_\vartheta\iota_x \cdot R'(x) = u_n \,_\vartheta\mathsf{V}_x \cdot x \in M \wedge R'(x) = n.$, d.h. das $X$ aus $M$ mit minimalem $R'(X)$.

Die gesuchte Auswahlfunktion $f$ für $\mathfrak{M}$ ist also

$$_{\vartheta+1}{}^{\imath}M \,_\vartheta\iota_x \cdot R'(x) = \mu_n \,_\vartheta\mathsf{V}_x \cdot x \in M \in \mathfrak{M} \wedge R'(x) = n..$$

$f$ ist — wie $\mathfrak{M}$ — in $S_{\vartheta+2}$ darstellbar. Sucht man dagegen eine Auswahlfunktion, die schon in niedrigeren Schichten darstellbar ist, so ist deren Existenz im allgemeinen nicht zu garantieren. Für eine Familie $\mathfrak{M}$ von Mengen von Grundobjekten, die in $S_{\omega+1}$ darstellbar ist, aber so, daß in keiner Schicht mit endlichem Index alle Mengen von $\mathfrak{M}$ darstellbar sind, ist z.B. jede Auswahlfunktion frühestens in $S_{\omega+1}$ darstellbar. Eine Auswahlfunktion, die in $S_\omega$ also in einem $S_k$ ($k$ Grundzahl) darstellbar wäre, könnte ja nur in $S_{k-1}$ darstellbare Mengen als Argumente haben, also nicht alle Mengen von $\mathfrak{M}$.

An Stelle des (unbewiesenen — und auf der CANTORschen Grundlage unbeweisbaren) „Auswahlprinzips" haben wir für die operative Mathematik den folgenden

*Auswahlsatz.* Zu jeder in $S_\vartheta$ darstellbaren Familie $\mathfrak{M}$ nicht leerer Mengen gibt es eine in $S_\vartheta$ darstellbare Auswahlfunktion, d.h. eine Funktion $f$ mit $M \in \mathfrak{M} \rightarrow f\imath M \in M$.

Kapitel 6.

# Analysis.

## §18. Reelle Zahlen.

In der modernen Mathematik entsteht die Analysis als eine Kombination der Arithmetik und der Mengenlehre. Im vorigen Kapitel haben wir für die operative Mathematik an Stelle der CANTORschen Mengenlehre die Konstruktion von Sprachschichten durchgeführt, die es gestattet, den Begriff der Formel (und damit „Menge", „Abbildung", und ähnliches) zu definieren. Wollte man die Theorie der

Sprachschichten als „operative Mengenlehre" der CANTORschen Mengenlehre gegenüberstellen, so zeigt ein Vergleich deutliche Unterschiede.
Der wichtigste Teil der CANTORschen Mengenlehre, die Lehre von den transfiniten Kardinalzahlen, verliert vom operativen Standpunkt seine zentrale
Bedeutung, da jede unendliche Menge — absolut gesprochen — abzählbar
wird. Auf Grund dieser Abzählbarkeit löst sich auch die Problematik
des Auswahlprinzips (ebenso wie die der Kontinuumshypothese) in Nichts
auf: es wird je nach Interpretation entweder trivial oder widerlegbar.

Es ist klar, daß sich diese Unterschiede in der Mengenlehre auf die
Analysis auswirken werden — bemerkenswerterweise werden davon die
wesentlichen Begriffsbildungen und Beweisführungen der Analysis aber
nicht betroffen. Diese letzte Bemerkung ist keine mathematische Aussage, wir können daher auch keinen mathematischen Beweis für sie
geben. Würde man die moderne Analysis durch ein Axiomensystem
ersetzen (etwa durch die PEANO-Arithmetik mit unverzweigter Stufen-
logik), so könnte man einen Beweis dadurch führen, daß die Axiome
des Systems als beweisbare Sätze der operativen Mathematik erwiesen
würden. Es liegt für uns jedoch kein Grund vor, diesen Weg zu gehen,
weil die Axiome mit einer gewissen Willkür aus der Analysis heraus-
präpariert sind. In keiner Arbeit, die der Analysis selbst gewidmet ist,
wird der axiomatische Standpunkt zugrunde gelegt. Die axiomatische
Methode ist ja vielmehr *nur einer* der Wege, auf denen man versucht
hat, die Widersprüche, die beim naiven Gebrauch des Mengenbegriffs
auftauchen, zu vermeiden.

Diesem Weg gegenüber wird hier ein anderer Weg eingeschlagen,
indem vom operativen Fundament aus ein Teilstück der konkreten
(d. h. nichtabstrakten = nichtaxiomatischen) Mathematik entwickelt
wird, das an die Stelle der „naiven" Analysis treten kann. Gewiß
würde mancher Leser (wenn er überhaupt etwas von der hier dargestellten operativen Mathematik hält) jetzt ein operatives Modell für eines
der üblichen Axiomensysteme der Analysis oder Mengenlehre als die
„befriedigendste Lösung" der Grundlagenkrisis empfinden. Im syste-
matischen Aufbau der operativen Mathematik bliebe dadurch aber eine
Lücke, da das Modell nur *als Modell* des Axiomensystems gerechtfertigt
wäre. Die Auswahl des Axiomensystems wäre aber nicht systematisch
gerechtfertigt, sondern nur historisch nahegelegt durch die Existenz der
modernen Analysis. Beiden Auffassungen, der axiomatischen wie der
operativen, wäre gedient, wenn sich im Rahmen der operativen Mathematik die Arithmetik zu einer Analysis ausbauen ließe, von der man
dann hinterher feststellen könnte, daß sie ein Modell für eine der üblichen Axiomatisierungen der modernen Analysis liefert.

So lange dies nicht gelungen ist — auch das vorliegende Buch leistet
das nicht —, ist mit der Möglichkeit zu rechnen, daß die Axiomatisierungen

der (zunächst ja inhaltlich vorliegenden) modernen Analysis nicht
adäquat sind. Eine Präzisierung der vagen inhaltlichen Mathematik
ist nicht notwendig eine axiomatische Theorie, auch jedes Stück der
operativen Mathematik ist eine Präzisierung (aber keine „Formalisierung") von inhaltlicher Mathematik.

Wenn behauptet wird, daß die im folgenden entwickelte operative
Analysis sich „im wesentlichen" nicht von der modernen Analysis
unterscheidet, so heißt das genauer, daß sich die Sätze der inhaltlichen
modernen Analysis so präzisieren lassen, daß sie in Sätze der operativen
Analysis übergehen — und daß bei dieser operativen Interpretation
eben nichts „Wesentliches" verlorengeht. Die zur Zeit üblichen Lehrbücher, die nicht speziell auf die (vermeintlich) exakte Begründung
der reellen Zahlen nach CANTOR-DEDEKIND eingehen, brauchten vom
operativen Standpunkt aus nicht geändert zu werden. Insbesondere
bleibt überall da, wo die moderne Analysis nur Hilfsmittel ist, wie z.B.
in der theoretischen Physik, alles (wie bisher — mehr oder weniger)
richtig. Nur in der Behandlung der Grundlagen, nämlich in der Definition von Menge, weicht die operative Mathematik radikal von der
modernen Mathematik ab. Denn welchem inhaltlich arbeitenden Ana-
lytiker wird es nicht ungewohnt sein, daß er sich unter einer Menge
nicht irgendeinen (mehr oder weniger deutlichen) geometrischen Haufen
vorzustellen hat, sondern eine Aussageform einer Sprachschicht?

Andererseits ist jedoch daran zu erinnern, daß noch EULER unter
einer Funktion stets einen „analytischen Ausdruck" verstanden hat.
Die (scheinbare) Loslösung vom Ausdruck erfolgt ja erst im 19. Jahrhundert — auf Grund der Untersuchung der trigonometrischen Reihen —
mit dem sog. DIRICHLETschen Funktionsbegriff (der ja aber, genau wie
der CANTORsche Mengenbegriff, eben keine Definition in dem Sinne
hat, daß die Sätze über Funktionen mathematische Folgerungen aus der
Definition sind). Der vorgeschlagene Funktionsbegriff stellt insofern
eine Rückkehr zum EULERschen Begriff vor. Der Unterschied liegt nur
darin, daß ein Ausdruck hier nicht mehr — wie bei EULER — nur mit
gewissen analytischen Operationen wie $+$, $\times$, $\lim$, $d/dx$, $\int, \ldots$ zusammengesetzt wird, sondern auch alle logischen Ausdrucksmittel
$\rightarrow$, $\wedge$, $\vee$, $\neg$, $\wedge_x$, $\vee_x$, insbesondere $I_\varrho$, hinzugenommen sind.

In diesem Kapitel wird eine operative Interpretation der grundlegenden Begriffe und Sätze der modernen Analysis gegeben. Mit der
Entwicklung einer solchen Grundlage ist nicht die Gewähr gegeben,
daß jedes Ergebnis der modernen Analysis ebenfalls operativ interpretiert werden kann. Zum Beispiel wird in § 20 das BOREL-LEBESGUE-
sche Maß eingeführt werden, aber kein Analogon zum äußeren oder
inneren Maß. Ob sich nun hierfür eine operative Interpretation finden

läßt oder nicht: für die Fundamentalsätze der LEBESGUEschen Theorie sind diese Hilfsbegriffe entbehrlich.

Die Analysis als ein Teil der modernen Mathematik ist nicht schon dadurch charakterisiert, daß in ihr als Gegenstand noch Mengen von Grundzahlen bzw. Mengen von Mengen von Grundzahlen usw. auftreten, sondern erst dadurch, daß sie von den rationalen Zahlen zu den reellen übergeht. Wir wollen hier die Frage unberührt lassen, ob sich nicht ein fruchtbares Forschungsgebiet ergäbe, wenn man unendliche Reihen oder andere unendliche Prozesse definiert und untersucht ohne Zuhilfenahme der reellen Zahlen, der Konvergenz usw. (diese Frage hat DINGLER 1915 und 1931 angeschnitten), sondern wenden uns der operativen Interpretation der Analysis, wie sie zur Zeit vorliegt, zu. Dazu haben wir den Begriff der reellen Zahl zu definieren.

Bei unserer Einführung der reell-algebraischen Zahlen in § 15 hatten wir schon darauf hingewiesen, daß dort die Definition (15.19) einer „Unterklasse" als der Menge der rationalen Zahlen $r$ mit

$$\mathop{V_s}_{r<s} \wedge_t . A(t) \to s \leq t.$$

nur für gewisse Aussageformen $A(t)$ gegeben werden konnte — nämlich für die Aussageformen $f(t) \geq 0 \wedge a < t$ mit einem Polynom $f$ —, dagegen nicht für „beliebige" Aussageformen. Die Konstruktion von Sprachschichten liefert uns jetzt aber eine Definition von „Aussageform", und damit können wir also „beliebige" Unterklassen, „beliebige" reelle Zahlen behandeln.

Ausgehend von den Grundzahlen, also den aus einem einzigen Atom I zusammensetzbaren Figuren, als den Figuren einer 0. Schicht bilden wir die Sprachschichten $S_\vartheta$ über dieser 0. Schicht bis zu einer Schicht $S_\Theta$ mit Limeszahlindex (damit jede Menge auch Element einer Menge ist). Wir bilden die Sprachschichten zunächst mindestens also bis $S_\omega$, wir könnten aber ebenso gut z. B. schon bis $S_{\omega^2}$ gehen.

Zu $S_\Theta$ gehören Aussageformen $A(n_1, n_2, \ldots)$ mit Variablen $n_1, n_2, \ldots$ für Grundzahlen. Da die rationalen Zahlen durch Abstraktion aus Systemen von Grundzahlen hervorgehen (am einfachsten, wenn wir

$$n_1, n_2, n_3 \sim m_1, m_2, m_3 \leftrightharpoons n_1 - n_2 \,|\, n_3 = m_1 - m_2 \,|\, m_3$$
$$\leftrightharpoons n_1 \times m_3 + m_2 \times n_3 = m_1 \times n_3 + n_2 \times m_3$$

setzen), lassen sich z. B. die Aussageformen $A(m_1, m_2, m_3)$ mit

$$m_1 - m_2 \,|\, m_3 = n_1 - n_2 \,|\, n_3 \wedge A(m_1, m_2, m_3) \to A(n_1, n_2, n_3)$$

als Aussageformen $B(s)$ schreiben mit $r, s, \ldots$ als Variablen für rationale Zahlen. Dementsprechend betrachten wir die rationalen Zahlen als Elemente von $S_0$. Zu jeder Aussageform $B(s)$, für die die Menge $\in_s B(s)$

nicht leer ist und nach unten beschränkt ist, bilden wir die Figur $\operatorname{\underline{fin}}_{s} B(s)$ und setzen in Verallgemeinerung von (15.19) und (15.23)

$$r < \operatorname{\underline{fin}}_{s} B(s) \leftrightharpoons \bigvee_{s} \bigwedge_{t} . B(t) \to s \leq t. \qquad (18.1)$$
$$\phantom{r < \operatorname{\underline{fin}}_{s} B(s) \leftrightharpoons } {}_{r<s}$$

$$\operatorname{\underline{fin}}_{r} A(r) = \operatorname{\underline{fin}}_{s} B(s) \leftrightharpoons \bigwedge_{t} . t < \operatorname{\underline{fin}}_{r} A(r) \leftrightarrow t < \operatorname{\underline{fin}}_{s} B(s).. \qquad (18.2)$$

Setzen wir zur Abkürzung $s \leq_{\in_t} B(t)$, wenn $\bigwedge_t . B(t) \to s \leq t.$, so folgt

$$\operatorname{\underline{fin}}_{r} A(r) = \operatorname{\underline{fin}}_{s} B(s) \leftrightarrow \bigwedge_t . t \leq_{\in_r} A(r) \leftrightarrow t \leq_{\in_s} B(s)..$$

Damit haben wir eine abstrakte Gleichheit zwischen den Aussageformen $A(r)$, $B(s)$, ... über rationale Zahlen eingeführt. Durch Abstraktion entstehen die reellen Zahlen, wobei hier die durch $A(r)$ dargestellte reelle Zahl mit $\operatorname{\underline{fin}}_{r} A(r)$ bezeichnet ist.

Für die reellen Zahlen gebrauchen wir $x$, $y$, ... als Variable. Wir benutzen dabei die Ergebnisse von § 10 über die Einführung von Bezeichnungen und Variablen für Objekte, die durch Abstraktion entstehen: nach § 10 können aus jeder Formel, in der die neuen Variablen $x$, $y$, ... und die neuen Bezeichnungen $\operatorname{\underline{fin}}_{r} A(r)$, ... vorkommen, diese eliminiert werden.

Die Behandlung der reellen Zahlen vereinfacht sich gegenüber der Behandlung der reell-algebraischen Zahlen. Zum Beispiel kann die Addition jetzt definiert werden durch:

$$\operatorname{\underline{fin}}_{r} A(r) + \operatorname{\underline{fin}}_{s} B(s) \leftrightharpoons \operatorname{\underline{fin}}_{t} \bigvee_{r,s} . A(r) \wedge B(s) \wedge r + s = t.. \qquad (18.3)$$

Sind $A(r)$ und $B(s)$ Aussageformen der Schicht $S_\Theta$, so auch

$$\bigvee_{r,s} . A(r) \wedge B(s) \wedge r + s = t..$$

Es ist leicht nachzuprüfen, daß die Addition verträglich ist mit der Gleichheitsrelation (18.2). Die Vereinfachung ist dadurch bedingt, daß die Aussageformen, die zur Bildung der reellen Zahlen zugelassen sind, „beliebige" Aussageformen aus der Schicht $S_\Theta$ sein können (bis auf die Bedingungen: nicht leer und nach unten beschränkt), während diese für die reell-algebraischen Zahlen im wesentlichen auf Polynome eingeschränkt waren.

Die Ordnungseigenschaften der reellen Zahlen lassen sich genau so wie für die reell-algebraischen Zahlen gewinnen. Wir definieren

$$\left. \begin{array}{l} r \leq \operatorname{\underline{fin}}_{s} A(s) \leftrightharpoons \bigwedge_{t} \, t < \operatorname{\underline{fin}}_{s} A(s) \\[1ex] \phantom{r \leq \operatorname{\underline{fin}}_{s} A(s) \leftrightharpoons} {}_{t<r} \\[1ex] \quad\quad\quad \leftrightarrow \bigwedge_{s} . A(s) \to r \leq s. \end{array} \right\} \qquad (18.4)$$

und

$$\left. \begin{array}{l} r \geq \operatorname{\underline{fin}} A \leftrightharpoons \neg\, r < \operatorname{\underline{fin}} A \\[1ex] r > \operatorname{\underline{fin}} A \leftrightharpoons \neg\, r \leq \operatorname{\underline{fin}} A \,. \end{array} \right\} \qquad (18.5)$$

Der Beweis von (15.36) bleibt wörtlich gültig und liefert für jede reelle Zahl $x$:

$$t > 0 \to \mathsf{V}_{r_1, r_2} . r_1 < x < r_2 \wedge r_2 - r_1 = t .. \tag{18.6}$$

Die Ordnung innerhalb der reellen Zahlen wird definiert durch:

$$\underline{\operatorname{fin}}_{r} A(r) \leqq \underline{\operatorname{fin}}_{s} B(s) \leftrightharpoons \wedge_t . t \leqq \underline{\operatorname{fin}}_{r} A(r) \to t \leqq \underline{\operatorname{fin}}_{s} B(s) .. \tag{18.7}$$

Diese Ordnung hat auf Grund der Konstruktion der Sprachschicht $S_\Theta$ eine Eigenschaft, die als „Vollständigkeit" bezeichnet wird. Verstehen wir unter einer „Menge" in diesem Paragraphen stets eine Menge, die durch eine Aussageform von $S_\Theta$ dargestellt wird, so hat zunächst trivialerweise jede nicht leere, nach unten beschränkte Menge von rationalen Zahlen $M = \epsilon_r A(r)$ eine reelle Zahl $x$ als *untere Grenze*, d.h.

$$\left. \begin{aligned} &\wedge_r . A(r) \to x \leqq r . \\ &\wedge_{\substack{r \\ A(r)}} y \leqq r \to y \leqq x . \end{aligned} \right\} \tag{18.8}$$

Zum Beweis haben wir nur $x = \underline{\operatorname{fin}}_{r} A(r)$ zu setzen. Es gilt dann

$$t \leqq x \to \wedge_r . A(r) \to t \leqq r .,$$

also

$$\wedge_r . A(r) \wedge t \leqq x \to t \leqq r ., \quad \text{d.h.} \quad \wedge_r . A(r) \to x \leqq r ..$$

Ferner gilt

$$\wedge_{\substack{r \\ A(r)}} y \leqq r \wedge t \leqq y \to \wedge_{\substack{r \\ A(r)}} t \leqq r$$

$$\to t \leqq x,$$

also

$$\wedge_{\substack{r \\ A(r)}} y \leqq r \to \wedge_t . t \leqq y \to t \leqq x.$$

$$\to y \leqq x.$$

In den höheren Sprachschichten sind jedoch auch Mengen von reellen Zahlen darstellbar [nämlich Mengen von Aussageformen, die invariant sind bzgl. der Gleichheitsrelation (18.2)]. Insbesondere tritt — da $\Theta$ eine Limeszahl ist — jede reelle Zahl als Element einer Menge auf. Ist die reelle Zahl $x$ nämlich in $S_\vartheta$ darstellbar: $x = \underline{\operatorname{fin}}_{r} A(r)$ mit $A(r)$ aus $S_\vartheta$, dann wird z.B. die Menge $\{x\}$ in $S_{\vartheta+1}$ dargestellt durch eine Aussageform $\mathfrak{A}(B)$ mit $\mathfrak{A}(B) \leftrightharpoons \underline{\operatorname{fin}}_{r} A(r) = \underline{\operatorname{fin}}_{s} B(s)$.

Eine Menge von reellen Zahlen wird dargestellt durch eine Aussageform $A(x)$, die zu $S_\Theta$ gehört. Die Elemente von $\epsilon_x A(x)$ sind reelle Zahlen, die alle in einer Schicht $S_\vartheta$ mit $\vartheta < \Theta$ darstellbar sind. Die folgende Aussageform

$$_\vartheta \mathsf{V}_x . A(x) \wedge x \leqq r .$$

ist daher eine Aussageform $B(r)$, die ebenfalls zu $S_\Theta$ gehört. Durch die Quantoren $_\vartheta\bigwedge_x$, $_\vartheta\bigvee_x$ ist dabei angedeutet, daß die Variable $x$ nur die in $S_\vartheta$ darstellbaren reellen Zahlen durchläuft. Es sei nun $\in_x A(x)$ nicht leer und nach unten beschränkt. Dann ist die reelle Zahl $y$ mit

$$y = \underline{\operatorname{fin}}_r \; _\vartheta\bigvee_x . A(x) \wedge x \leq r.$$

die untere Grenze von $\in_x A(x)$. Zunächst gilt nämlich

$$\bigwedge_x . A(x) \to y \leq x., \tag{18.9}$$

denn wegen

$$t \leq y \,\dot{\to}\, A(x) \wedge x \leq r \to t \leq r$$

gilt

$$A(x) \wedge t \leq y \to \bigwedge_r . x \leq r \to t \leq r.$$
$$A(x) \wedge t \leq y \to t \leq x.$$

Ferner folgt aus $y < z$, daß $z$ keine untere Schranke von $\in_x A(x)$ ist, denn

$$y < s < z \to \bigvee_r \; _\vartheta\bigvee_x . A(x) \wedge x \leq r < s < z.$$
$$\to \, _\vartheta\bigvee_x . A(x) \wedge x < z..$$

Also

$$_\vartheta\bigwedge_x . A(x) \to z \leq x. \to z \leq y. \tag{18.10}$$

Wir haben damit den folgenden *Vollständigkeitssatz* bewiesen:

*Zu jeder nicht leeren und nach unten beschränkten Menge von reellen Zahlen gibt es eine reelle Zahl als untere Grenze.*

Ein entsprechender Satz gilt selbstverständlich auch für die oberen Grenzen $\overline{\operatorname{fin}}$. Es ist dabei darauf zu achten, daß die Gültigkeit dieser Sätze wesentlich darauf beruht, daß wir für „Menge" und „reelle Zahl" eine Definition gegeben haben, die in beiden Fällen die Darstellbarkeit in derselben Schicht $S_\Theta$ fordert. Wir werden für die gesamte Analysis bei den reellen Zahlen an der Bedingung der Darstellbarkeit in $S_\Theta$ festhalten, bei den Mengen werden wir später aber über $S_\Theta$ hinausgehen. (Für den erweiterten Mengenbegriff wird der Vollständigkeitssatz zu modifizieren sein, weil der Begriff der reellen Zahl nicht miterweitert wird.)

Zunächst wollen wir jedoch einige fundamentale Sätze der Analysis aufstellen, bei denen die Betrachtung höherer Schichten als $S_\Theta$ überflüssig ist. Es sei $A(n, x)$ eine Aussageform von $S_\Theta$ mit einer freien Variablen $n$ für Grundzahlen und einer freien Variablen $x$ für reelle Zahlen (genauer: es gibt ein $\vartheta$ mit $\vartheta < \Theta$, so daß $x$ eine Variable für die reellen Zahlen ist, die in der Schicht $S_\vartheta$ darstellbar sind). Gilt

$$\left. \begin{array}{c} A(n, x_1) \wedge A(n, x_2) \to x_1 = x_2 \\[2mm] \bigwedge_n \bigvee_x A(n, x), \end{array} \right\} \tag{18.11}$$

dann ist $\iota_x A(n, x)$ ein Term — und dieser Term existiert für jedes $n$. Wir nennen die Funktion $\imath_n \iota_x A(n, x)$ eine „reelle Folge" und sagen von ihr, daß sie in $S_\vartheta$ darstellbar ist, wenn $A(n, x)$ zu $S_\vartheta$ gehört.

Mit $f \leftrightharpoons \imath_n \iota_x A(n, x)$ sind $f\imath 1, f\imath 2, \ldots\ldots$ die *Glieder* der Folge, $f\imath n$ ist das allgemeine Glied. Da die Glieder einer reellen Folge reelle Zahlen sind, werden wir bei diesen Folgen $f$ meist $x_n$ (oder $y_n$ oder ähnlich) statt $f\imath n$ schreiben. Die Folge mit den Gliedern $x_1, x_2, x_3, \ldots\ldots$ bezeichnen wir dann auch kurz durch $x_*$. ($*$ dient also als *Nennvariable* für Grundzahlen, ebenso werden wir auch $\dagger$, $\ddagger$ verwenden.)

Neben den Folgen von reellen Zahlen betrachten wir auch Folgen $n_*$ von Grundzahlen. Diese werden dargestellt durch Aussageformen $A(m, n)$. Von besonderer Wichtigkeit sind die echt-aufsteigenden Folgen von Grundzahlen: $n_1 < n_2 < n_3 < \cdots\cdots$. Diese nennen wir *Grundfolgen*. Aus einer gegebenen Folge $x_*$ entsteht mit Hilfe einer Grundfolge $n_*$ eine neue Folge $x_{n_1}, x_{n_2}, x_{n_3}, \ldots\ldots$ Die so entstehenden Folgen $x_{n_*}$ heißen die *Teilfolgen* von $x_*$. Zu den Teilfolgen von $x_*$ gehört auch $x_*$ selbst: als Grundfolge hat man dazu die „identische" Grundfolge $n_* = 1, 2, 3, \ldots\ldots$ mit $n_k = k$ zu wählen.

Für die Analysis sind nun die beiden folgenden Sätze grundlegend:

*Satz 18.1. Jede beschränkte, reelle Folge hat eine konvergente Teilfolge.*

*Satz 18.2. Jede konvergente, reelle Folge hat (genau) eine reelle Zahl als Limes.*

Wir definieren zunächst die Konvergenz (im CAUCHYschen Sinne) einer reellen Folge $x_*$ durch:

$$x_* \in konvergent \leftrightharpoons \bigwedge_\varepsilon \bigvee_n \bigwedge_{n_1\,n_2} . n_1 > n \wedge n_2 > n \to |x_{n_1} - x_{n_2}| < \varepsilon . . \quad (18.12)$$

Hierbei benutzen wir $\varepsilon$ — wie im folgenden auch $\delta$ — als Variable für *positive* rationale Zahlen. Den Umgang mit dem absoluten Betrag

$$|x| \leftrightharpoons \max . + x, - x .$$

setzen wir als bekannt voraus.

Die Beschränktheit einer Folge ist definiert durch:

$$x_* \in beschränkt \leftrightharpoons \bigvee_\delta \bigwedge_n |x_n| < \delta . \quad (18.13)$$

Der Beweis von Satz 18.1 vollzieht sich ganz nach dem in der Analysis üblichen Muster. Da unser Augenmerk aber darauf gerichtet ist, zu sehen, woran es liegt, daß die durchgeführte Konstruktion der reellen Zahlen diese Beweisführungen gestattet, sei darauf hingewiesen, daß für die Gültigkeit von Satz 18.1 der Vollständigkeitssatz nicht erforderlich ist. Auch wenn in den Definitionen von „reelle Zahl" und „Folge" nicht in beiden Fällen die Darstellbarkeit in $S_\Theta$ gefordert wäre (sondern z.B. für Folgen noch höhere Schichten zugelassen wären), würde die in Satz 18.1 behauptete „Präkompaktheit" der beschränkten Mengen erhalten bleiben.

Grundlegend für Satz 18.1 ist vielmehr die sog. totale Beschränktheit der beschränkten Mengen reeller Zahlen. Für eine reelle Zahl $x$ heißt ein Paar $s_1$, $s_2$ *rationaler* Zahlen mit $s_1 < x < s_2$ eine *Umgebung von* $x$. Für jede Umgebung gilt $s_2 - s_1 > 0$. Gilt $s_2 - s_1 \leqq \varepsilon$, dann heißt die Umgebung eine $\varepsilon$-Umgebung. Als Variable für Umgebungen gebrauchen wir $u, v, \ldots$. Ist $u$ Umgebung von $x$, so schreiben wir kurz $x \tau u$ — wir schreiben nicht $x \in u$, weil $u$ keine Menge ist. (Vgl. aber § 19.)

Ist $M$ eine Menge von reellen Zahlen, dann heißt eine endliche Menge $\{u_1, \ldots, u_k\}$ von Umgebungen eine endliche Überdeckung von $M$, wenn jedes $x$ aus $M$ mindestens eines der $u_i$ $(i = 1, \ldots, k)$ als Umgebung hat. Sind alle $u_i$ sogar $\varepsilon$-Umgebungen dann heißt $\{u_1, \ldots, u_k\}$ eine endliche $\varepsilon$-Überdeckung von $M$. Im analogen Sinn heißt $\{u_1, \ldots, u_k\}$ eine Überdeckung von $u$, wenn für alle $x$ mit $x \tau u$ gilt:

$$x \tau u_1 \vee x \tau u_2 \vee \cdots \vee x \tau u_k.$$

Diese Definition ist nur scheinbar abhängig vom Begriff der reellen Zahlen. Es gilt nämlich — worauf wir am Ende dieses Paragraphen eingehen wollen —, daß $\{u_1, \ldots, u_k\}$ schon dann eine Überdeckung von $u$ ist, wenn für alle *rationalen* Zahlen $r$ mit $r \tau u$ gilt:

$$r \tau u_1 \vee r \tau u_2 \vee \cdots \vee r \tau u_k.$$

Als eine Aussage über die rationalen Zahlen allein gilt nun:

*Hilfssatz 18.1. Jede Umgebung ist total beschränkt, d.h. zu jeder Umgebung gibt es für jedes $\varepsilon$ eine endliche $\varepsilon$-Überdeckung.*

Beweis. Für die Umgebung $s_1$, $s_2$ sei $\delta = \max . |s_1|, |s_2| .$. Wegen der Archimedizität der rationalen Zahlen gibt es für jedes $\varepsilon$ eine (minimale) Grundzahl $n$ mit $\delta < n \frac{\varepsilon}{2}$. Daher ist die Menge der Umgebungen $i \frac{\varepsilon}{2}$, $(i+2) \frac{\varepsilon}{2}$ für $i = -n, \ldots, 0, \ldots n-2$ eine endliche $\varepsilon$-Überdeckung von $-\delta, \delta$, also auch von $s_1$, $s_2$.

Zum Beweis von Satz 18.1 gehen wir jetzt von einer Folge $x_*$ aus, und es gelte

$$\bigwedge_n |x_n| < \delta.$$

Wir wählen eine „Nullfolge" $\varepsilon_*$ (z.B. $\varepsilon_k = 1/k$). Mindestens eine der Umgebungen einer endlichen $\varepsilon_1$-Überdeckung von $-\delta, \delta$ enthält unendlich viele Glieder der Folge $x_*$, d.h. es gibt eine $\varepsilon_1$-Umgebung $u_1$ mit

$$\bigwedge_{n_0} \bigvee_n . n > n_0 \wedge x_n \tau u_1 . .$$

Wir setzen

$$n_1 = \mu_n \, x_n \tau u_1 .$$

Ebenso gibt es unter den Umgebungen einer endlichen $\varepsilon_2$-Überdeckung von $u_1$ eine Umgebung $u_2$, die unendlich viele Glieder $x_n$ mit $x_n \tau u_1$ enthält. Wir setzen

$$n_2 = \mu_n . x_n \tau u_1 \cap u_2 \wedge n > n_1.$$

(statt $x \tau u_1 \wedge x \tau u_2$ haben wir hier kürzer $x \tau u_1 \cap u_2$ geschrieben).

In Fortsetzung dieses Verfahrens wird induktiv eine Folge $u_*$ von Umgebungen $u_1 \gminus u_2 \gminus \cdots$ (d.h. $x \tau u_1 \leftarrow x \tau u_2, \ldots$) und eine Grundfolge $n_*$ definiert. Die Definition von $n_*$ ist leicht anschreibbar:

$$n_1 = \mu_k \, x_k \tau u_1$$

$$n_{m+1} = \mu_k . x_k \tau u_1 \cap u_2 \cap \cdots \cap u_{m+1} \wedge k > n_m \, . \, .$$

Soll auch die Definition von $u_*$ hingeschrieben werden, so wäre zunächst eine Funktion zu konstruieren, die für jedes $\varepsilon$ und jedes $u$ eindeutig ein System $v_1, \ldots, v_l$ liefert, so daß $\{v_1, \ldots, v_l\}$ eine $\varepsilon$-Überdeckung von $u$ ist. Diese Konstruktion ist im Beweis von Hilfssatz 18.1 beschrieben. Mit $u_0 = -\delta$, $\delta$ ist $u_{m+1}$ als dasjenige $v_j$ aus dem zu $\varepsilon_{m+1}$ und $u_m$ gehörigen System $v_1, \ldots, v_l$ zu definieren, das den kleinsten Index $j$ hat, der

$$\bigwedge_{n_0} \bigvee_{\substack{n \\ n > n_0}} x_n \tau u_1 \cap \cdots \cap u_m \cap v_j.$$

erfüllt.

Es kommt für uns nur darauf an, einzusehen, daß diese Folgen $u_*$ und $n_*$ in $S_\Theta$ darstellbar sind. Da $x_*$ nach Voraussetzung in $S_\Theta$ darstellbar war, ergibt sich diese Darstellbarkeit daraus, daß zur Definition der Folgen $u_*$ und $n_*$ nur Induktionsschemata erforderlich sind. Quantifiziert treten dabei nur Variable für Grundzahlen auf. Träte eine Variable für alle reelle Zahlen gebunden auf, so gehörte der darstellende Ausdruck nicht mehr zu $S_\Theta$.

Also ist $n_*$ tatsächlich eine Folge im Sinne unserer Definitionen. Für die Teilfolge $x_{n_*}$ ist anschließend leicht die Konvergenz festzustellen.

Aus

$$x_{n_m} \tau u_1 \cap \cdots \cap u_m$$

folgt

$$x_{n_m} \tau u_{m_0} \quad \text{für} \quad m \geq m_0.$$

$u_{m_0}$ ist $\varepsilon_{m_0}$-Umgebung, also gilt

$$| x_{n_{m_1}} - x_{n_{m_2}} | < \varepsilon_{m_0} \quad \text{für} \quad m_1 \geq m_0 \wedge m_2 \geq m_0.$$

Da $\varepsilon_*$ eine Nullfolge war, d.h.

$$\bigwedge_\varepsilon \bigvee_{m_0} \bigwedge_m . m > m_0 \to \varepsilon_m < \varepsilon . ,$$

ergibt sich hieraus die Konvergenz von $x_{n_*}$.

Man kann schon an diesem ersten Beispiel der operativen Interpretation eines Satzes der modernen Analysis sehen, daß sich an der

Beweisführung nichts ändert. Man hat nur die auftretenden Definitionen darauf zu kontrollieren, ob sie mit den in den Sprachschichten
zur Verfügung gestellten Mitteln ausdrückbar sind. Da die Ausdrucksmittel nun sehr groß sind (es ist schwer vorzustellen, wie man einen
definiten Begriff anders als durch Induktionsschemata in Verbindung
mit den logischen Partikeln definieren will — sollten sich trotzdem
solche Möglichkeiten ergeben, stünde nichts im Wege, diese durch eine
neue Definition von „elementarer Sprache" in die Schichten einzubeziehen), ist diese Kontrolle fast immer trivial.

Als Folgerung aus Satz 18.1 ergibt sich der CANTORsche Satz über
Doppelfolgen, den wir als Beispiel zu Beginn von § 16 behandelt haben,
jetzt allgemeiner für reelle Zahlen:

*Zu jeder beschränkten Doppelfolge $x_{*+}$ gibt es eine Grundfolge $n_*$, so
daß die Folge $x_{mn_*}$ für jedes $m$ konvergent ist.*

Der Beweis enthält gegenüber dem rationalen Fall nichts Neues und
sei daher hier übergangen.

Wir wenden uns zu dem noch ausstehenden Beweis von Satz 18.2.
Wir definieren dazu den Limes einer Folge $x_*$ durch:

$$\lim x_* \leftrightharpoons \iota_x \wedge_\varepsilon \vee_{n_0} \wedge_n \underset{n > n_0}{} |x_n - x| < \varepsilon. \tag{18.14}$$

Wir haben die Existenz dieses Terms zu beweisen unter der Voraussetzung, daß $x_*$ konvergent ist.

Wir setzen
$$x_0 = \underset{r}{\underline{\text{fin}}} \vee_n \wedge_m \cdot x_m > r \to m < n. . \tag{18.15}$$

Da $x_*$ in $S_\Theta$ darstellbar ist, ist auch $\vee_n \wedge_m \cdot x_m > r \to m < n.$ eine in $S_\Theta$
darstellbare Aussageform $A(r)$ — und stellt also eine Menge dar. Diese
Menge ist auf Grund der Konvergenz von $x_*$ nicht leer und nach unten
beschränkt, also ist $x_0$ eine reelle Zahl. Die Gleichung $\lim x_* = x_0$ ist
jetzt wie üblich leicht zu verifizieren: für jedes $\varepsilon$ müssen nach (18.15)
zwischen $x_0 - \varepsilon$ und $x_0 + \varepsilon$ unendlich viele Glieder der Folge $x_*$ liegen.
Lägen auch außerhalb unendlich viele Glieder, enstünde ein Wider-
spruch zur Konvergenz. Also liegen „fast alle" Glieder der Folge
zwischen $x_0 - \varepsilon$ und $x_0 + \varepsilon$. Für diesen Beweis ist wesentlich, daß jede
Aussageform $A(r)$ von $S_\Theta$ eine reelle Zahl darstellt [vorausgesetzt, daß
$\in_r A(r)$ nicht leer und nach unten beschränkt ist] und daß man innerhalb der Schicht $S_\Theta$ bleibt, wenn man Formeln durch logische Partikeln zusammensetzt.

Mit Hilfe der konvergenten Folgen können wir die Darstellung der
reellen Zahlen als $\underset{r}{\underline{\text{fin}}} A(r)$ ersetzen durch $\lim r_*$ für rationale Folgen $r_*$.
Wir erhalten nämlich:

*Satz 18.3. Zu jeder reellen Zahl $x$ gibt es eine Folge $r_*$ rationaler
Zahlen mit $x = \lim r_*$.*

Beweis. Mit Hilfe einer Abzählung aller rationalen Zahlen $s_*$ und einer monotonen Nullfolge $\varepsilon_*$ (z. B. $\varepsilon_k = 1/k$) definieren wir eine Grundfolge $n_*$ durch:

$$n_1 = \mu_k \; x < s_k < x + \varepsilon_1$$
$$n_{m+1} = \mu_k \cdot x < s_k < x + \varepsilon_{m+1} \wedge k > n_m \;.$$

Für $r_* = s_{n_*}$ gilt dann $x = \lim r_*$.

Es macht keine Schwierigkeit, die so gewonnenen Fundamentalsätze vom (eindimensionalen) reellen Zahlenraum auf die mehrdimensionalen reellen Zahlenräume zu übertragen. Der $n$-dimensionale reelle Zahlenraum $\mathfrak{R}^n$ wird folgendermaßen definiert. Die $n$-gliedrigen Systeme $x_1, \ldots, x_n$ von reellen Zahlen heißen die „Punkte" des $\mathfrak{R}^n$. Unter ihnen kommen insbesondere die rationalen Punkte $r_1, \ldots, r_n$ vor. Als Variable für die Punkte benutzen wir $\mathfrak{x}, \mathfrak{y}, \ldots$ und $\mathfrak{r}, \mathfrak{s}, \ldots$ für die rationalen Punkte. Die Glieder von $\mathfrak{x}$ seien $x_1, \ldots, x_n$ entsprechend sei $\mathfrak{y} = y_1, \ldots, y_n$; $\mathfrak{r} = r_1, \ldots, r_n$ und z. B. $\mathfrak{s}^0 = s_1^0, \ldots, s_n^0$. Wir setzen $\mathfrak{x} < \mathfrak{y}$, wenn $x_i < y_i$ für $i = 1, \ldots, n$ gilt. Jedes Paar $\mathfrak{r}, \mathfrak{s}$ mit $\mathfrak{r} < \mathfrak{x} < \mathfrak{s}$ heißt eine *Umgebung* von $\mathfrak{x}$. Als Variable für Umgebungen führen wir $\mathfrak{u}, \mathfrak{v}, \ldots$ ein und schreiben für $\mathfrak{u} = \mathfrak{r}, \mathfrak{s}$ wieder $\mathfrak{x} \, \tau \, \mathfrak{u}$ statt $\mathfrak{r} < \mathfrak{x} < \mathfrak{s}$.

Die Punkte bilden eine additive Gruppe, wenn wir setzen:

$$\mathfrak{x} \pm \mathfrak{y} \leftrightharpoons x_1 \pm y_1, \ldots, x_n \pm y_n.$$

Der „absolute Betrag" wird eingeführt durch:

$$|\mathfrak{x}| \leftrightharpoons \sqrt{\phantom{.}} \cdot x_1^2 + x_2^2 + \cdots + x_n^2.. \tag{18.16}$$

Die Existenz der Quadratwurzel ist wegen $\Sigma_i \, x_i^2 \geq 0$ etwa zu zeigen durch

$$|\mathfrak{x}| = \operatorname*{fin}_r \cdot r^2 \geq \Sigma_i \, x_i^2 \wedge r \geq 0.$$

$|\mathfrak{x}|$ ist danach stets eine reelle Zahl $\geq 0$. Aus $|\mathfrak{x} - \mathfrak{y}| = 0$ folgt $\mathfrak{x} = \mathfrak{y}$. Es gilt die Ungleichung

$$|\mathfrak{x} - \mathfrak{y}| \leq |\mathfrak{x} - \mathfrak{z}| + |\mathfrak{y} - \mathfrak{z}|.$$

Unmittelbar ergibt sich die Gültigkeit von Hilfssatz 18.1. (Jede Umgebung ist total beschränkt) auch für den $\mathfrak{R}^n$. Mit der entsprechenden Definition der Konvergenz einer Punktfolge $\mathfrak{x}^*$:

$$\mathfrak{x}^* \in konvergent \leftrightharpoons \wedge_\varepsilon \vee_m \wedge_{m_1, m_2} \cdot m_1 > m \wedge m_2 > m \to |\mathfrak{x}^{m_1} - \mathfrak{x}^{m_2}| < \varepsilon. \tag{18.17}$$

läßt sich daher der Beweis von Satz 18.1 wörtlich übernehmen und liefert die Präkompaktheit jeder beschränkten Punktmenge.

Für die Übertragung von Satz 18.2: „Zu jeder konvergenten Punktfolge $\mathfrak{x}^*$ gibt es einen Punkt $\mathfrak{x}^0$ als Limes: $\lim \mathfrak{x}^* = \mathfrak{x}^0$" benutzen wir Satz 18.2 selbst. Für $\mathfrak{x}^m = x_1^m, \ldots, x_n^m$ folgt aus der Konvergenz von $\mathfrak{x}^*$

die Konvergenz der reellen Folgen $x_i^*$. Ist $x_i^0 = \lim x_i^*$, dann ist $\mathfrak{x}^0$ mit $\mathfrak{x}^0 = x_1^0, \ldots, x_n^0$ der gesuchte Limes.

Ebenso erhalten wir von Satz 18.3 ausgehend einen entsprechenden Satz für den $\mathfrak{R}^n$: „Zu jedem Punkt $\mathfrak{x}$ gibt es eine Folge $\mathfrak{r}^*$ rationaler Punkte mit

$$\mathfrak{x} = \lim \mathfrak{r}^*.$$

Man hat dazu ja nur

$$\mathfrak{x} = x_1, \ldots, x_n$$

$x_i = \lim r_i^*$ und $\mathfrak{r}^m = r_1^m, \ldots, r_n^m$ zu setzen.

Von den für den $\mathfrak{R}^1$ behandelten Sätzen bleibt uns nur noch der folgende Hilfssatz für den $\mathfrak{R}^n$ übrig:

*Hilfssatz 18.2.* $\mathfrak{u}$ *sei eine Umgebung und* $\{\mathfrak{u}^1, \ldots, \mathfrak{u}^k\}$ *eine endliche Menge von Umgebungen, derart, daß für jeden rationalen Punkt* $\mathfrak{r}$ *gilt*

$$\mathfrak{r} \, \tau \, \mathfrak{u} \to \mathfrak{r} \, \tau \, \mathfrak{u}^1 \vee \cdots \vee \mathfrak{r} \, \tau \, \mathfrak{u}^k,$$

*dann ist* $\{\mathfrak{u}^1, \ldots, \mathfrak{u}^k\}$ *eine Überdeckung von* $\mathfrak{u}$.

*Zusatz.* Wie der Beweis zeigen wird, wird von $\mathfrak{u}$ nur benutzt werden, daß für alle $\mathfrak{x}$ mit $\mathfrak{x} \, \tau \, \mathfrak{u}$ eine Folge $\mathfrak{r}^*$ mit $\bigwedge_m \mathfrak{r}^m \, \tau \, \mathfrak{u}$ und $\mathfrak{x} = \lim \mathfrak{r}^*$ existiert. Wir nennen eine Menge mit der entsprechenden Eigenschaft ($\in$ statt $\tau$) *rational-basiert.*

Beweis. $\mathfrak{x}^0$ sei ein Punkt, $\mathfrak{x}^0 \, \tau \, \mathfrak{u}$ und die Komponenten $x_j^0$ von $\mathfrak{x}^0$ seien alle irrational. Nach der Verallgemeinerung von Satz 18.3 gibt es eine rationale Punktfolge $\mathfrak{r}^*$ mit $\mathfrak{x}^0 = \lim \mathfrak{r}^*$. Wegen $\mathfrak{x}^0 \, \tau \, \mathfrak{u}$ können wir $\bigwedge_m \mathfrak{r}^m \, \tau \, \mathfrak{u}$ annehmen. Da wir ferner nur endlich viele überdeckende Umgebungen haben, gibt es eine unter ihnen, etwa $\mathfrak{u}^i$ mit

$$\bigwedge_{m_0} \bigvee_m \cdot m > m_0 \to \mathfrak{r}^m \, \tau \, \mathfrak{u}^i \, . .$$

Ersichtlich läßt sich dann eine Teilfolge $\mathfrak{r}'^*$ von $\mathfrak{r}^*$ definieren, so daß $\bigwedge_m \mathfrak{r}'^m \, \tau \, \mathfrak{u}^i$ gilt. Auch für die Teilfolge $\mathfrak{r}'^*$ gilt $\mathfrak{x}^0 = \lim \mathfrak{r}'^*$, daher folgt aus $\mathfrak{u}^i = \mathfrak{s}^i, \mathfrak{t}^i$ sofort $s_j^i < r_j'^m < t_j^i$ und $s_j^i \leq x_j^0 \leq t_j^i$. Wegen der Irrationalität von $x_j^0$ sind die Gleichheiten hier ausgeschlossen, es gilt also tatsächlich

$$\mathfrak{s}^i < \mathfrak{x}^0 < \mathfrak{t}^i, \quad \mathfrak{x}^0 \, \tau \, \mathfrak{u}^i.$$

Mit diesem Spezialfall (alle Komponenten von $\mathfrak{x}^0$ irrational) ist der Hilfssatz für den $\mathfrak{R}^1$ schon bewiesen. Mit seiner Gültigkeit für den $\mathfrak{R}^{n-1}$ als Induktionsannahme folgt der Hilfssatz dann auch für den $\mathfrak{R}^n$. Sind nämlich in $\mathfrak{R}^n$ nicht alle Komponenten von $\mathfrak{x}^0$ irrational, ist etwa $\mathfrak{x}^0 = x_1^0, \ldots, x_{n-1}^0, r^0$, so kommen wir auf den $\mathfrak{R}^{n-1}$ zurück, wenn wir uns auf die Punkte $x_1, \ldots, x_{n-1}, r^0$ aus $\mathfrak{u}$ beschränken. Jeder dieser Punkte, für den $x_1, \ldots, x_{n-1}$ rational ist, ist in einer Umgebung $\mathfrak{u}^i$ enthalten. Die hierbei auftretenden Umgebungen enthalten also — nach Induktionsannahme — alle Punkte $x_1, \ldots, x_{n-1}, r^0$ aus $\mathfrak{u}$ speziell $\mathfrak{x}^0$.

Bei diesem Hilfssatz ist beachtenswert, daß in ihm allein der Begriff der reellen Zahl als ein Begriff auftritt, der von einer Sprachkonstruktion abhängig ist. Es werden gar keine Besonderheiten dieser Konstruktion benützt (im Gegensatz etwa zu Satz 18.2), so daß sich die Behauptung aus den Voraussetzungen des Hilfssatzes auch in einem (um die Arithmetik erweiterten) Quantorenkalkül ableiten ließe, indem nicht von einer reellen Zahl $\mathfrak{x}^0$ mit $\mathfrak{x}^0 = \lim \mathfrak{r}^*$ ausgegangen würde, sondern von einem Formelsymbol $\mathsf{A}(r, m)$ und den Definitionen

$$\mathfrak{r}^* = \imath_m \iota_r \, \mathsf{A}(r, m)$$

$$\mathfrak{x}^0 = \lim \mathfrak{r}^*.$$

Unser Hilfssatz ist dann ein Beispiel (und es gibt viele solcher Beispiele in der Analysis) für eine Aussage, die etwas über „alle" reellen Zahlen auszusagen scheint, ohne daß man es nötig hätte, einen definiten Begriff der reellen Zahlen aufzustellen. Dieser Anschein verschwindet aber sofort, wenn man auf den Unterschied zwischen „Formel" als einem Objekt der konkreten Mathematik und „Formelsymbol" als einer Figur des Logikkalküls achtet. Die Situation ist vergleichbar mit derjenigen, die wir anläßlich von Satz 14.10 erörterten. Entsprechend könnten wir daher das Ergebnis unseres Beweises von Hilfssatz 18.2 auch folgendermaßen formulieren:

Sind $\mathfrak{u}$ und $\mathfrak{u}^1, \ldots, \mathfrak{u}^k$ Umgebungen mit $\bigwedge_r . \mathfrak{r} \, \tau \, \mathfrak{u} \to \mathfrak{r} \, \tau \, \mathfrak{u}^1 \cup \mathfrak{u}^2 \cup \cdots \cup \mathfrak{u}^k.$, dann ist eine reelle Zahl $\mathfrak{x}$ mit $\mathfrak{x} \, \tau \, \mathfrak{u}$ und $\neg \, \mathfrak{x} \, \tau \, \mathfrak{u}^1 \cup \mathfrak{u}^2 \cup \cdots \cup \mathfrak{u}^k$ *logisch unmöglich.*

Satz 18.1 und Satz 18.2 sind dagegen Beispiele von Aussagen, die nicht logisch notwendig sind. Sie hängen vielmehr davon ab, welche Sprachkonstruktion zugrunde gelegt ist. Würde man als „Folgen" nur solche zulassen, die mit Hilfe eingeschränkterer Ausdrucksmittel darstellbar sind (etwa solche, die in irgendeiner Weise konstruktiv sind), dann könnte es konvergente Folgen geben, deren Limes nicht mehr darstellbar ist. (Vgl. SPECKER 1949.)

## § 19. Mengen und Abbildungen.

Für einen Ausbau der operativen Analysis ist der bisherige Mengenbegriff zu eng. Schon in der Formulierung von Hilfssatz 18.2 macht es sich störend bemerkbar, daß wir bis jetzt für eine Umgebung $u$ nicht von $\in_x x \, \tau \, u$ als von einer „Menge" sprechen können. Die Aussageform $x \, \tau \, u$, d.h. $r < x < s$ für $u = r, s$, gehört nämlich nicht zur Schicht $S_\Theta$, solange $x$ eine Variable für *alle* reelle Zahlen ist. Nur wenn die Variabilität von $x$ eingeengt würde, z.B. auf die in $S_\vartheta$ ($\vartheta < \Theta$) darstellbaren reellen Zahlen, nur dann läge eine Formel von $S_\Theta$ vor. Es wird also zweckmäßig sein, über die Schichten $S_\Theta$ hinauszugehen.

An Stelle der bisherigen Schichtenkonstruktion, die durch eine Ordinalzahl $\Theta$ (z. B. $\omega^2$) gekennzeichnet war, wählen wir daher jetzt *zwei* solche Zahlen $\Theta_1, \Theta_2$ mit $\Theta_1 < \Theta_2$. Wir halten an der Bedingung fest, daß $\Theta_1$ eine Limeszahl sein soll, und es sei auch $\Theta_2$ eine Limeszahl. Um einen kurzen Ausdruck zur Hand zu haben, werden im folgenden die Formeln von $S_{\Theta_1}$ *„primär"* genannt, die restlichen von $S_{\Theta_2}$ *„sekundär"*. Auch die Schichten $S_\vartheta$ mit $\vartheta \le \Theta_1$ nennen wir primär, die Schichten $S_\vartheta$ mit $\Theta_1 < \vartheta \le \Theta_2$ sekundär. Eine Menge wird entsprechend primär genannt, wenn sie durch eine primäre Aussageform darstellbar ist, sonst sekundär. Eine durch eine sekundäre Aussageform dargestellte Menge kann demnach primär sein, wir wissen aber, daß es auch sekundäre Mengen gibt, sogar sekundäre Mengen von Grundzahlen.

Mit den primären bzw. sekundären Aussageformen $A(x)$ bilden wir ferner primäre bzw. sekundäre Terme $\iota_x A(x)$. Auch die Abbildungen, die durch Terme dargestellt werden, werden anschließend in primäre und sekundäre eingeteilt.

Nur bei den reellen Zahlen als dem eigentlichen Objekt der Analysis bleiben wir bei der bisherigen Terminologie, d. h. wir werden statt „primär-reell" stets nur „reell" sagen. Sekundär-reelle Zahlen werden praktisch nicht auftreten. Es wäre auch wenig sinnvoll, diese mit in die Betrachtung einzubeziehen. Wollten wir nämlich dann von der Menge aller (primären und sekundären) reellen Zahlen sprechen (und das wollen wir doch gerade erreichen — wir könnten ja sonst in der einen Schicht $S_\Theta$ bleiben), so müßten wir auch noch über $S_{\Theta_2}$ zu „tertiären" Schichten hinausgehen, usw.

In der neuen Terminologie sind die in § 18 bewiesenen Sätze neu zu formulieren. Überall wo dort „Menge" bzw. „Folge" steht, ist jetzt „primäre Menge" bzw. „primäre Folge" einzusetzen, z. B.: Jede beschränkte, reelle, primäre Folge hat eine konvergente, primäre Teilfolge.

Unter einer primären Teilfolge ist dabei eine solche Teilfolge zu verstehen, die durch eine primäre Grundfolge $k_*$ definiert wird. Ist $x_*$ primär und ist $k_*$ primär, so ist auch $x_{k_*}$ eine primäre Folge.

Wenn wir nun über § 18 hinausgehend Mengen und Abbildungen betrachten, die eventuell sekundär sind, so ist bei der Anwendung der Sätze von § 18 also stets darauf zu achten, daß die Bedingung des Primärseins erfüllt ist.

Ein einfaches Beispiel dafür, wie wenig — wenn überhaupt — durch diese Bedingung die Beweisführungen der modernen Analysis modifiziert werden müssen, bildet der Überdeckungssatz von HEINE-BOREL. Um ihn zu formulieren, können wir jetzt neben den Umgebungen $\mathfrak{u}$ des $\mathfrak{R}^n$ auch die Intervalle einführen.

Ist $\mathfrak{u} = \mathfrak{s}, \mathfrak{t}$ eine Umgebung, dann heißt die (sekundäre) Menge der Punkte $\mathfrak{x}$ mit $\mathfrak{s} < \mathfrak{x} < \mathfrak{t}$ ein *offenes Intervall*. Wir schreiben

$$(\mathfrak{s}, \mathfrak{t}) \leftrightharpoons \in_{\mathfrak{x}} \mathfrak{s} < \mathfrak{x} < \mathfrak{t}.$$

Die *abgeschlossenen Intervalle* werden definiert durch $[\mathfrak{s}, \mathfrak{t}] \leftrightharpoons \in_{\mathfrak{x}} \mathfrak{s} \leq \mathfrak{x} \leq \mathfrak{t}$. Selbstverständlich ließen sich auch für irrationale Punktepaare die Mengen $(\mathfrak{x}, \mathfrak{y})$ und $[\mathfrak{x}, \mathfrak{y}]$ einführen. Diese sind jedoch von untergeordneter Wichtigkeit. Meist bezeichnen wir das zu $\mathfrak{u}$ gehörige offene Intervall $(\mathfrak{u})$ mit dem entsprechenden großen Buchstaben $\underline{\mathfrak{U}}$, das abgeschlossene Intervall $[\mathfrak{u}]$ durch $\overline{\mathfrak{U}}$. Eine Menge $W$ von Umgebungen heißt eine *offene Intervallüberdeckung* der Punktmenge $M$, wenn gilt:

$$M \subseteq \bigcup_{W}\mathfrak{u} \, \underline{\mathfrak{U}}. \tag{19.1}$$

Ist die Menge $W$ primär, so nennen wir auch die offene Intervallüberdeckung primär.

Der Überdeckungssatz in seiner einfachsten Form lautet nun:

*Satz 19.1. Zu jeder primären offenen Intervallüberdeckung $W$ eines abgeschlossenen Intervalles $\overline{\mathfrak{U}}$ gibt es eine endliche Teilüberdeckung, d.h. eine endliche Untermenge $\{\mathfrak{u}^1, \ldots, \mathfrak{u}^k\}$ von $W$, die $\overline{\mathfrak{U}}$ überdeckt.*

Zum Beweis können wir zunächst die primäre Menge $W$ von Umgebungen durch eine primäre Folge $\mathfrak{v}^*$ mit

$$\overline{\mathfrak{U}} \subseteq \bigcup_i \underline{\mathfrak{V}}^i \tag{19.2}$$

und $\mathfrak{v}^i \in W$ ersetzen. In der modernen Analysis würde man dann etwa folgendermaßen weiter schließen: Gälte für jedes System $\mathfrak{v}^1, \mathfrak{v}^2, \ldots, \mathfrak{v}^k$

$$\neg \, \overline{\mathfrak{U}} \subseteq \bigcup_1^k \underline{\mathfrak{V}}^i,$$

so gäbe es für jedes $k$ ein $\mathfrak{x}_k$ (nach dem sog. Auswahlprinzip) mit

$$\mathfrak{x}_k \in \overline{\mathfrak{U}} - \bigcup_1^k \underline{\mathfrak{V}}^i. \tag{19.3}$$

Die Folge $\mathfrak{x}_*$ wäre beschränkt, hätte also eine konvergente Teilfolge mit einem Limes $\mathfrak{x}_0$. Für dieses $\mathfrak{x}_0$ würde aus der Abgeschlossenheit von $\overline{\mathfrak{U}}$ folgen $\mathfrak{x}_0 \in \overline{\mathfrak{U}}$, also $\mathfrak{x}_0 \in \underline{\mathfrak{V}}^m$ für ein geeignetes $m$ wegen (19.2), also $\mathfrak{x}_k \in \underline{\mathfrak{V}}^m$ für ein $k$ mit $k \geq m$ wegen der Konvergenz einer Teilfolge von $\mathfrak{x}_*$ gegen $\mathfrak{x}_0$ — und damit ein Widerspruch gegen (19.3).

Dieser Schluß läßt sich operativ nicht ohne weiteres nachvollziehen. Wollte man nämlich die Anwendung des Auswahlprinzips dadurch ersetzen, daß man eine Abzählung von $\overline{\mathfrak{U}}$ durchführt, so wäre das eine sekundäre Abzählung (die darstellende Formel dieser Abzählung könnte keiner primären Schicht angehören), die Folge wäre daher eventuell nicht primär, hätte also eventuell keinen reellen Punkt als Limes, so daß der Widerspruch nicht mehr zustande käme.

Auf Grund von Hilfssatz 18.2 läßt sich der Beweis jedoch trotzdem nach dem obigen Muster führen. Aus $\neg\, \overline{\mathfrak{U}} \subseteqq \bigcup\limits_{1}^{k}{}_{i}\,\underline{\mathfrak{V}}^i$ folgt die Existenz eines rationalen Punktes $\mathfrak{z}$ mit $\mathfrak{z} \in \overline{\mathfrak{U}} \smile \bigcup\limits_{1}^{k}{}_{i}\,\underline{\mathfrak{V}}^i$ (Hilfssatz 18.2 ist für $\underline{\mathfrak{U}}$ statt für $\overline{\mathfrak{U}}$ formuliert, auch $\overline{\mathfrak{U}}$ hat aber die im Zusatz geforderte Eigenschaft der rationalen Basiertheit, die gleichwertig ist mit:

$$\mathfrak{x} \in \underline{\mathfrak{V}} \cap \overline{\mathfrak{U}} \to \mathsf{V}_{\mathfrak{r}}\, \mathfrak{r} \in \underline{\mathfrak{V}} \cap \overline{\mathfrak{U}}).$$

Weil die rationalen Punkte primär abzählbar sind und weil $\mathfrak{v}^*$ primär ist, gibt es eine *primäre* Folge $\mathfrak{z}^*$ mit $\mathfrak{z}^k \in \overline{\mathfrak{U}} \smile \bigcup\limits_{1}^{k}{}_{i}\,\underline{\mathfrak{V}}^i$. $\mathfrak{z}^*$ hat eine konvergente *primäre* Teilfolge, diese also einen *reellen* Punkt $\mathfrak{x}^0$ als Limes. Jetzt läuft der Beweis wie oben zu Ende.

Der Überdeckungssatz ist mehrerer Verallgemeinerungen fähig, indem man von den offenen bzw. abgeschlossenen Intervallen zu offenen bzw. abgeschlossenen Punktmengen übergeht.

Wir definieren für beliebige Punktmengen $M$:

$$M \in \text{\textit{offen}} \leftrightharpoons \bigwedge\limits_{M}{}_{\mathfrak{x}} \mathsf{V}_u\, \mathfrak{x} \in \underline{\mathfrak{U}} \subseteqq M.$$

Eine Punktmenge $M$ heißt *abgeschlossen*, wenn das Komplement $\smile M$ offen ist. Durch logische Umformung dieser Definition folgt:

$$M \in \text{\textit{abgeschlossen}} \leftrightarrow \bigwedge\limits_{\mathfrak{x}}. \bigwedge\limits_{\substack{u \\ \mathfrak{x} \in \underline{\mathfrak{U}}}} \underline{\mathfrak{U}} \,\#\, M \to \mathfrak{x} \in M..$$

Hierbei ist $\underline{\mathfrak{U}} \# M$ ($\underline{\mathfrak{U}}$ nicht fremd zu $M$) geschrieben statt $\underline{\mathfrak{U}} \cap M \neq \cap$, mit $\cap$ als der leeren Menge. Es sei erwähnt, daß für jede konvergente Folge $\mathfrak{x}^*$ aus einer abgeschlossenen Menge $M$ (d. h. $\bigwedge_i \mathfrak{x}^i \in M$) $\lim \mathfrak{x}^* \in M$ gilt — und zwar logisch-notwendigerweise. Dies ist wieder ein Beispiel eines Satzes, der mit Formelsymbolen, unabhängig von der Schichtenkonstruktion, bewiesen werden könnte.

Nach Definition der Offenheit ist jede offene Punktmenge Vereinigung von offenen Intervallen. Für die Menge $W$ der Umgebungen $u$ mit $\underline{\mathfrak{U}} \subseteqq M$ gilt

$$M = \bigcup\limits_{W}{}_u \underline{\mathfrak{U}}.$$

Eine offene Punktmenge ist demnach stets sekundär, denn sie enthält — wie jedes Intervall — reelle Zahlen beliebig hoher primärer Schichten $S_\vartheta$ ($\vartheta < \Theta_1$). Die Menge der Umgebungen dagegen könnte primär sein.

Wir nennen eine Punktmenge $M$, für die es eine *primäre* Menge $W$ von Umgebungen mit $M = \bigcup\limits_{W}{}_u \underline{\mathfrak{U}}$ gibt, *primär-offen*.

Wollen wir Satz 19.1 auf Überdeckungen mit offenen Punktmengen übertragen, dann müssen wir uns auf primär-offene Mengen beschränken. Schon für Satz 19.1 war ja die Voraussetzung einer primären Intervall-überdeckung wesentlich. Ist ein abgeschlossenes Intervall $\overline{\mathfrak{U}}$ mit primär-offenen Punktmengen überdeckt, so bilden die überdeckenden Punktmengen eine Familie (= Menge von Mengen). Zu jeder der primär-offenen Punktmengen gehört eine primäre Umgebungsmenge (= Menge von Umgebungen), zur Familie der primär-offenen Punktmengen gehört also eine Familie von primären Umgebungsmengen.

Eine Familie $F$ von primär-offenen Mengen $M$ mit $\overline{\mathfrak{U}} \subseteqq \bigcup_{F M} M$ nennen wir nun kurz eine „primäre" offene Überdeckung von $\overline{\mathfrak{U}}$, wenn es eine primäre Familie $\mathfrak{F}$ von Umgebungsmengen $W$ gibt, so daß $F$ die Familie aller Punktmengen $M$ mit $M = \bigcup_{W} \mathfrak{u} \, \underline{\mathfrak{U}}$ für ein $W \in \mathfrak{F}$ ist.

Jetzt folgt aus Satz 19.1 unmittelbar:

*Satz 19.2. Zu jeder primären offenen Überdeckung eines abgeschlossenen Intervalles gibt es eine endliche Teilüberdeckung.*

Beweis. Aus

$$\overline{\mathfrak{U}} \subseteqq \bigcup_{F M} M$$

folgt

$$\overline{\mathfrak{U}} \subseteqq \bigcup_{\mathfrak{F} W} \bigcup_{W} \mathfrak{u} \, \underline{\mathfrak{U}},$$

und $\bigcup_{\mathfrak{F}} W$ ist eine primäre Umgebungsmenge.

Dem Begriff „primär-offen" entspricht der Begriff „primär-abgeschlossen", der analog zu „abgeschlossen" definiert werde durch: eine Punktmenge $M$ heißt *primär-abgeschlossen*, wenn das Komplement $\smile M$ primär-offen ist. In Satz 19.2 kann das abgeschlossene Intervall ersetzt werden durch beschränkte primär-abgeschlossene Punktmengen.

*Satz 19.3. Zu jeder primären offenen Überdeckung einer beschränkten, primär-abgeschlossenen Menge gibt es eine endliche Teilüberdeckung.*

Beweis. Ist $N$ beschränkt — etwa $N \subseteqq \overline{\mathfrak{U}}_0$ — und primär abge-schlossen, etwa

$$\smile N = \bigcup_{W} \mathfrak{u} \, \underline{\mathfrak{U}} \qquad (W \text{ primär}),$$

und ist $F$ eine primäre offene Überdeckung von $N$, dann folgt aus $\overline{\mathfrak{U}}_0 \subseteqq N \smile \smile N$

$$\overline{\mathfrak{U}}_0 \subseteqq \bigcup_{F M} M \smile \bigcup_{W} \mathfrak{u} \, \underline{\mathfrak{U}}.$$

Nach Satz 19.2 gibt es ein System $M_1, \ldots, M_k$ von Mengen aus $F$ und ein System $\mathfrak{u}_1, \ldots, \mathfrak{u}_l$ von Umgebungen aus $W$ mit

$$\overline{\mathfrak{U}}_0 \subseteqq M_1 \cup \cdots \cup M_k \cup \underline{\mathfrak{U}}_1 \cup \cdots \cup \underline{\mathfrak{U}}_l.$$

Hieraus folgt

$$N \subseteqq M_1 \cup \cdots \cup M_k \cup \underline{\mathfrak{U}}_1 \cup \cdots \cup \underline{\mathfrak{U}}_l$$

und

$$N \subseteqq M_1 \cup \cdots \cup M_k$$

wegen

$$N \parallel \underline{\mathfrak{U}}_j \qquad (j = 1, \ldots, l).$$

Im Unterschied zum HEINE-BORELschen Überdeckungssatz verliert der LINDELÖFsche Überdeckungssatz (in üblicher Formulierung: zu jeder offenen Überdeckung einer Menge gibt es eine abzählbare Teilüberdeckung) seinen Sinn. Ist für eine offene Überdeckung die Familie $\mathfrak{F}$ von Umgebungsmengen nicht primär, dann ist sie auch nicht primär-abzählbar; ist sie primär, dann ist sie auch primär-abzählbar. Der Unterscheidung der modernen Mathematik „abzählbar — überabzählbar" entspricht in der operativen Mathematik keine Unterscheidung innerhalb der primären Mengen. Primär-abzählbar ist ja mit primär gleichbedeutend. Auch dies ist ein Anzeichen dafür, daß sich die operative Interpretation der modernen Analysis nicht schematisch vollziehen läßt (bei jedem solchen schematischen Verfahren wäre übrigens zu bedenken, daß es kaum etwas dazu beitragen dürfte, zu *verstehen*, was wir eigentlich in der modernen Analysis machen).

Wenn wir uns jetzt den Abbildungen zuwenden, speziell den reellen Funktionen mit Punkten als Argumenten und reellen Zahlen als Werten, so ist für die operative Interpretation der üblichen Fundamentalsätze über reelle Funktionen die Unterscheidung „primär — sekundär" zu verfeinern. Soll nämlich bei einer Funktion $f$ für alle reelle Zahlen $x$ — oder auch nur für alle reelle Zahlen $x$ eines Intervalls — der Term $f \,\imath\, x$ existieren, dann kann $f$ nicht primär sein. Betrachten wir andererseits eine beliebige (sekundäre) Funktion $f$, dann haben wir schon keine Garantie mehr dafür, daß für eine primäre Menge $M$ von reellen Zahlen auch die Menge der reellen Zahlen $f \,\imath\, x$ mit $x \in M$ noch primär ist. Für eine primäre Folge $x_*$ brauchte die Folge $f \,\imath\, x_*$ — vorausgesetzt sie sei konvergent — keine *reelle* Zahl als Limes haben.

Wegen dieser Schwierigkeit führen wir durch die folgende Definition die „quasiprimären" Funktionen ein:

Eine Funktion $f$ heiße *quasiprimär*, wenn für jede primäre Schicht $S_\vartheta$ die „Einengung" von $f$ auf die in $S_\vartheta$ darstellbaren reellen Zahlen primär ist. Unter der *Einengung* einer Funktion $f$ auf eine Menge $M$ ist dabei diejenige Funktion $g$ zu verstehen mit:

(1) $g \,\imath\, x$ existiert nur für die $x \in M$, für die $f \,\imath\, x$ existiert;

(2) $g \,\imath\, x = f \,\imath\, x$ für alle $x$, für die $g \,\imath\, x$ existiert.

Schreiben wir kurz „$x \in S_\vartheta$“ statt „$x$ ist darstellbar in $S_\vartheta$“, so ist die Einengung von $f$ auf $S_\vartheta$ gegeben durch:

$$\imath_x \iota_y . f \imath x = y \wedge x \in S_\vartheta ..$$

Wir bezeichnen diese Funktion durch $\overset{\vartheta}{f}$. Entsprechend werde für eine Menge $M$ reeller Zahlen gesetzt: $\overset{\vartheta}{M} = M \cap S_\vartheta$. $f$ ist also genau dann quasiprimär, wenn $\overset{\vartheta}{f}$ für alle $\vartheta$ ($\vartheta < \Theta_1$) primär ist. Jede primäre Funktion ist quasiprimär, aber nicht umgekehrt. Zum Beispiel ist schon die Addition, definiert durch $\lambda_{x,y} x + y$ eine quasiprimäre Funktion, aber nicht primär.

Wir unterscheiden bei einer Funktion $f$ die *Argumentmenge*

$$\in_x \mathsf{V}_y f \imath x = y$$

und die *Wertmenge*

$$\in_y \mathsf{V}_x . f \imath x = y . = \{f \imath x\}_x.$$

Für die *Verkettung* $f \imath g$ zweier Funktionen sei als Argumentmenge die Menge der $x$ definiert, die zur Argumentmenge von $g$ gehören und für die außerdem $g \imath x$ zur Argumentmenge von $f$ gehört.

Ist $f$ quasiprimär und $g$ primär, dann ist $f \imath g$ primär, denn die Wertmenge von $g$ ist primär, also in einer primären Schicht darstellbar. Sind $f$ und $g$ quasiprimär, dann ist auch $f \imath g$ quasiprimär.

Für Mengen $M$, die in der Argumentmenge von $f$ enthalten sind, aber nicht selbst Argumente sind, setzen wir

$$f \imath M \in \{f \imath x \,|\, x \in M\}_x.$$

Ist $f$ quasiprimär und $M$ primär, dann ist $f \imath M$ primär.

Wir nennen eine Punktmenge *quasiprimär*, wenn für jede primäre Schicht $S_\vartheta$ die Menge $\overset{\vartheta}{M}$ primär ist. Jedes Intervall ist quasiprimär und für jede primäre Punktmenge $M$ ist das Komplement $-M$ quasiprimär. Allgemeiner ist auch das Komplement einer quasiprimären Menge stets quasiprimär. Verbandstheoretisch ausgedrückt bilden die quasiprimären Mengen daher einen BOOLEschen Mengenverband. Darüber hinaus ist selbstverständlich der Durchschnitt einer quasiprimären Menge mit einer primären Menge stets primär.

Auf diesen einfachen Eigenschaften von „quasiprimär“ beruht im wesentlichen die Verwendbarkeit der quasiprimären Funktionen und Mengen.

Wir betrachten nun 1-stellige reelle Funktionen $f$ im $\mathfrak{R}^n$. Die Argumentmenge sei also eine Punktmenge $M$ des $\mathfrak{R}^n$, die Wertmenge $f \imath M$ eine Menge reeller Zahlen.

Gehört $\mathfrak{x}^0$ zu $M$, so definieren wir die Stetigkeit von $f$ in $\mathfrak{x}^0$ wie üblich durch:

$$f \in stetig \ in \ \mathfrak{x}^0 \leftrightharpoons \bigwedge_{\substack{v \\ f \mathord{\restriction} \mathfrak{x}^0 \in \mathfrak{V}}} \bigvee_{\substack{u \\ \mathfrak{x}^0 \in \underline{\mathfrak{u}}}} f \mathord{\restriction} \underline{\mathfrak{u}} \cap M \subseteq \underline{\mathfrak{V}}. \tag{19.4}$$

Diese Definition ist äquivalent mit

$$f \in stetig \ in \ \mathfrak{x}^0 \leftrightarrow \bigwedge_\varepsilon \bigvee_\delta \bigwedge_{M^{\mathfrak{x}}} \cdot |\mathfrak{x} - \mathfrak{x}^0| < \delta \to |f \mathord{\restriction} \mathfrak{x} - f \mathord{\restriction} \mathfrak{x}^0| < \varepsilon.. \tag{19.5}$$

Ist $M$ primär, so daß es eine Schicht $S_\vartheta$ ($\vartheta < \Theta_1$) gibt, in der alle $\mathfrak{x}$ mit $\mathfrak{x} \in M$ darstellbar sind, dann kann der Quantor $\bigwedge_{M^{\mathfrak{x}}}$ in (19.5) durch $\bigwedge_{\vartheta M^{\mathfrak{x}}}$ ersetzt werden.

Ist $\mathfrak{x}^*$ eine konvergente Folge, deren Glieder in $M$ liegen, und ist $\lim \mathfrak{x}^* = \mathfrak{x}^0$, dann gilt für jede in $\mathfrak{x}^0$ stetige Funktion $f$, deren Argumentmenge $M$ enthält,

$$\lim f \mathord{\restriction} \mathfrak{x}^* = f \mathord{\restriction} \mathfrak{x}^0.$$

Der (triviale) Beweis dieses Satzes zeigt, daß es hier auf die Schichten, in denen die Funktion $f$ bzw. die Folge $\mathfrak{x}^*$ darstellbar ist, gar nicht ankommt. Auch wenn $f$ primär ist, gilt der Satz für alle sekundären Folgen $\mathfrak{x}^*$. Es handelt sich hier wieder um einen Satz der logisch notwendig ist, er könnte statt mit Funktionen und Folgen auch mit Funktions- und Folgesymbolen formuliert werden. Dagegen ist die Umkehrung des Satzes nicht mehr logisch notwendig, sondern benutzt wesentlich die Sprachkonstruktion.

*Satz 19.4. Eine Funktion $f$ mit der Argumentmenge $M$ ist in $\mathfrak{x}^0$ genau dann stetig, wenn für alle (sekundären) Folgen $\mathfrak{x}^*$, deren Glieder in $M$ liegen, gilt:*

$$\lim \mathfrak{x}^* = \mathfrak{x}^0 \to \lim f \mathord{\restriction} \mathfrak{x}^* = f \mathord{\restriction} \mathfrak{x}^0.$$

Beweis. Wir haben nur noch zu zeigen, daß für eine in $\mathfrak{x}^0$ unstetige Funktion eine Folge $\mathfrak{x}^*$ mit $\lim \mathfrak{x}^* = \mathfrak{x}^0$ existiert, so daß $f \mathord{\restriction} \mathfrak{x}^*$ nicht gegen $f \mathord{\restriction} \mathfrak{x}^0$ konvergiert. Die Negation der rechten Seite von (19.5) ergibt

$$\bigvee_\varepsilon \bigwedge_\delta \bigvee_{M^{\mathfrak{x}}} \cdot |\mathfrak{x} - \mathfrak{x}^0| < \delta \wedge |f \mathord{\restriction} \mathfrak{x} - f \mathord{\restriction} \mathfrak{x}^0| \geq \varepsilon..$$

Es gibt also ein $\varepsilon$, so daß für jede Nullfolge $\delta_*$ gilt:

$$\bigwedge_k \bigvee_{M^{\mathfrak{x}}} \cdot |\mathfrak{x} - \mathfrak{x}^0| < \delta_k \wedge |f \mathord{\restriction} \mathfrak{x} - f \mathord{\restriction} \mathfrak{x}^0| \geq \varepsilon..$$

In der modernen Analysis würde man jetzt das Auswahlprinzip anwenden, um auf die Existenz einer Folge $\mathfrak{x}^*$ aus $M$ mit

$$\bigwedge_k \cdot |\mathfrak{x}^k - \mathfrak{x}^0| < \delta_k \wedge |f \mathord{\restriction} \mathfrak{x}^k - f \mathord{\restriction} \mathfrak{x}^0| \geq \varepsilon.$$

zu schließen. Genau dieses Resultat erhalten wir hier durch eine Abzählung von $M$. Ist $M$ sekundär, so ist eventuell auch die Folge $\mathfrak{x}^*$

sekundär, weil die sekundäre Abzählung von $M$ dann in der Darstellung von $\mathfrak{r}^*$ benutzt wird. Es folgt $\lim \mathfrak{r}^* = \mathfrak{r}^0$, während $\lim f\imath\,\mathfrak{r}^* = f\imath\,\mathfrak{r}^0$ leicht zu einem Widerspruch führt.

Ist $f$ *primär*, so läßt sich das soeben bewiesene Resultat verschärfen: Ist $f$ unstetig in $\mathfrak{r}^0$, dann gibt es eine *primäre* Folge $\mathfrak{r}^*$ mit $\lim \mathfrak{r}^* = \mathfrak{r}^0$, für die $f\imath\,\mathfrak{r}^*$ nicht gegen $f\imath\,\mathfrak{r}^0$ konvergiert. Die angegebene Konstruktion liefert dann nämlich eine primäre Folge, da die Argumentmenge $M$ von $f$ primär ist, also auch primär-abzählbar ist. Dieser Sachverhalt führt für *quasiprimäre* Funktionen zu folgendem Ergebnis.

*Satz 19.5. Ist $f$ eine quasiprimäre Funktion mit der Argumentmenge $M$ und ist $\mathfrak{r}^0 \in M$, so gilt*

$$\lim \mathfrak{r}^* = \mathfrak{r}^0 \to \lim f\imath\,\mathfrak{r}^* = f\imath\,\mathfrak{r}^0$$

*für alle primären Folgen $\mathfrak{r}^*$ aus $M$ genau dann, wenn für alle primären Schichten $S_\vartheta$ ($\vartheta < \Theta_1$), in denen $\mathfrak{r}^0$ darstellbar ist, $\overset{\vartheta}{f}$ stetig in $\mathfrak{r}^0$ ist.*

Sind alle $\overset{\vartheta}{f}$ stetig in $\mathfrak{r}^0$, so kann $f$ trotzdem unstetig in $\mathfrak{r}^0$ sein. Gehen wir aber nicht von der Stetigkeit in einem Punkte aus, sondern in einer rational-basierten Menge $M$ (d. h. also von der Stetigkeit in jedem Punkte von $M$), so folgt die Stetigkeit in $M$ aus der Stetigkeit aller $\overset{\vartheta}{f}$ in $M$.

*Satz 19.6. Ist $M$ rational-basiert und sind für eine Funktion $f$ alle Funktionen $\overset{\vartheta}{f}$ ($\vartheta$ primär) stetig in $M$, dann ist $f$ stetig in $M$.*

Beweis. Ist $\mathfrak{r}^0 \in M$ und $f\imath\,\mathfrak{r}^0 \in \mathfrak{W}$, so haben wir die Existenz einer Umgebung $\mathfrak{u}$ von $\mathfrak{r}^0$ mit $f\imath\,\underline{\mathfrak{U}} \cap M \subseteq \mathfrak{W}$ zu zeigen. Wegen der Stetigkeit von $\overset{0}{f}$ in $\mathfrak{r}^0$ folgt zunächst die Existenz einer Umgebung $\mathfrak{u}$ von $\mathfrak{r}^0$ mit $f\imath\,\underline{\mathfrak{U}} \cap \overset{0}{M} \subseteq \mathfrak{W}$. Gilt für solch ein $\mathfrak{u}$ aber $\mathfrak{r} \in \underline{\mathfrak{U}} \cap M$, dann gibt es eine *primäre* Folge $\mathfrak{r}^*$ aus $\underline{\mathfrak{U}} \cap \overset{0}{M}$ mit $\lim \mathfrak{r}^* = \mathfrak{r}$. Wegen der Stetigkeit aller $\overset{\vartheta}{f}$ in $\mathfrak{r}$ folgt $\lim f\imath\,\mathfrak{r}^* = f\imath\,\mathfrak{r}$. Die Glieder von $f\imath\,\mathfrak{r}^*$ liegen in $\mathfrak{W}$, $f\imath\,\mathfrak{r}$ liegt also in $\overline{\mathfrak{W}}$.

Wir haben damit erhalten:

$$\bigwedge_{\substack{\mathfrak{r}^0 \\ M \ f\imath\,\mathfrak{r}^0 \in \mathfrak{W}}} \bigwedge_{\mathfrak{r}^0 \in \underline{\mathfrak{U}}} \bigvee_{\mathfrak{u}} f\imath\,\underline{\mathfrak{U}} \cap M \subseteq \overline{\mathfrak{W}}, \tag{19.6}$$

das sich von der Stetigkeit nur dadurch unterscheidet, daß hier $f\imath\,\underline{\mathfrak{U}} \cap M \subseteq \overline{\mathfrak{W}}$ statt $f\imath\,\underline{\mathfrak{U}} \cap M \subseteq \mathfrak{W}$ steht. Unter Berücksichtigung von $\mathfrak{y} \in \mathfrak{W}^0 \to \bigvee_\mathfrak{v} . \mathfrak{y} \in \mathfrak{W} \wedge \overline{\mathfrak{W}} \subseteq \mathfrak{W}^0.$, der sog. Regularität des $\mathfrak{R}^n$, ist (19.6) also äquivalent mit der Stetigkeit von $f$ in $M$.

Die aus der modernen Analysis bekannten Fundamentalsätze über stetige Funktionen gelten auch in der operativen Analysis, wenn wir uns auf quasiprimäre Funktionen beschränken. Wir behandeln zunächst die gleichmäßige Stetigkeit in einer Punktmenge $M$:

$$f \in \text{ gleichmäßig stetig in } M$$
$$\leftrightharpoons \Lambda_\varepsilon \, V_\delta \, \Lambda_{\underset{M}{\mathfrak{x}^1, \mathfrak{x}^2}} \cdot \left| \mathfrak{x}^1 - \mathfrak{x}^2 \right| < \delta \rightarrow \left| f \, \mathfrak{x}^1 - f \, \mathfrak{x}^2 \right| < \varepsilon . \qquad (19.7)$$

In Analogie zu Satz 19.6 erhalten wir sofort:

*Ist $M$ rational-basiert, so ist die gleichmäßige Stetigkeit aller $\overset{\vartheta}{f}$ in $\overset{\vartheta}{M}$ ($\vartheta$ primär) mit der gleichmäßigen Stetigkeit von $f$ in $M$ äquivalent.*

Der einfachste und wichtigste Fall ist der, daß die Argumentmenge ein abgeschlossenes Intervall $\overline{\overline{\mathfrak{U}}}$ ist.

*Satz 19.7. Es sei $f$ eine quasiprimäre Funktion mit der Argumentmenge $\overline{\overline{\mathfrak{U}}}$. Ist $f$ stetig in $\overline{\overline{\mathfrak{U}}}$, dann ist $f$ gleichmäßig stetig in $\overline{\overline{\mathfrak{U}}}$.*

Beweis. Wir betrachten die primären Funktionen $\overset{\vartheta}{f}$. Diese sind in $\overset{\vartheta}{\overline{\overline{\mathfrak{U}}}}$ stetig. Wäre $f$ nicht gleichmäßig stetig in $\overset{\vartheta}{\overline{\overline{\mathfrak{U}}}}$, so gälte:

$$V_\varepsilon \, \Lambda_\delta \, \underset{\overline{\overline{\mathfrak{U}}}}{\overset{\vartheta}{V}}_{\mathfrak{x}^1, \mathfrak{x}^2} \cdot \left| \mathfrak{x}^1 - \mathfrak{x}^2 \right| < \delta \wedge \left| f \, \mathfrak{x}^1 - f \, \mathfrak{x}^2 \right| \geq \varepsilon . .$$

Es gäbe also ein $\varepsilon$, so daß für jede Nullfolge $\delta_*$ gälte:

$$\Lambda_k \, \underset{\overline{\overline{\mathfrak{U}}}}{\overset{\vartheta}{V}}_{\mathfrak{x}^1, \mathfrak{x}^2} \cdot \left| \mathfrak{x}^1 - \mathfrak{x}^2 \right| < \delta_k \wedge \left| f \, \mathfrak{x}^1 - f \, \mathfrak{x}^2 \right| \geq \varepsilon . .$$

Durch eine primäre Abzählung von $\overset{\vartheta}{\overline{\overline{\mathfrak{U}}}}$ ergäbe sich weiter die Existenz zweier primärer Folgen $\mathfrak{x}_1^*, \mathfrak{x}_2^*$ aus $\overset{\vartheta}{\overline{\overline{\mathfrak{U}}}}$ mit

$$\Lambda_k \cdot \left| \mathfrak{x}_1^k - \mathfrak{x}_2^k \right| < \delta_k \wedge \left| f \, \mathfrak{x}_1 - f \, \mathfrak{x}_2^k \right| \geq \varepsilon . .$$

Die primäre Folge $\mathfrak{x}_1^*$ hat eine konvergente Teilfolge $\mathfrak{x}_1^{k*}$, so daß $\lim \mathfrak{x}_1^{k*}$ ein reeller Punkt $\mathfrak{x}^0$ mit $\mathfrak{x}^0 \in \overline{\overline{\mathfrak{U}}}$ ist. Die Teilfolge $\mathfrak{x}_2^{k*}$ konvergiert dann ebenfalls gegen $\mathfrak{x}^0$. Da $f$ stetig in $\mathfrak{x}^0$ ist, folgt

$$\lim f \, \mathfrak{x}_1^{k*} = f \, \mathfrak{x}^0 = \lim f \, \mathfrak{x}_2^{k*} .$$

Diese Gleichung widerspricht aber $\Lambda_k \left| f \, \mathfrak{x}_1^k - f \, \mathfrak{x}_2^k \right| \geq \varepsilon$. Alle $\overset{\vartheta}{f}$ sind also gleichmäßig stetig in $\overset{\vartheta}{\overline{\overline{\mathfrak{U}}}}$, d.h. $f$ ist gleichmäßig stetig in $\overline{\overline{\mathfrak{U}}}$.

Wie der Beweis zeigt, kann in Satz 19.7 an Stelle von $\overline{\overline{\mathfrak{U}}}$ jede Punktmenge $M$ treten, die rational-basiert und abgeschlossen ist. Es ist nicht erforderlich, daß $M$ primär-abgeschlossen ist.

Gerade diese Eigenschaften der abgeschlossenen Intervalle sind es auch, auf denen der „Satz vom Maximum" beruht.

*Satz 19.8. Jede in einem abgeschlossenen Intervall stetige quasiprimäre Funktion $f$ nimmt einen maximalen Wert an.*

Beweis. Wir definieren eine reelle Zahl $y$ durch $y = \overline{\mathrm{fin}}\, f \,\gamma\, \overset{0}{\overline{\mathfrak{U}}}$. $y$ ist reell, weil $f \,\gamma\, \overset{0}{\mathfrak{U}} = \overset{0}{f} \,\gamma\, \overset{0}{\mathfrak{U}}$, und weil $\overset{0}{f}$ primär ist. $f \,\gamma\, \overline{\mathfrak{U}}$ ist außerdem beschränkt, wie aus der gleichmäßigen Stetigkeit in $\overline{\mathfrak{U}}$ folgt. Mit Hilfe von $\overset{0}{f}$ läßt sich eine Folge $\mathfrak{r}^*$ aus $\overset{0}{\mathfrak{U}}$ definieren mit $y = \lim f \,\gamma\, \mathfrak{r}^*$ (vgl. den Beweis von Satz 18.3). Zu $\mathfrak{r}^*$ gibt es eine konvergente Teilfolge $\mathfrak{r}^{k*}$. Aus $\mathfrak{r}^0 = \lim \mathfrak{r}^{k*}$ folgt dann $f \,\gamma\, \mathfrak{r}^0 = \lim f \,\gamma\, \mathfrak{r}^{k*} = \lim f \,\gamma\, \mathfrak{r}^* = y$.

Dieser Beweis verlangt von $f$ außer der Stetigkeit nur, daß $\overset{0}{f}$ primär ist. Dies ist jedoch keine echte Abschwächung gegenüber der Bedingung, daß $f$ quasiprimär ist. Eine stetige Funktion $f$ ist nämlich (in einer rational-basierten Menge) durch $\overset{0}{f}$ eindeutig bestimmt. Für $\mathfrak{r} = \lim \mathfrak{r}^*$ muß ja $f \,\gamma\, \mathfrak{r} = \lim \overset{0}{f} \,\gamma\, \mathfrak{r}^*$ gelten und hiernach läßt sich $\overset{\vartheta}{f}$ ($\vartheta < \Theta_1$) leicht als primäre Funktion darstellen.

Satz 19.8 gilt ebenso mit „minimal" statt „maximal". Wir fügen noch den „Zwischenwertsatz" hinzu.

*Satz 19.9. Jede in einem abgeschlossenen Intervall stetige quasi-primäre Funktion nimmt jeden Zwischenwert zwischen ihrem Maximum und ihrem Minimum an.*

Der Beweis läßt sich dadurch erbringen, daß man den Satz auf den 1-dimensionalen Zahlenraum zurückführt. Ist $f \,\gamma\, \mathfrak{r}_0$ das Minimum und $f \,\gamma\, \mathfrak{r}_1$ das Maximum von $f$, so definieren wir eine Funktion $g$ in $[0, 1]$ durch

$$g \,\gamma\, x = f \,\gamma\, \mathfrak{r}_0 + x(\mathfrak{r}_1 - \mathfrak{r}_0),$$

so daß gilt:

$$g \,\gamma\, 0 = f \,\gamma\, \mathfrak{r}_0, \qquad g \,\gamma\, 1 = f \,\gamma\, \mathfrak{r}_1.$$

Auch $g$ ist stetig und quasiprimär. Für $y$ mit $g \,\gamma\, 0 < y < g \,\gamma\, 1$ haben wir die Existenz einer reellen Zahl $x$ mit $g \,\gamma\, x = y$ und $0 < x < 1$ zu zeigen. Wir setzen dazu

$$x = \underset{r}{\underline{\mathrm{fin}}}\, g \,\gamma\, r > y. \tag{19.8}$$

Da $g$ quasiprimär ist, ist $\overset{0}{g}$ primär und also auch $\in_r \overset{0}{g} \,\gamma\, r > y$ primär, d.h. $x$ ist eine reelle Zahl. Trivialerweise folgt dann $g \,\gamma\, x \geq y$. Wäre $g \,\gamma\, x > y$, so gäbe es aber auch ein $r$ mit $r < x$ und $g \,\gamma\, r > y$ im Widerspruch zur Definition von $x$. Also gilt $g \,\gamma\, x = y$.

Im $\mathfrak{R}^1$ heißt eine Funktion $f$ mit der Argumentmenge $M$ „umkehrbar" in $M$, wenn gilt:

$$\underset{M}{\bigwedge}{}_{x_1, x_2} \cdot x_1 \neq x_2 \to f \,\gamma\, x_1 \neq f \,\gamma\, x_2 \cdot\cdot \tag{19.9}$$

Wir definieren dann die *Umkehrfunktion* $f^{-1}$ mit der Argumentmenge $N = f \,\gamma\, M$ durch

$$f^{-1} \,\gamma\, y \leftrightharpoons \iota_x f \,\gamma\, x \leftrightharpoons y.$$

Ist die umkehrbare Funktion $f$ primär, so ist auch $f^{-1}$ primär. Ist $f$ dagegen nur quasiprimär, so braucht $f^{-1}$ nicht quasiprimär zu sein. Es gilt aber:

*Satz 19.10. Ist eine quasiprimäre Funktion $f$ in einem abgeschlossenen Intervall $\overline{U}$ des $\mathfrak{R}^1$ stetig und umkehrbar, dann ist auch die Umkehrfunktion $f^{-1}$ quasiprimär und stetig.*

Beweis. Nach dem Zwischenwertsatz ist die Wertmenge von $f$ ein abgeschlossenes Intervall, und die Umkehrfunktion $f^{-1}$ läßt sich nach (19.8) definieren durch

$$f^{-1} \imath\, y = \operatorname*{\underline{fin}}_{r} \overset{0}{f} \imath\, r > y.$$

Da $\overset{0}{f}$ primär ist, ist $f^{-1}$ quasiprimär.

Es bleibt die Stetigkeit von $f^{-1}$ zu beweisen. Nach Satz 19.4 und Satz 19.5 genügt es, für jede konvergente primäre Folge $y_*$ aus $f \imath\, \overline{U}$ nachzuweisen:

$$\lim y_* = y \to \lim f^{-1} \imath\, y_* = f^{-1} \imath\, y.$$

Die primäre Folge $f^{-1} \imath\, y_*$ ist beschränkt und hat daher konvergente primäre Teilfolgen. Für jede konvergente primäre Teilfolge $f^{-1} \imath\, y_{k_*}$ gilt aber

$$\lim f^{-1} \imath\, y_{k_*} = f^{-1} \imath\, y,$$

denn $\lim f^{-1} \imath\, y_{k_*}$ ist reell und liegt in $\overline{U}$, wegen der Stetigkeit von $f$ folgt also

$$f \imath\, \lim f^{-1} \imath\, y_{k_*} = \lim y_{k_*} = y.$$

Hiernach muß $f^{-1} \imath\, y_*$ selbst konvergent sein.

Zu diesem Beweis sei bemerkt, daß er sich nicht allein mit Satz 19.4 durchführen ließe. Für eine sekundäre Folge $y_*$ könnte nämlich auch die konvergente Teilfolge $f^{-1} \imath\, y_{k_*}$ sekundär sein. Es brauchte daher $f \imath\, \lim f^{-1} \imath\, y_{k_*}$ nicht zu existieren.

Für die quasiprimären Funktionen betrachten wir noch kurz Funktionenfolgen. Ist $\mathfrak{x}$ ein Punkt, der zu allen Argumentmengen der Glieder $f_k$ einer Funktionenfolge $f_*$ gehört, so nennen wir die Funktionenfolge $f_*$ konvergent in $\mathfrak{x}$, wenn die reelle Folge $f_* \imath\, \mathfrak{x}$ konvergent ist. Auch wenn alle Glieder $f_k$ einer Funktionenfolge primär sind, braucht die reelle Folge $f_* \imath\, \mathfrak{x}$ nicht primär zu sein. Haben wir dagegen eine primäre Funktionenfolge (ihre Glieder sind dann selbstverständlich primär), so ist auch $f_* \imath\, \mathfrak{x}$ primär.

Analog zur Definition der quasiprimären Funktionen heiße eine Funktionenfolge $f_*$ *quasiprimär*, wenn für jede primäre Schicht $S_\vartheta$ die Folge $\overset{\vartheta}{f_*}$, d. h. die Folge $\imath_k \overset{\vartheta}{f_k}$, primär ist. Die Glieder einer quasiprimären Funktionenfolge sind quasiprimäre Funktionen. Für jeden reellen Punkt $\mathfrak{x}$ ist daher die Folge $f_* \prime \mathfrak{x}$ (sofern sie existiert) eine primäre Folge.

Eine quasiprimäre Funktionenfolge $f_*$, die in einer Punktmenge $M$ konvergent ist (d.h. in jedem Punkte $\mathfrak{x}$ von $M$), definiert eine Funktion $f$ mit der Argumentmenge $M$:

$$f \prime \mathfrak{x} = \lim f_* \prime \mathfrak{x}.$$

*Satz 19.11. Jede in einer Punktmenge $M$ konvergente quasiprimäre Funktionenfolge $f^*$ hat eine quasiprimäre Limesfunktion $f = \lim f^*$ mit $M$ als Argumentmenge.*

Beweis. Es ist nur noch zu zeigen, daß $f$ quasiprimär ist. $\overset{\vartheta}{f}(\vartheta < \Theta_1)$ ist aber primär, denn $\overset{\vartheta}{f} \prime \mathfrak{x} = \lim \overset{\vartheta}{f_*} \prime \mathfrak{x}$ und hier steht rechts ein primärer Term.

Wir sagen, daß eine Funktionenfolge $f_*$ in einer Punktmenge $M$ gegen eine Funktion $f$ *gleichmäßig* konvergiert, wenn gilt:

$$\bigwedge_\varepsilon \bigvee_{k_0} \bigwedge_{\substack{k \\ k > k_0}} \bigwedge_{\substack{\mathfrak{x} \\ M}} |f_k \prime \mathfrak{x} - f \prime \mathfrak{x}| < \varepsilon. \tag{19.10}$$

Der Satz, daß bei gleichmäßiger Konvergenz die Limesfunktion $f$ stetig in $M$ ist, wenn alle Glieder $f_k$ stetig in $M$ sind, ist eine logisch-notwendige Folge der Definitionen. Die Stetigkeit der Glieder $f_k$ liefert für $\mathfrak{x}_0 \in M$

$$\bigwedge_\varepsilon \bigwedge_k \bigvee_\delta \bigwedge_{\substack{\mathfrak{x} \\ M}} \cdot |\mathfrak{x} - \mathfrak{x}_0| < \delta \to |f_k \prime \mathfrak{x} - f_k \prime \mathfrak{x}_0| < \frac{\varepsilon}{3} \cdot. \tag{19.11}$$

Aus der gleichmäßigen Konvergenz von $f_*$ gegen $f$ folgt

$$\bigwedge_\varepsilon \bigvee_k \bigwedge_{\substack{\mathfrak{x} \\ M}} |f_k \prime \mathfrak{x} - f \prime \mathfrak{x}| < \frac{\varepsilon}{3}. \tag{19.12}$$

Mit

$$|f \prime \mathfrak{x} - f \prime \mathfrak{x}_0| \leq |f \prime \mathfrak{x} - f_k \prime \mathfrak{x}| + |f_k \prime \mathfrak{x} - f_k \prime \mathfrak{x}_0| + |f_k \prime \mathfrak{x}_0 - f \prime \mathfrak{x}_0|$$

folgt aus (19.11), (19.12) sofort

$$\bigwedge_\varepsilon \bigvee_\delta \bigwedge_{\substack{\mathfrak{x} \\ M}} \cdot |\mathfrak{x} - \mathfrak{x}_0| < \delta \to |f \prime \mathfrak{x} - f \prime \mathfrak{x}_0| < \varepsilon. \cdot.$$

Bei diesem Beweis braucht keine Rücksicht darauf genommen zu werden, ob die auftretenden Funktionen und Folgen primär, quasiprimär oder sekundär sind, die Abschätzungen sind unabhängig von der Sprachkonstruktion. Solche Sätze haben hier für uns kein besonderes Interesse.

## §20. Erweiterungen der Analysis.

Über die in §§ 18 und 19 erhaltenen Fundamente einer Analysis hinaus wollen wir in diesem Paragraphen einiges andeuten über die Möglichkeiten, die Analysis auch auf operativer Basis so auszubauen,

wie es in der modernen Analysis üblich ist. Wir behandeln als wichtig-
stes zuerst die Differentiation (Derivation) und Integration.

Eine Funktion $f$ existiere in einem offenen Intervall $\underline{U}$ des $\Re^1$. Als
„Differenzenquotient" von $f$ wird eine 2-stellige Funktion $Qf$ eingeführt:

$$Qf \leftrightharpoons \imath_{x_1, x_2} \cdot f\imath\, x_1 - f\imath\, x_2 / x_1 - x_2 \cdot \cdot$$

$Qf$ existiert für alle $x_1$, $x_2$ aus $\underline{U}$ mit $x_1 \neq x_2$.

Für $x_0 \in \underline{U}$ existiert daher die Funktion $\imath_x\, Q f \imath\, x, x_0$ für alle $x$ aus
$\underline{U}$ mit $x \neq x_0$. Läßt sich diese Funktion in $x_0$ „stetig ergänzen", so
heißt $f$ in $x_0$ differenzierbar (derivierbar).

Die stetige Ergänzbarkeit bedeutet die Existenz einer reellen Zahl $y$
mit

$$\bigwedge_\varepsilon \bigvee_\delta \bigwedge_{\substack{x \\ \underline{U}}} \cdot\, 0 < |x - x_0| < \delta \to \left| \frac{f\imath\, x - f\imath\, x_0}{x - x_0} - y \right| < \varepsilon \cdot \cdot \qquad (20.1)$$

Es ist klar, daß es höchstens eine solche reelle Zahl $y$ geben kann.

Für die Menge der $x_0$, in denen $f$ derivierbar ist, wird dann eine Funktion $Df$, das Derivat von $f$ (der „Differentialquotient" von $f$) definiert
durch:

$$Df\imath\, x_0 \leftrightharpoons \iota y \bigwedge_\varepsilon \bigvee_\delta \bigwedge_{\substack{x \\ \underline{U}}} \cdot\, 0 < |x - x_0| < \delta \to \left| \frac{f\imath\, x - f\imath\, x_0}{x - x_0} - y \right| < \varepsilon \cdot \cdot \qquad (20.2)$$

Falls $Df\imath\, x_0$ existiert, ist es schon eindeutig bestimmt durch die Aussage:

$$\bigwedge_\varepsilon \bigvee_\delta \bigwedge_{\substack{r \\ \underline{U}}} \cdot\, 0 < |r - x_0| < \delta \to \left| \frac{f\imath\, r - f\imath\, x_0}{r - x_0} - Df\imath\, x_0 \right| < \varepsilon \cdot \cdot \qquad (20.3)$$

Wir erhalten daher

*Satz 20.1. Ist eine quasiprimäre Funktion $f$ in einem Intervall deri-
vierbar, dann ist auch das Derivat $Df$ quasiprimär.*

Die elementaren Eigenschaften der Operation $D$ ergeben sich ohne
jede Schwierigkeit wie üblich, z. B.

$$D \cdot f + g \cdot = Df + Dg,$$

$$D \cdot f \times g \cdot = Df \times g + f \times Dg,$$

$$D \cdot f \imath g \cdot = Df \imath g \times Dg,$$

$$Df^{-1} = 1 / Df\imath\, f^{-1}.$$

Ist $f$ derivierbar, dann ist $f$ trivialerweise stetig, $Df$ braucht dagegen
nicht stetig zu sein. Ist $Df$ derivierbar, so heißt $f$ 2-fach derivierbar
— statt $DDf$ schreiben wir $D^2 f$. Entsprechend wird die $n$-fache Derivierbarkeit von $f$ und $D^n$ definiert. Ist $f$ $k$-fach derivierbar für jedes $k$,
dann heißt $f$ $\infty$-fach derivierbar. Es existiert dann die Funktionenfolge
$D^* f$ mit den Gliedern

$$Df, D^2 f, \ldots \ldots \,.$$

*Satz 20.2. Ist $f$ eine in einem Intervall $\underline{U}$ $\infty$-fach derivierbare quasiprimäre Funktion, dann ist $D^*f$ eine quasiprimäre Funktionenfolge.*

Zum Beweis hat man sich nur zu überlegen, daß für jede primäre Schicht $S_{\vartheta}$ die Formel $D^k f \imath x = y$ mit $x \in \underline{U}^{\vartheta}$ durch ein primäres Induktionsschema definiert werden kann. Nach (20.3) gilt aber

$$D^{k+1} f \imath x_0 = \iota_y \wedge_\varepsilon V_\delta \wedge_{\underline{U}} r \cdot 0 < |r - x_0| < \delta \rightarrow \left| \frac{D^k f \imath r - D^k f \imath x_0}{r - x_0} - y \right| < \varepsilon \cdot \cdot$$

Schreiben wir zur Verdeutlichung $A(k, x, y)$ statt $D^k f \imath x = y$, so hat das Induktionsschema für $A$ also die Form

$$A(1, x, y) \leftrightarrow A_1\!\left(\overset{0}{f}, f \imath x, y\right)$$

$$A(k + 1, x, y) \leftrightarrow A_2\!\left(\imath, \iota_z A(k, r, z), \iota_z A(k, x, z), y\right),$$

wobei in den Klammern von $A_1(\ldots)$, $A_2(\ldots)$ die Formelteile angegeben sind, die — außer den logischen Partikeln und den Quantoren mit den Variablen $\delta, \varepsilon, \ldots, r, \ldots$ für rationale Zahlen — in den Formeln vorkommen. Die Voraussetzung der $\infty$-fachen Derivierbarkeit liefert die Gültigkeit von

$$V_y\, A_1\!\left(\overset{0}{f}, f \imath x, y\right)$$

$$V_y\, A_2\!\left(\imath, \iota_z A(k, r, z), \iota_z A(k, x, z), y\right).$$

Wird nun die Variabilitätsklasse von $x$ auf die in $S_{\vartheta}$ darstellbaren reellen Zahlen beschränkt, dann ist $\iota_y A_1\!\left(\overset{0}{f}, f \imath x, y\right)$ ein primärer Term. Ersetzen wir $A$ durch ein Relationssymbol, so entsteht also insgesamt ein primäres Induktionsschema.

Auf Grund von Satz 20.2 ist in der TAYLOR-Reihe

$$\sum_k \frac{D^k f \imath x_0}{k!}\, x^k$$

einer $\infty$-fach derivierbaren quasiprimären Funktion $f$ die Folge der Koeffizienten $\frac{D^k f \imath x_0}{k!}$ für jedes $x_0$ primär. Umgekehrt entsteht natürlich für jede primäre Folge $c_*$ von reellen Zahlen durch die Bildung $\sum_k c_k x^k$ eine quasiprimäre Funktion, vorausgesetzt, daß die Reihe konvergiert.

Alle reell-analytischen Funktionen, die in der Mathematik (und theoretischen Physik) wichtig sind, speziell die elementaren Terme

$$e^x, \lg x, \sin x, \cos x, \ldots$$

erfüllen selbstverständlich die Bedingung, daß in den Reihenentwicklungen $\sum_k c_k x^k$ die Koeffizienten eine primäre Folge bilden. Die Lehrbücher der theoretischen Physik z. B. können daher ohne Änderung in

die operative Mathematik einbezogen werden: es bedarf nur einer still-
schweigenden Interpretation der dort auftretenden „Funktionen" bzw.
„Koeffizientenfolgen" als „quasiprimärer Funktionen" bzw. „primärer
Koeffizientenfolgen".

Auf die Derivation mehrstelliger Funktionen $f$ gehen wir hier nicht
ein, da sie methodisch nichts Neues bietet. Die partiellen Derivate $D_i f$,
die üblicherweise ungenau durch $\dfrac{\partial f}{\partial x_i}$ bezeichnet werden, lassen sich
ja auf den 1-dimensionalen Fall zurückführen:

$$D_i f \imath x_1, \ldots, x_n \leftrightharpoons D \imath_{x_i} \cdot f \imath x_1, \ldots, x_n \cdot \imath x_i.$$

Die elementaren Regeln, z. B.

$$D_i \cdot f \imath g_1, \ldots, g_n \cdot = \textstyle\sum_j \cdot D_j f \imath g_1, \ldots, g_n \times D_i g_i \cdot \cdot ,$$

die höheren partiellen Derivate

$$D^{n+1}_{i_0, i_1, \ldots, i_n} f \leftrightharpoons D_{i_0} D^n_{i_1, \ldots, i_n} f$$

und die Verallgemeinerungen der Sätze des 1-dimensionalen Falles
ergeben sich ohne Einführung neuer Hilfsmittel.

Wir wenden uns daher der Integration zu, die wir zunächst für
Funktionen des $\mathfrak{R}^1$ behandeln.

$f$ sei eine quasiprimäre Funktion, die in einem abgeschlossenen
Intervall $\overline{U}$ existiert. Um das RIEMANNsche Integral auf übliche Weise
zu definieren, setzen wir ferner voraus, daß $f$ beschränkt ist. Wir haben
dann die Zerlegungen $\mathfrak{z}$ von $\overline{U}$ zu betrachten, d. h. für $\overline{U} = [a, b]$ Systeme
$c_0, c_1, \ldots, c_k$ von Zahlen mit

$$a = c_0 < c_1 < \cdots < c_{k-1} < c_k = b,$$

und haben damit die Untersummen

$$\underline{S}(f, \mathfrak{z}) = \sum_{1}^{k}{}_i \underline{\mathrm{fin}}\, f \imath [c_{i-1}, c_i] \times |c_i - c_{i-1}|$$

und die Obersummen

$$\overline{S}(f, \mathfrak{z}) = \sum_{1}^{k}{}_i \overline{\mathrm{fin}}\, f \imath [c_{i-1}, c_i] \times |c_i - c_{i-1}|$$

von $f$ bezüglich $\mathfrak{z}$ zu bilden. Da wir von $f$ nicht die Stetigkeit voraus-
setzen, brauchen die Zahlen $\underline{\mathrm{fin}}\, f \imath [c_{i-1}, c_i]$ und $\overline{\mathrm{fin}}\, f \imath [c_{i-1}, c_i]$ nicht
reell zu sein, sie könnten sekundär-reell sein. Dieses Auftreten von
sekundär-reellen Zahlen wird sich jedoch als unwesentlich herausstellen.

$f$ heißt integrierbar, wenn die obere Grenze aller Untersummen
gleich der unteren Grenze aller Obersummen ist, d. h.

$$f \in \textit{integrierbar} \leftrightharpoons \bigwedge_\varepsilon \bigvee_\mathfrak{z} \overline{S}(f, \mathfrak{z}) - \underline{S}(f, \mathfrak{z}) < \varepsilon. \tag{20.4}$$

Diese Bedingung läßt sich mit reellen Zahlen allein formulieren, wenn wir von den Zerlegungen $\mathfrak{z}$ zu „Zerlegungen mit Zwischenwerten" $\mathfrak{z}, \mathfrak{z}'$ übergehen, d. h. zu Zerlegungen $\mathfrak{z} = c_0, \ldots, c_k$, zu denen noch ein System

$$\mathfrak{z}' = x_1, \ldots, x_k \quad \text{mit} \quad c_0 \leq x_1 \leq c_1 \leq \cdots \leq c_{k-1} \leq x_k \leq c_k$$

gehört. Wir bilden dann

$$S(f, \mathfrak{z}, \mathfrak{z}') = \sum_{i}^{k} f \iota x_i \times |c_i - c_{i-1}|$$

und erhalten sofort:

$$f \in \textit{integrierbar} \leftrightarrow \bigwedge_\varepsilon \bigvee_{\mathfrak{z}} \bigwedge_{\mathfrak{z}', \mathfrak{z}''} |S(f, \mathfrak{z}, \mathfrak{z}') - S(f, \mathfrak{z}, \mathfrak{z}'')| < \varepsilon. \quad (20.5)$$

Für jedes $\mathfrak{z}, \mathfrak{z}'$ ist hier natürlich $S(f, \mathfrak{z}, \mathfrak{z}')$ eine reelle Zahl.

Für eine Zerlegung $\mathfrak{z}$ heißt $\delta(\mathfrak{z}) \doteq \max_i |c_i - c_{i-1}|$ die „Feinheit" von $\mathfrak{z}$. Ist $f$ integrierbar, so ergibt sich wie üblich, daß für alle Folgen $\mathfrak{z}_*, \mathfrak{z}'_*$ von Zerlegungen mit Zwischenwerten, die $\lim \delta(\mathfrak{z}_*) = 0$ erfüllen, die Folgen $S(f, \mathfrak{z}_*, \mathfrak{z}'_*)$ gegen einen gemeinsamen Grenzwert konvergieren. Wählen wir insbesondere eine *primäre* Folge $\mathfrak{z}_*, \mathfrak{z}'_*$ aus, so ergibt sich dieser gemeinsame Grenzwert als $\lim_l S(f, \mathfrak{z}_l, \mathfrak{z}'_l)$, d.h. als eine *reelle* Zahl. Wir bezeichnen diesen Grenzwert kurz mit $\int_{\bar{U}} f$. Da wir keine Differentiale wie $dx$ eingeführt haben, erscheint die Schreibweise $\int_{\bar{U}} f \, dx$ hier nicht angebracht. In der üblichen Schreibweise $\int_{\bar{U}} f(x) \, dx$ ist $dx$ dagegen nur ein — etwas fragwürdiger — Ersatz für $\iota_x$.

Die Fundamentalsätze über die Integration, z.B.

„Ist $f$ derivierbar in $[a, b]$ und ist $Df$ integrierbar in $[a, b]$, dann gilt

$$\int_{[a, b]} Df = f \iota b - f \iota a.\text{"},$$

„Ist $f$ stetig in $[a, b]$, dann ist $f$ integrierbar in $[a, x]$ für jedes $x$ mit $a \leq x \leq b$ und es gilt

$$f = D \iota_x \int_{[a, x]} f.\text{"},$$

erfordern zu ihrem Beweis keinerlei Änderungen der üblichen Betrachtungen, so daß wir auch hierauf nicht einzugehen brauchen. Es sei nur erwähnt, daß für eine in $[a, b]$ integrierbare quasiprimäre Funktion $f$ die Funktion $\iota_x \int_{[a, x]} f$ ebenfalls quasiprimär ist. Beschränken wir nämlich $x$ auf die in einer primären Schicht darstellbaren reellen Zahlen, dann gibt es primäre Folgen $\mathfrak{z}_*^{(x)}, \mathfrak{z}'^{(x)}_*$ von Zerlegungen mit Zwischenwerten von $[a, x]$, so daß in die rechte Seite von

$$\int\limits_{[a, x]} f = \lim_l S\left(f, \mathfrak{z}_l^{(x)}, \mathfrak{z}_l'^{(x)}\right)$$

also nur die primäre Funktion $\overset{\vartheta}{f}$ für geeignetes $\vartheta$ eingeht.

Gegenüber dem RIEMANNschen Integral wird das LEBESGUEsche zunächst den Eindruck erwecken, daß es der operativen Interpretation Schwierigkeiten entgegenstellen wird. Wenn in der modernen Analysis dem Intervall $[0, 1]$ das „Maß“ $1$ zugeordnet wird, jeder abzählbaren Untermenge aber das Maß $0$, so scheint es doch so, als ob vom operativen Standpunkt, von dem aus jede Menge „abzählbar“ im absoluten Sinne ist (da sie letztlich nur eine facon de parler über einen Sachverhalt des Operierens mit endlich vielen Figuren ist), dieser Maßtheorie kein Sinn mehr abzugewinnen sei. Eine kritische Betrachtung der Beweise dieser Theorie (und nur an den *Beweisen* einer Theorie sieht man, was wirklich in ihr geschieht) zeigt aber, daß die folgende Interpretation durchführbar ist: an Stelle der „abzählbaren“ Mengen der modernen Theorie bekommt jede *primäre* Menge das Maß $0$. Da keine primäre Punktmenge, und also auch keine primäre Familie von Punktmengen, ein Intervall ausschöpfen kann, ist auch in der operativen Mathematik ein volladditives Maß möglich.

Diese Möglichkeit ergibt sich als eine Folgerung aus dem Überdeckungssatz (Satz 19.1). Ist $\overline{\mathfrak{U}}$ ein abgeschlossenes Intervall des $\mathfrak{R}^n$ und $\underline{\mathfrak{B}}^*$ eine *primäre* Intervallüberdeckung:

$$\overline{\mathfrak{U}} \subseteqq \cup \underline{\mathfrak{B}}^*,$$

dann ist die Festsetzung eines Maßes $|\cup \underline{\mathfrak{B}}^*|$ durch

$$|\cup \underline{\mathfrak{B}}^*| \leftharpoondown \lim_k |\underline{\mathfrak{B}}^1 \cup \cdots \cup \underline{\mathfrak{B}}^k|$$

mit dem Maß $|\overline{\mathfrak{U}}|$ verträglich, da es ja eine endliche Teilüberdeckung gibt mit

$$\overline{\mathfrak{U}} \subseteqq \underline{\mathfrak{B}}^1 \cup \cdots \cup \underline{\mathfrak{B}}^k,$$

woraus sofort folgt:

$$|\overline{\mathfrak{U}}| \leqq |\underline{\mathfrak{B}}^1 \cup \cdots \cup \underline{\mathfrak{B}}^k| \leqq |\cup \underline{\mathfrak{B}}^*|.$$

Für eine sekundäre Intervallüberdeckung ließe sich dagegen gar nichts über $|\cup \underline{\mathfrak{B}}^*|$ erschließen. Mit Hilfe einer sekundären Abzählung von $\overline{\mathfrak{U}}$ könnte man z. B. leicht für jedes $\varepsilon$ eine sekundäre Intervallüberdeckung konstruieren mit

$$|\cup \underline{\mathfrak{B}}^*| < \varepsilon.$$

Von dieser einfachen Überlegung aus wollen wir den Aufbau der Maßtheorie nach BOREL und LEBESGUE für den $\mathfrak{R}^n$ skizzieren.

Für ein Intervall $\mathfrak{U}$ mit den Eckpunkten $\mathfrak{r}, \mathfrak{s}$ — es braucht nur

$$(\mathfrak{r}, \mathfrak{s}) \subseteq \mathfrak{U} \subseteq [\mathfrak{r}, \mathfrak{s}]$$

zu gelten — wird das Maß $m\,\mathfrak{U} = |\mathfrak{U}|$ als das Produkt der Kantenlängen $s_i - r_i$ definiert. Für jedes Intervall $\mathfrak{U}$ gilt also $m\,\underline{\mathfrak{U}} = m\,\mathfrak{U} = m\,\overline{\mathfrak{U}}$. Außerdem gibt es aber auch für jedes $\varepsilon$ Intervalle $\mathfrak{V}_1, \mathfrak{V}_2$ mit $\overline{\mathfrak{V}}_1 \subseteq \mathfrak{U} \subseteq \underline{\mathfrak{V}}_2$ und

$$m\,\mathfrak{U} - m\,\overline{\mathfrak{V}}_1 < \varepsilon, \quad m\,\underline{\mathfrak{V}}_2 - m\,\mathfrak{U} < \varepsilon.$$

Die endlichen Intervallsummen $\mathfrak{U}_1 \cup \cdots \cup \mathfrak{U}_k$ — wir nehmen auch die leere Menge $\cap$ hinzu — bilden einen subtraktiven Mengenverband, d.h. sind $E_1, E_2$ endliche Intervallsummen, dann sind auch $E_1 \cap E_2$, $E_1 \cup E_2$, $E_1 \smile E_2$ endliche Intervallsummen. Jede endliche Intervallsumme läßt sich als Vereinigung paarweise fremder Intervalle darstellen: $E = \mathfrak{U}_1 + \mathfrak{U}_2 + \cdots + \mathfrak{U}_k$. Man definiert das Maß $mE = |E|$ durch $m\,\mathfrak{U}_1 + \cdots + m\,\mathfrak{U}_k$ ($mE$ ist unabhängig von der Darstellung $E = \mathfrak{U}_1 + \cdots + \mathfrak{U}_k$). Dieses Maß ist additiv: für kernfremde Intervallsummen $E_1, E_2$ (d.h. $\underline{E}_1 \cap \underline{E}_2 = \cap$) gilt

$$m \cdot E_1 \cup E_2 \cdot = m\,E_1 + m\,E_2. \tag{20.6}$$

Für $E = \mathfrak{U}_1 \cup \cdots \cup \mathfrak{U}_k$ ist die abgeschlossene Hülle $\overline{E}$ durch $\overline{E} = \overline{\mathfrak{U}}_1 \cup \cdots \cup \overline{\mathfrak{U}}_k$ definiert. $\overline{E}$ ist stets primär-abgeschlossen, da $\overline{\mathfrak{U}}$ primär-abgeschlossen ist. Selbstverständlich ist $\underline{E} = \underline{\mathfrak{U}}_1 \cup \cdots \cup \underline{\mathfrak{U}}_k$ primär-offen.

Von den endlichen Intervallsummen übertragen wir nun das Maß auf *beschränkte primär-offene* Mengen, für die wir $\underline{B}$ als Variable gebrauchen. Zu jeder primär-offenen Menge gibt es eine Darstellung als $\cup_u \underline{\mathfrak{U}}$, wobei die Umgebungen $u$ eine primäre Menge $W$ durchlaufen. Da $W$ primär-abzählbar ist, können wir uns auf Darstellungen $\cup \underline{\mathfrak{U}}^*$ beschränken mit primären Intervallfolgen $\underline{\mathfrak{U}}^*$ (primär ist hier — genau genommen — selbstverständlich nur die Folge $u^*$ der Umgebungen). Aus der primären Intervallfolge entsteht die aufsteigende Folge $\mathfrak{U}^1$, $\mathfrak{U}^1 \cup \mathfrak{U}^2, \ldots \ldots$ endlicher Intervallsummen. Wir nennen auch diese Folgen „primär" und sprechen kurz von einer primären aufsteigenden $\underline{E}$-Folge.

Ist eine aufsteigende primäre $\underline{E}$-Folge $\underline{E}^*$ beschränkt, d.h. $\vee_u \wedge_k \underline{E}^k \subseteq \mathfrak{U}$, dann ist $\lim m\,\underline{E}^*$ selbstverständlich eine reelle Zahl. Daß diese Zahl als Maß der $\underline{B}$-Menge $\cup\underline{E}^*$ definiert werden kann, beruht auf:

*Satz 20.3. Für beschränkte aufsteigende primäre $\underline{E}$-Folgen $\underline{E}_1^*, \underline{E}_2^*$ gilt*

$$\cup \underline{E}_1^* \subseteq \cup \underline{E}_2^* \to \lim m\,\underline{E}_1^* \leq \lim m\,\underline{E}_2^*.$$

Beweis. Wir zeigen für jedes $k$, daß gilt: $m\,\underline{E}_1^k \leq \lim m\,\underline{E}_2^*$. Dazu genügt für jedes $\varepsilon$: $m\,\underline{E}_1^k \leq \lim m\,\underline{E}_2^* + \varepsilon$. Nun gibt es eine abgeschlossene Intervallsumme $\overline{E}$ mit $\overline{E} \subseteq E_1^k$ und $m\,\underline{E}_1^k - m\,\overline{E} < \varepsilon$. Aus $\overline{E} \subseteq \cup \underline{E}_2^*$ folgt ferner nach dem Überdeckungssatz $\bigvee_l \overline{E} \subseteq \underline{E}_2^l$. Zusammen ergibt sich

$$m\,\underline{E}_1^k - \varepsilon < m\,\overline{E} \leq m\,\underline{E}_2^l \leq \lim m\,\underline{E}_2^*.$$

Für diesen BORELschen Satz, auf dem die ganze Maßtheorie ruht, ist die Voraussetzung wesentlich, daß die Folge $\underline{E}_2^*$ *primär* ist, da sonst der Überdeckungssatz nicht benutzt werden kann.

Auf Grund von Satz 20.3 definieren wir das Maß einer Menge $\underline{B}$, die eine Darstellung $\underline{B} = \cup\,\underline{E}^*$ mit Hilfe einer aufsteigenden primären $\underline{E}$-Folge besitzt, durch $\lim m\,\underline{E}^*$. Das Maß ist von der Wahl der primären $\underline{E}$-Folge unabhängig:

$$m \cup \underline{E}^* \;\dot=\; \lim m\,\underline{E}^*. \tag{20.7}$$

Auf Grund dieser Definition ist das Maß für $\underline{B}$-Mengen nun nicht nur additiv, sondern sogar volladditiv:

*Für jede beschränkte aufsteigende primäre Folge $\underline{B}^\dagger$ gilt*

$$m \cup \underline{B}^\dagger = \lim m\,\underline{B}^\dagger. \tag{20.8}$$

Es ist zu beachten, daß wir hier den Begriff einer *primären $\underline{B}$-Folge* erst zu definieren haben. Die Intervalle, die endlichen Intervallsummen $E$ und die $\underline{B}$-Mengen sind ja sekundäre Mengen. Wir haben aber schon von primären $\mathfrak{U}$-Folgen, ebenso von primären $E$-Folgen gesprochen, wobei darunter verstanden war, daß die Folgen der Umgebungen (also der Eckpunkte) bzw. der Systeme von Umgebungen primär im eigentlichen Sinn sein sollten. Bei einer endlichen Intervallsumme $E$ ist das System der Intervalle $\mathfrak{u}_1, \ldots, \mathfrak{u}_k$ mit $E = \overset{k}{\underset{1}{\cup}}_i \mathfrak{U}_i$ allerdings nicht eindeutig. Es genügt, daß es eine primäre Folge von Systemen von Umgebungen gibt, um die $E$-Folge „primär" zu nennen.

Entsprechend gibt es bei einer Folge $\underline{B}^\dagger$ zu jedem $\underline{B}^k$ eine aufsteigende Folge $\underline{E}_*^k$ mit $\underline{B}^k = \cup\,\underline{E}_*^k$. Wir nennen die Folge $\underline{B}^\dagger$ „primär", wenn es solche Folgen $\underline{E}_*^k$ gibt, so daß die Doppelfolge $\underline{E}_*^\dagger$ primär ist. Es ist ja auch nur unter dieser Voraussetzung garantiert, daß $\lim m\,\underline{B}^\dagger$ wegen

$$\lim m\,\underline{B}^\dagger = \lim_k m\,\underline{B}^k = \lim_k \lim m\,\underline{E}_*^k$$

eine reelle Zahl ist.

Mit dieser Definition der primären $\underline{B}$-Folgen ist zum Beweis der Volladditivität (20.8) nur zu beachten, daß die Doppelfolge $\underline{E}_*^\dagger$ in eine einfache primäre Folge $\underline{E}^\ddagger$ umgeordnet werden kann, und daß dann gilt:

$$m \cup \underline{B}^\dagger = \overline{\overline{\lim}}\, m\,\underline{E}^\ddagger.$$

Aus den beschränkten, primär-offenen Mengen $\underline{B}$ entstehen durch Komplementbildung (bezüglich eines Intervalles $\overline{\mathfrak{U}}$ mit $\underline{B} \subseteq \overline{\mathfrak{U}}$) die beschränkten, primär-abgeschlossenen Mengen $\overline{\mathfrak{U}} - \underline{B}$ (da $\overline{\mathfrak{U}} \supseteq \underline{B}$, schreiben wir $-$ statt $\smile$). Für diese benutzen wir die Variable $\overline{B}$.

Als Maß einer $\overline{B}$-Menge $\overline{\mathfrak{U}} - \underline{B}$ wird definiert:

$$m . \overline{\mathfrak{U}} - \underline{B} . \backsimeq m \overline{\mathfrak{U}} - m \underline{B}. \qquad (20.9)$$

Eine beschränkte Folge $\overline{B}^\dagger$ — es gelte etwa $\bigwedge_k \overline{B}^k \subseteq \underline{\mathfrak{U}}$ — nennen wir *primär*, wenn die $\underline{B}$-Folge $\underline{\mathfrak{U}} - \overline{B}^\dagger$ primär ist.

Zu den $\overline{B}$-Mengen gehören insbesondere die abgeschlossenen endlichen Intervallsummen. Da jede offene Intervallsumme $\underline{E}$ beliebig genau durch eine abgeschlossene Intervallsumme $\overline{E}_0$ von innen approximiert werden kann, d.h.

$$\bigwedge_\varepsilon \bigvee_{\overline{E}_0} . \overline{E}_0 \subseteq \underline{E} \wedge m \underline{E} - m \overline{E}_0 < \varepsilon . \, ,$$

kann jede $\underline{B}$-Menge von innen durch eine aufsteigende primäre $\overline{E}$-Folge approximiert werden:

$$\bigvee_{\overline{E}_*} . \cup \overline{E}_* \subseteq \underline{B} \wedge \lim m \overline{E}_* = m \underline{B}. .$$

Entsprechend erhalten wir für $\overline{B}$-Mengen die Existenz einer absteigenden primären $\underline{E}$-Folge, die $\overline{B}$ von außen approximiert:

$$\bigvee_{\underline{E}*} . \overline{B} \subseteq \cap \underline{E}^* \wedge \lim m \underline{E}^* = m \overline{B}. .$$

Wir werden zu neuen Mengen geführt, wenn wir aufsteigende $\overline{B}$-Folgen und absteigende $\underline{B}$-Folgen betrachten. Nach LEBESGUE nennen wir eine Menge $M$ „meßbar", wenn es gleichzeitig eine von innen approximierende aufsteigende primäre $\overline{B}$-Folge und eine von außen approximierende absteigende primäre $\underline{B}$-Folge gibt:

$$M \in me\beta bar \backsimeq \bigvee_{\overline{B}_*, \underline{B}*} . \cup \overline{B}_* \subseteq M \subseteq \cap \underline{B}^* \wedge \lim m \overline{B}_* = \lim m \underline{B}^*. . \qquad (20.10)$$

Zu jeder meßbaren Menge gibt es also ein primäres Folgenpaar $\overline{B}_*, \underline{B}^*$ mit

$$\cup \overline{B}_* \subseteq \cap \underline{B}^* \quad \text{und} \quad \lim m \overline{B}_* = \lim m \underline{B}^*$$

(umgekehrt gehört jedes solche Folgenpaar zu mindestens einer meßbaren Menge). Erfüllt dieses Folgenpaar die Bedingung

$$\cup \overline{B}_* \subseteq M \subseteq \cap \underline{B}^*,$$

so wollen wir es ein zu $M$ gehöriges *Gerüst* nennen. Das Maß einer meßbaren Menge $M$ wird durch

$$m M \backsimeq \lim m \overline{B}_* = \lim m \underline{B}^* \qquad (20.11)$$

für ein Gerüst von $M$ definiert. Wegen der Monotonie des Maßes für $\overline{B}$- und $\underline{B}$-Mengen ist das so definierte Maß für meßbare Mengen unabhängig von der Wahl eines Gerüstes.

Statt „meßbare Menge" werden wir im folgenden kurz *m-Menge* sagen. Für eine *m*-Menge braucht es weder eine *E*-Folge, die *M* von innen approximiert, noch eine *E*-Folge, die *M* von außen approximiert, zu geben. Es gibt aber primäre Folgen $E_*$ mit

$$\lim m \,.\, M \smallfrown E_* \,. = 0.$$

(Es sei daran erinnert, daß $M_1 \smallfrown M_2 = M_1 \smallfrown M_2 \cup M_2 \smallfrown M_1$.) Zu jedem $\varepsilon$ gibt es nämlich zunächst ein $\underline{B}$ mit $m \,.\, \underline{B} - M \,.< \frac{\varepsilon}{2}$. Zu $\underline{B}$ gibt es eine Intervallsumme $E$ mit $m \,.\, \underline{B} - E \,.< \frac{\varepsilon}{2}$. Zusammen:

$$m \,.\, M \smallfrown E \,.< \varepsilon$$

wegen
$$M \smallfrown E \subseteqq M \smallfrown \underline{B} \cup \underline{B} \smallfrown E .$$

Wählen wir eine Nullfolge $\varepsilon_*$, so ergibt sich mit Hilfe einer von außen approximierenden primären Folge $\underline{B}^*$ eine primäre Folge $E^*$ mit $\lim m \,.\, M \smallfrown E^* \,. = 0$.

Ein Gerüst einer *m*-Menge ist durch primäre Folgen $\overline{B}_*$ bzw. $\underline{B}^*$ gegeben, d.h. durch primäre Doppelfolgen $E_*^{\dagger}$, also schließlich durch primäre Doppelfolgen von Umgebungssystemen. Von den *m*-Mengen kennen wir nach ihrer Definition nichts außer diesem Gerüst. Es ist daher nicht zu verwundern, daß über *m*-Mengen im folgenden stets nur solche Aussagen gemacht werden, die allein von den Gerüsten abhängen. Wir nennen zwei *m*-Mengen $M_1$, $M_2$ *m-gleich*, geschrieben: $M_1 \underset{m}{=} M_2$, wenn $m \,.\, M_1 \smallfrown M_2 \,. = 0$. Ist $\overline{B}_1^*$, $\underline{B}_1^*$ bzw. $\overline{B}_2^*$, $\underline{B}_2^*$ ein zu $M_1$ bzw. $M_2$ gehöriges Gerüst, so folgt aus $M_1 \underset{m}{=} M_2$ sofort

$$m \,.\, \cup \overline{B}_1^* \smallfrown \cap \underline{B}_2^* \,. = m \,.\, \cup \overline{B}_2^* \smallfrown \cap \underline{B}_1^* \,. = 0. \tag{20.12}$$

Umgekehrt folgt aus (20.12) aber auch $M_1 \underset{m}{=} M_2$. Solange wir also nur Aussagen über *m*-Mengen machen, die bzgl. der *m*-Gleichheit invariant sind, sprechen wir nur scheinbar über die (sekundären) *m*-Mengen. Jede unserer Aussagen ließe sich als eine Aussage über die primären Gerüste allein auffassen. Die *m*-Gleichheit zweier Gerüste ist dabei durch (20.12) zu definieren.

Es zeigt sich hier deutlich, daß die seit dem 19. Jahrhundert allein vorherrschende Auffassung des „Kontinuums" als einer Punktmenge ohne Schaden aus der modernen Analysis weitgehend eliminiert werden könnte. Für eine *m*-Menge wesentlich ist allein ein Gerüst von Eckpunkten. Beim Intervall besteht dieses Gerüst allein aus den beiden Eckpunkten. Bei den *m*-Mengen wird das Gerüst durch primäre Doppelfolgen von Eckpunktsystemen geliefert. Daß es auf die „kontinuierliche Ausfüllung" dieses Gerüstes durch die zwischen den Eckpunkten liegenden Punkte gar nicht ankommt, sieht man z.B. daran, daß sich das Maß einer $m$-Menge nicht ändern würde, wenn man die primäre Limeszahl $\Theta_1$ durch eine andere Ordinalzahl ersetzte. Die Situation ist ähnlich wie bei den in einem Intervall stetigen Funktionen $f$. Für jede reelle Zahl aus dem Intervall ist der Wert von $f$ schon eindeutig durch $\overset{0}{f}$ festgelegt. Ebenso sind das Derivat und das Integral allein durch $\overset{0}{f}$ bestimmt. $\overset{0}{f}$ ist also das „Gerüst" von $f$. Um nicht eine neue Terminologie einzuführen, werden wir aber trotzdem an der modernen Ausdrucksweise festhalten, als ob es für das Kontinuum wesentlich sei, eine Punktmenge zu bilden. Insbesondere werden wir unsere Sätze so formulieren, als ob sie wesentlich etwas über meßbare Mengen aussagten und nicht nur über die Gerüste.

Die $m$-Mengen bilden wieder, wie die Intervallsummen einen subtraktiven Mengenverband. Dieser ist aber jetzt „vollständig" und das Maß ist „volladditiv". Für jede beschränkte aufsteigende *primäre* Folge $M_*$ von $m$-Mengen ist auch $\cup M_*$ eine $m$-Menge und es gilt

$$m \cup M_* = \lim m M_*. \tag{20.13}$$

Hierbei heißt eine Folge $M_*$ von $m$-Mengen primär, wenn es zu den Gliedern $M_k$ zugehörige Gerüste $\overline{B}_k^{\dagger}$, $\underline{B}_k^{\dagger}$ gibt, so daß die Doppelfolgen $\overline{B}_*^{\dagger}$ und $\underline{B}_*^{\dagger}$ primär sind. Da es zu jedem Glied dieser Doppelfolgen z. B. zu $\underline{B}_k^{l}$ eine Folge $E_{k\ddagger}^{l}$ als Gerüst gibt, bedeutet das Primärsein von $M_*$ letztlich die Existenz von primären dreifachen Folgen von Umgebungssystemen. Der Beweis der Volladditivität (20.13) kann wie üblich geführt werden. Ausgehend von den Gerüsten $\overline{B}_k^{\dagger}$, $\underline{B}_k^{\dagger}$ von $M_k$ wird ein Gerüst von $\cup M_*$ konstruiert. Zusätzlich ist nur die (triviale) Überlegung, daß das konstruierte Gerüst primär ist, weil die Ausgangsgerüste eine primäre Folge bildeten.

Zur Definition des LEBESGUEschen Integrales werden neben den meßbaren Mengen die meßbaren Funktionen, kurz *m-Funktionen*, eingeführt. Wie in § 19 beschränken wir uns auf quasiprimäre Funktionen. Die Meßbarkeit einer Funktion $f$ mit der Argumentmenge $M$ wird nach LEBESGUE durch die Meßbarkeit der Mengen $\in_{\mathfrak{x}} f \ni \mathfrak{x} \geq y$ definiert. Wir bezeichnen diese Mengen kürzer durch $\in f \geq y$. Wegen

$$\in f \geq \overline{\mathrm{fin}}\, r_* = \cap \in f \geq r_*$$

genügt für die Meßbarkeit von $f$ die Meßbarkeit der Mengen $\in f \geq r$ mit *rationalem* $r$. Wir verschärfen diese Forderung dadurch, daß es zur Menge $\in f \geq r$ ein Gerüst $\overline{B}_*(r)$, $\underline{B}^*(r)$ geben soll, so daß die Funktionen $\imath_r \overline{B}_*(r)$ und $\imath_r \underline{B}^*(r)$ primär sind. Ebenso wie zu den $m$-Mengen gehört auch zu den $m$-Funktionen ein primäres Gerüst, das aus zwei Funktionen $\imath_r E_*^{\dagger}(r)$ besteht.

Durch dieses Gerüst ist die $m$-Funktion nicht festgelegt, wohl aber bis auf $m$-*Gleichheit* eindeutig bestimmt. Dabei werden zwei $m$-Funktionen $f$, $g$ $m$-gleich genannt — wir schreiben $f \underset{m}{=} g$ —, wenn

$$\Lambda_r \in f \geq r \underset{m}{=} \in g \geq r. \tag{20.14}$$

*Satz 20.4. Jede stetige quasiprimäre Funktion $f$ mit einer meßbaren Argumentmenge $M$ ist meßbar.*

Beweis. Wegen
$$\in f \geq r = M - \in f < r$$

genügt es, zu zeigen, daß es zu den Mengen $\in f < r$ primäre Gerüste gibt. Nun ist $\in f < r$ aber primär-offen, als Vereinigung der Intervalle $\underline{\mathfrak{U}}$ mit $f \imath \underline{\mathfrak{U}} \subseteq (-\infty, r)$. Es gibt also Darstellungen $\in f < r = \cup \underline{\mathfrak{U}}^*(r)$. Da hierin außerdem die Funktion $\imath_r \underline{\mathfrak{U}}^*(r)$ primär gewählt werden kann (ihre Bestimmung hängt ja nur von dem primären $\overset{0}{f}$ ab), ist $f$ meßbar.

Eine konvergente (quasiprimäre) Folge stetiger Funktionen hat als Limes — bekanntlich — nicht allemal eine stetige Funktion. Auf Grund der primären Vollständigkeit des Verbandes der $m$-Mengen ist aber der Limes einer konvergenten primären Folge von $m$-Funktionen allemal eine $m$-Funktion. Entscheidend ist hier wieder die Definition der „primären" Folgen $f_*$. Zu jedem Wert $f_k$ gehört ein primäres Gerüst $\imath_r \overline{B}_k^\dagger(r)$, $\imath_r \underline{B}_k^\dagger(r)$. Die Folge $f_*$ werde nun primär genannt, wenn es solche Gerüste gibt, daß die Funktionen $\imath_r \overline{B}_*^\dagger(r)$ und $\imath_r \underline{B}_*^\dagger(r)$ primär sind. Aus $\lim f_* = f$ folgt $f \imath \mathfrak{x} < r \leftrightarrow \underset{\substack{k_0 \\ k > k_0}}{V} \Lambda_k\, f_k \imath \mathfrak{x} < r$, also

$$\in f < r = \underset{\substack{k_0 \\ k > k_0}}{\cup} \cap_k \in f_k < r.$$

Die Gerüste von $\in f_k < r$ liefern daher ein Gerüst von $\in f < r$ und damit ein primäres Gerüst von $f$.

Zu Satz 20.4 ist zu ergänzen, daß eine quasiprimäre Folge $f_*$ stetiger Funktionen allemal eine „primäre" Folge von $m$-Funktionen ist. Dies folgt sofort daraus, daß die Folge $\overset{0}{f_*}$, durch die die Gerüste von $f_k$ allein bestimmt sind, primär ist.

Für jede beschränkte $m$-Funktion mit einer meßbaren Argumentmenge $M$ definieren wir das Integral $\underset{M}{\int} f$ nach Lebesgue mit Hilfe rationaler Zerlegungen $t_1, \ldots, t_l$ eines Intervalles $[r, s]$, das die Wertmenge von $f$ enthält:

$$r = t_0 < t_1 < \cdots < t_l < t_{l+1} = s.$$

Für jede solche Zerlegung $\mathfrak{z}$ wird gesetzt

$$\underline{S}(f, \mathfrak{z}) = \sum_{0}^{l}{}_j\, t_j\, m(\in t_j \leq f < t_{j+1})$$

$$\overline{S}(f, \mathfrak{z}) = \sum_{0}^{l}{}_j\, t_{j+1}\, m(\in t_j \leq f < t_{j+1}.)$$

Da $f$ eine $m$-Funktion ist, liefern diese Unter- und Obersummen primäre Funktionen $_{1,\delta}\underline{S}\,(f,\delta)$ und $_{1,\delta}\overline{S}\,(f,\delta)$.

Im Gegensatz zum RIEMANNschen Integral, bei dessen Einführung zunächst eventuell sekundär-reelle Zahlen auftraten, sind hier die Zahlen

$$\overline{\text{fin}}_{\delta}\;\underline{S}\,(f,\delta) \quad \text{und} \quad \underline{\text{fin}}_{\delta}\;\overline{S}\,(f,\delta)$$

sofort als reell erkennbar. Da $f$ und $M$ meßbar sind, ergeben sich die Zahlen außerdem als einander gleich, als das Integral $\int_M f$.

Die wichtigsten Eigenschaften dieses Integrales sind:
Für beschränkte, aufsteigende primäre $m$-Mengenfolgen $M_*$ gilt

$$\int_{\cup M_*} f = \lim_{M_*} \int f. \tag{20.15}$$

Für gleichmäßig beschränkte, konvergente, primäre $m$-Funktionenfolgen $f_*$ gilt

$$\int_M \lim f_* = \lim \int_M f_*. \tag{20.16}$$

Beide Eigenschaften können wörtlich wie in der modernen Analysis bewiesen werden.

Bisher haben wir das Integral nur für beschränkte $m$-Funktionen definiert. Die Ausdehnung auf beliebige $m$-Funktionen erfolgt wie üblich. Der Einfachheit halber halten wir daran fest, daß die Argumentmenge $M$ beschränkt ist. Für nichtnegative $m$-Funktionen $f$ bilden wir dann — wieder im Anschluß an LEBESGUE — die primäre Folge $g_*$ der beschränkten $m$-Funktionen $g_k$ mit

$$g_k \,\imath\, \mathfrak{x} = \min f \,\imath\, \mathfrak{x}\,;\; k$$

und setzen

$$\int_M f \doteqdot \lim \int_M g_*. \tag{20.17}$$

Ist $\int_M f$ endlich, dann heißt $f$ *integrierbar*. Für beliebiges $f$ sei $^+f = \max f,\, 0$ und $^-f = \min f,\, 0$. Sind $^+f$ und $-\,^-f$ integrierbar, dann heiße auch $f$ *integrierbar*, und es sei

$$\int_M f \doteqdot \int_M {}^+f - \int_M -\,{}^-f. \tag{20.18}$$

Bei der Behandlung der $m$-Mengen hatten wir bemerkt, daß unsere Aussagen über diese Mengen stets invariant bzgl. der $m$-Gleichheit sein würden. Bei den $m$-Funktionen haben wir dagegen z.B. die Stetigkeit behandelt, die nicht invariant ist bzgl. der $m$-Gleichheit. Ebenso ist die Konvergenz nicht invariant bzgl. der $m$-Gleichheit von $m$-Funktionen. Dies ist ein Anzeichen dafür, daß diese Begriffe in der Theorie der $m$-Funktionen nicht recht am Platze sind. Die einfachste bzgl. der *m*-Gleichheit invariante Begriffsbildung, die an die Stelle der (gewöhnlichen) Konvergenz treten kann, ist die *m*-Konvergenz, die sog. Konvergenz im Mittel.

Wir betrachten zu ihrer Definition *quadratisch-integrierbare* *m*-Funktionen, d.h. solche *m*-Funktionen $f$, für die $f^2$ integrierbar ist. Jede Linearkombination $c_1 f_1 + c_2 f_2 + \cdots$ quadratisch-integrierbarer *m*-Funktionen ist — wie leicht zu sehen — wieder quadratisch-integrierbar. (Das Produkt quadratisch-integrierbarer *m*-Funktionen ist dagegen im allgemeinen nur integrierbar.) Wir setzen

$$\| f \| \leftrightharpoons \sqrt{\int_M f^2}. \tag{20.19}$$

Diese Bezeichnung $\| \ldots \|$ ist unmißverständlich wegen

$$\| (|f|) \| = |(\|f\|)| = \|f\| \quad \text{und} \quad |(|f|)| = |f|.$$

Für eine Folge $f_*$ quadratisch-integrierbarer *m*-Funktionen definieren wir die *m*-Konvergenz:

$$f_* \in m\text{-}konvergent \in \bigwedge_\varepsilon \bigvee_{k_0} \bigwedge_{\substack{k_1, k_2 \\ >k_0}} \| f_{k_1} - f_{k_2} \| < \varepsilon. \tag{20.20}$$

Wir setzen außerdem

$$m\text{-}\lim f_* \underset{m}{=\!=\!=} f \in \bigwedge_\varepsilon \bigvee_{k_0} \bigwedge_{\substack{k \\ >k_0}} \| f_k - f \| < \varepsilon. \tag{20.21}$$

Wegen

$$f_1 \underset{m}{=\!=\!=} f_2 \leftrightarrow \| f_1 - f_2 \| = 0$$

sind diese Begriffe bzgl. der *m*-Gleichheit invariant.

Die „Identifikation" *m*-gleicher quadratisch-integrierbarer *m*-Funktionen führt — in der Sprache der Topologie — zu einem „metrischen Raum" $L^2$, der mit dem HILBERTschen Raum $\mathfrak{R}^\infty$ isomorph ist.

Die Herstellung dieses Zusammenhanges mit den Mitteln der operativen Mathematik sei hier noch angedeutet, da er zur weiteren Rechtfertigung unserer Definitionen, z. B. von *m*-Funktion und von primärer *m*-Funktionenfolge — die ja für den, der von der modernen Analysis herkommt, eine gewisse Willkür enthalten — dienen kann.

Zunächst beweist man wie üblich, daß $L^2$ *komplett* ist, d.h. zu jeder *m*-konvergenten primären Folge $f_*$ von quadratisch-integrierbaren *m*-Funktionen gibt es eine quadratisch-integrierbare *m*-Funktion $f$ mit $m\text{-}\lim f_* \underset{m}{=\!=\!=} f$ (vgl. Lorenzen 1951 (3)).

Als nächstes muß die Existenz einer primären Folge $\varphi_*$ von beschränkten *m*-Funktionen als *Basis* von $L^2$ gezeigt werden. $\varphi_*$ heißt dabei eine Basis von $L^2$, wenn es zu jeder quadratisch-integrierbaren *m*-Funktion $f$ und zu jedem $\varepsilon$ eine Linearkombination $c_1 \varphi_1 + \cdots + c_k \varphi_k$ mit

$$\left\| f - \sum_1^k c_i \varphi_i \right\| < \varepsilon$$

gibt. Ersichtlich würde es dann genügen, nur die Linearkombinationen mit *rationalen* Koeffizienten $c_i$ zu benutzen.

*Satz 20.5. Die charakteristischen Funktionen $\chi_u$ der Umgebungen* u:

$$\chi_u \imath \mathfrak{x} = \begin{cases} 1 \leftrightarrow \mathfrak{x} \, \tau \, u \\ 0 \leftrightarrow \neg \, \mathfrak{x} \, \tau \, u \end{cases}$$

*bilden eine primäre Basis des $L^2$.*

Beweis. Ist $f$ meßbar und $|f| < C$, dann gibt es zu jedem $\delta_1$ eine rationale Zerlegung $t_0, \ldots, t_{l+1}$ von $[-C, +C]$ mit $0 < t_{j+1} - t_j < \delta_1$. Die Mengen $M_j$ mit $M_j = \epsilon\, t_j \leq f < t_{j+1}$ sind meßbar. Zu jedem $\delta_2$ gibt es also Intervallsummen $E_j$ mit $m \cdot M_j \smile E_j \cdot < \delta_2$. Wir definieren eine Treppenfunktion $F$ (= Linearkombination charakteristischer Funktionen von Umgebungen) durch:

$$\mathfrak{x} \in E_0 \to F \imath \mathfrak{x} = t_0$$
$$\mathfrak{x} \in E_1 \smile E_0 \to F \imath \mathfrak{x} = t_1$$
$$\vdots$$
$$\mathfrak{x} \in E_l \smile E_0 \cup \cdots \cup E_{l-1} \to F \imath \mathfrak{x} = t_l.$$

Außerhalb $\overset{l}{\underset{0}{\cup}}_j E_j$ sei $F \imath \mathfrak{x} = 0$. Innerhalb von

$$M_0 \cap E_0 \mathbin{\ddot{+}} M_1 \cap E_1 \smile E_0 \mathbin{\ddot{+}} M_2 \cap E_2 \smile E_0 \cup E_1 \mathbin{\ddot{+}} \cdots$$

gilt dann

$$|f \imath \mathfrak{x} - F \imath \mathfrak{x}| < \delta_1.$$

Wegen $M_j \smile E_j \smile E_0 \cup \cdots \cup E_{j-1} = M_j \smile E_j \mathbin{\dot{\cup}} M_j \cap E_0 \mathbin{\dot{\cup}} \cdots \mathbin{\dot{\cup}} M_j \cap E_{j-1}$ und $M_j \cap E_k = M_j \cap M_k \smile E_k \subseteq M_k \smile E_k$ für $k \neq j$ folgt daher:

$$m \epsilon_{\mathfrak{x}} \cdot |f \imath \mathfrak{x} - F \imath \mathfrak{x}| \geq \delta_1 \cdot < \binom{l+2}{2} \delta_2.$$

Ferner ist auch $F$ beschränkt, es gilt $|F| \leq C$. Mit

$$M' = \epsilon_{\mathfrak{x}} |f \imath \mathfrak{x} - F \imath \mathfrak{x}| < \delta_1 \quad \text{und} \quad M'' = \epsilon_{\mathfrak{x}} |f \imath \mathfrak{x} - F \imath \mathfrak{x}| \geq \delta_1$$

folgt aus

$$\int_M (f - F)^2 = \int_{M'} (f - F)^2 + \int_{M''} (f - F)^2$$

die Abschätzung

$$\|f - F\| \leq \delta_1 \, m\, M + \binom{l+2}{2} \delta_2 \cdot 2C.$$

Für jedes $\varepsilon$ kann also durch geeignete Wahl von $\delta_1, \delta_2$ erreicht werden:

$$\|f - F\| < \frac{\varepsilon}{2}.$$

Ist $g$ nicht beschränkt, so gibt es wegen der Integrierbarkeit eine beschränkte $m$-Funktion $f$ mit $\|g-f\| < \frac{\varepsilon}{2}$. Zusammen folgt $\|g-F\| < \varepsilon$.

Hiernach können für die quadratisch-integrierbaren Funktionen auch primäre Folgen von Treppenfunktionen als „Gerüst" dienen. Diese Bemerkung ist wichtig für die Behandlung der Funktionale (z.B. linearer stetiger Funktionale) in der operativen Mathematik. Diese Funktionale erhalten dadurch nämlich ein „Gerüst" aus Funktionalen mit ausschließlich Treppenfunktionen als Argumenten. Wir gehen auf diese Entwicklungen hier jedoch nicht ein.

Die charakteristische Funktion $\chi_u$ einer Umgebung ist eine quasi-primäre $m$-Funktion. Da wir nur Intervalle mit rationalen Eckpunkten betrachten, gibt es eine primäre $m$-Folge, in der alle $\chi_u$ als Werte auftreten. Diese Folge ist eine Basis des $L^2$. Sie enthält — wie leicht zu sehen ist — eine primäre Teilfolge $\chi_*$, die auch noch eine Basis ist, aber außerdem linear-unabhängig, d.h. für kein $k$ ist $\chi_k$ Linearkombination der $\chi_l$ mit $l < k$. Durch eine lineare Transformation:

$$\left.\begin{aligned}
\chi_1 &= c_{11}\varphi_1 \\
\chi_2 &= c_{21}\varphi_1 + c_{22}\varphi_2 \\
&\;\vdots \\
\chi_k &= c_{k1}\varphi_1 + \cdots + c_{kk}\varphi_k \\
&\;\vdots \\
&\;\vdots
\end{aligned}\right\} \qquad (20.22)$$

mit einer *primären* Doppelfolge $c_{*\dagger}$ von Koeffizienten (unter den zusätzlichen Bedingungen $c_{kl}=0$ für $k<l$ und $c_{kk}\neq 0$) wird $\chi_*$ eine *primäre* $m$-Folge $\varphi_*$, die ebenfalls Basis ist, zugeordnet.

Unter den Basen $\varphi_*$ läßt sich nach dem Orthogonalisierungsverfahren eine normiert-orthogonale Basis bestimmen. Man definiert dazu im Funktionenraum $L^2$ neben der Norm $\iota_f\|f\|$ noch ein „inneres Produkt" durch

$$f \circ g \leftrightharpoons \int_M f g . \qquad (20.23)$$

$f$ und $g$ heißen orthogonal, wenn $f \circ g = 0$. Eine Folge $\varphi^*$ heißt normiert-orthogonal, wenn

$$\varphi_k \circ \varphi_l = \left\{\begin{aligned} 1 &\leftrightarrow k = l \\ 0 &\leftrightarrow k \neq l. \end{aligned}\right\} \qquad (20.24)$$

Durch die Forderung der normierten Orthogonalität ist die Doppelfolge $c_{*\dagger}$ in (20.22) bestimmt, und zwar eindeutig, wenn wir noch

$c_{kk} > 0$ fordern. Denn aus (20.22) und (20.24) folgt dann

$$c_{11} = \|\chi_1\|; \qquad \varphi_1 = \frac{\chi_1}{c_{11}}$$

$$c_{21} = \chi_2 \circ \varphi_1, \quad c_{22} = \|\chi_2 - c_{21}\varphi_1\|; \quad \varphi_2 = \frac{\chi_2 - c_{21}\varphi_1}{c_{22}}$$

$$c_{k1} = \chi_k \circ \varphi_1, \ldots, c_{k\,k-1} = \chi_k \circ \varphi_{k-1}, \ c_{kk} = \left\|\chi_k - \sum_{i}^{k-1} c_{ki}\varphi_i\right\|; \ \varphi_k = \frac{\chi_k - \sum_{i}^{k-1} c_{ki}\varphi_i}{c_{kk}}$$

Hier gilt $c_{kk} > 0$ wegen der linearen Unabhängigkeit von $\chi_*$. Dieses
Induktionsschema für die Doppelfolge $c_{*\dagger}$ ist primär, da zur Berechnung
der Koeffizienten nur die Doppelfolge $\chi_* \circ \chi_\dagger$ benutzt wird. Diese ist
aber primär, weil $\chi_*$ eine primäre $m$-Folge ist. Ist $\chi_k$ die charakteristische
Funktion von $\mathfrak{u}_k$, so ist übrigens

$$\chi_k \circ \chi_l = m . \mathfrak{U}_k \cap \mathfrak{U}_l..$$

Mit Hilfe einer normiert-orthogonalen primären Basis $\varphi_*$ wird nun
jeder quadratisch-integrierbaren $m$-Funktion $f$ die Folge $f \circ \varphi_*$ zugeordnet. Es ist wichtig, uns klarzumachen, daß diese Folge reeller
Zahlen *primär* ist.

Wegen

$$f \circ \varphi_k = \int_M f\varphi_k$$

haben wir zu zeigen, daß $f\varphi_*$ eine primäre $m$-Funktionenfolge ist. Zu
$\varphi_k$ gehört ein primäres Gerüst $\iota_r \overline{B}_k^\dagger(r)$, $\iota_r \underline{B}_k^\dagger(r)$, ebenso gehört zu $f$ ein
primäres Gerüst, mit dem die Mengen $\in \varphi_k \geq r$ und $\in f \geq r$ approximiert
werden. Wir suchen ein Gerüst von $\in f \varphi_k \geq r$. Ein solches läßt sich
leicht als ein primäres Gerüst konstruieren auf Grund der folgenden
Beziehungen für beliebige Funktionen $f$ und $g$:

$$fg = \tfrac{1}{4}\left[(f + g)^2 - (f - g)^2\right]$$

$$\in g^2 \geq r = \in g \geq \sqrt{r}$$

$$s > 0 \; > \; \in sg \geq r - \in g \geq \frac{r}{s}$$

$$\in g + s \geq r = \in g \geq r - s$$

$$c f - g \geq r = \cap_s . \in g < s - r \cup \in f \geq s..$$

Jeder quadratisch-integrierbaren $m$-Funktion $f$ ist also eine primäre
Folge $f \circ \varphi_*$ zugeordnet.

Die Zuordnung ist bzgl. der $m$-Gleichheit invariant:

$$f_1 \underset{m}{=} f_2 \rightarrow f_1 \circ \varphi_* = f_2 \circ \varphi_*. \tag{20.25}$$

Diese Subjunktion läßt sich umkehren. Der Beweis ist wie üblich über
die Gleichung

$$\left\| f - \sum_{1}^{k}{}_{i} c_i \varphi_i \right\|^2 = \| f^2 \| - 2 \sum_{1}^{k}{}_{i} c_i f \circ \varphi_i + \sum_{1}^{k}{}_{i} c_i^2$$

zu führen, aus der die Ungleichung

$$\left\| f - \sum_{1}^{k}{}_{i} c_i \varphi_i \right\| \geq \left\| f - \sum_{1}^{k}{}_{i} (f \circ \varphi_i) \varphi_i \right\|$$

folgt. Da $\varphi_*$ eine Basis ist, ergibt sich

$$\bigwedge_{\varepsilon} \mathsf{V}_k \left\| f - \sum_{1}^{k}{}_{i} (f \circ \varphi_i) \varphi_i \right\| < \varepsilon$$

und damit

$$\sum_i (f \circ \varphi_i)^2 = \| f \|^2. \tag{20.26}$$

Aus $f_1 \circ \varphi_* = f_2 \circ \varphi_*$ folgt also wegen $f_1 - f_2 \, \delta \varphi_k = 0$

$$\| f_1 - f_2 \| = 0 \quad \text{und} \quad f_1 \underset{m}{=} f_2.$$

Wir haben außer

$$f_1 \underset{m}{=} f_2 \leftrightarrow f_1 \circ \varphi_* = f_2 \circ \varphi_* \tag{20.27}$$

durch (20.26) noch das Resultat erhalten, daß $f \circ \varphi_*$ eine Folge mit
konvergenter Quadratsumme ist.

Verstehen wir also unter dem HILBERTschen Raum $\mathfrak{R}^\infty$ die Menge
aller quadratisch-summierbaren *primären* Folgen von reellen Zahlen, so
haben wir eine umkehrbare Abbildung zwischen der Menge aller „Klassen" $m$-gleicher quadratisch-integrierbarer $m$-Funktionen und einer
Untermenge des HILBERTschen Raumes.

Diese Untermenge ist aber der ganze HILBERTsche Raum. Jeder
quadratisch-summierbaren primären Folge $c_*$ kann nämlich die pri-
märe $m$-Funktionenfolge $\sum_{1}^{*}{}_{i} c_i \varphi_i$ zugeordnet werden. Diese Folge ist
$m$-konvergent. Da $L^2$ — wie oben erwähnt — komplett ist, gibt es eine
quadratisch-integrierbare $m$-Funktion $f$ mit $f \underset{m}{=} \sum_{1}^{\infty}{}_{i} c_i \varphi_i$. Nach (20.27)
folgt hieraus $f \circ \varphi_k = c_k$, d.h. die primäre Folge $c_*$ ist das Bild von $f$
bei der obigen Abbildung. Die Existenz dieser Abbildung zeigt, daß
unser Begriff der meßbaren Funktion eine geeignete operative Interpretation des entsprechenden Begriffes der modernen Analysis ist.

Definieren wir für die Punkte des HILBERTschen Raumes $\mathfrak{R}^\infty$ (wir
gebrauchen für diese die Variablen $\mathfrak{x}$, $\mathfrak{y}$, …) die linearen Operationen

$$\left.\begin{array}{c} c\,\mathfrak{x} \leftleftarrows c\,x_* \\ \mathfrak{x} + \mathfrak{y} \leftleftarrows x_* + y_* \end{array}\right\} \tag{20.28}$$

und eine Norm

$$\|\mathfrak{x}\| \doteqdot \sqrt{\sum x_*^2},\tag{20.29}$$

so ist die Abbildung des $L^2$ auf den $\mathfrak{R}^\infty$ ein Isomorphismus dieser „linearen Räume mit Norm", d.h. es gilt

$$c\,f \circ \varphi_* = c\,(f \circ \varphi_*)$$
$$f + g \circ \varphi_* = f \circ \varphi_* + g \circ \varphi_*$$
$$\|f \circ \varphi_*\| = \|f\|.$$

Die Untersuchung des HILBERTschen Raumes kann selbstverständlich unabhängig von der Maßtheorie durchgeführt werden, insbesondere ergibt sich die Komplettheit analog wie für den $\mathfrak{R}^n$ (Satz 18.2). Gehen wir von einer konvergenten primären Folge $\mathfrak{x}^*$ mit $\mathfrak{x}^k = x_\dagger^k$ aus, so sind alle Folgen $x_i^*$ konvergent. Es ist leicht zu sehen, daß die Folge $\lim_k x_\dagger^k$ primär ist. Sie liefert $\lim \mathfrak{x}^*$.

Der wichtigste Unterschied des $\mathfrak{R}^\infty$ zum $\mathfrak{R}^n$ liegt darin, daß für kein $\varepsilon$ die Menge der $\mathfrak{x}$ mit $\|\mathfrak{x}\| < \varepsilon$ total beschränkt ist. Nehmen wir aber aus dem $\mathfrak{R}^\infty$ die Menge $F$ der Punkte $x_*$ mit $\wedge_k 0 \leq x_k \leq 1/k$, den sog. Fundamentalquader, heraus, dann erhalten wir auch hier eine total beschränkte Menge.

Auf den Beweis der Sätze über $F$, die analog zu den Sätzen aus § 18 und § 19 über ein abgeschlossenes Intervall des $\mathfrak{R}^n$ sind, gehen wir nicht mehr ein. Schon in §§ 18, 19 hatten wir ja keine wesentliche Abweichung von den Beweisführungen der modernen Analysis gefunden. Die einzige Abweichung, die allenfalls bemerkenswert wäre, lag in Hilfssatz 18.2.

Es sei daher nur noch die Übertragung dieses Hilfssatzes auf $F$ in der Form, wie er für den Beweis des Überdeckungssatzes gebraucht wird, durchgeführt.

An die Stelle der Punkte mit rationalen Komponenten, die im $\mathfrak{R}^n$ betrachtet wurden, treten hier die Punkte $r_*$ mit rationalen Komponenten $r_k$, die außerdem fast alle 0 sind, d.h. $\bigvee_{k_0} \wedge_{k > k_0} r_k = 0$. Wir nennen diese Punkte wieder kurz die rationalen Punkte (erster Art). Die Menge aller rationalen Punkte ist selbstverständlich primär und also auch primär-abzählbar. Ist $\mathfrak{x}$ ein Punkt von $F$, dann gibt es für jedes $\varepsilon$ einen rationalen Punkt $\mathfrak{r}$ mit $\|\mathfrak{x} - \mathfrak{r}\| < \varepsilon$. Es gibt nämlich ein $k$ mit $\sum_{k+1}^\infty \frac{1}{l^2} < \frac{\varepsilon^2}{2}$ und ein System $r_1, \ldots, r_k$ mit $\sum_1^k (x_i - r_i)^2 < \frac{\varepsilon^2}{2}$, woraus $\|\mathfrak{x} - \mathfrak{r}\| < \varepsilon$ für $\mathfrak{r} = r_1, \ldots, r_k, 0, 0, \ldots\ldots$ folgt.

An Stelle der rationalen Punkte erster Art hätten wir auch die Punkte $r_*$ mit rationalen Komponenten $r_k$ und $r_k = \frac{1}{k}$ für fast alle $k$ wählen können. Wir nennen diese die rationalen Punkte zweiter Art.

Ist $r_{1*}$ bzw. $r_{2*}$ ein rationaler Punkt erster bzw. zweiter Art, und gilt

$$r_{1k} < r_{2k} \quad \text{für alle } k$$

(trivialerweise gilt $r_{1k} < r_{2k}$ für fast alle $k$), so heiße das Paar $r_{1*}, r_{2*}$ eine *Umgebung*.

Für eine reelle Zahl $x$ mit $0 \leq x \leq \frac{1}{k}$ und für ein Paar rationaler Zahlen $r_1, r_2$ mit $0 \leq r_1 < r_2 \leq \frac{1}{k}$ setzen wir

$$x \, \tau \, r_1, r_2 \leftrightharpoons r_1 < x < r_2 \vee 0 = r_1 = x \vee x = r_2 = \frac{1}{k}.$$

Für einen Punkt $x_*$ des Fundamentalquaders und eine Umgebung $r_{1*}$, $r_{2*}$ setzen wir entsprechend

$$x_* \, \tau \, r_{1*}, r_{2*} \leftrightharpoons \bigwedge_k x_k \, \tau \, r_{1k}, r_{2k}.$$

Zu jedem Punkt $\mathfrak{x}$ und jedem $\varepsilon$ gibt es dann ersichtlich eine Umgebung $\mathfrak{u}$ mit $\mathfrak{x} \, \tau \, \mathfrak{u}$, so daß für jeden Punkt $\mathfrak{y}$ von $\underline{\mathfrak{U}}$ gilt $\|\mathfrak{x} - \mathfrak{y}\| < \varepsilon$. Die Mengen $\underline{\mathfrak{U}} = \epsilon_{\mathfrak{x}} \mathfrak{x} \, \tau \, \mathfrak{u}$ heißen auch die offenen (rationalen) Intervalle. Die abgeschlossenen Intervalle $\overline{\mathfrak{U}}$ werden für $\mathfrak{u} = r_{1*}, r_{2*}$ definiert durch

$$\mathfrak{x} \in \overline{\mathfrak{U}} \leftrightharpoons \bigwedge_k r_{1k} \leq x_k \leq r_{2k}.$$

Gilt nun für alle rationalen Punkte $\mathfrak{r}$ (erster oder zweiter Art)

$$\mathfrak{r} \in \overline{\mathfrak{U}} \to \mathfrak{r} \in \underline{\mathfrak{U}}^1 \cup \cdots \cup \underline{\mathfrak{U}}^k, \qquad (20.30)$$

so folgt auch hier

$$\overline{\mathfrak{U}} \subseteq \underline{\mathfrak{U}}^1 \cup \cdots \cup \underline{\mathfrak{U}}^k. \qquad (20.31)$$

Ist nämlich $\underline{\mathfrak{U}}^i = (r^i_*, s^i_*)$, dann gibt es ein $n$, so daß

$$\bigwedge_{\substack{m \\ m > n}} . r^i_m = 0 \wedge s^i_m = \frac{1}{m} \cdot \quad (i = 1, \ldots, k). \qquad (20.32)$$

Wir „projizieren" die Punkte $x_*$ von $F$ auf die Punkte $x_1, \ldots, x_n$ von $\mathfrak{R}^n$. Für die Projektionen $\overline{\mathfrak{U}}^{(n)}; \underline{\mathfrak{U}}_1^{(n)}, \ldots, \underline{\mathfrak{U}}_k^{(n)}$ der Intervalle $\overline{\mathfrak{U}}; \underline{\mathfrak{U}}_1, \ldots, \underline{\mathfrak{U}}_k$ folgt aus (20.30) für die rationalen Punkte $\mathfrak{r}$ des $\mathfrak{R}^n$:

$$\mathfrak{r} \in \overline{\mathfrak{U}}^{(n)} \to \mathfrak{r} \in \underline{\mathfrak{U}}_1^{(n)} \cup \cdots \cup \underline{\mathfrak{U}}_k^{(n)}.$$

Nach Hilfssatz 18.2 gilt im $\mathfrak{R}^n$ also

$$\overline{\mathfrak{U}}^{(n)} \subseteq \underline{\mathfrak{U}}_1^{(n)} \cup \cdots \cup \underline{\mathfrak{U}}_k^{(n)}.$$

Hieraus folgt (20.31) wegen (20.32).

# Teil III

# Abstrakte Mathematik.

## Kapitel 7.

## Allgemeine Strukturtheorie.

### §21. Gebilde und Strukturen.

Die modernen Untersuchungen zur konkreten Mathematik sind weitgehend von der „axiomatischen Methode" beherrscht. Der Leser wird die Spuren dieser Methode auch in der Darstellung der Analysis bemerkt haben, die in Teil II gegeben wurde. Würden Formulierung und Beweis der wichtigsten Sätze für den euklidischen Raum nicht ganz anders aussehen, wenn wir uns nicht an den modernen axiomatischen Untersuchungen der Topologie orientiert hätten? Auf den ersten Blick mag es so scheinen, als ob die axiomatische Methode vor allem mit der Einführung einer — ein wenig scholastisch anmutenden — Fülle von Begriffen (z. B. vollständig, kompakt, komplett; Ring, Integritätsbereich, Körper, Schiefkörper, usw.) verbunden wäre. Der Wert der Methode zeigt sich erst, wenn man dieses A-B-C so beherrscht, daß man es — immer dieses gleiche Alphabet — zur Klärung der verschiedenartigsten Situationen in der konkreten Mathematik verwenden kann.

Die Vorteile der axiomatischen Methode sind in unserer Darstellung allerdings keineswegs voll zur Geltung gekommen. Teil II sollte ja auch gerade hervorheben, daß eine konkrete Mathematik existiert, die von der axiomatischen Methode unabhängig ist. Immerhin konnten wir z. B. bei der Behandlung des HILBERTschen Raumes in § 20 weitgehend auf die Sätze über den $\Re^n$ verweisen, weil diese so formuliert waren, daß sie sich wörtlich übertragen lassen. Das ist natürlich nichts anderes als eine (stillschweigende) Anwendung der axiomatischen Methode.

Die Anwendung der axiomatischen Methode hat sich in der modernen Mathematik so verselbständigt, daß von einer „abstrakten" Mathematik im Gegensatz zur konkreten Mathematik gesprochen werden kann. Für die operative Mathematik ist aber festzuhalten, daß die axiomatische Methode nur eine *Methode* ist, die ihren Sinn nur aus der Anwendbarkeit auf „Modelle" aus der konkreten Mathematik erhält. Käme dem Begriff des Integritätsbereiches z.B. irgendeine Bedeutung zu, wenn nicht die ganzen Zahlen und die Polynome Modelle dieser „Struktur" lieferten?

Selbstverständlich sieht die Axiomatik von der Geometrie her ganz anders aus. Arithmetisch-analytische Modelle für das euklidische Axiomensystem hat erst die analytische Geometrie Descartes' geliefert. Für den Geometer hat also die axiomatische „Methode" selbständiges Interesse. Dieses gründet sich aber auf die Beziehung der Axiome zur räumlichen Wirklichkeit — wie immer man diese auch auffassen mag. Ohne diesen Wirklichkeitsbezug ist ein geometrisches Axiomensystem durch nichts aus der Klasse aller möglichen Axiomensysteme hervorgehoben. Für die Mathematik im engeren Sinne — d.h. ohne die Geometrie, die dabei zur theoretischen Physik gerechnet wird — ist die Untersuchung eines Axiomensystems nur dann sinnvoll, wenn sie als ein methodisches Hilfsmittel der konkreten Mathematik aufgefaßt wird.

Wir wollen in den folgenden Paragraphen einige charakteristische Züge der axiomatischen Methode im Rahmen der operativen Mathematik darstellen. Ausgangspunkt ist die Beobachtung, daß in der konkreten Mathematik häufig „Strukturgleichheiten" auftreten. Zum Beispiel ist die Addition der rationalen Zahlen und ebenso die Multiplikation der reellen Zahlen assoziativ und kommutativ; sowohl der $\Re^n$ als der $\Re^\infty$ sind komplett bezüglich des in ihnen definierten Abstandes, usw. Diese Beispiele ließen sich beliebig vermehren. Jedesmal handelt es sich um zwei Mengen, für deren Elemente Relationen (oder Funktionen) definiert sind, derart daß gewisse Aussagen über diese Relationen in beiden Fällen gültig sind.

Wir wollen diesen Tatbestand genauer beschreiben. Eine Menge $M$ (es kommt hier gar nicht darauf an, durch welchen Kalkül die Grundobjekte und durch welche Sprachschicht die darstellende Aussageform gegeben ist) und ein System von Relationen $R_1, \ldots, R_m$ in $M$ heiße kurz ein *Gebilde*. Der wichtigste Spezialfall ist der, daß die Relationen $R_k$ durch Verknüpfungen definiert sind. Unter einer $n$-stelligen *Verknüpfung* einer Menge $M$ versteht man dabei eine $n$-stellige Funktion $f$, die *alle* $n$-gliedrigen Systeme $X_1, \ldots, X_n$ mit $X_i$ aus $M$ als Argumentsysteme besitzt und deren Werte in $M$ liegen. Jede Verknüpfung $f$ definiert eine Relation $R$ durch $x_1, \ldots, x_n, y \in R \leftrightarrow f \mathfrak{1} x_1, \ldots, x_n = y$. Ein Gebilde $M; f_1, \ldots, f_m$ mit Verknüpfungen $f_1, \ldots, f_m$ von $M$ heiße ein *Verknüpfungsgebilde*.

Mit einem System $\varrho_1, \ldots, \varrho_m$ von Relationssymbolen werde nun eine Aussage $A(\varrho_1, \ldots, \varrho_m)$ des Quantorenkalküls gebildet, die außer $\varrho_1, \ldots, \varrho_m$ kein weiteres Relationssymbol enthält, also aus $\varrho_1, \ldots, \varrho_m$, gebundenen Objektvariablen und den logischen Partikeln allein besteht — freie

Objektvariable sollen nicht vorkommen. Von der Aussage $A(\varrho_1, \ldots, \varrho_m)$ gehen wir zu der „Aussagefunktion" $\iota_{\varrho_1, \ldots, \varrho_m} A(\varrho_1, \ldots, \varrho_m)$ über. Das Gebilde $M; R_1, \ldots, R_m$ heiße dann ein *Modell* von $\iota_{\varrho_1, \ldots, \varrho_m} A(\varrho_1, \ldots, \varrho_m)$, wenn die Aussage $A(R_1, \ldots, R_m)$ in $M$ gilt, d.h. wenn $A(\varrho_1, \ldots, \varrho_m)$ in eine gültige Aussage übergeht, falls $\varrho_1, \ldots, \varrho_m$ durch $R_1, \ldots, R_m$ ersetzt werden und außerdem die gebundenen Objektvariablen als Variable mit $M$ als Variabilitätsklasse interpretiert werden. Bei dieser Interpretation bedeutet also $\bigwedge_x$: für alle $x$ von $M$, $\bigvee_x$: für manche $x$ von $M$ (es gibt ein $x$ in $M$). Wir sagen auch kurz, daß das Gebilde die Aussagefunktion $\iota_{\varrho_1, \ldots, \varrho_m} A(\varrho_1, \ldots, \varrho_m)$ „erfüllt".

Ist ein Gebilde $G$ ein Modell von $\iota_{\varrho_1, \ldots, \varrho_m} A(\varrho_1, \ldots, \varrho_m)$ und ist die Aussage $B(\varrho_1, \ldots, \varrho_m)$ logisch äquivalent mit $A(\varrho_1, \ldots, \varrho_m)$, dann ist trivialerweise $G$ auch ein Modell von $\iota_{\varrho_1, \ldots, \varrho_m} B(\varrho_1, \ldots, \varrho_m)$. Um daher den Sachverhalt, daß ein Gebilde $G$ Modell von $\iota_{\varrho_1, \ldots, \varrho_m} A(\varrho_1, \ldots, \varrho_m)$ ist, wie üblich durch: „das Gebilde $G$ besitzt eine Struktur, die durch $\iota_{\varrho_1, \ldots, \varrho_m} A(\varrho_1, \ldots, \varrho_m)$ beschrieben wird" ausdrücken zu können, definieren wir zunächst als *Feinstrukturen* die durch Abstraktion entstehenden „Klassen" logisch äquivalenter Aussagen: $\iota_{\varrho_1, \ldots, \varrho_m} A(\varrho_1, \ldots, \varrho_m)$ und $\iota_{\varrho_1, \ldots, \varrho_m} B(\varrho_1, \ldots, \varrho_m)$ *beschreiben* „dieselbe" Feinstruktur $\mathfrak{S}$, wenn $A(\varrho_1, \ldots, \varrho_m)$ und $B(\varrho_1, \ldots, \varrho_m)$ logisch äquivalent sind. Daß ein Gebilde $G$ eine Feinstruktur $\mathfrak{S}$ besitzt, soll dann heißen, daß $G$ ein Modell eines Axiomensystems ist, das $\mathfrak{S}$ beschreibt.

Statt der Aussagen $A(\varrho_1, \ldots, \varrho_m)$ können auch Aussagen $C(\varphi_1, \ldots, \varphi_m)$ mit Funktionssymbolen $\varphi_k$ betrachtet werden. Wir sprechen dann von *Verknüpfungsfeinstrukturen*. Als Modelle kommen nur Verknüpfungsgebilde in Frage.

Es ist zu beachten, daß mit der vorgeschlagenen Terminologie nicht von *der* Feinstruktur eines Gebildes gesprochen werden kann, sondern nur von *den* Feinstrukturen, die ein Gebilde besitzt. Meist begnügt man sich allerdings damit, für ein Gebilde *eine* Feinstruktur anzugeben, die es besitzt. Zum Beispiel sagt man von dem Gebilde der rationalen Zahlen bezüglich Addition und Multiplikation, daß es ein Körper sei (d.h. die Körperstruktur besitzt), und diese Aussage impliziert dann, daß das Gebilde auch ein Integritätsbereich und ein Ring ist. Es läßt sich jedoch keine Aussage angeben, die alle gültigen Aussagen über dieses Gebilde impliziert (dies hängt mit dem GÖDELschen Unvollständigkeitssatz zusammen, worauf hier nicht eingegangen zu werden braucht).

Neben der logischen Äquivalenz von Aussagen ist noch eine Gleichheitsrelation zwischen Feinstrukturen für die abstrakte Mathematik wichtig, die uns zum Begriff der *Struktur* führt.

Ein bekanntes Beispiel liefert der Ordnungsbegriff. Ein Gebilde $M; R$ heißt eine *geordnete Menge*, wenn $R$ eine 2-stellige Relation ist, so daß —

mit $a \leq b$ statt $a, b \in R$ — die folgenden Sätze gelten:

$$\left. \begin{array}{c} a \leq a \\ a \leq b \wedge b \leq c \to a \leq c \\ a \leq b \wedge b \leq a \to a = b. \end{array} \right\} \qquad (21.1)$$

Von der Gleichheit $=$ wird hier vorausgesetzt, daß sie in $M$ definiert ist.

Mit der Definition

$$(1) \quad a < b \leftrightarrow a \leq b \wedge \neg\, b \leq a$$

gelten die folgenden Sätze:

$$\left. \begin{array}{c} \neg\, a < a \\ a < b \wedge b < c \to a < c \end{array} \right\} \qquad (21.2)$$

und

$$(2) \quad a \leq b \leftrightarrow a < b \vee a = b.$$

Betrachtet man jetzt ein Gebilde $M; S$, für das — mit $a < b$ statt $a, b \in S$ — die Sätze (21.2) gelten, und definiert man anschließend $a \leq b$ nach (2), so folgen umgekehrt die Sätze (21.1) und (1).

Werden die Figuren $\leq$ und $<$ in (21.1) und (21.2) als Relationssymbole aufgefaßt, so entstehen also zwei Axiomensysteme (I) und (II) (und damit sind zwei Feinstrukturen beschrieben), die im folgenden Sinne „gleichwertig" sind: nach Hinzufügung der expliziten Definitionen (1) und (2) werden die Axiomensysteme logisch äquivalent, d. h.

$$\vdash (\text{I}) \wedge (1) \leftrightarrow (\text{II}) \wedge (2).$$

Wichtig ist, daß auch die Definitionen jeweils logisch impliziert werden. Läßt man z. B. in (I) das dritte Axiom

$$a \leq b \wedge b \leq a \to a = b$$

weg, so gilt zwar noch

$$(\text{I}) \wedge (1) \to (\text{II}),$$

es gilt auch

$$(\text{II}) \wedge (2) \to (\text{I}) \wedge (1),$$

aber es gilt *nicht* mehr

$$(\text{I}) \wedge (1) \to (2).$$

Wir nennen allgemein zwei Axiomensysteme

$$(\text{I}) \quad A(\varrho_1, \ldots, \varrho_m)$$
$$(\text{II}) \quad B(\sigma_1, \ldots, \sigma_n)$$

*gleichwertig*, wenn es explizite Definitionen

$$(1) \quad \begin{cases} x_1, x_2, \ldots \in \sigma_1 \leftrightarrow A_1'(\varrho_1, \ldots, \varrho_m) \\ \phantom{x_1, x_2, \ldots \in \sigma_1} \vdots \\ x_1, x_2, \ldots \in \sigma_n \leftrightarrow A_n'(\varrho_1, \ldots, \varrho_m) \end{cases}$$

und

$$(2) \quad \begin{cases} x_1, x_2, \ldots \in \varrho_1 \leftrightarrow B_1'(\sigma_1, \ldots, \sigma_n) \\ \phantom{x_1, x_2, \ldots \in \varrho_1} \vdots \\ x_1, x_2, \ldots \in \varrho_m \leftrightarrow B_m'(\sigma_1, \ldots, \sigma_n) \end{cases}$$

gibt, so daß die Axiomensysteme $(I) \wedge (1)$ und $(II) \wedge (2)$, die beide Aussagen in den Symbolen $\varrho_1, \ldots, \varrho_m$; $\sigma_1, \ldots, \sigma_n$ sind, logisch äquivalent sind.

Diese Gleichwertigkeit zwischen Axiomensystemen ist eine abstrakte Gleichheit und verträglich mit der logischen Äquivalenz von Axiomensystemen. Wir können also auch von *gleichwertigen Feinstrukturen* sprechen. In § 7 ist z. B. die Gleichwertigkeit der Feinstrukturen „Boolescher Ring" und „Subtraktiver Verband" behandelt. Sind zwei Feinstrukturen in diesem Sinne gleichwertig, so wollen wir sagen, daß sie zur selben *Struktur* gehören. Es entspricht wohl dem Sprachgebrauch der abstrakten Mathematik, wenn solche Wörter wie „Verband", „Gruppe", „topologischer Raum" nicht zur Bezeichnung von Feinstrukturen, sondern von Strukturen verwendet werden.

Die damit vorgeschlagene Festlegung eines Sprachgebrauches für das gegenwärtige Modewort „Struktur" ist sicherlich mit manchem Sprachgebrauch nicht verträglich. Dies gilt aber — wie mir scheint — ebenso, wenn man die konkreten oder abstrakten Gebilde „Strukturen" nennt. (Vgl. z. B. Pickert 1951, Carnap 1954.)

Da man sich in der abstrakten Mathematik nur für Strukturaussagen über Gebilde interessiert (im Gegensatz zur konkreten Mathematik, wo auch die Erzeugung der Elemente von Bedeutung ist, usw.), kann man bei axiomatischen Untersuchungen ein Gebilde stets durch ein isomorphes Gebilde ersetzen. Zwei Gebilde $M; R_1, \ldots, R_m$ und $M'; R_1', \ldots, R_m'$ heißen dabei *isomorph*, wenn es eine umkehrbare Abbildung $f$ von $M$ auf $M'$ gibt, so daß für jedes $k \, (k = 1, \ldots, m)$ gilt:

$$x_1, x_2, \ldots \in R_k \leftrightarrow f\eta\, x_1, f\eta\, x_2, \ldots \in R_k'. \tag{21.3}$$

Die umkehrbare Abbildung $f$ heißt dann ein *Isomorphismus* von $M$ auf $M'$. Durch „Identifikation" isomorpher Gebilde entsteht das, was wir ein *abstraktes Gebilde* oder einen *Typ* nennen wollen. Eine Strukturaussage über ein konkretes Gebilde gilt auch für jedes isomorphe konkrete Gebilde, läßt sich also stets als eine Aussage über ein abstraktes Gebilde auffassen. Ist ein konkretes Gebilde Modell einer Struktur, so nennen wir das zugehörige abstrakte Gebilde ein *abstraktes Modell*.

Wir haben damit die Grundbegriffe der allgemeinen Strukturtheorie: „konkretes Gebilde" und „abstraktes Gebilde (Typ)", „Struktur" und

„Feinstruktur" definiert. Das Schwergewicht der abstrakten Mathematik liegt aber selbstverständlich in der Untersuchung spezieller Strukturen, bzw. ihrer Modelle. Es gibt jedoch einige wichtige Methoden der Untersuchung, die bei allen speziellen Strukturen Verwendung finden. Dazu gehören die Prozesse, mit denen man aus gegebenen Modellen einer Struktur neue Modelle herstellt. Die Kenntnis dieser Prozesse gestattet es in manchen Fällen, eine Übersicht über alle abstrakten Modelle zu erhalten. Es sind dies die drei Prozesse der „Homomorphie", „Einengung" und „Produktbildung", die in der abstrakten Mathematik immer wieder auftreten. Wir fügen daher eine kurze Darstellung dieser Prozesse hier ein.

Der Homomorphiebegriff ist eine Abschwächung des Isomorphiebegriffes. Eine Abbildung $h$ von einem Gebilde $M; R_1, \ldots, R_m$ auf ein Gebilde $M'; R_1', \ldots, R_m'$ heißt ein *Homomorphismus*, wenn für jedes $k (k = 1, \ldots, m)$ gilt:

$$x_1, x_2, \ldots \in R_k \to h \mathbin{\text{\guillemotright}} x_1, h \mathbin{\text{\guillemotright}} x_2, \ldots \in R_k'. \tag{21.4}$$

Ein Isomorphismus von $M$ auf $M'$ ist also ein umkehrbarer Homomorphismus von $M$ auf $M'$, dessen Umkehrung ein Homomorphismus von $M'$ auf $M$ ist. Gibt es einen Homomorphismus von $M$ auf $M'$, dann heißt $M'$ ein homomorphes Bild von $M$, oder kurz: *homomorph* zu $M$.

Während ein isomorphes Bild von $M$ die gleichen Strukturen besitzt wie $M$, braucht ein homomorphes Bild von $M$ nicht alle Strukturen von $M$ zu besitzen. Zum Beispiel braucht ein homomorphes Bild einer transitiven Menge, d.h. eines Gebildes $M, R$, das

$$a R b \wedge b R c \to a R c$$

erfüllt, nicht transitiv zu sein.

Zu jedem Homomorphismus $h$ gehört eine Gleichheitsrelation $\underset{h}{\equiv}$ in $M$, die durch

$$a \underset{h}{\equiv} b \leftrightharpoons h \mathbin{\text{\guillemotright}} a = h \mathbin{\text{\guillemotright}} b \tag{21.5}$$

definiert wird. In vielen Fällen ist das homomorphe Bild von $M$ durch $\underset{h}{\equiv}$ allein bis auf Isomorphie bestimmt, nämlich genau dann, wenn für alle $k (k = 1, \ldots, m)$ gilt

$$a_1', a_2', \ldots \in R_k' \to \underset{a_1, a_2, \ldots \in R_k}{V_{a_1, a_2, \ldots}} . h \mathbin{\text{\guillemotright}} a_1 = a_1' \wedge h \mathbin{\text{\guillemotright}} a_2 = a_2' \wedge \cdots . \tag{21.6}$$

Unter der Bedingung (21.6) ist $h \mathbin{\text{\guillemotright}} M$ isomorph zu dem zu $\underset{h}{\equiv}$ gehörigen *Quotientengebilde*, dessen Elemente $\bar{a}$ durch Abstraktion bezüglich $\underset{h}{\equiv}$ aus den Elementen von $M$ entstehen und dessen Relationen $\bar{R}_k$ definiert werden durch:

$$\bar{a}_1, \bar{a}_2, \ldots \in \bar{R}_k \leftrightharpoons \underset{b_1, b_2, \ldots \in R_k}{V_{b_1, b_2, \ldots}} . a_1 \underset{h}{\equiv} b_1 \wedge a_2 \underset{h}{\equiv} b_2 \wedge \cdots . \tag{21.7}$$

Die Bedingung (21.6) ist immer erfüllt im Fall der Homomorphismen von Verknüpfungsgebilden auf Verknüpfungsgebilde. Sind $M; f_1, \ldots, f_m$ und $M'; f'_1, \ldots, f'_m$ Verknüpfungsgebilde, dann gilt nämlich für einen Homomorphismus $h$ von $M$ auf $M'$:

$$h \imath f_k \imath a_1, a_2, \ldots = f'_k \imath h \imath a_1, h \imath a_2, \ldots, \qquad (21.8)$$

denn aus $f_k \imath a_1, a_2, \ldots = a$ folgt nach (21.4) $f'_k \imath h \imath a_1, h \imath a_2, \ldots = h \imath a$. Daher ist auch (21.6) erfüllt, denn aus $f'_k \imath a'_1, a'_2, \ldots = a'$ folgt zunächst die Existenz eines Systems $a_1, a_2, \ldots$ mit $h \imath a_1 = a'_1 \wedge h \imath a_2 = a'_2 \wedge \cdots$ Da $f_k$ eine Verknüpfung ist, folgt die Existenz eines Elementes $a$ mit $f_k \imath a_1, a_2, \ldots = a$ und hieraus nach (21.8) $h \imath a = a'$.

Das homomorphe Bild $M'$ ist hiernach bis auf Isomorphie durch $\underset{h}{\equiv}$ eindeutig bestimmt. Nach (21.8) gilt für diese Gleichheitsrelation

$$a_1 \underset{h}{\equiv} b_1 \wedge a_2 \underset{h}{\equiv} b_2 \wedge \cdots \rightarrow f_k \imath a_1, a_2, \ldots \underset{h}{\equiv} f_k \imath b_1, b_2, \ldots. \qquad (21.9)$$

Die Gleichheitsrelationen mit (21.9) heißen *Kongruenzrelationen*. Sie sind nur für Verknüpfungsgebilde $M$ definiert und liefern durch ihre zugehörigen Quotientengebilde alle abstrakten Verknüpfungsgebilde, die als homomorphe Bilder von $M$ auftreten können.

Auch für Verknüpfungsgebilde gilt jedoch nicht allgemein, daß ein homomorphes Verknüpfungsgebilde alle Strukturen des Urbildes besitzt. Zum Beispiel erfüllt die Menge der Grundzahlen bezüglich der 1-stelligen Verknüpfung $f = \imath_x 2 \times x$ das Axiom $f \imath x = f \imath y \rightarrow x = y$. Die Kongruenz mod 2 ist eine Kongruenzrelation bezüglich $f$. Das Quotientengebilde erfüllt das Axiom nicht mehr.

Wir werden durch diesen Sachverhalt dazu geführt nach denjenigen Strukturen zu fragen, die sich von einem Gebilde allemal auf die homomorphen Gebilde „vererben". Eine Struktur heiße „*homomorphieerblich*", wenn *jedes* zu einem Modell homomorphe Gebilde wieder ein Modell ist. Eine einfache hinreichende Bedingung für die Homomorphieerblichkeit ist die folgende: die Axiome sind „positiv" zusammengesetzt aus den primitiven Aussageformen $x_1, x_2, \ldots \in \varrho_k$, d. h. ohne Verwendung der Negation. In dem Verbot der Negation soll auch eingeschlossen sein, daß eine Aussage, die ein $\varrho_k$ enthält, nicht als Prämisse einer Subjunktion verwendet wird. Das oben behandelte Beispiel $f \imath x = f \imath y \rightarrow x = y$ ist also nicht positiv in diesem Sinne. Bei Verknüpfungsstrukturen sind dagegen z. B. alle Gleichungen $F = G$, die aus mit Hilfe von $\varphi_1, \varphi_2, \ldots \varphi_m$ zusammengesetzten Termen $F$ und $G$ bestehen, homomorphieerblich.

Nach der Homomorphie behandeln wir die *Einengung*. Ist $G$ ein Gebilde mit der Menge $M$ und den Relationen $R_1, \ldots, R_m$, dann ist auch jede Untermenge $N$ von $M$ bezüglich dieser Relationen, genauer: bezüglich der Relationen $R'_k$

$$R'_k = \epsilon_{x_1, x_2, \ldots} . x_1 \in N \wedge x_2 \in N \wedge \cdots \wedge x_1, x_2, \ldots \in R_k. \qquad (21.10)$$

ein Gebilde. Wir bezeichnen dieses Gebilde als die Einengung von $G$ auf $N$, oder kurz als ein *Untergebilde*.

Für Verknüpfungsgebilde $G$ ist nicht jede Einengung von $G$ wieder ein Verknüpfungsgebilde. Es muß die Bedingung erfüllt sein, daß die Werte der Verknüpfungen wieder in $N$ liegen, wenn die Argumente aus $N$ genommen sind: die Menge $N$ muß „abgeschlossen" sein bezüglich der Verknüpfungen.

Auch durch Einengung können gewisse Strukturen eines Gebildes verlorengehen. Die Menge der rationalen Zahlen bezüglich der Ordnung $\leq$ ist z. B. dicht, d. h. erfüllt

$$r < t \rightarrow \bigvee_s r < s < t.$$

Das Untergebilde der Grundzahlen ist dagegen nicht dicht.

Es ist leicht zu sehen, daß jedes Axiom, das „rein generell" ist, d. h. aus einem aussagenlogischen Ausdruck allein durch Generalisierungen, ohne Partikularisation entsteht (es stehen also nur am Anfang des Axioms Quantoren, und zwar nur $\bigwedge_x$, $\bigwedge_y$, ...), „einengungserblich" ist. Dies gilt auch für Verknüpfungsgebilde. Definiert man eine Gruppe als eine Menge mit einer Verknüpfung $\times$, für die — unter anderem — gilt $\bigvee_x a \times x = b$, so ist die hinreichende Bedingung nicht erfüllt. Es gibt tatsächlich auch abgeschlossene Untergebilde einer Gruppe (in diesem Sinne), die keine Gruppen sind. Man bemerke jedoch, daß diese Nichterblichkeit keine Eigenschaft der Struktur „Gruppe" ist, sondern nur der obigen Feinstruktur. Definiert man eine Gruppe als eine Menge mit einer (Links-)Division, so genügen Axiome, die alle rein-generell sind, zur Beschreibung. Die so definierte Verknüpfungsstruktur ist einengungserblich, d. h. jedes abgeschlossene Untergebilde ist eine Gruppe.

Als letzten Prozeß zur Erzeugung von Gebilden betrachten wir die Produktbildung. Sind $M; R_1, \ldots, R_m$ und $M'; R_1', \ldots, R_m'$ homologe Gebilde (d. h. $R_k$ und $R_k'$ haben gleiche Stellenzahl), dann wird die Menge $M''$ der Paare $a, a'$ mit $a \in M \wedge a' \in M'$ ein neues homologes Gebilde, wenn für $M''$ die Relationen $R_k''$ ($k = 1, \ldots, m$) definiert werden durch:

$$a_1, a_1'; a_2, a_2'; \ldots \in R_k'' \rightleftharpoons a_1, a_2, \ldots \in R_k \wedge a_1, a_2, \ldots \in R_k'. \qquad (21.11)$$

Dieses *Produkt* von Gebilden hat seine „Faktoren" $M$ und $M'$ als homomorphe Bilder. Man bilde dazu $a, a'$ auf $a$ bzw. auf $a'$ ab.

Das Produkt von Verknüpfungsfeinstrukturen ist allemal eine Verknüpfungsfeinstruktur. Die iterierte Produktbildung oder „Potenz" haben wir z. B. in § 18 benutzt, wenn wir für Punkte $x_1, \ldots, x_n$ und $y_1, \ldots, y_n$ des $\mathfrak{R}^n$ gesetzt haben:

$$x_1, \ldots, x_n \leq y_1, \ldots, y_n \leftrightarrow x_1 \leq y_1 \wedge x_2 \leq y_2 \wedge \cdots \wedge x_n \leq y_n.$$

Während der $\mathfrak{R}^1$ bezüglich $\leq$ ein Modell für die Konnexität

$$a \leq b \vee b \leq a$$

ist, erfüllt schon $\mathfrak{R}^2$ bezüglich $\leq$ dieses Axiom nicht mehr. Eine Adjunktion kann also schon die Produkterblichkeit zerstören.

Für ein Axiom, das aus den primitiven Formeln $x_1, x_2, \ldots \in \varrho_k$ (einschließlich $x = y$) als „quantifizierte Konjunktion", d.h. allein mit $\wedge$ und den Quantoren $\wedge_x$, $\vee_x$ zusammengesetzt ist, gilt dagegen ersichtlich

$$A(R_1'', \ldots, R_m'') \leftrightarrow A(R_1, \ldots, R_m) \wedge A(R_1', \ldots, R_m'). \qquad (21.12)$$

Die Aussagen $A(\varrho_1, \ldots, \varrho_m)$, die (21.12) erfüllen, nennen wir konjunktiv zerlegbar. Sie sind trivialerweise produkterblich. Darüber hinaus ist auch jede quantifizierte Konjunktion von Subjunktionen aus konjunktiv zerlegbaren Aussagen produkterblich. Denn aus $A_1'' \leftrightarrow A_1 \wedge A_1'$ und $A_2'' \leftrightarrow A_2' \wedge A_2$ folgt

$$A_1 \to A_2 \dot\wedge A_1' \to A_2' \dashrightarrow A_1'' \to A_2''.$$

Speziell ist die Negation jeder konjunktiv zerlegbaren Aussage produkterblich.

Mit diesen Betrachtungen sind nur die Anfänge einer allgemeinen Strukturtheorie angedeutet, deren Sätze für alle Gebilde und Strukturen relevant sind.

Der HILBERTschen Metamathematik, die zur Bewältigung des Begründungsproblems der Mathematik geschaffen wurde, ist von TARSKI 1936, A. ROBINSON 1963 diese neue Aufgabe, eine allgemeine Strukturtheorie zu sein, gestellt worden. Die „Metamathematik" (im neuen Sinne) ist dadurch zu einer metamathematischen *Methode* geworden, deren Bedeutung in ihrer Anwendbarkeit auf die konkrete Mathematik liegt.

Solange die allgemeine Strukturtheorie nur die methodischen Mittel der Arithmetik benutzt, besteht keinerlei Schwierigkeit, die „metamathematische Methode" in die operative Mathematik zu übernehmen. Bei Verwendung der modernen Mengenlehre als Hilfsmittel der Strukturtheorie ist dagegen hierfür eine operative Interpretation erforderlich, die nach dem Muster der Analysis durchgeführt werden kann.

## §22. Elementare und nichtelementare Strukturen.

Die in § 21 betrachteten Strukturen bilden nur den einfachsten Fall von Strukturen, die für die Untersuchung konkreter Gebilde wichtig sind. Wir nennen die bisherigen Strukturen „*rein-elementar*", da zur Formulierung ihrer Axiome nur die (elementare) Logik erforderlich war.

In der modernen Mathematik treten außer den rein-elementaren Strukturen sehr häufig Axiome auf, die von der elementaren Arithmetik

Gebrauch machen. Man denke etwa an das sog. Archimedische Axiom für geordnete Gruppen (Einselement $e$):

$$\bigwedge_{\substack{x \\ x>e}} \bigvee_n x^n > y. \qquad (22.1)$$

Hier sind $x, y, \ldots$ Objektvariable, $n$ ist aber eine Variable für Grundzahlen. Die Potenz $x^n$ ist dabei auf eine Multiplikation $\times$ als Grundbegriff durch ein Induktionsschema:

$$x^1 = x$$
$$x^{n+1} = x^n \times x$$

zurückgeführt. Wie man sieht, ist hier benutzt, daß ein solches Induktionsschema in jedem konkreten Modell eine Funktion definiert.

Ein ähnliches Beispiel liefert die Forderung, daß ein Körper die Charakteristik 0 besitzt:

$$\bigwedge_n n \times e \neq 0. \qquad (22.2)$$

Ein Axiom $A(\varrho_1, \ldots, \varrho_m)$, das nicht nur aus den primitiven Aussageformen $x_1, x_2, \ldots \in \varrho_k$ (einschließlich $x = y$) zusammengesetzt ist, sondern auch arithmetische Relationen und außer den Objektvariablen $x, y, \ldots$ auch Grundzahlvariable $m, n, \ldots$ mit den Quantoren $\bigwedge_m, \ldots, \bigvee_m, \ldots$ benutzt, möge *elementar-arithmetisch* heißen. Auf Grund der elementar-arithmetischen Axiome können wir wieder Strukturen einführen. Wir nennen diese elementar-arithmetische Strukturen.

Die Struktur der archimedisch geordneten Gruppen ist z. B. eine solche elementar-arithmetische Struktur. Ferner gehören hierzu alle Strukturen, bei denen außer einer rein-elementaren Struktur axiomatisch noch eine Multiplikation der Objekte mit „Operatoren" gefordert ist, wenn hierbei der Operatorenbereich eine elementar-arithmetisch definierte Menge ist. Dies ist z. B. bei den Strukturen der Vektorräume über Zahlkörpern der Fall. Ist dagegen der Operatorenbereich nicht konkret vorgegeben, sondern sind auch für ihn nur rein-elementare Strukturen gefordert, dann ist die gesamte Struktur rein-elementar, z. B. „Vektorraum über einem Körper".

Methodisch besteht ein wichtiger Unterschied zwischen den rein-elementaren und den elementar-arithmetischen Strukturen. Ein rein-elementares Axiom ist aus gewissen Relationssymbolen und den logischen Partikeln zusammengesetzt. Was alles Bestandteil eines elementar-arithmetischen Axioms sein kann, ist dagegen zunächst noch nicht festgelegt. In der operativen Mathematik ist die Arithmetik ja kein Formalismus, sondern eine konkrete Theorie. Von ihr ist der Gegenstand, die Grundzahlen, gegeben, darüber hinaus aber nur die Aufgabe, diesen Gegenstand zu erkennen, insbesondere definite Aussagen über ihn zu beweisen. Es ist nicht von vornherein festgelegt, welche Relationen in eine arithmetische Untersuchung eingehen können. Durch die Definition einer „elementaren Sprache" (vgl. § 16) kann hier eine Grenze gezogen werden. Aber selbst wenn man zugäbe, daß diese (oder eventuell eine andere) Grenze zweckmäßig wäre, sie enthält notwendig eine gewisse Willkürlichkeit.

Der methodische Unterschied zwischen den rein-elementaren und den elementar-arithmetischen Strukturen zeigt sich deutlich in bezug auf Monomorphie und Polymorphie. Man nennt eine Struktur *monomorph*, wenn sie genau ein abstraktes Modell besitzt, wenn also je zwei konkrete Modelle isomorph sind. Die nichtmonomorphen Strukturen heißen *polymorph*. Sie besitzen mindestens zwei nichtisomorphe Modelle.

Durch metamathematische Betrachtungen (SKOLEM 1933, A. ROBINSON 1963) hat man zeigen können, daß jede rein-elementare Struktur, die ein unendliches Modell besitzt, polymorph ist. Es wird dabei allerdings die Cantorsche Kardinalzahltheorie benutzt.

Es ist trivial, daß es dagegen elementar-arithmetische Strukturen mit unendlichem Modell gibt, die monomorph sind. Zu jedem *konkreten* Gebilde $G$ der elementaren Arithmetik läßt sich ja die Isomorphie eines Gebildes mit $G$ durch elementar-arithmetische Axiome $A(\psi)$ über ein Funktionssymbol $\psi$ ausdrücken. Mit $n$ als einer Variablen für die Elemente von $G$ und mit $x$ als einer Objektvariablen genügt:

$$\left.\begin{array}{c} \bigwedge_x \bigvee_n \psi \imath x = n \\ \bigwedge_n \bigvee_x \psi \imath x = n \\ \psi \imath x = \psi \imath y \rightarrow x = y. \end{array}\right\} \qquad (22.3)$$

Hinzu kommen die Isomorphieaxiome (21.3) für alle Relationen des Gebildes $G$. Sind $G_1 = M_1; f_1, \ldots$ und $G_2 = M_2; f_2, \ldots$ Modelle dieser elementar-arithmetischen Struktur $A(\psi, \ldots)$, dann ist $f_1$ bzw. $f_2$ ein Isomorphismus von $G_1$ bzw. $G_2$ auf $G$, also ist $f_1^{-1} \imath f_2$ ein Isomorphismus von $G_2$ auf $G_1$.

Ein anderes Beispiel einer monomorphen elementar arithmetischen Struktur bilden die abzählbaren, dichten, total-geordneten Mengen ohne Grenzelemente. Die Axiome für *Totalordnungen* $\leq$ lauten:

$$\left.\begin{array}{c} a \leq b \vee b \leq a \\ a \leq b \wedge b \leq c \rightarrow a \leq c \\ a \leq b \wedge b \leq a \rightarrow a = b. \end{array}\right\} \qquad (22.4)$$

Mit der Definition

$$a < b \leftrightharpoons a \leq b \wedge \neg\, b \leq a$$

nennt man eine Ordnung *dicht*, wenn gilt:

$$a < b \rightarrow \bigvee_x a < x < b. \qquad (22.5)$$

Als Grenzelemente bezeichnet man — wenn vorhanden — das unterste Element $\cap$ und das oberste Element $\cup$, die durch

$$\cap \leq a \leq \cup$$

gekennzeichnet sind.

Das Abzählbarkeitsaxiom schließlich bedeutet, daß ein Gebilde $M$; $\leq$, $f$ vorliegt, wobei $f$ (statt $\psi$) den Axiomen (22.3) mit $n$ als Grundzahlvariable genügt. Man kann bei gegebenem $f$ genauer von „Abgezähltheit", statt von „Abzählbarkeit" sprechen. Wir bleiben aber im folgenden bei dem Ausdruck „abzählbar".

Der Beweis der Monomorphie, der durch diese Axiome beschriebenen Struktur verläuft wörtlich wie bei CANTOR: ausgehend von zwei Modellen $M_1$; $\leq_1$, $f_1$ und $M_2$; $\leq_2$, $f_2$ läßt sich induktiv ein Isomorphismus von $M_1$ auf $M_2$ definieren.

Neben den rein-elementaren und den elementar-arithmetischen Strukturen ist noch eine weitere Klasse elementarer Strukturen wichtig, die wir „*elementar-logische*" Strukturen nennen wollen. Das bekannteste Beispiel ist das schon in § 13 erwähnte DEDEKIND-PEANOsche Axiomensystem der Arithmetik.

Eine Menge $M$, in der ein Element $e$ und eine 1-stellige Funktion $f$ ausgezeichnet ist (also das Gebilde $M$; $e$, $f$), nennen wir kurz eine „$\omega$-Kette", wenn sie das folgende Axiomensystem erfüllt ($\xi$ als Objektsymbol)

$$\left.\begin{array}{c} \varphi \imath x \neq \xi \\ \varphi \imath x = \varphi \imath y \to x = y \\ \xi \in \varrho \wedge \bigwedge_x . x \in \varrho \to \varphi \imath x \in \varrho . \to y \in \varrho. \end{array}\right\} \tag{22.6}$$

Es ist hierbei zu beachten, daß für dieses Axiomensystem $A(\xi, \varphi, \varrho)$ die Aussagefunktion $\imath_{\xi,\varphi} A(\xi, \varphi, \varrho)$ gebildet wird, in der $\varrho$ noch als *freies* Relationssymbol auftritt. Die Menge $Z$ der Grundzahlen mit dem Element 1 und der Nachfolgerfunktion $\imath_x x + 1$ ist ein Modell dieses Axiomensystems. Das Relationssymbol $\varrho$ wird nicht spezialisiert. Das obige Induktionsaxiom geht ja (bei Spezialisierung von $\xi$ und $\varphi$) in

$$1 \in \varrho \wedge \bigwedge_x . x \in \varrho \to x + 1 \in \varrho . \to y \in \varrho$$

über, das wir in § 13 in der Form

$$A(1) \wedge \bigwedge_x . A(x) \to A(x + 1) . \to A(y)$$

auf Grund des protologischen Induktionsprinzips bewiesen haben.

Eine Struktur, die durch $\imath_{\varrho_1,\dots,\varrho_m} A(\varrho_1, \dots, \varrho_m; \varrho, \dots)$ beschrieben wird, erfordert von ihren Modellen, daß für sie gewisse Sätze mit freien Relationssymbolen gültig sind. Es werden also Forderungen an

die „Logik" erhoben, die auf das Modell anzuwenden ist. Deshalb
nennen wir diese Axiome und Strukturen elementar-logisch.

Die durch (22.6) beschriebene Struktur ist monomorph, d.h. alle
$\omega$-Ketten sind isomorph. Um die Isomorphie einer $\omega$-Kette $M; e, f$ mit
dem Gebilde der Grundzahlen $Z; 1, \lambda_x x + 1$ zu beweisen, hat man
— ohne Abweichung vom inhaltlichen Denken — einen Isomorphismus $h$
induktiv zu definieren:

$$\left.\begin{array}{l} h \imath 1 = e \\ h \imath n + 1 = f \imath h \imath n. \end{array}\right\} \tag{22.7}$$

Dies ist eine Abbildung von $Z$ in $M$. Ersetzt man $\varrho$ in (22.6) durch
$\in_x V_n h \imath n = x$ so sieht man, daß $h$ sogar eine Abbildung (und per defi-
nitionem ein Isomorphismus bezüglich $\xi$ und $\varphi$) *auf* $M$ ist.

Schon dieser einfache Beweis zeigt, daß es für die Untersuchung
elementar-logischer Strukturen darauf ankommen kann, Relationen
induktiv zu definieren, die nicht rein quantorenlogisch aus den Grund-
relationen der Struktur zusammengesetzt sind. Selbstverständlich gelten
alle Sätze der konkreten Arithmetik, die wir in Kap. 4 entwickelt haben,
für jede $\omega$-Kette, also auch — wegen der Monomorphie — für die
abstrakte $\omega$-Kette. Es ist nur so, daß durch die Auffassung der Arithmetik als Theorie der abstrakten $\omega$-Kette gar nichts von den Untersuchungen von Kap. 4 (also von der konkreten Arithmetik) überflüssig
wird. Die abstrakte Arithmetik ist nichts als eine Übersetzung der
konkreten Theorie in eine kompliziertere Sprechweise. Vom operativen
Standpunkt aus ist diese Bemerkung der gegenwärtig vertretenen Auffassung hinzuzufügen, daß die Arithmetik nichts als die Theorie einer
monomorphen Struktur sei (BOURBAKI 1951).

Ein wichtiges Beispiel einer polymorphen elementar-logischen Struktur ist die Wohlordnungsstruktur, die durch (22.4) und

$$\bigwedge_y \cdot \bigwedge_{\substack{x \\ x < y}} x \in \varrho \to y \in \varrho. \to z \in \varrho \tag{22.8}$$

beschrieben wird. Wie wir in § 13 gesehen haben, bilden nicht nur die
Grundzahlen, sondern z.B. auch die Ordinalzahlen $< \omega^2$ ein Modell
dieser Struktur. Betrachtet man 2-stellige Relationen zwischen Grundzahlen, die in einer primären Schicht (vgl. § 19) darstellbar sind, und
die (22.4) und (22.8) erfüllen, so bilden diese eine „Klasse", die man
als eine Interpretation der CANTORschen II. Zahlklasse ansehen könnte.

In der modernen Mathematik ist ein elementar-logisches Axiom
nicht zu unterscheiden von einem „*nichtelementaren*" Axiom. Wir verstehen darunter ein solches, das in seiner Formulierung die Schichtenkonstruktion voraussetzt.

Man nennt z. B. eine geordnete Menge $M$, d. h. ein Modell von (21.1) einen vollständigen Halbverband, wenn — in naiver Formulierung — zu jeder Untermenge $N$ von $M$ ein Element $x$ von $M$ als Konjunktion (= Durchschnitt) von $N$ existiert:

$$\bigvee_x \bigwedge_y \cdot y \leq x \leftrightarrow \bigwedge_N z\, y \leq z.. \tag{22.9}$$

Zur Formulierung als elementar-logisches Axiom haben wir in (22.9) nur $N$ durch $\varrho$ zu ersetzen. Jede wohlgeordnete Menge mit oberstem Element besitzt diese „absolute" Vollständigkeit. Die abgeschlossenen Intervalle reeller Zahlen, wie sie in § 18 konstruiert wurden, bilden aber (bezüglich $\leq$) nur dann ein Modell von (22.9), wenn $N$ ausschließlich als Variable für *primäre* Menge benutzt wird. Es gibt ja sekundäre Mengen, die keine reelle Zahl als untere Grenze besitzen. Die abgeschlossenen Intervalle sind nur primär-vollständig.

Zur Definition von nichtelementaren Strukturen setzen wir voraus, daß die Sprachschichten über den Grundzahlen (daß wir uns hier auf die Grundzahlen festlegen, ist keine wesentliche Beschränkung) bis zu gewissen Limeszahlen $\Theta_1, \Theta_2$ konstruiert sind. Ersetzen wir dann in einem elementar-logischen Axiom die freien Relationssymbole durch Variable für gewisse (z. B. primäre) Relationen oder Funktionen, so nennen wir das entstehende Axiom nichtelementar. In nichtelementaren Axiomen können auch Variable für Familien von Mengen oder Funktionen auftreten, und die Variablen können frei oder gebunden vorkommen. Die in Kap. 5 entwickelte Mengenlehre dient so in der operativen Mathematik als Ersatz für die naive Mengenlehre bzw. für deren formalistischen Ersatz: höhere Prädikatenkalküle oder axiomatisierte Mengenlehren.

Die konkreten Gebilde der Analysis aus Kap. 6 sind Modelle nichtelementarer Strukturen, z. B. „metrischer Raum", „Kompaktheit", usw., auf die wir in der Topologie in § 24 noch eingehen werden.

Die Unterscheidung elementarer und nichtelementarer Strukturen ist für die operative Interpretation des üblichen Abzählbarkeitsaxioms wichtig. Für eine elementare Struktur läßt sich (22.3) als ein elementar-arithmetisches Axiom hinzufügen. Jedes konkrete Gebilde, das in der operativen Mathematik auftritt, ist aber — wie wir in Kap. 5 gesehen haben — in der elementaren Sprache über diesem Gebilde abzählbar. Das heißt zu jedem Modell $G$ einer elementaren Struktur läßt sich eine Abbildung $f$ von $G$ auf die Menge der Grundzahlen hinzufügen, so daß das Gebilde $G; f$ auch noch (22.3) erfüllt. Daher hat es in der operativen Mathematik keinen Sinn, von einem überabzählbaren Modell einer elementaren Struktur zu sprechen, solange nicht auf nichtelementare Begriffe Bezug genommen wird. Bei einem Modell einer nichtelementaren Struktur ist es dagegen z. B. wesentlich, ob von der Abzählung $f$ verlangt wird, daß sie primär ist oder nicht. Es gibt auch zu jedem mit nichtelementaren Mitteln definierten Gebilde eine Abzählung, es braucht aber — wie z. B. bei der Menge aller reellen Zahlen — keine primäre Abzählung zu geben.

Die Existenz einer primären Abzählung einer Menge ist damit gleichwertig, daß die Menge selbst primär ist. Wir werden daher das Abzählbarkeitsaxiom der modernen abstrakten Mathematik im Falle nichtelementarer Strukturen durch das nichtelementare Axiom ersetzen, das von der Modellmenge fordert, primär zu sein. Zum Beispiel werden wir ein Axiom für geordnete Mengen $M$ (oder für topologische Räume) wie: „es gibt eine abzählbare in $M$ dichte Menge" durch „es gibt eine primäre in $M$ dichte Menge" ersetzen. Im Falle der reellen Zahlenräume ist durch die Menge der rationalen Punkte dieses Axiom erfüllt.

An Stelle des CANTORschen Satzes, daß eine vollständige und dichte total-geordnete Menge überabzählbar ist, erhält man, kontraponiert, in der operativen Mathematik den Satz, daß eine primäre, dichte, total-geordnete Menge nicht primär-vollständig ist. Zum Beweis benutzt man wie üblich die Isomorphie aller abzählbaren, dichten, total-geordneten Mengen, die hier (unter der Voraussetzung, daß die Ordnungsrelation primär ist!) zu einem primären Isomorphismus des Modells mit einem (offenen, halboffenen oder abgeschlossenen) Intervall aus rationalen Zahlen führt. Da die rationalen Zahlen nicht primär-vollständig geordnet sind, ist es das Modell auch nicht.

Ob das Abzählbarkeitsaxiom, wie es in der abstrakten modernen Mathematik auftritt, operativ als ein elementar-arithmetisches oder als ein nichtelementares Axiom zu interpretieren ist, hängt von der speziellen Struktur ab, die untersucht wird.

Zum Abschluß der allgemeinen Betrachtungen zur Strukturtheorie sei noch darauf hingewiesen, daß das, was hier unter der Theorie einer Struktur verstanden wird, etwas ganz anderes ist, als das, was in der Metamathematik eine „formalisierte Theorie" genannt wird. Die metamathematischen „Theorien" sind dadurch gekennzeichnet, daß die Mittel zur Definition von Begriffen und zum Beweis von Sätzen genau festgelegt, „kodifiziert" sind. Eine metamathematische „Theorie" ist damit ein Kalkül, ein Figurenspiel. Zu dem Kalkül ist zwar noch eine „Deutung" gegeben, nämlich insofern dieser Kalkül eine inhaltliche Theorie „formalisiert". Diese Deutung wird aber nicht zum Gegenstand der (im HILBERTschen Sinne) metamathematischen Untersuchungen genommen, sondern nur der Kalkül selbst.

Der Sinn solcher Formalisierungen und Kodifizierungen steht hier nicht zur Diskussion. Für die operative Mathematik ist nur festzustellen, daß die Untersuchung von Strukturen kein Anlaß zu einer Beschränkung der Definitions- und Beweismittel ist. Die operative Mathematik unterscheidet sich in dieser Einstellung gar nicht von der modernen abstrakten Mathematik. Zum Beispiel würde in der modernen Gruppentheorie, also der Theorie einer rein-elementaren Struktur, niemand daran denken, die methodischen Mittel auf die Quantorenlogik einzuschränken. „Freie zyklische Gruppe" ist ein elementar-arithmetischer Begriff, „vollständige Verbandsgruppe" ist ein nichtelementarer Begriff, usw.

Als ein lehrreiches Beispiel für die Auswirkungen methodischer Beschränkung sei ein Axiomensystem der „Arithmetik" (also für $\omega$-Ketten) angeführt (mit $x'$ statt $\varphi\imath x$):

$$\left.\begin{aligned} y \neq 1 &\to \mathsf{V}_x\, x' = y \\ z \in \varrho &\to \mathsf{V}_x\,.\,x \in \varrho \wedge \textstyle\bigwedge_{\varrho} {}_y\, y' \neq x.. \end{aligned}\right\} \tag{22.10}$$

Beschränkt man hier die Definitions- und Beweismittel auf die Quantorenlogik, so ist (vgl. HASENJAEGER 1952) auch die Menge $M$ mit den Elementen

$$1, 2, 3, \ldots \qquad \begin{aligned} \ldots, a-2, a-1, a, \\ \ldots, b-2, b-1, b, \end{aligned} \qquad c, c+1, c+2, \ldots$$

für paarweise verschiedene rationale Zahlen $a, b, c$ zwischen 0 und 1 ein Modell, wenn die Nachfolgerfunktion durch $x' = x+1$ für $x \neq a \wedge x \neq b$ und $a' = b' = c$ definiert wird. Die Familie $F$ der Mengen $\in_x A(x)$ mit quantorenlogischen Formeln $A(x)$ erweist sich nämlich als die Familie der Untermengen $N$ von $M$, für die entweder $N$ oder $M \smallsetminus N$ endlich ist. Für jede dieser Mengen $N$ — an Stelle von $\varrho$ — gilt aber (22.10).

Dieses „Halbmodell" zeigt wegen $a \neq b \wedge a' = b'$, daß $x' = y' \to x = y$ quantorenlogisch nicht aus (22.10) ableitbar ist.

Außerhalb der Quantorenlogik sind weitere Mengen definierbar, z.B. $M_0$ induktiv durch:

$$1 \in M_0$$
$$x \in M_0 \to x' \in M_0.$$

Für $N_0 = M \smallsetminus M_0$ gilt (22.10) nicht mehr. Andererseits ist für alle Elemente von $M_0$ leicht $x' = y' \to x = y$ zu zeigen.

In der abstrakten operativen Mathematik wird man also zur Untersuchung der Strukturen und ihrer Modelle alle methodischen Mittel zur Anwendung bringen, die aus der konkreten operativen Mathematik zur Verfügung stehen.

Kapitel 8.

# Spezielle Strukturen.

## § 23. Algebra.

Während die Algebra ursprünglich ein Teil der konkreten Mathematik war, nämlich die Theorie der Systeme „algebraischer" Gleichungen

$$a_0 \, x^n + a_1 \, x^{n-1} + \cdots + a_n = 0$$

mit ganzzahligen Koeffizienten, ist sie in der modernen Mathematik ein Teil der abstrakten Mathematik. Ihr Gegenstand sind gewisse Strukturen. Eine Abgrenzung, welche Strukturen „algebraisch" zu heißen verdienen, welche nicht, dürfte schwierig sein. Der naheliegende Versuch einer methodologischen Abgrenzung, etwa die elementaren Strukturen „algebraisch" zu nennen, die nichtelementaren „topologisch", wird unzweckmäßig sein, weil es nichtelementare Strukturen gibt, die jedermann zur Algebra rechnet, z. B. die bewerteten Körper. Andererseits ist die Struktur „topologischer Raum" durch reinelementare Axiome zu beschreiben (vgl. § 24).

Es werde daher hier auf eine solche Abgrenzung verzichtet und statt dessen als „Algebra" die Theorie derjenigen Strukturen bezeichnet, die in einem (mehr oder weniger engen) Zusammenhang mit der Untersuchung algebraischer Gleichungen stehen. Typisch algebraisch in diesem Sinne sind die Gruppen- und Ringstruktur. Als Gruppe wird ein Gebilde $K; f$ mit einer 2-stelligen Verknüpfung $f$ definiert, das die folgenden (oder dazu gleichwertigen) Axiome erfüllt:

$$\left. \begin{array}{l} a + b \dotplus c = a \dotplus b + c \\ \mathsf{V}_x \, a + x = b \\ \mathsf{V}_x \, x + a = b. \end{array} \right\} \tag{23.1}$$

Hierbei ist $a + b$ an Stelle von $f \imath a, b$ geschrieben.

Eine Gruppe heißt kommutativ, wenn sie auch

$$a + b = b + a \tag{23.2}$$

erfüllt. Ein Gebilde $K; f_1, f_2$ mit zwei 2-stelligen Verknüpfungen $f_1, f_2$, heißt ein Ring, wenn $K; f_1$ eine kommutative Gruppe ist und das Gebilde $K; f_1, f_2$ außerdem

$$\left. \begin{array}{l} a \times b \dot\times c = a \dot\times b \times c \\ a + b \dot\times c = a \times c \dotplus b \times c \\ c \dot\times a + b = c \times a \dotplus c \times b \end{array} \right\} \tag{23.3}$$

erfüllt. Jetzt ist $a + b$ an Stelle von $f_1 \imath a, b$ und $a \times b$ an Stelle von $f_2 \imath a, b$ geschrieben.

Aus (23.1) folgt die Existenz des Nullelementes

$$\iota_x \wedge_y x + y = y + x = y,$$

das kurz durch „0" bezeichnet wird.

Ist für einen Ring $K; f_1, f_2$ auch die Menge $K - \{0\}$ bezüglich $f_2$ eine kommutative Gruppe, dann heißt der Ring ein Körper.

In Körpern existiert das Einselement:

$$1 \leftrightharpoons \iota_x \wedge_y x \times y = y \times x = y.$$

Die wichtigsten Modelle der Körperstruktur sind der Körper der rationalen Zahlen, der Körper der reellen Zahlen und die Restklassenkörper nach einem Primzahlmodul. Ein wesentlicher Bestandteil der Algebra ist die Untersuchung der möglichen Oberkörper, insbesondere der algebraischen Oberkörper eines Körpers $K$. Diese entstehen als homomorphe Bilder rein-transzendenter Erweiterungen, der Polynomringe.

Die moderne Behandlung dieses Gebietes (vgl. z. B. v. d. WAERDEN 1937, G. PICKERT 1951) weicht nirgendwo von den Methoden ab, die in der Arithmetik üblich sind. Es läßt sich daher alles ohne Änderung in die operative Mathematik übernehmen.

Der Ring der ganzen Zahlen und die Polynomringe sind die wichtigsten Modelle von Integritätsbereichen, d. h. von Unterringen eines Körpers, die das Einselement enthalten. Jeder solche Unterring $I$ eines Körpers $K$ definiert eine Teilbarkeitsrelation $\leqq$ (bezüglich $I$) durch

$$a \leqq b\,(I) \leftrightharpoons \underset{I}{\bigvee_x} a \times x = b. \qquad (23.4)$$

Die Teilbarkeitsrelation ist eine Halbordnung. Durch

$$a \equiv b \leftrightharpoons a \leqq b \wedge b \leqq a$$

wird eine Gleichheitsrelation definiert, die mit der Multiplikation $\times$, nicht mit der Addition $+$ verträglich ist. Durch Abstraktion entsteht daher aus dem Körper eine geordnete Gruppe. In den einfachsten Fällen, nämlich dem Integritätsbereich der ganzen Zahlen und den Polynomringen, ist diese Gruppe sogar eine Verbandsgruppe.

Es ist bekannt, wie man für rationale Zahlen die Ordnung dieser Gruppe auf Totalordnungen zurückführt: $a$ teilt $b$ genau dann, wenn für jede Primzahl $p$ die $p$-Exponenten $w_p \imath a$ und $w_p \imath b$ die Ungleichung $w_p \imath a \leqq w_p \imath b$ erfüllen.

Nach diesem Muster führt man für beliebige Körper mit einer Teilbarkeitsrelation „Bewertungen" ein, um die Ordnung der multiplikativen Gruppe auf Totalordnungen zurückzuführen. Für die algebraischen Zahlkörper und die algebraischen Funktionenkörper vom Transzendenzgrad 1 genügt es dabei, die folgende Definition zugrunde zu legen. Ist

$K$ ein Körper, $g$ eine Abbildung von $K$ in die Menge der reellen Zahlen, dann heißt das Gebilde $K; g$ ein „bewerteter Körper", wenn gilt:

$$\left.\begin{array}{l} g\imath a \geqq 0 \\ g\imath a \times b = g\imath a \times g\imath b \\ g\imath a + b \leqq g\imath a + g\imath b \\ g\imath a = 0 \leftrightarrow a = 0. \end{array}\right\} \qquad (23.5)$$

Die Theorie dieser Bewertungen ist die einzige Stelle, an der in den gegenwärtigen Lehrbüchern der Algebra nichtelementare Begriffe wesentlich benutzt werden (abgesehen von der Verwendung des Auswahlprinzips, s. unten).

In Analogie zu der Konstruktion, die in der Analysis vom rationalen Zahlkörper zu dem primär-vollständig geordneten Körper der reellen Zahlen führt, läßt sich zu jedem bewerteten Körper $K$ eine Erweiterung $\bar{K}$ konstruieren, die primär-komplett ist, d. h. $\bar{K}$ ist ein bewerteter Körper mit einer Bewertung $\bar{g}$ ($g$ ist die Einengung von $\bar{g}$ auf $K$), so daß jede primäre, bezüglich $\bar{g}$ konvergente Folge $x_*$ einen Limes $x$, der durch lim. $\bar{g} \imath x_* - x. = 0$ definiert ist, besitzt.

Ebenso wie sich in der Analysis die Sätze der modernen Mathematik ohne Schwierigkeiten in die operative Mathematik übernehmen ließen, bleibt auch die moderne Theorie der kompletten Bewertungen bei geeigneter Präzisierung der Voraussetzungen (die Elemente des Körpers $K$ seien — wie die reellen Zahlen — primär, und die Bewertung $g$ sei quasiprimär) operativ gültig. Für eine operative Behandlung der Komplettierung ohne Benutzung von Sprachschichten vgl. LORENZEN 1953.

Wie wir gesehen haben, liefern die rationalen Zahlen und die rationalen Funktionen Modelle für die geläufigsten algebraischen Strukturen: Gruppe, Ring, Körper, Verband, Verbandsgruppe. Die Wichtigkeit der Modelle rechtfertigt die Untersuchung dieser — und verwandter — Strukturen vollauf. Interessanterweise führt aber auch die allgemeine Strukturtheorie (Kap. 7) zwangsläufig auf solche algebraischen Strukturen. Der Rückgriff auf die konkreten Gebilde aus Zahlen und Funktionen läßt sich also vermeiden. Dadurch erhält die Algebra einen Anschein von Selbständigkeit, der nur insofern trügerisch ist, als jede Strukturuntersuchung die Existenz konkreter Gebilde als Modelle voraussetzt.

Der Isomorphiebegriff der allgemeinen Strukturtheorie führt sofort zur Gruppenstruktur. Betrachtet man nämlich insbesondere die Automorphismen eines Gebildes $G$, d. h. die Isomorphismen von $G$ auf sich selbst, so wird für zwei Automorphismen $f_1, f_2$ durch $f = f_1 \imath f_2$ wieder ein Automorphismus definiert. Mit $f$ ist auch die Umkehrung $f^{-1}$ ein Automorphismus. Die Menge aller Automorphismen von $G$ erfüllt bezüglich $\imath$ die Axiome (23.1), ist also eine Gruppe.

Es ist hierzu zu bemerken, daß die Bildung der Menge *aller* Automorphismen die „naive" Mengenlehre benutzt. Operativ wird man selbstverständlich präzisieren müssen, welche Automorphismen gemeint sind. Ist das Gebilde $G$ selbst primär, so wird man etwa nur die primären Automorphismen betrachten. Bei anderen Gebilden, z.B. für die additive Gruppe der reellen Zahlen, wird man sich auf die quasiprimären Automorphismen beschränken.

In den algebraisch wichtigen Fällen ist die Wahl der sprachlichen Mittel zur Darstellung von Automorphismen, oder allgemeiner von Isomorphismen und Homomorphismen, allerdings unerheblich. Die Betrachtung „aller" solcher Abbildungen ist nämlich meistens nur dann zweckmäßig, wenn sich die Abbildungen durch endlich viele Elemente kennzeichnen lassen. Dies ist z.B. der Fall für die Homomorphismen der Vektorräume endlicher Dimension, die durch Matrizen dargestellt werden. Auch für Polynomringe sind die Homomorphismen durch Ideale mit endlicher Basis gegeben.

Die allgemeine Strukturtheorie führt nicht nur zur Gruppenstruktur, sondern auch unmittelbar zur Verbandsstruktur. Man betrachte dazu ein Verknüpfungsgebilde $G$ mit einengungserblicher Struktur $\mathfrak{S}$. Jedes Untergebilde von $G$, d.h. jede Untermenge, die bezüglich aller Verknüpfungen abgeschlossen ist, ist wieder ein Modell von $\mathfrak{S}$. Da nun für jede Familie $\mathfrak{M}$ von abgeschlossenen Untermengen auch der Durchschnitt von $\mathfrak{M}$ abgeschlossen ist, liefern — zunächst in naiver Formulierung — alle Untergebilde einen vollständigen Halbverband mit dem Durchschnitt $\cap$ als Konjunktion und der Inklusion $\subseteq$ als Ordnungsrelation.

In der operativen Mathematik wird man sich wieder etwa auf die primären Untergebilde beschränken müssen. Für jede primäre Familie von Untergebilden ist dann auch der Durchschnitt primär. Es entsteht also ein primär-vollständiger Halbverband.

In der modernen Mathematik beweist man nun, daß jeder vollständige Halbverband ein vollständiger Verband ist. Man betrachte für eine Familie $\mathfrak{M}$ zunächst die Vereinigung $V$ von $\mathfrak{M}$ und dann den Durchschnitt $\overline{V}$ aller Untergebilde, die $V$ enthalten. $\overline{V}$ ist die Adjunktion von $\mathfrak{M}$.

Für eine primäre Familie $\mathfrak{M}$ ist die Vereinigung $V$ ebenfalls primär. Wird $\overline{V}$ aber operativ als Durchschnitt *aller* primären Untergebilde, die $V$ enthalten, definiert, so könnte $\overline{V}$ eine sekundäre Menge sein.

Für die algebraisch wichtigen Fälle genügt jedoch das folgende Resultat. Bei einer Verknüpfungsstruktur (wir haben vorausgesetzt, daß wir es bei einer solchen stets nur mit endlich vielen, endlichstelligen Verknüpfungen zu tun haben) ist für eine primäre Untermenge $V$ des Modells $G$ auch die „abgeschlossene Hülle" $\overline{V}$ eine primäre Menge, falls die Verknüpfungen $f_k$ $(k = 1, \ldots, m)$ die Eigenschaft haben, daß für ein Element $x$ des Gebildes, das in einer Schicht $S_\vartheta$ darstellbar ist, auch $f_k \, ? \, x$ in $S_\vartheta$ darstellbar ist. Dann kann nämlich $\overline{V}$ als primäre Menge definiert werden durch:

$$\left.\begin{aligned} x \in V &\to x \in \overline{V} \\ x_1 \in \overline{V} \wedge x_2 \in \overline{V} \wedge \cdots &\to f_k \, ? \, x_1, x_2, \ldots \in \overline{V} \quad (k = 1, \ldots, m), \end{aligned}\right\} \quad (23.6)$$

und die Variablen $x, x_1, \ldots$ können hierin auf die Schicht der Elemente von $V$ beschränkt werden.

Sind die Verknüpfungen $f_k$ primär (oder ist sogar das Gebilde $G$ selbst primär), sind diese Bedingungen erfüllt. Auch dann, wenn die Verknüpfungen $f_k$ den Schichtindex nur beschränkt erhöhen, d.h. wenn es einen Index $\vartheta_0$ gibt, so daß die Differenz der Indizes der minimalen Schichten, in denen $x$ und $f_k \, ? \, x$ darstellbar sind, beschränkt $\leq \vartheta_0$ bleibt, ist die abgeschlossene Hülle $\overline{V}$ noch primär. Es muß dann allerdings die primäre Limeszahl $\Theta_1$ so gewählt werden, daß

$$\vartheta < \Theta_1 \to \vartheta + \vartheta_0 < \Theta_1$$

gilt. Man wähle also z.B. $\Theta_1 = \omega \, \vartheta_0$.

Unter diesen — meist erfüllten — Voraussetzungen bilden die primären Untergebilde eines Verknüpfungsgebildes einen primär-vollständigen Verband.

Die wesentliche Eigenschaft der behandelten Prozesse, zu einem Gebilde die Gruppe aller (quasiprimären) Automorphismen oder den Verband aller (primären) Untergebilde zu konstruieren, liegt darin, daß sie von isomorphen Gebilden wieder zu isomorphen Gebilden führen. Anders ausgedrückt: die abstrakte Automorphismengruppe bzw. der abstrakte Untergebildeverband ist durch das zugrunde gelegte abstrakte Gebilde eindeutig bestimmt.

Die Methode, ein Gebilde dadurch zu untersuchen, daß man zu — in bezug auf Isomorphie — invariant zugeordneten abstrakten Gebilden übergeht, führt nicht nur zu den bekanntesten algebraischen Strukturen, sondern auch zu weiteren verwandten Strukturen. Man wird diese neuen Strukturen ebenfalls zur „Algebra" in einem erweiterten Sinne rechnen.

Als Beispiel werde hier im Anschluß an die „Logik der Relative" von Schröder das Gebilde der *Korrespondenzen* eines Verknüpfungsgebildes $G = M; f_1, \ldots, f_m$ angeführt. Unter einer Korrespondenz sei dabei eine 2-stellige Relation $R$ (statt $x, y \in R$ schreiben wir $x \, R \, y$) verstanden, die

$$\left.\begin{aligned} x_1 \, R \, y_1 \wedge x_2 \, R \, y_2 \wedge \cdots \to f_k \, ? \, x_1, x_2, \ldots \, R \, f_k \, ? \, y_1, y_2, \ldots \\ (k = 1, \ldots, m) \end{aligned}\right\} \quad (23.7)$$

erfüllt.

Jeder Endomorphismus, d. h. jeder Homomorphismus von $G$ in sich, ist nach (21.8) eine Korrespondenz, ebenso aber auch jede Kongruenzrelation. Die Korrespondenzen von $G$ sind nichts anderes als die Untergebilde von $G \times G$, des Produktes (§ 21) von $G$ mit sich selbst.

Wir setzen voraus, daß $G$ primär ist. Dann bilden die primären Korrespondenzen — wie die Untergebilde eines Gebildes — einen primär-vollständigen Halbverband bezüglich der Inklusion $\subseteq$:

$$R \subseteq S \leftrightharpoons \wedge_{x,y} . x R y \to x S y..$$

Die Konjunktion $\cap$ wird definiert durch $x R \cap S y \leftrightharpoons x R y \wedge x S y$. Von der Adjunktion wollen wir hier absehen. Statt dessen sind für die Korrespondenzen andere Verknüpfungen wichtig. Sind $R$ und $S$ zwei primäre Korrespondenzen, so ist auch das „Produkt" $R|S$, das durch

$$x R|S y \leftrightharpoons \vee_{z} . x R z \wedge z S y. \tag{23.8}$$

definiert wird, eine primäre Korrespondenz. Die Variable $z$ ist hierbei auf die Schicht zu beschränken, in der die Elemente von $G$ darstellbar sind. Außerdem ist mit $R$ trivialerweise auch die konverse Relation $\tilde{R}$:

$$x \tilde{R} y \leftrightharpoons y R x \tag{23.9}$$

eine primäre Korrespondenz. Schließlich ist die Gleichheitsrelation $=$ eine primäre Korrespondenz. Sie werde als solche mit $E$ bezeichnet.

$E$ ist das Einselement bezüglich der Multiplikation $|$, d. h.

$$E|R = R|E = R.$$

Die Multiplikation ist assoziativ:

$$R|S|T = R|S|T$$

und isoton bezüglich der Inklusion:

$$R_1 \subseteq R_2 \wedge S_1 \subseteq S_2 \to R_1|S_1 \subseteq R_2|S_2.$$

Für die Konversion gilt trivialerweise:

$$\tilde{\tilde{R}} = R$$

$$\widetilde{R|S} = \tilde{S}|\tilde{R}$$

$$\widetilde{R \cap S} = \tilde{R} \cap \tilde{S}.$$

Neben diesen einfachsten Struktureigenschaften des Korrespondenzengebildes ist hervorzuheben (vgl. SCHRÖDER 1895, p. 263):

$$R|S \cap T \subseteq R \cap T|\tilde{S} \ | \ S \cap \tilde{R}|T. \tag{23.10}$$

Beweis. $x R | S \overset{\cdot}{\cap} T y \to x R | S y \wedge x T y$

$$\to \mathsf{V}_z . x R z \wedge z S y \wedge x T y.$$

$$\to \mathsf{V}_z . x R z \wedge x T | \widetilde{S} z \wedge z S y \wedge z \widetilde{R} | T y.$$

$$\to \mathsf{V}_z . x R \overset{\cdot}{\cap} T | \widetilde{S} z \wedge z S \overset{\cdot}{\cap} \widetilde{R} | T y..$$

Wie oben erwähnt ist jeder Endomorphismus eine Korrespondenz. Die Endomorphismen sind definiert als diejenigen Korrespondenzen $R$, für die gilt:

$$x R y_1 \wedge x R y_2 \to y_1 = y_2$$

$$\wedge_x \mathsf{V}_y \, x R y.$$

Diese Bedingungen lassen sich ausdrücken durch:

$$\widetilde{R} | R \subsetneqq E \subsetneqq R | \widetilde{R}.$$

Das Produkt zweier Endomorphismen ist selbstverständlich wieder ein Endomorphismus. Dies läßt sich auch unmittelbar aus den angeschriebenen „Axiomen" verifizieren:

$$\widetilde{R | S} \,|\, R | S = \widetilde{S} | \widetilde{R} | R | S \subseteqq \widetilde{S} | E | S = \widetilde{S} | S \subseteqq E,$$

$$R | S | \widetilde{R | S} = R | S | \widetilde{S} | \widetilde{R} \supseteqq R | E | \widetilde{R} = R | \widetilde{R} \supseteqq E.$$

Die Automorphismen werden unter den Korrespondenzen ausgesondert durch:

$$R | \widetilde{R} = \widetilde{R} | R = E.$$

Die Automorphismen bilden eine Gruppe, $\widetilde{R}$ ist die Umkehrung von $R$.

Die Kongruenzen sind definiert als diejenigen Korrespondenzen $R$, die

$$x R x$$

$$x R z \wedge y R z \to x R y$$

erfüllen, d.h. also:

$$E \subseteqq R$$

$$R | \widetilde{R} \subseteqq R.$$

Aus diesen Bedingungen folgt $\widetilde{R} = R$, $R | R = R$. Mit $R$ und $S$ ist auch $R \cap S$ eine Kongruenz wegen

$$E \subseteqq R \wedge E \subseteqq S \to E \subseteqq R \cap S$$

und

$$R \cap S | \widetilde{R} \cap \widetilde{S} \subseteqq R | \widetilde{R} \subseteqq R$$

$$R \cap S | \widetilde{R} \cap \widetilde{S} \subseteqq S | \widetilde{S} \subseteqq S.$$

$R|S$ ist dagegen im allgemeinen keine Kongruenz, sondern nur genau dann, wenn $R$ und $S$ vertauschbar sind, d. h. $R|S = S|R$. Aus $R|S = S|R$ folgt nämlich

$$R|S|\widetilde{R|S} = R|S|\tilde{S}|\tilde{R} \subseteqq R|S|\tilde{R} = S|R|\tilde{R} \subseteqq S|R = R|S.$$

Andererseits folgt aus

$$\widetilde{R|S} = R|S$$

sofort

$$R|S = \tilde{S}|\tilde{R} = S|R.$$

Die primären Kongruenzen bilden einen primär-vollständigen Verband. Für die Adjunktion $\vee$ dieses Verbandes gilt stets $R|S \subseteqq R \vee S$ wegen

$$R|S \subseteqq R \vee S|R \vee S = R \vee S.$$

Sind $R$ und $S$ vertauschbar, so gilt sogar $R|S = R \vee S$, da $R|S$ eine Kongruenz ist und

$$R \subseteqq R|S, \quad S \subseteqq R|S.$$

gilt. Sind alle Kongruenzen eines Gebildes miteinander vertauschbar, so bilden sie einen Verband, der auf Grund von (23.10) „modular" ist, d. h.

$$R \subseteqq T \to R \vee S \dot\wedge T = R \dot\vee S \cap T$$

erfüllt.

Beweis. Für jede Kongruenz $T$ gilt $R \subseteqq T \to R|S \dot\wedge T = R\dot|S \cap T$ wegen

$$R\dot|S \cap T \subseteqq R|S$$

$$R \subseteqq T \to R\dot|S \cap T \subseteqq T|T = T$$

$$R|S \dot\wedge T \subseteqq R \dot\wedge T|\tilde{S}\ddot|S \dot\wedge \tilde{R}|T$$

$$R \subseteqq T \to R|S \dot\wedge T \subseteqq R\dot|S \cap T.$$

Die Vertauschbarkeit aller Kongruenzen gilt insbesondere für Gruppen.

An den behandelten Beispielen algebraischer Strukturen mag schon ersichtlich sein, wie mannigfaltig die Möglichkeiten sind, die sich für die abstrakte Mathematik als Strukturforschung ergeben. Andererseits ist die Rückwirkung der abstrakten Untersuchungen auf die konkrete Mathematik äußerst fruchtbar. Die gesamte Entwicklung der Mathematik in unserem Jahrhundert ist durch dieses Wechselspiel konkreter und abstrakter Theorien wesentlich geprägt.

Wir können hier auf den Ausbau der Algebra nicht weiter eingehen. Da die Algebra sich vorwiegend elementarer Definitions- und Beweismittel bedient, sind für die operative Mathematik gegenüber der modernen Mathematik auch keine Änderungen erforderlich.

Es sei nur noch der Gebrauch des mengentheoretischen Auswahlprinzips in der modernen Algebra am Beispiel der algebraischen Abschließung von Körpern behandelt. Ist $K_0$ ein Körper und ist $h_0$ eine Abzählung von $K_0$, so kann mit Hilfe von $h_0$ leicht eine Abzählung aller Polynome $a_0 x^n + a_1 x^{n-1} + \cdots + a_n$ mit $a_i \in K_0$ $(i = 1, \ldots, n)$ definiert werden. $f_*$ sei eine Folge aller dieser Polynome. Zu einem Körper $K$ und einem Polynom $f$ läßt sich nun bekanntlich (bis auf Isomorphie über $K$) eindeutig ein Zerfällungskörper konstruieren, der etwa mit $K^f$ bezeichnet sei. Auf Grund dieser Konstruktion definiert man eine Folge $K_*$ von Körpern folgendermaßen

$$K_0 = K_0$$
$$K_{n+1} = K_n^{f_{n+1}}.$$

Die Glieder dieser Folge bilden eine Kette $K_0 < K_1 < K_2 < \cdots$. Die Vereinigungsmenge dieser Kette ist ein algebraischer Oberkörper $\overline{K}$ von $K_0$, in dem ersichtlich jedes Polynom der Folge $f_*$ zerfällt. Hieraus folgt leicht die algebraische Abgeschlossenheit von $\overline{K}$.

In der modernen Mathematik ergänzt man diesen Gedankengang dadurch, daß für „überabzählbare" Körper $K_0$ an Stelle der Abzählung $h_0$ eine Wohlordnung $h$ (also etwa eine umkehrbare Abbildung von $K_0$ auf Ordinalzahlen) zugrunde gelegt wird. Für die operative Mathematik besteht zu dieser Ergänzung keine Veranlassung. Wie wir in § 22 ausgeführt haben, bedeutet es für die Elemente einer elementaren Struktur (wie hier der Körperstruktur) keine Einschränkung, wenn das Abzählbarkeitsaxiom hinzugefügt wird.

Nur wenn über das Modell auch nichtelementare Aussagen gemacht werden sollen, spielt es selbstverständlich eine Rolle, ob die Abzählung primär oder sekundär ist. Ist der Körper $K_0$ primär, so gibt es eine primäre Abzählung $h_0$ und auch $\overline{K}$ ist primär. Ist der Körper $K_0$ dagegen sekundär, so gibt es keine primäre Abzählung von $K_0$, sondern nur eine sekundäre. Von den Abzählungen zu Wohlordnungen überzugehen, ist aber auch in dieser Situation zwecklos, da jede Abbildung von $K_0$ (worauf auch immer) sekundär ist. Für einen sekundären Körper $K$ wird also die Konstruktion der algebraisch abgeschlossenen Hülle sekundäre Mittel benutzen müssen — und beim Gebrauch von sekundären Mitteln steht sofort wieder eine Abzählung zur Verfügung.

Es ist daher schwer vorstellbar, auf welche Weise die „transfiniten" Schlußweisen der modernen Algebra für die operative Mathematik eine wichtige Rolle spielen könnten.

# §24. Topologie.

Nach KURATOWSKI 1952 wird als topologischer Raum eine Menge $R$ bezeichnet, zu der eine Familie $F$ von Untermengen von $R$ gegeben ist mit folgenden Eigenschaften:

(1) $\cap \in F$.

(2) Für jede Unterfamilie $F_0$ von $F$ gehört die Vereinigung von $F_0$ zu $F$.

(3) Für jede endliche Unterfamilie $F_0$ von $F$ gehört der Durchschnitt von $F_0$ zu $F$.

(4) $R \in F$.

Die Mengen der Familie $F$ heißen die offenen Mengen. Das einfachste Beispiel eines topologischen Raumes, in dem keine endliche Menge offen ist, bildet die Menge der rationalen Zahlen, wenn als „offene" Mengen die Vereinigungen von offenen Intervallen $(a, b)$ ausgezeichnet werden. Das Axiom (2) ist auf Grund dieser Definition selbstverständlich erfüllt. (3) folgt aus

$$(a_1, b_1) \cap (a_2, b_2) = (\max . a_1, a_2 ., \min . b_1, b_2 .).$$

In den Anwendungen der Topologie auf die konkrete Mathematik sind in ähnlicher Weise die offenen Mengen stets schon als Vereinigungen spezieller nichtleerer offener Mengen, der sog. Umgebungen, definiert. Für die Familie $F_0$ der Umgebungen enthalten dann nur (3) und (4) Forderungen. Diese können folgendermaßen formuliert werden:

$$\left. \begin{array}{l} (1) \quad P \in M_1 \in F_0 \wedge P \in M_2 \in F_0 \to \underset{F_0}{\mathsf{V}_M}\, P \in M \subseteqq M_1 \cap M_2 \\[2mm] (2) \quad P \in R \to \underset{F_0}{\mathsf{V}_M}\, P \in M. \end{array} \right\} \quad (24.1)$$

Wir haben damit — in geringer Modifikation — das HAUSDORFFsche Axiomensystem (ohne Trennungsaxiom) vor uns.

Diese Definition eines topologischen Raumes fällt nicht unter den allgemeinen Begriff des Gebildes, den wir in § 21 aufgestellt haben. Denn für die Menge $R$ ist hier kein System von Relationen ausgezeichnet, sondern eine Familie von (1-stelligen) Relationen. Es hat demnach den Anschein, als ob es sich bei den topologischen Strukturen um eine neue kompliziertere Klasse von nichtelementaren Strukturen handelte. Es ist jedoch leicht, die obige topologische Struktur als eine rein-elementare Struktur im Sinne von § 21 zu definieren. Man braucht dazu nur die „Umgebungen" nicht als Punktmengen, sondern als neue Elemente $u, v, \ldots$ neben den Punkten $P, Q, \ldots$ zu betrachten. An die Stelle der $\in$-Relation tritt eine beliebige Relation $\tau$ und die Axiome (24.1) erhalten die Formulierung:

$$\left. \begin{array}{l} (1) \quad P\tau u_1 \wedge P\tau u_2 \to \mathsf{V}_u . P\tau u \wedge \wedge_Q . Q\tau u \to Q\tau u_1 \wedge Q\tau u_2 .. \\[2mm] (2) \quad \wedge_P \mathsf{V}_u\, P\tau u \end{array} \right\} (24.2)$$

Dieses Vorgehen entspricht völlig dem in der elementaren Geometrie Üblichen, wo die Geraden ebenfalls nicht als Punktmengen, sondern als neue Elemente eingeführt werden, für die eine Inzidenzrelation an Stelle von $\in$ definiert ist.

Als geometrisch anschauliches Modell für die durch (24.2) beschriebene rein-elementare Struktur können die Punkte des Anschauungsraumes genommen werden und als Umgebungen die Kugeln mit $P\,\tau\,u$, wenn der Punkt $P$ im Innern der Kugel $u$ liegt. Hier entspräche die Auffassung der Kugeln als „Punktmengen" wohl durchaus nicht der Anschauung.

Da wir für die operative Mathematik von der Geometrie absehen, interessieren hier jedoch nur die Modelle innerhalb der konkreten Mathematik. In § 18 haben wir schon solche Modelle kennengelernt: die reellen Zahlen $x$ als „Punkte", die Paare $r,s$ rationaler Zahlen als „Umgebungen", wenn für $u=r,s$ gesetzt wird:

$$x\,\tau\,r,s \leftrightharpoons r<x<s.$$

Entsprechend ist der $n$-dimensionale euklidische Raum $\mathfrak{R}^n$ mit seinen rationalen Intervallen als Umgebungen ein Modell und der HILBERTsche Raum mit den sphärischen Umgebungen $u_{\mathfrak{x},\varepsilon}$:

$$\mathfrak{y}\,\tau\,u_{\mathfrak{x},\varepsilon} \leftrightharpoons \|\mathfrak{y}-\mathfrak{x}\|<\varepsilon.$$

Jedesmal besteht das Modell aus einer Menge $R$ von Punkten $P,\ldots,$ einer Menge $B$ von Umgebungen $u,\ldots$ und $\tau$ ist eine 2-stellige Relation zwischen $R$ und $B$. Daß wir hier von zwei Mengen $R$ und $B$ sprechen statt — wie bei den Gebilden in Kap. 7 — von *einer* Menge, ist unwesentlich. Wenn wir von einem Gebilde $M;\tau$ ausgingen, ließe sich $R$ definieren als $\in_x \mathsf{V}_y\, x\,\tau\,y$ und entsprechend $B$ als $\in_y \mathsf{V}_x\, x\,\tau\,y$.

Zur Vereinfachung setzen wir $R$ und $B$ als fremde Mengen voraus, ohne dies stets eigens aufzuführen. Wir nennen $R$ den *Raum* und $B$ die *Basis*.

Die übliche Auffassung der Umgebungen als nichtleerer Punktmengen bedeutet die Voraussetzung der folgenden Axiome:

$$
\left.
\begin{array}{ll}
(1) & \bigwedge_u \mathsf{V}_P P\,\tau\,u \\
(2) & \bigwedge_P . P\,\tau\,u_1 \leftrightarrow P\,\tau\,u_2 . \rightarrow u_1 = u_2 .
\end{array}
\right\}
\qquad (24.3)
$$

Diesen Axiomen entsprechen bei Vertauschung von Punkt und Umgebung das zweite Axiom von (24.2) und

$$\bigwedge_u . P_1\,\tau\,u \leftrightarrow P_2\,\tau\,u . \rightarrow P_1 = P_2 . \qquad (24.4)$$

(24.4) lautet in kontraponierter Form:

$$P_1 \neq P_2 \rightarrow \mathsf{V}_u . P_1\,\tau\,u \,\llcorner\, P_2\,\tau\,u . \qquad (24.5)$$

und wird das 0. Trennungsaxiom genannt. Als *„topologischen Raum"* definieren wir ein Gebilde $R$, $B$; $\tau$, das (24.2)—(24.4) erfüllt.

Obwohl der Unterschied zwischen einem rein-elementaren Axiomensystem und einem nichtelementaren Axiomensystem methodisch sehr wichtig ist, ist im Falle der Topologie der Übergang von den Umgebungen $u$, $v$, ... zu den *„Intervallen"* $U=\epsilon_P P\tau u$, $V=\epsilon_P P\tau v$, ... häufig nur eine Änderung der Sprechweise. Wir werden davon im folgenden häufig Gebrauch machen und für eine Umgebung, z. B. $u$, das Intervall stets mit dem entsprechenden großen Buchstaben, z. B. $U$, bezeichnen.

Die Topologie wird in der modernen Mathematik definiert als die Theorie der Invarianten gegenüber stetigen Abbildungen. Eine Abbildung $f$ eines topologischen Raumes $R$ (mit der Basis $B$ und der topologischen Relation $\tau$) auf einen topologischen Raum $R'$ (mit der Basis $B'$ und der topologischen Relation $\tau'$) heißt stetig, wenn gilt:

$$f_1\, P \in U' \rightarrow \bigvee_{\substack{u \\ P \in U}} f_1\, U \subseteqq U' .\tag{24.6}$$

Eine umkehrbare Abbildung $f$, für die $f$ und $f^{-1}$ stetig sind, heißt *topologisch*.

Sind $B$ und $B'$ Basen desselben Raumes $R$ und ist die „identische" Abbildung von $R$ auf sich eine topologische Abbildung, dann heißen die Basen $B$ und $B'$ *topologisch äquivalent*. Die einfache Bedingung für topologische Äquivalenz ist ersichtlich

$$\left.\begin{aligned} P \in U' &\rightarrow \bigvee_{u} P \in U \subseteqq U' \\ P \in U &\rightarrow \bigvee_{u'} P \in U' \subseteqq U. \end{aligned}\right\}\tag{24.7}$$

Von topologisch äquivalenten Basen eines Raumes $R$ sagt man kurz, daß sie dieselbe „Topologie" des Raumes $R$ darstellen. Hierdurch wird zum Ausdruck gebracht, daß es für die Topologie (als abstrakter mathematischer Theorie) nicht auf die Basen eines Raumes ankommt, sondern nur auf die Basen bis auf topologische Äquivalenz.

Nicht von der Basis, sondern nur von der Topologie (als einer „Klasse" von Basen), abhängig ist die Aussonderung der offenen und abgeschlossenen Untermengen des Raumes. Zu jeder Untermenge $M$ wird zunächst eine *abgeschlossene Hülle* $\overline{M}$ und ein *offener Kern* $\underline{M}$ definiert durch:

$$\left.\begin{aligned} P \in \overline{M} &\leftrightharpoons \bigwedge_{\substack{u \\ P \in U}} U \,\#\, M \\ P \in \underline{M} &\leftrightharpoons \bigvee_{\substack{u \\ P \in U}} U \subseteqq M. \end{aligned}\right\}\tag{24.8}$$

Diese Operationen sind „dual". Es gilt

$$\underline{M} = {\llcorner}\;{\llcorner}\,\overline{M}$$
$$\overline{M} = {\llcorner}\;{\llcorner}\,\underline{M}.$$

Allein auf Grund der Definition (24.8) gilt

$$M \subseteq \overline{M}$$
$$M \subseteq N \to \overline{M} \subseteq \overline{N}$$
$$\overline{\overline{M}} = \overline{M}. \qquad (24.9)$$

Entsprechendes gilt für die Kernbildung statt der Hüllenbildung. Aus den topologischen Axiomen (24.2) folgt darüber hinaus

$$\overline{\cap} = \cap$$
$$\overline{M \cup N} = \overline{M} \cup \overline{N}. \qquad (24.10)$$

Eine Menge $M$ heißt *abgeschlossen* bzw. *offen*, wenn $M = \overline{M}$ bzw. $M = \underline{M}$ gilt. In der operativen Mathematik ist es selbstverständlich nicht ohne weiteres möglich, für einen topologischen Raum von der Familie *aller* abgeschlossenen bzw. offenen Menge des Raumes zu sprechen. Diese Möglichkeit besteht erst, wenn vorausgesetzt wird, daß der topologische Raum, d.h. das Gebilde $R, B; \tau$, aus Elementen besteht, die mit Hilfe einer bestimmten Konstruktion von Sprachschichten darstellbar sind.

Wir setzen daher im folgenden — wie bei der Behandlung nicht-elementarer Strukturen in § 22 — voraus, daß über den Grundzahlen primäre Sprachschichten (bis zu einem Index $\Theta_1$) und sekundäre Schichten (bis zu einem Index $\Theta_2$) konstruiert sind, und daß die topologischen Räume mit den dadurch zur Verfügung stehenden Mitteln darstellbar sind. Erst mit dieser Voraussetzung ist es sinnvoll, von primären und sekundären Mengen, Abbildungen, usw. zu sprechen. Insbesondere können wir jetzt das in der modernen Topologie wichtige Abzählbarkeitsaxiom: „Es gibt eine abzählbare Basis" — durch das nichtelementare Axiom: „Die Basis $B$ ist primär" ersetzen.

Die euklidischen Räume und der HILBERTsche Raum aus Teil II erfüllen dieses Axiom. In ihnen ist aber nicht nur (1) die Basis primär, sondern (2) jeder Punkt selbst ist primär und (3) die Relation $\tau$ oder — was auf dasselbe hinauskommt — die Intervalle sind quasiprimär. Sind diese drei Bedingungen erfüllt, so nennen wir den Raum kurz „primär-topologisch".

Daß die Basis primär ist, bedeutet nicht, daß die Familie der Intervalle primär ist. Schon die Intervalle selbst sind ja im euklidischen Raum nicht primär, nur die Menge der Umgebungen ist primär. Hier zeigt sich die Notwendigkeit, die Umgebungen nicht als Punktmengen, sondern als eigene Elemente einzuführen.

Auf Grund des Axioms von der primären Basis können auch in der abstrakten Topologie die „primär-offenen" und „primär-abgeschlossenen" Mengen wörtlich wie in § 19 eingeführt werden. Die Unterscheidung zwischen „offen" und „primär-offen" fehlt der modernen Topologie selbstverständlich. Sie bedingt für die Topologie in der operativen Mathematik daher eine Abweichung von der modernen Behandlung. Dies macht sich in der abstrakten Theorie deutlicher bemerkbar als in der konkreten Theorie, da in der letzteren die Besonderheiten der in bezug auf „primär" gebildeten Begriffe zwar in die Beweise, aber nicht in die Sätze einzugehen brauchten. In der abstrakten Theorie müssen dagegen in den Sätzen alle Voraussetzungen aufgeführt werden.

Als ein Beispiel behandeln wir hier die topologische Abbildung von topologischen Räumen mit regulärer Basis in den Fundamentalquader des HILBERTschen Raumes nach TYCHONOFF-URYSOHN. Es wird dabei darauf ankommen, nachzuweisen, daß die übliche Konstruktion einer Abbildung des vorgegebenen topologischen Raumes in den HILBERTschen Raum wirklich eine Abbildung auf *primäre* Folgen reeller Zahlen (im Sinne von § 18) liefert.

Es sei dazu vorausgeschickt, daß die Beispiele topologischer Räume aus Kap. 6 nicht nur die Bedingung erfüllen, daß die Basis eine primäre Menge ist, es ist sogar die Ordnung $\leq$ von $B$, die durch

$$u \leq v \leftrightharpoons \wedge_P . P\tau u \to P\tau v.$$

definiert wird, eine primäre Relation. Wir nennen die Basis dann „ordnungsprimär". Bei ordnungsprimärer Basis ist es möglich, die primär-offenen und primär-abgeschlossenen Mengen operativ so zu behandeln wie die offenen und abgeschlossenen Mengen in der modernen Topologie. Als Beispiel sei angeführt:

*Satz 24.1. In topologischen Räumen mit ordnungsprimärer Basis ist die abgeschlossene Hülle einer primär-offenen Menge allemal primär-abgeschlossen.*

Beweis. Es sei $M$ primär-offen. Dann gibt es eine primäre Folge $u_*$ von Umgebungen mit $M = \cup U_*$. Gesucht ist eine primäre Darstellung $\llcorner \overline{M} = \cup V_*$, d.h. es ist zu zeigen, daß die Menge $\in_v V \subseteqq \llcorner \overline{M}$ primär ist. Dies folgt aus

$$V \subseteqq \llcorner \overline{M} \leftrightarrow \llcorner V \supseteqq \overline{M} \leftrightarrow \llcorner V \supseteqq M \leftrightarrow V \subseteqq \llcorner M$$
$$\leftrightarrow V \subseteqq \cap_k \llcorner U_k \leftrightarrow \wedge_k V \subseteqq \llcorner U_k$$
$$\leftrightarrow \wedge_k V \| U_k \leftrightarrow \wedge_k \wedge_u . U \nsubseteqq V \vee U \nsubseteqq U_k . .$$

Die Regularität einer Basis wird in der modernen Topologie definiert durch:

$$P \in V \to \vee_u . P \in U \wedge \overline{U} \subseteqq V . . \tag{24.11}$$

Jedes Intervall $V$ ist hiernach darstellbar als Vereinigung $V = \underset{\overline{U} \subseteqq V}{\cup_u} U$. Es folgt $V = \underset{\overline{U} \subseteqq V}{\cup_u} \overline{U}$. Wir verstärken diese Forderung, indem wir eine (primäre) Basis nur dann *regulär* nennen, wenn es zu jeder Umgebung $v$ eine primäre Folge $u_*$ mit

$$V = \cup U_* = \cup \overline{U}_*$$

gibt. Genauer gesagt: es soll eine *primäre* Funktion geben, die jeder Umgebung $v$ eine Folge $u_*$ mit $V = \cup U_* = \cup \overline{U}_*$ zuordnet.

Bei einer so verstandenen Regularität gibt es auch zu jeder primär-offenen Menge $M = \cup V_\dagger$ eine Darstellung $M = \cup U_\ddagger = \cup \overline{U}_\ddagger$ mit einer primären Folge $u_\ddagger$. Aus $V_k = \cup U_{k*} = \cup \overline{U}_{k*}$ ergibt sich ja sofort $M = \cup V_\dagger = \cup U_{\dagger*} = \cup \overline{U}_{\dagger*}$ mit einer primären Doppelfolge $u_{\dagger*}$. Auf Grund dieser Bemerkung erhält man zunächst nach TYCHONOFF:

*Satz 24.2. In topologischen Räumen mit ordnungsprimärer regulärer Basis gibt es zu je zwei primär-abgeschlossenen fremden Mengen $M_1$, $M_2$ zwei primär-offene Mengen $N_1$, $N_2$ mit*

$$M_1 \subseteqq N_2 \| N_1 \supseteqq M_2. \tag{24.12}$$

Beweis. Es gibt primäre Folgen $v_{1\dagger}$, $v_{2\dagger}$ mit

$$\llcorner M_1 = \cup V_{1\dagger} = \cup \overline{V}_{1\dagger}, \quad \llcorner M_2 = \cup V_{2\dagger} = \cup \overline{V}_{2\dagger}.$$

Man setze:

$$N_{1k} = V_{1k} \llcorner \bigcup_{1}^{k}{}_i \overline{V}_{2i}, \quad N_1 = \cup N_{1*},$$

$$N_{2l} = V_{2l} \llcorner \bigcup_{1}^{l}{}_j \overline{V}_{1j}, \quad N_2 = \cup N_{2*}.$$

$N_1$ und $N_2$ sind offene Mengen, für die (24.12) leicht zu verifizieren ist:

$$P \in M_1 \rightarrow P \in \llcorner M_2$$
$$\rightarrow \vee_l P \in V_{2l},$$
$$P \in M_1 \rightarrow \wedge_k P \notin \overline{V}_{1k}$$
$$\rightarrow \vee_l P \in N_{2l}$$
$$\rightarrow P \in N_2.$$

Ebenso folgt $M_2 \subseteqq N_1$.

$N_1 \| N_2$ folgt aus $N_{1k} \| N_{2l}$ und dieses aus

$$k \leqq l \rightarrow N_{1k} \cap N_{2l} \subseteqq V_{1k} \cap \llcorner \bigcup_{1}^{l}{}_j \overline{V}_{1j} \subseteqq V_{1k} \cap \llcorner \overline{V}_{1k} = \cap$$

$$l \leqq k \rightarrow N_{1k} \cap N_{2l} \subseteqq \llcorner \bigcup_{1}^{k}{}_i \overline{V}_{2i} \cap V_{2l} \subseteqq \llcorner \overline{V}_{2l} \cap V_{2l} = \cap.$$

Daß $N_{1k}$ und $N_{2l}$ — und also auch $N_1$, $N_2$ — primär-offen sind, folgt daraus, daß die Basis ordnungsprimär ist. Es ist daher nämlich $\llcorner \overline{V}$ primär-offen und der Durchschnitt endlich vieler primär-offener Mengen ist wieder primär-offen.

Die Eigenschaft, die der Satz 24.2 für Räume mit ordnungsprimärer regulärer Basis feststellt, nennt man „Normalität". Gilt $\overline{M}_1 \subseteq M_2$ mit primär-abgeschlossenem $\overline{M}_1$ und primär-offenem $M_2$, so gibt es in normalen Räumen eine primär-offene Menge $M$ mit $\overline{M}_1 \subseteq M \wedge \overline{M} \subseteq M_2$. Denn $\overline{M}_1$ und $\smile M_2$ sind primär-abgeschlossen und fremd, es gibt also primär-offene Mengen $M, N$ mit $\overline{M}_1 \subseteq M \| N \supseteq \smile M_2$. Aus $M \subseteq \smile N$ folgt aber $\overline{M} \subseteq \smile N \subseteq M_2$. Die Darstellung von $M$ als Vereinigung einer „primären" Folge $U_*$ von Intervallen ergibt sich dabei aus den Darstellungen $\smile \overline{M}_1 = \cup U_{1*}$ und $M_2 = \cup U_{2*}$ nach Satz 24.2 mit Hilfe einer quasiprimären Funktion $f$, die den primären Folgen $u_{1*}, u_{2*}$ die primäre Folge $u^*$ zuordnet. $u_*$ gehört sogar zu derselben Schicht wie $u_{1*}$ und $u_{2*}$. Ist die Basis $B$ des Raumes in der primären Schicht $S_\vartheta$ darstellbar, so hat die Familie der offenen Mengen $\cup U_*$ mit Folgen $u_*$, die in $S_{\vartheta+1}$ darstellbar sind, daher die Eigenschaft, daß es zu je zwei Mengen $M_1, M_2$ der Familie mit $\overline{M}_1 \subseteq M_2$ eine weitere Menge $M$ der Familie mit $\overline{M}_1 \subseteq M \wedge \overline{M} \subseteq M_2$ gibt. Die primäre Menge $B'$ der in $S_{\vartheta+1}$ darstellbaren Folgen $u_*$ ist eine mit $B$ topologisch äquivalente Basis. $P \tau u_*$ ist dabei zu definieren durch $\vee_k P \tau u_k$. Wir haben damit erhalten:

*Satz 24.3. In jedem topologischen Raum mit ordnungsprimärer regulärer Basis $B$ gibt es eine zu $B$ topologisch äquivalente primäre Basis $B'$, für deren Umgebungen gilt*

$$\overline{U}_1' \subseteq U_2' \to \vee_{u'} . \overline{U}_1' \subseteq U' \wedge \overline{U}' \subseteq U_2'..$$

In Verschärfung von Satz 24.3 hat die Basis $B'$ sogar die Eigenschaft, daß es eine primäre 2-stellige Funktion $f$ gibt, die für alle $u_1', u_2'$ mit $\overline{U}_1' \subseteq U_2'$ existiert, so daß für $u' = f \imath u_1', u_2'$ gilt:

$$\overline{U}_1' \subseteq U' \wedge \overline{U}' \subseteq U_2'.$$

Reguläre Basen mit dieser Eigenschaft wollen wir *normal* nennen (es handelt sich hier immer um Definitionen, die in der modernen Mathematik mit den dort üblichen zusammenfallen würden).

Wir behandeln jetzt primär-topologische Räume mit normaler Basis. Für diese gilt nach URYSOHN:

*Satz 24.4. Ein primär-topologischer Raum mit normaler Basis läßt sich topologisch in den Fundamentalquader des HILBERTschen Raumes abbilden.*

Zum Beweis zeigt man zunächst, daß es zu je zwei Umgebungen $u_0, u_1$ mit $\overline{U}_0 \subseteq U_1$ eine stetige Abbildung des Raumes in das reelle Intervall $[0, 1]$ gibt. Ist $B$ eine normale Basis des Raumes $R$ und $f$ die primäre Funktion mit

$$u = f \imath u_0, u_1 \to \overline{U}_0 \subseteq U \wedge \overline{U} \subseteq U_1,$$

so wird eine primäre Funktion $g$ definiert mit den rationalen Zahlen $m/2^n$ zwischen 0 und 1 als Argumenten und den Umgebungen als Werten. Die induktive Definition von $g$ lautet:

$$\left.\begin{array}{l} g \imath 0 = u_0 \\ g \imath 1 = u_1 \\ 0 \leq n \wedge 0 \leq m < 2^n \to g \imath \dfrac{2m+1}{2^{n+1}} = f \imath \left\langle g \imath \dfrac{m}{2^n}, \; g \imath \dfrac{m+1}{2^n} \right\rangle. \end{array}\right\} \quad (24.13)$$

Schreiben wir kurz $u_r$ statt $g \imath r$, so gilt $r_1 < r_2 \to \overline{U}_{r_1} \subseteq U_{r_2}$.

Jetzt wird eine Abbildung $h$ von $R$ in $[0, 1]$ definiert durch

$$\left.\begin{array}{l} P \in U_1 \to h \imath P = \underset{r}{\operatorname{\underline{fin}}} \, P \, \tau \, u_r \\ P \notin U_1 \to h \imath P = 1. \end{array}\right\} \quad (24.14)$$

Da $\tau$ quasiprimär ist, ist auch $h$ quasiprimär, insbesondere ist $h \imath P$ reell, da $P$ primär ist, also $\in_r P \, \tau \, u_r$ eine primäre Menge rationaler Zahlen ist. Wie üblich ergibt sich, daß $h$ stetig ist.

Auf Grund der Regularität der Basis gibt es zu jeder Umgebung $v$ eine primäre Folge $u_*$ mit $V = \cup U_* = \cup \overline{U}_*$. Die Paare $u_k, v$ mögen *kanonische* Paare heißen. Für jedes kanonische Paar $u, v$ gilt $\overline{U} \subseteq V$. Andererseits gibt es zu jedem Punkt $P$ und jeder Umgebung $v$ mit $P \tau v$ eine Umgebung $u$ mit $P \in U$, so daß $U, V$ kanonisch ist. Die kanonischen Paare bilden eine primäre Menge, es gibt also auch eine primäre Folge $u_1, v_1; u_2, v_2; \ldots\ldots$ aller kanonischen Paare. Zu jedem kanonischen Paar $u_k, v_h$ gibt es eine stetige Abbildung $h_k$ des Raumes in $[0, 1]$. Setzen wir $f_k \imath P = \dfrac{1}{k} h_k \imath P$ und $f \imath P = f_* \imath P$, so ist $f_k$ eine stetige Abbildung des Raumes in $[0, 1/k]$ und $f$ eine Abbildung in den Fundamentalquader des HILBERTschen Raumes. Die Folgen $f_* \imath P$ sind nämlich primäre Folgen, da — für jedes $P$ — die Zuordnung zwischen $u_k, v_k$ und $h_k \imath P$ primär ist.

$f$ ist umkehrbar, denn aus $P_1 \neq P_2$ folgt nach (24.5) (eventuell nach Vertauschung von $P_1, P_2$) die Existenz einer Umgebung $v$ mit

$$P_1 \in V \wedge P_2 \notin V.$$

Es gibt also auch ein kanonisches Paar $u_k, v_k$ mit $P_1 \in \overline{U}_k \wedge P_2 \notin V_k$. Demnach ist $f_k \imath P_1 = 0$, $f_k \imath P_2 = 1/k$, also $f \imath P_1 \neq f \imath P_2$. Der Beweis der Stetigkeit von $f$ und der Umkehrung $f^{-1}$ kann wörtlich aus der modernen Topologie übernommen werden.

Die damit bewiesene topologische Abbildbarkeit der primär-topologischen Räume mit ordnungsprimärer regulärer Basis in den HILBERTschen Raum zeigt zugleich, daß diese Räume *metrisierbar* sind.

Unter einem metrischen Raum wird dabei ein Gebilde $M; f$ mit einer 2-stelligen reellen Funktion $f$ verstanden, das die folgenden Axiome erfüllt — wir schreiben $|P, Q|$ statt $f \imath P, Q$ —:

$$\left.\begin{array}{l} |P_1, P_2| \leq |P_1, P_3| + |P_2, P_3| \\ |P, Q| \;= 0 \leftrightarrow P = Q. \end{array}\right\} \qquad (24.15)$$

Für jeden Punkt $P$ und jede positive rationale Zahl $\varepsilon$ wird eine Umgebung $u_{P,\varepsilon}$ definiert durch:

$$Q \,\tau\, u_{P,\varepsilon} \leftrightarrows |P, Q| < \varepsilon.$$

Die Menge der Paare $P, \varepsilon$ bildet dadurch eine topologische Basis des Raumes $R$. Wegen der Benutzung der reellen Zahlen in (24.15) ist das Axiomensystem nichtelementar.

Ein topologischer Raum heißt metrisierbar, wenn er in einen metrischen Raum topologisch abgebildet werden kann.

Die topologische Abbildbarkeit der primär-topologischen Räume mit ordnungsprimärer regulärer Basis in den Fundamentalquader des HILBERTschen Raumes impliziert auch die primäre Kompaktifizierbarkeit dieser Räume, d.h. die topologische Abbildbarkeit in einen primär-kompakten Raum. Zur Definition der primären Kompaktheit wird ein topologischer Raum $R$ mit primärer Basis vorausgesetzt. Eine primäre Menge $w$ von Umgebungen heißt eine primäre Umgebungsüberdeckung des Raumes $R$, wenn gilt $R = \underset{w}{\bigcup_u} U$. Enthält jede primäre Umgebungsüberdeckung von $R$ eine endliche Teilüberdeckung von $R$, so heißt der Raum primär-kompakt.

In der modernen Topologie gilt der Satz, daß jeder komplette metrische Raum kompakt ist, wenn er total beschränkt ist, d. h. wenn es zu jedem $\varepsilon$ eine endliche Überdeckung des Raumes mit $\varepsilon$-Umgebungen (das sind Umgebungen $u$ mit $P \in U \wedge Q \in U \to |P, Q| < \varepsilon$) gibt. Dem Muster des Beweises dieses Satzes sind wir im § 18, Hilfssatz 18.1 und Satz 18.1 gefolgt. Aus der totalen Beschränktheit wird zunächst die primäre Präkompaktheit: „zu jeder primären Punktfolge gibt es eine primäre konvergente Teilfolge" erschlossen. Der Beweis in § 18 benutzt aber an Stelle der totalen Beschränktheit genauer die folgende Eigenschaft:

Es gibt eine *primäre* Funktion $g$, die jeder rationalen positiven Zahl $\varepsilon$ ein System $u_1, \ldots, u_n$ von $\varepsilon$-Umgebungen mit $R = U_1 \cup U_2 \cup \cdots \cup U_n$ zuordnet.

Für Räume, die in diesem Sinne „primär-totalbeschränkt" sind, folgt die primäre Präkompaktheit wörtlich wie beim Beweis von Hilfssatz 18.1.

*Satz 24.5. Ein primär-totalbeschränkter metrischer Raum ist primär-präkompakt.*

Der Beweis des Überdeckungssatzes (Satz 19.1) zeigt dagegen, daß der moderne Schluß auf die Kompaktheit für präkompakte, komplette Räume mit abzählbarer Basis in der operativen Mathematik weiterer Voraussetzungen bedarf.

Diese wurden in Kap. 6 von Hilfssatz 18.2 geliefert. In der abstrakten Topologie wollen wir — in Verallgemeinerung dieses Hilfssatzes — eine Punktmenge $R_0$ aus einem topologischen Raum $R$ *völlig dicht in* $R$ bezüglich einer Basis $B$ nennen, wenn jede endliche Umgebungsüberdeckung von $R_0$ eine Überdeckung von $R$ ist. Die Übertragung der modernen Schlußweise liefert dann:

*Satz 24.6. Ein primär-kompletter, primär-präkompakter Raum $R$ mit einer primären in $R$ völlig dichten Menge $R_0$ (bezüglich einer primären Basis) ist primär-kompakt.*

Beweis. Für eine primäre Umgebungsfolge $u_*$ folgt aus

$$\wedge_k R \supset U_1 \cup U_2 \cup \cdots \cup U_k$$

sofort

$$\wedge_k R_0 \nsubseteq U_1 \cup U_2 \cup \cdots \cup U_k$$

und

$$\vee_{P_*} \wedge_k P_k \notin U_1 \cup \cdots \cup U_k \qquad (P_* \text{ primär}).$$

$P_*$ hat eine primäre konvergente Teilfolge $Q_* \cdot Q_*$ konvergiert gegen einen Punkt $Q$ mit $\wedge_k Q \notin U_1 \cup \cdots \cup U_k$. Also gilt $R \supset \cup U_*$.

Das Beispiel dieser Sätze wird dem Leser zeigen, daß in der operativen Mathematik die Voraussetzungen der topologischen Sätze präziser gefaßt werden müssen, als dies in der modernen Mathematik geschieht. Daß für die gesamten reichhaltigen Ergebnisse der modernen Topologie eine solche operative Interpretation möglich sein wird, die das Wesentliche des Gedankengutes bewahrt, darf wohl auf Grund dessen, was in dieser Einführung entwickelt worden ist, vermutet werden.

# Literatur.


Becker, O. 1952: Untersuchungen über den Modalkalkül. Meisenheim.

Bourbaki, N. 1951: Eléments de Mathématiques, Bd. I. Paris.

Brouwer, L. E. J. 1908: De onbetrouwbaarheid der logische principes. Tijdschr. voor wijsbegeerte 2.

Carnap, R. 1954: Einführung in die symbolische Logik. Wien.

— 1950: Logical Foundations of Probability. Chicago.

Curry, H. B. 1951: Outlines of a formalist philosophy of mathematics. Amsterdam.

— 1952: Leçons de logique algébrique. Louvain.

Dantzig, D. van 1947: On the principles of intuitionistic and affirmative mathematics. Koninklijke Nederl. Akad. van Wetensch. 50.

Dingler, H. 1913: Grundlagen der Naturphilosophie. Leipzig.

— 1915: Das Prinzip der logischen Unabhängigkeit in der Mathematik zugleich als Einführung in die Axiomatik. München.

— 1931: Philosophie der Logik und Arithmetik. München.

Frege, G.: Grundgesetze der Arithmetik, Bd. I 1893, Bd. II 1903, Jena.

Gentzen, G. 1936: Die Widerspruchsfreiheit der reinen Zahlentheorie. Math. Ann. 112.

Gödel, K. 1931: Über formal unentscheidbare Sätze der Principia Mathematica und verwandter Systeme. Mh. Math. u. Phys. 37.

— 1932: Zur intuitionistischen Arithmetik und Zahlentheorie. Ergebnisse eines mathem. Kolloquiums, 4. Wien.

Hasenjaeger, G. 1952: Über $\omega$-Unvollständigkeit in der Peano-Arithmetik. J. of Symb. Log. 17.

Heyting, A. 1930: Die formalen Regeln der intuitionistischen Logik. Sitzgsber. preuß. Akad. Wiss., Physik.-math. Kl.

Hilbert, D., u. P. Bernays: Grundlagen der Mathematik, Bd. I 1934, Bd. II 1939, Berlin.

Kleene, S. C. 1945: On the interpretation of intuitionistic number theory. J. of Symb. Log. 10.

— 1952: Introduction to metamathematics. New York.

Kolmogoroff, A. N. 1925: Über das tertium non datur. Rec. math. Soc. Math. Moscou 32.

Kuratowski, C. 1952: Topologie, Bd. I u. II. Warschau.

Landau, E. 1930: Grundlagen der Analysis. Leipzig.

Lewis, C. I., and C. H. Langford 1932: Symbolic Logic. New York.

Lorenzen, P. 1950: Konstruktive Begründung der Mathematik. Math. Z. 53.

— 1951 (1): Algebraische und logistische Untersuchungen über freie Verbände. J. of Symb. Log. 16.

— 1951 (2): Die Widerspruchsfreiheit der klassischen Analysis. Math. Z. 54.

— 1951 (3): Maß und Integral in der konstruktiven Analysis. Math. Z. 54.

— 1953: Über die Komplettierung in der Bewertungstheorie, Math. Z. 59.

— 1962: Metamathematik, Mannheim.

— 1965: Differential und Integral, Frankfurt.

— 1969: Normative Logic and Ethics, Mannheim.

Pickert, G. 1951: Einführung in die höhere Algebra. Göttingen.

Quine, W. van Orman 1951: Mathematical Logic. Harvard.

Robinson, A. 1963: Introduction to Model Theory and to the Metamathematics of Algebra. Amsterdam.

Russell, B. 1901: Mathematics and the Metaphysicians. The International Monthly.

Schröder, E. 1895: Vorlesungen über die Algebra der Logik III, Leipzig.

Schütte, K. 1960: Beweistheorie, Heidelberg.

Skolem, Th. 1923: Begründung der elementaren Arithmetik durch die rekurrierende Denkweise. Skrifter utgit av Videnskapsselskapet Kristiania 6).

— 1933: Über die Unmöglichkeit einer vollständigen Charakterisierung der Zahlenreihe mittels eines endlichen Axiomensystems. Norske Mat. forenings skrifter 10.

— 1950: Some remarks on the Foundations of set theory. Proc. Int. Congr. of Math., Amer. Math. Soc.

Specker, E. 1949: Nicht-konstruktiv beweisbare Sätze der Analysis. J. of Symb. Log. 14.

Tarski, A. 1936: Grundzüge des Systemenkalküls. Fundamenta Math. 26.

Waerden, B. L. van der: Moderne Algebra, Bd. I 1937, Bd. II 1940. Berlin.

Wajsberg, M. 1938: Untersuchungen über den Aussagenkalkül von A. Heyting. Wiadomości matematyczne 46.

Weyl, H. 1918: Das Kontinuum. Leipzig.

# Bezeichnungen.

Die kursiven Seitenzahlen zeigen Einführungs- und Erweiterungsstellen — innerhalb der jeweils durch Semikolon abgesteckten Gruppe — an, die Seitenzahlen, welche der ersten kursiven eventuell vorangehen, praktischen Gebrauch, die restlichen Wandlungen im Zusammenhang oder Besonderheiten im Gebrauch. Die Seitenzahlen sind nicht kursiv ausgezeichnet, wenn sie jeweils allein stehen oder wenn kein Nachdruck auf einer bestimmten Stelle ruht. Eingeklammerte Seitenzahlen weisen auf früheren stillschweigenden Gebrauch oder auf gewisse Wiederholungen hin.

Die Einleitung ist unberücksichtigt. Die „Zeichen" wurden ungefähr nach ihrer Reihenfolge beim Formelaufbau angeordnet — grobe Abweichungen sind mit Zusätzen versehen. Bei Operatoren deuten Punkte den Wirkungsbereich oder die Bedingung an. Die Operatoren sind unter „Zeichen" für sich gesammelt, soweit sie nicht unter „Buchstaben" stehen. Im Anschluß an die „Buchstaben" sind solche „Nummern" aufgeführt, die nicht unter die paragraphenweise durchlaufende Formel- bzw. Satznumerierung fallen.

## Zeichen.

| 13, 15, 28, (121).

0 38, 56, *140*, *156*, (116f.); 256.

1, 2, 3, ..... 16, *139*.

$\omega$ 140f., 189, 197.

$\infty$ 220, (232); 230.

1 139, 154, (102, 116f.); 256.

$\vee$ 65.

$\cap$ *210*, 225, 250.

$\cup$ 250.

$\lambda$, $\curlyvee$ 65, 75ff., 90ff.

$\bar{\lambda}$, $\underline{\curlyvee}$ 109.

$\lambda$ *136*; *129*f., 146; (113, 117, 128).

$\curlyvee$ ... *205*, 232, 237.

$\times$ 9, 15, *136*, (101), *154*, *156*, 160, 220 (vgl. 104); *125*f., 127; 255; 260 (Gebilde).

/ 9, 101, *152*, 153f., 156, (115ff.), 197, (220).

+ 9, 15, 56, 104, *136*, 140, *154*, *156*, (116), 160, *198*; 205, 236; 255; 225 (Mengen).

− 9, *152*, 155f., (117), 161, 197; 205, (236; 227 Mengen).

, (Objekte) 38, 53ff., 67ff., 94ff., 100ff., *119*f., 121.

$\eta$ 103f., 190, 213; 257.

o 234.

= 9, 15, *20*, (134), 153, 155, (116), 159, 161, 198, *100*, 120, 126, 140; 122, *124*f.; 242; 62 (Logikkalküle); 132 (Mengen); 111 (Operatoren).

$\neq$ *100*, (120, 134).

$\sim$ 134, 153, 155, 197.

$\overset{=}{m}$ 228, 230.

$\overset{\equiv}{h}$ 244.

$\leq$ *136*, 141, *154*, *156*, (116), 160, 161, 198, 199; 242, 249, 268; 58 (Logikkalküle); 111 (Operatoren).

$\geq$ *138*, 159, 198; 61 (Logikkalküle).

> *137*, (102, 117), 160f., 198.

< *138*, 140, 158, 160f., 198; 205; 242, (249).

$\lneq$ 152, 256.

$\lnsim$ 170, 185f.

$\lll$ 170.

$\equiv$ 32, *33*f., 86; 256.

$\not\equiv$ 32, *33*f., 86, 187.

## Buchstaben.

$A$, $A(\ldots)$, auch $B$, $B(\ldots)$, $C$, $C(\ldots)$, $D$ 10 ff., 12, 13, *14* f., 17, 38, *46* f., *54*, 58, 60, 71 f., 78, 95, *177* f., 240 f., 248, 250; 108   $A(r)$, auch $B(s)$ 197 f.    $A^{x_1,\ldots,x_n}$ 53, 54

$A_X(z)$ 191   $A_{\mathbf{x}}(z)$ 131   $A_1$, auch $B_1$ 183 f.

$A'_{..}$ 180   $a$, auch $b, c, d$ 9, *13*, 14, 38, *56*, *59*, 124   $a(\ldots)$, auch $b(,..)$ *38*, *69*

$a$, auch $b, c$ 157; 222; 242   $\bar{a}$ 244.

$B$, $B'$ 265 f.   $\underline{B}$ 225   $\overline{B}$ 227.

$C$ *108*, 114; 233   $C_0$ *113*, 114   $c_*$ 221, (234).

$D$ 63, 72   $D\ldots$, $D''\ldots$ 220   $D_i\ldots$, $D_{i_1\ldots,i_n}^n\ldots$ 222   $dx$ 223, (196).

$E$ 260   $E$, $\overline{E}$, $\underline{E}$ 225   $E(\ldots)$ 132   $\in E$ 191   $e$ 248.

$F$ 233; 237; 254; 264 (auch $F_0$)   $F_1$ 185   $F(>)$ 186   $F$, auch $G$ 245   $f$ 201; 211 240, 250; 243, 266   $f'$ 245   $^+f$, $^-f$ 231   $f^{-1}$ *217*, (243), 257, 266   $f$, auch $g$ 104; 212; auch $h$ 157   $f_a$, auch $g_b$, $h_c$ 158   $\underline{\text{fin}}\ldots$, $\overline{\text{fin}}\ldots$ *198*, 199, (217, 231) $f(\ldots)$ 95, (103), auch $g(\ldots)$, $h(\ldots)$ 123, 157   $f(X)$ 163.

$G$ *241*, 260   $g$, $\bar{g}$ 257.

$h$ 244   $h_0$, $h$ 263   $h_k$ 271.

$I$ 166; 256   $i$ 128 f.; 157, 164   $j$ 128, 146.

$K$ 18, *38*, 84, 169; 255   $K_0$ 38; 80 f., 92, (172); 152 (auch $K$, $K'_0$); 263 (auch $K^f$, $\overline{K}$) $K'$ 79; 82; 152   $\overline{K}$ 257, 263   $k, l$ 22   $k\,l$, $k^l$ 136, (113, 117, 128).

$L$ 48   $\overline{L}$ 54   $L^2$ 232   $\lim\ldots$ *204*, *219*, 223, (94, 196).

$M$, auch $N$ *102*, (40, 62), 143, 199, 209; 264, 266   $M$, auch $M'$, $M''$ 240, 243, 246 $MK$ 42   $MR$, $M^2R$ 44   $M; R_1, \ldots, R_m$, $M; f_1, \ldots, f_m$ 240 f.   $m\ldots$ 225 $m$-lim $\ldots$ 232   max $\ldots$ 201, 223, 264 (auch min $\ldots$)   $m$, auch $n$ 17, *28*, 38 (einschließlich 0).

$N$ 245; 252; 117   $n$ 14, *28*   $x^n$ 248   $n_*$ 201.

$P$ 71, *74*, (115), auch $Q$ 9, 107; 264   $p$ 192, 256.

$Q\ldots$ 220.

$R$, auch $R(\ldots)$ 17, 20, 38   $R$, $R$ 39   $R$ 104, 169; 240, 243, 246; auch $S$ 167, 177; auch $T$ 260   $\overset{x}{R}$, $\overset{x,y,\ldots}{R}$ 264, 265, 266 (auch $R'$), 273 (auch $R_0$)   $R_0$, $R'_0$, $R'$ 152 f. $R(u)$, $R'$, $R''$ 192   $xRy$ 104, 147, 259   $\overset{\rightarrow-}{R}$, $\overset{-\leftarrow}{R}$ 182   $\overline{R}$ 244   $\tilde{R}$ 260   $r$, auch $s$ *156*, (101), 197, auch $t$ 157, 230.

$S$ 71, *74* (auch „$S$“), 107   $S^0$ 115   $S_0$ 184, 197   $S_{..}$ 188, 189, 190   $S_\theta$ 190 (auch $S_\vartheta$), 197   $\in S_\theta$ 213   $S_\omega$ 197   $S(<)$ 186   $\underline{S}(f, \mathfrak{z})$, $\overline{S}(f, \mathfrak{z})$ 222, 230   $S(f, \mathfrak{z}, \mathfrak{z}')$ 223 $S$, auch $T$ 27   $s$, auch $t$ 26

$U(\ldots)$ 146 f.   $\overline{U}$ 218   $\underline{U}$ 220   $U$, auch $U'$, $V$ 266   $u_{..}$ 18, *84*, 168, 182, 192 (auch $v_{..}$) $u$, auch $v$ *34*, 84, auch $w$ 89   $u$, auch $v$ 202; 264   $u_{P,\varepsilon}$ 265, 272   $u_r$ 271.

$V$, $\overline{V}$ 258   $V$ 64.

$W$ 106; 209   $w$ 272   $w_C$ 116   $w_p$ 256.

$X$, auch $Y, Z$ *32*, 34, 39, *95*, 103, 168; 240; 160   $X_1$, $Y_1$ 184   $x$ 10; 157, (255) $x'$ 152 f.   $x_k$, $x_*$, $x_{n_*}$ 201   $\overset{x}{_\vartheta}$ 190   $x$, auch $y, z$ 20, *38*, 85, 119, 127, 140 f., 168, 184; 198; 240   $x_1$, $y_1$ 183.

$Y(\ldots)$ 95, auch $X(\ldots)$ 97, 103.

$Z$ 251.

$\mathfrak{A}$ *108*, 110  $\mathfrak{A}(\dots)$ 63, 148, 177, 199.

$\mathfrak{F}$ 211  $\mathfrak{f}$ 146.

$\mathfrak{K}$ 43, 55; 107f. (auch $\mathfrak{K}_0$)  $\mathfrak{k}(\mathfrak{x})$ 149.

$\mathfrak{M}$ 194, 258.

$\mathfrak{R}^n$ 205  $\mathfrak{R}^\infty$ 232  $\mathfrak{r}$, auch $\mathfrak{s}$ 205.

$\mathfrak{S}$ 115; 241, 258.

$\mathfrak{U}$, auch $\mathfrak{V}$ 225  $\underline{\mathfrak{U}}$, $\overline{\mathfrak{U}}$, auch $\mathfrak{V}$, $\mathfrak{V}$ 209  $\mathfrak{u}$, auch $\mathfrak{v}$ 205.

$\mathfrak{V}$ 49.

$\mathfrak{x}$, auch $\mathfrak{y}$, $\mathfrak{z}$ *120*, 127; 205; 236.

$\mathfrak{z}$ 222, 230, 223 (auch $\mathfrak{z}'$).

A 109  A, auch B, $\Gamma$ *47*, 54, 58, 71, 77  $A^1(\dots)$, $A^2(\dots)$, auch $B^1(\dots)$, $B^2(\dots)$ *54*, 71, 77, 147, 170f., 207  $\alpha(\mathfrak{z})$ 145.

$\beta(\mathfrak{f})$ 146.

$\delta$, auch $\varepsilon$ *153*, 201  $\delta(\mathfrak{z})$ 223

$\varepsilon$, $\bar\varepsilon$ 10, *107*  $\bar{\bar\varepsilon}$ 113  $\varepsilon_0$ 189  $\eta$ 107.

$\vartheta$, auch $\Theta$ 190  $\Theta_1$, $\Theta_2$ *208*, 252, (267).

$|_\varrho\dots$ 177, (183)  $..|_\varrho\dots$ 184, 188, 189

$\iota_y\dots$ 94  $_\vartheta\iota_y\dots$ 190  $\iota_y^\varrho\dots$ 100,  $\iota_{y?}\dots$ 101

$\varkappa$ 50

$\mu$ 41  $\mu_x\dots$ 139, (103).

$\nu$ 49  $\nu_{C_0}A(C_0)$ 116.

$\xi$ 250  $\xi$, auch $\eta$ 54, 71.

$\pi$ 169  $\overset{n}{\underset{1}{\prod}}{}_i\dots$ 16  $\underset{\dots}{\prod}{}_k\dots$ 129.

$\varrho$ 87, *99*f., *122*, 169, 177, 240, 250, auch $\sigma$ 176, 242

$\underset{1}{\varrho}$, auch $\underset{1}{\sigma}$ 183  $x\varrho$ 100.

$\sum_y\dots$ 104  $\underset{\dots}{\sum}{}_k\dots$ 128  $\overset{k}{\underset{1}{\sum}}{}_i\dots$ 222  $\overset{*}{\underset{1}{\sum}}{}_i\dots, \overset{\infty}{\underset{1}{\sum}}{}_\eta\dots$ 236.

$\tau$ *202*, *205*, *238*; 264ff. (auch $\tau'$).

$\Phi$ 12 (auch $\varphi$); 111  $\varphi$ 241  $\varphi_*$ 232.

$\chi_\mathrm{u}$ 233  $\chi_*$ 234.

$\psi$ 249.

$\omega$ 140f., 189, 197.

## Nummern.

$(A_{..})$ 14.

$(D_0^{00})$ 33, 86.

$(D_1^{00}) - (D_4^{00})$ 34, 87.

$(D_5^{00})$ 34, 89.

$(D_1^0)$ 56, 58.

$(D_{2,1}^0)$, $(D_{2,2}^0)$ 59.

$(D_3^0)$ 68.

$(D_4^0)$ 69.

$(D_5^0)$ 76.

$D$ 134.

$H$, $H'$ 84.

$(I_1)$, $(I_1')$, $(I_2')$ 84f.

$K_{..}$ 14.

$K'^{00}$ 86.

$K_1$, $K_2$ 14.

$K_3 - K_6$ 15.

$K_7$, $K_8$ 20.

$(R_{..})$ 13.

$Z$ 132.

$(\mathfrak{A}_1)$, $(\mathfrak{A}_2)$ 47.

$(\overline{\mathfrak{A}}_1) - (\overline{\mathfrak{A}}_3)$ 54.

$(\mathfrak{R}_1) - (\mathfrak{R}_3)$ 47.

$(\mathfrak{R}_4)$, $(\mathfrak{R}_5)$ 54.

$(\mathfrak{R}_1') - (\mathfrak{R}_5')$ 58.

I., II. 42.

III. 45.

IV., V. 54.

(I.), (II.) 42.

(III. im), (III. ex) 46.

(I), (II), (III), (IV) 159.

(I), (II); (1), (2) 243.

(1), (2), (3), (4) 264.

# Namen- und Sachverzeichnis.

Die Seitenzahlen sind hier so behandelt wie für die Bezeichnungen (vgl. S. 276). Für Hinweise auf den Text ist „vgl." benutzt, für Hinweise innerhalb des Verzeichnisses „s.". Zu unterscheidende Begriffe sind mit einem vorgesetzten „—" hinzugefügt.

Abbild *104*, 105 (Objekt); 146.

Abbildung *103* (vgl. Menge), 181; 212 (reelle Funktion); 244 (Homomorphismus); 257 (Bewertung); 146 von … in …, (von … auf …, aus … auf …, s. Zuordnung).

— der Formeln eines Kalküls 81 f. kanonische — 149 stetige —, topologische — 266 umkehrbare — 146; 191 f., 236; 243 (Isomorphismus).

abgeschlossen (— offen) 210 (Punktmenge); 225, 227 (endliche Intervallsumme); 216 (— primär-abgeschlossen); *267*.

—e Hülle 225, 266; 258 f. (vgl. primäre), 263 (vgl. algebraisch), s. Abgeschlossenheit —es Intervall 209; 238 (rationales im $\Re^\infty$); 252 (vgl. primärvollständig).

Abgeschlossenheit: algebraische 263 einer Klasse bezüglich einer Abbildung 43 der Konsequenzlogik 49 einer Menge bezüglich Verknüpfungen, eines Untergebildes 246.

Abgezähltheit (— Abzählbarkeit) 250.

Abkürzung *16* (— Name), (122), 177, 184.

ableitbar 5, 18 (— unableitbar); 24 (zulässig); 172 f. (uneigentlicher Kalkül), 174 f. (fundiertes Definitionsschema), s. beweisdefinit; 178 f. (primitive Aussage).

— nach Hinzufügung von Regeln (Anfängen) 23 f. effektiv, fiktiv — 82 f. (s. Aussage).

Ableitung 3 (— Beweis), 5, 7, *17*; 23 („aus"); 43 (Metakalkül); 47, 54 (allgemeinzulässige Aussagen, Formeln); 167; 109 (Metaaussagen).

—sregeln 2 „beliebige" — 32 logische — 135, s. Kodifikat; 171.

absolut: -zulässig 55.

—e Abzählbarkeit 193 (— relative), 224.

—er Betrag 201, 205 —e Vollständigkeit 252 (— primäre).

absprechen 74, 107 (Prädikat).

absteigend (s. $\underline{B}$-, $\underline{E}$-Folge).

abstrakt (— konkret) 8; 243, 268.

—es Gebilde 241, *243*; 245 (Verknüpfungs-); 259 (vgl. algebraische Strukturen) —es Modell *243*, 244 —es Objekt 100, 102 (s. Mathematik, Gleichheit).

Abstraktion 4, 13, *100*, 101 (vgl. Klassen); 132 (endliche Mengen), 133 (Zahlen), 193.

absurd 75.

abzählbar: 191 f. (Schicht), 252 — primär 224, 253, 267 — überabzählbar 8, 193 (relativ — absolut), 212 (s. Menge).

Abzählbarkeitsaxiom 250, 252 f., (263), 267.

Abzählung: primäre — sekundäre 253, 263 (vgl. nichtelementar) sekundäre 224 (vgl. Maß) (263).

—srelation 192 ff.

Addition 15, *136*, *154* (*156*), 160, *198* (Zahlen); 213 (vgl. quasiprimär — primär); 121 (Systeme); 65, 66, 104.

additiv 225 (Maß), s. volladditiv (s. Gruppe).

Adjunktion 56, 6o (vgl. Inversion), 82 f. (vgl. stabil); 247 (vgl. produkterblich); 262 (Kongruenzverband, vgl. 258).

— von Konjunktionen 129 — einer Familie 258 Elimination der — 6 große, kleine — 7o.

adjunktionsfrei 83, 18o.

aktual (— potentiell) 2.

Algebra 4, 8 (Strukturtypen), 58 ff. (Verbandstheorie), 66 f. (BOOLEscher Ring), *255*, *259*, 262 f.

Offsetdruck: Werk- und Feindruckerei Dr. Alexander Krebs,

Weinheim u. Hemsbach/Bergstr. und Bad Homburg v. d. H.

# Die Grundlehren der mathematischen Wissenschaften in Einzeldarstellungen
mit besonderer Berücksichtigung der Anwendungsgebiete

*Lieferbare Bände:*

2. Knopp: Theorie und Anwendung der unendlichen Reihen. DM 48, — ; US $ 12.00
3. Hurwitz: Vorlesungen über allgemeine Funktionentheorie und elliptische Funktionen. DM 49, — ; US $ 12.25
4. Madelung: Die mathematischen Hilfsmittel des Physikers. DM 49,70; US $ 12.45
10. Schouten: Ricci-Calculus. DM 58,60; US $ 14.65
14. Klein: Elementarmathematik vom höheren Standpunkt aus. 1. Band: Arithmetik. Algebra. Analysis. DM 24, — ; US $ 6.00
15. Klein: Elementarmathematik vom höheren Standpunkt aus. 2. Band: Geometrie. DM 24, — ; US $ 6.00
16. Klein: Elementarmathematik vom höheren Standpunkt aus. 3. Band: Präzisions- und Approximationsmathematik. DM 19,80; US $ 4.95
19. Pólya/Szegö: Aufgaben und Lehrsätze aus der Analysis I: Reihen, Integralrechnung, Funktionentheorie. DM 34, — ; US $ 8.50
20. Pólya/Szegö: Aufgaben und Lehrsätze aus der Analysis II: Funktionentheorie, Nullstellen, Polynome, Determinanten, Zahlentheorie. DM 38, — ; US $ 9.50
22. Klein: Vorlesungen über höhere Geometrie. DM 28, — ; US $ 7.00
26. Klein: Vorlesungen über nicht-euklidische Geometrie. DM 24, — ; US $ 6.00
27. Hilbert/Ackermann: Grundzüge der theoretischen Logik. DM 38, — ; US $ 9.50
30. Lichtenstein: Grundlagen der Hydromechanik. DM 38, — ; US $ 9.50
31. Kellogg: Foundations of Potential Theory. DM 32, — ; US $ 8.00
32. Reidemeister: Vorlesungen über Grundlagen der Geometrie. DM 18, — ; US $ 4.50
38. Neumann: Mathematische Grundlagen der Quantenmechanik. DM 28, — ; US $ 7.00
40. Hilbert/Bernays: Grundlagen der Mathematik I. DM 68, — ; US $ 17.00
46. Nevanlinna: Analytic Functions. In preparation
50. Hilbert/Bernays: Grundlagen der Mathematik II. DM 68, — ; US $ 17.00
52. Magnus/Oberhettinger/Soni: Formulas and Theorems for the Special Functions of Mathematical Physics. DM 66, — ; US $ 16.50
57. Hamel: Theoretische Mechanik. DM 84, — ; US $ 21.00
58. Blaschke/Reichardt: Einführung in die Differentialgeometrie. DM 24, — ; US $ 6.00
59. Hasse: Vorlesungen über Zahlentheorie. DM 69, — ; US $ 17.25
60. Collatz: The Numerical Treatment of Differential Equations. DM 78, — ; US $ 19.50
61. Maak: Fastperiodische Funktionen. DM 38, — ; US $ 9.50
62. Sauer: Anfangswertprobleme bei partiellen Differentialgleichungen. DM 41, — ; US $ 10.25
64. Nevanlinna: Uniformisierung. DM 49,50; US $ 12.40
66. Bieberbach: Theorie der gewöhnlichen Differentialgleichungen. DM 58,50; US $ 14.65
68. Aumann: Reelle Funktionen. DM 59,60; US $ 14.90
69. Schmidt: Mathematische Gesetze der Logik I. DM 79, — ; US $ 19.75

71. Meixner/Schäfke: Mathieusche Funktionen und Sphäroidfunktionen mit Anwendungen auf physikalische und technische Probleme. DM 52,60; US $13.15

73. Hermes: Einführung in die Verbandstheorie. DM 46, —; US $11.50

74. Boerner: Darstellungen von Gruppen. DM 58, —; US $14.50

75. Rado/Reichelderfer: Continuous Transformations in Analysis, with an Introduction to Algebraic Topology. DM 59,60; US $14.90

76. Tricomi: Vorlesungen über Orthogonalreihen. DM 37,60; US $9.40

77. Behnke/Sommer: Theorie der analytischen Funktionen einer komplexen Veränderlichen. DM 79, —; US $19.75

78. Lorenzen: Einführung in die operative Logik und Mathematik. DM 54, —; US $13.50

79. Saxer: Versicherungsmathematik. 1. Teil. DM 39,60; US $9.90

80. Pickert: Projektive Ebenen. DM 48,60; US $12.15

81. Schneider: Einführung in die transzendenten Zahlen. DM 24,80; US $6.20

82. Specht: Gruppentheorie. DM 69,60; US $17.40

84. Conforto: Abelsche Funktionen und algebraische Geometrie. DM 41,80; US $10.45

85. Siegel: Vorlesungen über Himmelsmechanik. DM 33, —; US $8.25

86. Richter: Wahrscheinlichkeitstheorie. DM 68, —; US $17.00

87. van der Waerden: Mathematische Statistik. DM 49,60; US $12.40

88. Müller: Grundprobleme der mathematischen Theorie elektromagnetischer Schwingungen. DM 52,80; US $13.20

89. Pfluger: Theorie der Riemannschen Flächen. DM 39,20; US $9.80

90. Oberhettinger: Tabellen zur Fourier Transformation. DM 39,50; US $9.90

91. Prachar: Primzahlverteilung. DM 58, —; US $14.50

92. Rehbock: Darstellende Geometrie. DM 29, —; US $7.25

93. Hadwiger: Vorlesungen über Inhalt, Oberfläche und Isoperimetrie. DM 49,80; US $12.45

94. Funk: Variationsrechnung und ihre Anwendung in Physik und Technik. DM 98, —; US $24.50

95. Maeda: Kontinuierliche Geometrien. DM 39, —; US $9.75

97. Greub: Linear Algebra. DM 39,20; US $9.80

98. Saxer: Versicherungsmathematik. 2. Teil. DM 48,60; US $12.15

99. Cassels: An Introduction to the Geometry of Numbers. DM 69, —; US $17.25

100. Koppenfels/Stallmann: Praxis der konformen Abbildung. DM 69, —; US $17.25

101. Rund: The Differential Geometry of Finsler Spaces. DM 59,60; US $14.90

103. Schütte: Beweistheorie. DM 48, —; US $12.00

104. Chung: Markov Chains with Stationary Transition Probabilities. DM 56, —; US $14.00

105. Rinow: Die innere Geometrie der metrischen Räume. DM 83, —; US $20.75

106. Scholz/Hasenjaeger: Grundzüge der mathematischen Logik. DM 98, —; US $24.50

107. Köthe: Topologische Lineare Räume I. DM 78, —; US $19.50

108. Dynkin: Die Grundlagen der Theorie der Markoffschen Prozesse. DM 33,80; US $8.45

109. Hermes: Aufzählbarkeit, Entscheidbarkeit, Berechenbarkeit. DM 49,80; US $12.45

110. Dinghas: Vorlesungen über Funktionentheorie. DM 69, —; US $17.25

111. Lions: Equations différentielles opérationnelles et problèmes aux limites. DM 64, —; US $16.00

112. Morgenstern/Szabó: Vorlesungen über theoretische Mechanik. DM 69, —; US $17.25

150. Iosifescu/Theodorescu: Random Processes and Learning. DM 68, —; US $17.00
151. Mandl: Analytical Treatment of One-dimensional Markov Processes. DM 36, —; US $9.00
152. Hewitt/Ross: Abstract Harmonic Analysis. Vol. II. In preparation
153. Federer: Geometric Measure Theory. DM 118, —; US $29.50
154. Singer: Bases in Banach Spaces. In preparation
155. Müller: Foundations of the Mathematical Theory of Electromagnetic Waves. DM 58, —; US $14.50. In preparation
156. van der Waerden: Mathematical Statistics. In preparation
157. Prohorov/Rozanov: Probability Theory. DM 68, —; US $17.—. In preparation
158. Constantinescu/Cornea: Potential Theory on Harmonic Spaces. In preparation
159. Köthe: Topological Vector Spaces I. In preparation